高等职业教育畜牧兽医类专业教材

动物寄生虫病防治

（第二版）

主编　路　燕　郝菊秋

中国轻工业出版社

图书在版编目（CIP）数据

动物寄生虫病防治/路燕，郝菊秋主编．—2版．—北京：中国轻工业出版社，2023.6

高等职业教育“十三五”规划教材　高等职业教育畜牧兽医类专业教材

ISBN 978-7-5184-1405-5

Ⅰ．①动…　Ⅱ．①路…　②郝…　Ⅲ．①动物疾病—寄生虫病—防治—高等职业教育—教材　Ⅳ．①S855.9

中国版本图书馆CIP数据核字（2017）第114374号

责任编辑：贾　磊　　责任终审：张乃柬　　封面设计：锋尚设计
版式设计：锋尚设计　责任校对：吴大朋　　责任监印：张　可

出版发行：中国轻工业出版社（北京东长安街6号，邮编：100740）
印　　刷：北京君升印刷有限公司
经　　销：各地新华书店
版　　次：2023年6月第2版第7次印刷
开　　本：720×1000　1/16　印张：20.25
字　　数：400千字
书　　号：ISBN 978-7-5184-1405-5　定价：47.00元
邮购电话：010-65241695
发行电话：010-85119835　传真：85113293
网　　址：http://www.chlip.com.cn
Email：club@chlip.com.cn
如发现图书残缺请与我社邮购联系调换
230667J2C207ZBW

本书编写人员

主　编

路　燕（辽宁职业学院）
郝菊秋（辽宁职业学院）

副主编

葛红霞（黑龙江农垦科技职业学院）

参　编（按姓氏笔画为序）

王艳丰（河南农业职业学院）
曲哲会（信阳农林学院）
梁　楠（河南农业职业学院）

审　稿

葛宝伟（辽宁省动物疫病预防控制中心）

第一版前言

动物寄生虫病防治是高职高专畜牧兽医类专业的一门重要课程，学习和掌握这门课程对于保障畜牧业的持续发展和人类健康具有重要意义。随着科学技术的发展，新的寄生虫病诊断和防治方法不断出现，为了实现畜牧业向现代化、规模化、专业化方向的发展，实现动物寄生虫病防治技术与国际标准接轨，适应全国高职高专教学的需要，我们编写了《动物寄生虫病防治》这本教材。

本教材的编写坚持高职高专教育“以服务为宗旨、以就业为导向”的办学方针，紧紧围绕适应生产一线需要，体现以应用为目的，以必需、够用为尺度，力求反映当前动物寄生虫病防治的新知识、新技术和新方法。所选编的疾病种类主要依据行业企业发展需要和完成职业岗位实际工作任务所需要的知识、能力、素质要求而选取。在内容编排上，依据寄生虫的分类，兼顾动物种类，同时把重要和常见的寄生虫病放在前面，具有鲜明的职业性，较强的针对性、应用性和可操作性，以便学生容易掌握。在文字叙述上力求新颖、准确、实用和图文并茂。本教材教学目标明确、内容丰富、重点突出、贴近生产、便于操作。

全书分理论和实训指导两部分内容，理论部分分为八章，论述了动物寄生虫学和动物寄生虫病学基础知识及吸虫病、绦虫病、线虫病、棘头虫病、蜱螨与昆虫病和原虫病的病原体、生活史、流行病学、临诊症状、病理变化、诊断、治疗、预防；实训指导部分主要侧重于目前养殖业生产中常见、多发的动物寄生虫病，尽量选用实用性强、应用范围广的寄生虫病诊断和防治的新方法，配合理论课教学进行，使学生掌握预防、控制和消灭动物寄生虫病的方法和技能。此外每章后附有复习思考题，既便于教学，又便于学生学习巩固，培养学生分析和解决问题的能力。

本教材的编写人员分工如下（按章节顺序排列）：路燕编写内容简介、前言、绪论、实训指导，并负责全书的统稿；曲哲会编写第一章、第六章、第七章；葛红霞编写第二章、第八章；王艳丰编写第三章；郝菊秋编写第四章；梁楠编写第五章。本教材由葛宝伟审稿。

本教材在编写过程中，得到了相关院校的大力支持，同时参考了同行专家的一些文献资料，在此一并表示感谢。

由于编者的水平有限，书中缺点与不妥之处在所难免，恳请有关专家、广大读者批评指正。

编者

2011 年 10 月

第二版前言

动物寄生虫病对于保障畜牧业的持续发展和人类健康具有重要意义。在畜牧业高速发展的同时，新的寄生虫病不断出现，为了实现畜牧业向现代化、规模化、专业化方向发展，实现动物寄生虫病防治技术与国际标准接轨，适应全国高职高专院校教学的需要，我们修订了《动物寄生虫病防治》（第一版）教材。

《动物寄生虫病防治》（第一版）发行至今已有八个年头，第一版教材经广大畜牧兽医类专业的教师、学生和相关行业人员的使用后普遍认为，它是一本适合专业学生使用的教材，兼顾了生产一线的需要。近些年，随着教学改革和知识内容的更新变革，第一版教材已显现出不足之处。本次修订在第一版教材基础上进行了重新编排，保持了原有的理论知识体系和实践技能操作项目，但与第一版相比，第二版在结构上、形式上和内容上更有利于培养学生的职业能力和职业素质，采用以项目为导向，以任务为载体，围绕兽医技术人员岗位工作任务的要求来组织教材内容。为了更好地应用于教学和临床实践，第二版教材配备了重点理论内容的电子课件，使得动物寄生虫病诊断与防治的学习更加直观。

本教材包括八个知识性项目和二十一个实操训练。项目内容涵盖了动物寄生虫学和动物寄生虫病学基础知识及吸虫病、绦虫病、线虫病、棘头虫病、蜱螨与昆虫病、原虫病的病原体、生活史、流行病学、临诊症状、病理变化、诊断、治疗及预防；实操训练主要侧重于目前养殖业生产中常见、多发常见的动物寄生虫病。选用实用性强、应用范围广的寄生虫病诊断和防治的新方法、新技术，适合畜牧兽医类专业学生学习预防、控制和消灭动物寄生虫病的方法和技能。此外，八个知识性项目后附有项目思考，既便于教学，又便于学生学习巩固，培养学生分析和解决问题的能力。本教材同时可作为畜牧兽医相关行业工作人员的参考书。

本教材的编写人员分工如下（按章节顺序排列）：辽宁职业学院路燕编写绪论、项目九；信阳农林学院曲哲会编写项目一、项目六、项目七；黑龙江农垦科技职业学院葛红霞编写项目二、项目八；河南农业职业学院王艳丰编写项目三；辽宁职业学院郝菊秋编写项目四；河南农业职业学院梁楠编写项目五。本教材由路燕、郝菊秋统稿，并由辽宁省动物疫病预防控制中心葛宝伟研究员审稿，在此表示诚挚的感谢。

本教材在编写过程中，得到了相关院校和广大同行的大力支持，同时参考了许多专家的文献资料，在此一并表示感谢。

由于编者的水平有限，书中缺点与不妥之处在所难免，恳请相关专家批评指正。

编者

2017 年 2 月

目　录

绪论 …… 1

一、寄生的概念及寄生生活的起源 …… 1
二、动物寄生虫病的危害 …… 2
三、我国动物寄生虫病防治的发展概况 …… 3

项目一　动物寄生虫学基础知识 …… 5

知识目标 …… 5
技能目标 …… 5
必备知识 …… 5
一、寄生虫与宿主 …… 5
二、寄生虫生活史 …… 9
三、寄生虫的分类和命名 …… 11
项目思考 …… 12

项目二　动物寄生虫病学基础知识 …… 14

知识目标 …… 14
技能目标 …… 14
必备知识 …… 14
一、动物寄生虫病流行病学 …… 14

二、动物寄生虫病的免疫…… 18
三、动物寄生虫病的诊断…… 21
四、动物寄生虫病的防治措施…… 24
五、人兽共患寄生虫病概述…… 27
项目思考…… 29

项目三　吸虫病的防治…… 32

知识目标…… 32
技能目标…… 32
必备知识…… 32
一、吸虫概述…… 32
二、动物吸虫病的防治…… 40
项目思考…… 73

项目四　绦虫病的防治…… 75

知识目标…… 75
技能目标…… 75
必备知识…… 75
一、绦虫概述…… 75
二、动物绦虫病的防治…… 80
项目思考…… 109

项目五　线虫病的防治…… 111

知识目标…… 111
技能目标…… 111
必备知识…… 111
一、线虫概述…… 111
二、动物线虫病的防治…… 120
项目思考…… 172

项目六　棘头虫病的防治 …… 174

知识目标 …… 174
技能目标 …… 174
必备知识 …… 174
一、棘头虫概述 …… 174
二、动物棘头虫病的防治 …… 175
项目思考 …… 178

项目七　蜱螨与昆虫病的防治 …… 180

知识目标 …… 180
技能目标 …… 180
必备知识 …… 180
一、蜱螨与昆虫概述 …… 180
二、蜱的防治 …… 185
三、螨病的防治 …… 190
四、昆虫病的防治 …… 197
项目思考 …… 209

项目八　原虫病的防治 …… 211

知识目标 …… 211
技能目标 …… 211
必备知识 …… 211
一、原虫概述 …… 211
二、动物原虫病的防治 …… 216
项目思考 …… 255

项目九　实操训练 …… 258

实训 1　动物蠕虫卵形态构造观察 …… 258

实训 2 常见吸虫的形态构造观察 …… 267
实训 3 吸虫中间宿主的识别 …… 269
实训 4 常见绦虫的形态构造观察 …… 271
实训 5 绦虫蚴的形态构造观察 …… 273
实训 6 常见线虫的形态构造观察 …… 275
实训 7 蜱螨的形态观察 …… 276
实训 8 寄生性昆虫的形态观察 …… 280
实训 9 鞭毛虫的形态观察 …… 281
实训 10 梨形虫的形态观察 …… 282
实训 11 孢子虫的形态观察 …… 283
实训 12 动物寄生虫病的粪便学检查 …… 284
实训 13 动物蠕虫学剖检技术 …… 290
实训 14 动物寄生虫材料的固定与保存 …… 295
实训 15 驱虫技术 …… 297
实训 16 动物寄生虫病流行病学调查 …… 300
实训 17 动物寄生虫病临诊检查 …… 301
实训 18 肌旋毛虫检查技术 …… 302
实训 19 螨病实验室诊断技术 …… 304
实训 20 血液原虫检查技术 …… 306
实训 21 鸡球虫病诊断技术 …… 308

参考文献 …… 310

绪　论

动物寄生虫病防治课程是研究寄生于动物体内或体表的寄生虫及其引起疾病的科学。该课程包括动物寄生虫学和动物寄生虫病学两部分内容，前者研究寄生虫的种类、形态构造、生理、生活史、地理分布及其在动物分类学上的位置；后者研究寄生虫对动物机体的致病作用、疾病的流行病学、临诊症状、病理变化、免疫、诊断、治疗和防治措施。对于兽医专业来说，前者为后者的基础，后者为前者的延续，因此，通常意义上的动物寄生虫病学也包括动物寄生虫学。

动物寄生虫病对养殖业危害性较大，它不仅可以造成患病动物大批发病甚至死亡，而且还引起动物群体的生产性能下降、治疗或扑灭费用增加以及动物产品品质下降，对动物群体及其产品的国际贸易信誉也有极大的负面影响，甚至有些寄生虫病还直接危害人体健康。因此，掌握动物寄生虫病防治技术，对控制动物寄生虫病的发生和流行，促进畜牧业健康发展和保障人民身体健康都具有重要的意义。

一、寄生的概念及寄生生活的起源

（一）寄生的概念

在自然界中，两种生物生活在一起的现象是较为常见的。这种现象是生物在长期进化过程中形成的，我们将其称为共生生活。根据共生双方的相互关系不同，可将其分为以下三种类型。

1. 互利共生

共生生活中的双方互相依赖，彼此受益而互不损害，这种生活关系称为互利共生。如反刍动物与其瘤胃中的纤毛虫，前者为后者提供了适宜的生存和繁殖环境以及植物纤维来源，纤毛虫以植物纤维为食，供给自己营养，同时，纤毛虫对植物纤维的分解，又有利于反刍动物的消化。

2. 偏利共生

共生生活中的一方受益，而另一方既不受益，也不受害，这种生活关系称为偏利共生，又称共栖。如大海中的鲨鱼和吸附于鲨鱼体表的鲫鱼，后者以鲨鱼的废弃食物为食，而对鲨鱼并不造成危害。

3. 寄生生活

如果共生生活中的一方受益，而另一方受害，这种生活关系称为寄生生活（寄生）。寄生生活关系包括寄生物和宿主两个方面。营寄生生活的动物（动物性寄生物）称为寄生虫，被寄生的动物称为宿主。如猪蛔虫生活在猪的小肠内，以小肠内容物为营养，危害猪的健康，猪蛔虫就是寄生虫，猪则是其宿主。

（二）寄生生活的起源

寄生生活是由自立生活和共生生活演变而来的。远古时代营自立生活的生物，在生物界的生存竞争中，与另一种生物结合在一起共同生活，演变为共生生活。后来这种关系发生了质的变化，共生的一方（寄生虫）不但依赖另一方（宿主）供给食物，而且对其产生伤害，逐渐演变为寄生生活。从类圆线虫可看出这种演变过程，在适宜的外界环境中，它以自立生活方式生存，进入宿主体内又可营寄生生活。但是，不是所有营自立生活和共生生活的生物都可变成寄生虫，因为这需要特定的自然条件变化和漫长的形态学、生物学和遗传学的演变过程，以及寄生虫与宿主双方相互斗争过程中建立起的对对方的适应性。

二、动物寄生虫病的危害

（一）动物寄生虫病对畜牧业造成经济损失

1. 引起动物大批死亡

在动物寄生虫病中，有些可以在某些地区广泛流行，引起动物急性发病和死亡，如牛、骆驼伊氏锥虫病，牛、马梨形虫病，牛、羊泰勒虫病，鸡、兔球虫病，猪弓形虫病，禽住白细胞虫病等；有些虽然呈慢性型经过，但在感染强度较大时也可以引起动物大批发病和死亡，如牛、羊片形吸虫病，猪姜片吸虫病，牛、羊阔盘吸虫病和东毕吸虫病，禽棘口吸虫病和绦虫病，猪、鸡蛔虫病，牛、羊、猪肺线虫病，牛、羊消化道线虫病，猪、牛、羊、兔螨病等。

2. 降低动物的生产性能

动物寄生虫病虽然多呈慢性经过，甚至不表现临诊症状，但可以明显地降低动物的生产性能，如猪感染蛔虫和棘头虫后，可使增重减少30%，牛患片形吸虫病时，可使产奶量下降25% ~40%，肉牛增重减少12%；牛皮蝇蛆病可使产奶量下降10% ~25%，皮革损失10% ~15%；羊混合感染多种蠕虫可使产毛量下降20% ~40%，增重减少10% ~25%；螨病可使羊毛损失50% ~100%；鸡感染蛔虫后，可使产蛋率下降5% ~20%。

3. 影响动物生长发育和繁殖

幼龄动物易感性较高，容易遭受寄生虫侵害，使其生长发育受阻。种用动物感染寄生虫后，由于营养不良，常使雌性动物发情异常，影响配种率和受胎率；妊娠动物易流产和早产，其后代生命力弱或成活率下降；母乳分泌不足；雄性动物配种能力降低。有些寄生虫还侵害动物生殖系统，直接降低繁殖能力，如牛胎毛滴虫病等。

4. 造成动物产品的废弃

按照兽医卫生检验的有关条例，有些患寄生虫病的肉品及脏器不能利用，甚至完全废弃，造成的直接经济损失和动物饲养期间因浪费人力、物力、饲料而产生的经济损失是非常严重的，如猪囊尾蚴病、牛囊尾蚴病、猪旋毛虫病、棘球蚴病、细颈囊尾蚴病和住肉孢子虫病等。

（二）人兽共患寄生虫病威胁人类健康

在世界上存在的百余种人兽共患寄生虫病中，我国存在91种。世界卫生组织专家委员会公布的重要人兽共患寄生虫病有69种，其中最重要的有23种，我国分别存在59种和21种。在这21种中，弓形虫病、华支睾吸虫病、姜片吸虫病、并殖吸虫病、日本分体吸虫病、棘球蚴病、猪囊尾蚴病、牛囊尾蚴病、旋毛虫病等在我国分布较广，流行也较严重。日本分体吸虫病流行于70余个国家和地区，大约有2亿血吸虫病人，5亿~6亿人受到威胁。在联合国开发计划署、世界银行、世界卫生组织联合倡议的热带病特别规划要求防治的6类主要热带病中，除麻风病外，其余5类都是寄生虫病，即疟疾、血吸虫病、丝虫病、利什曼病和锥虫病。与艾滋病有关的弓形虫病、隐孢子虫病等原虫病，在一些国家开始出现流行现象。

人类离不开动物性食品，但很多肉类、水产品等食物携带有寄生虫性病原体，由于不良饮食习惯，造成病原体进入体内，引起食源性寄生虫病。据卫生部一项调查显示，近年来，食源性寄生虫病已成为我国新的“富贵病”，城镇居民特别是沿海经济发达地区的感染人数呈上升趋势。多数食源性寄生虫病防治难度大，并严重危害人类健康，甚至危及生命。

三、我国动物寄生虫病防治的发展概况

我国对寄生虫病的认识和防治有着悠久的历史。《黄帝内经》中已有了蛔

虫病的症状记载。公元6世纪，北魏贾思勰所著《齐民要术》中，就记载过治疗马、牛、羊疥癣的方法，并已经认识到该病的传染性。唐代李石著《司牧安骥集》中有医治马混睛虫的歌，提出了用手术取出虫体的疗法。

自20世纪50年代以来，我国在寄生虫病的研究与防治方面已取得了显著成效。寄生虫学工作者在寄生虫区系分类基本明确的基础上，对若干种危害严重的寄生虫病的生活史和流行病学进行了大量研究，阐明了某些寄生虫的生活史，提供了寄生虫的地理分布、季节动态、传播方式、媒介与中间宿主的生物学特性以及感染途径等，为寄生虫病的防治提供了科学依据。对于广泛或严重流行的寄生虫病，如弓形虫病、梨形虫病、伊氏锥虫病、血吸虫病、猪囊尾蚴病和旋毛虫病等都已建立了免疫学诊断方法，研制和生产出许多种新型、低毒、高效的抗原虫药、抗绦虫药、抗线虫药和杀螨药。牛环形泰勒原虫裂殖体胶冻细胞苗已在流行地区广泛应用。现代分子生物学技术已经进入我国寄生虫研究领域，核酸探针技术、聚合酶链式反应（PCR）技术、基因重组技术已被应用于锥虫病、利什曼原虫病和旋毛虫病等病原的鉴定、实验研究和疫苗研制中。捕食性真菌、细菌等对寄生虫的生物控制研究在我国也已起步。

但是，我国对动物寄生虫病的研究水平与先进国家相比还有距离，有些危害严重的动物寄生虫病，特别是人兽共患寄生虫病尚未消灭和彻底控制。因此，必须加速人才培养，提高科研水平，并使一些先进成果尽快应用于生产实际，为保证现代化畜牧业的快速发展和人类健康事业做出贡献。

项目一　动物寄生虫学基础知识

知识目标

掌握寄生虫和宿主的概念、寄生虫和宿主的类型、寄生虫生活史的类型；明确寄生虫和宿主的相互作用以及寄生虫完成生活史的条件；了解寄生虫的分类和命名。

技能目标

通过学习寄生虫学基础知识，使学生能认识或识别寄生虫和宿主的类型以及寄生虫生活史的类型，为寄生虫病防治奠定基础。

必备知识

一、寄生虫与宿主

（一）寄生虫的概念与类型

1. 寄生虫的概念

营寄生生活的动物称为寄生虫。

2. 寄生虫的类型

（1）内寄生虫与外寄生虫（按照寄生虫的寄生部位分）内寄生虫是指寄生在宿主体内的寄生虫，如吸虫、绦虫、线虫等；外寄生虫是指寄生在宿主体表或与体表直接相通的腔、窦内的寄生虫，如蜱、螨、羊鼻蝇蛆等。

（2）暂时性寄生虫与固定性寄生虫（按照寄生虫的寄生时间长短分）暂

时性寄生虫是指只在采食时才与宿主接触的寄生虫，如蚊子等；固定性寄生虫是指必须在宿主体内或体表经过一定发育期的寄生虫。它又可分为永久性寄生虫和周期性寄生虫，前者指在宿主体内或体表度过一生的寄生虫，如旋毛虫、螨等；后者指一生中只有一个或几个发育阶段在宿主体内或体表完成的寄生虫，如蛔虫、马胃蝇等。

（3）单宿主寄生虫与多宿主寄生虫（按照寄生虫的发育过程分）单宿主寄生虫是指发育过程中仅需要一个宿主的寄生虫（也称土源性寄生虫），如蛔虫、球虫等；多宿主寄生虫是指发育过程中需要更换两个或两个以上宿主的寄生虫（也称生物源性寄生虫），如吸虫、绦虫等。

（4）专一宿主寄生虫与非专一宿主寄生虫（按照寄生虫寄生的宿主范围分）专一宿主寄生虫是指寄生虫只寄生于一种特定的宿主，对宿主有严格的选择性，如鸡球虫只感染鸡；非专一宿主寄生虫是指寄生虫能寄生于多种宿主，如肝片形吸虫可寄生于绵羊、山羊、牛等多种反刍动物外，还可寄生于猪、兔、马、犬、猫等多种动物。

（5）专性寄生虫与兼性寄生虫（按照寄生虫对宿主的依赖性分）专性寄生虫是指寄生虫在生活史中必须有寄生生活阶段，否则，生活史就不能完成，如吸虫、绦虫等；兼性寄生虫是指既可营自由生活，又可营寄生生活的寄生虫，如类圆线虫（成虫）既可寄生于宿主体内，也可以在外界营自由生活。

（二）宿主的概念与类型

1. 宿主的概念

被寄生虫寄生的动物称为宿主。

2. 宿主的类型

（1）终末宿主　寄生虫成虫期或有性生殖阶段寄生的宿主称为终末宿主。如人是猪带绦虫的终末宿主。

（2）中间宿主　寄生虫幼虫期或无性生殖阶段寄生的宿主称为中间宿主。如猪是猪带绦虫的中间宿主。

（3）补充宿主（第二中间宿主）　某些寄生虫在其幼虫发育阶段需要 2 个中间宿主，其中第 2 个中间宿主称为补充宿主。如华支睾吸虫的补充宿主是淡水鱼和虾。

（4）贮藏宿主　某些寄生虫的虫卵或幼虫可进入某种动物体内，在其体内保存生命力和感染力，但不能继续发育，该动物被称为贮藏宿主，又称转续宿主或转运宿主。如蚯蚓是猪蛔虫的贮藏宿主。

（5）保虫宿主　某些经常寄生于某种宿主的寄生虫，有时也可寄生于其他一些宿主，但寄生不普遍，无明显危害，通常把这种不经常被寄生的宿主称为保虫宿主。如肝片吸虫可寄生于牛、羊等多种动物及野生动物，那么野生动物就是牛、羊肝片吸虫的保虫宿主。

（6）带虫宿主　宿主被寄生虫感染后，随着机体抵抗力的增强或药物治疗，处于隐性感染状态，体内仍存留一定数量的虫体，这种宿主称为带虫宿主。该宿主在临诊上不表现症状，对同种寄生虫的再感染具有一定的免疫力。

（7）超寄生宿主　某些寄生虫可成为其他寄生虫的宿主，称为超寄生宿主。如蚊子是疟原虫的超寄生宿主。

（8）传播媒介　通常是指在脊椎动物宿主之间传播寄生虫病的一类动物。多指吸血的节肢动物，如蜱在牛之间传播梨形虫等。

（三）寄生虫与宿主的相互作用

1. 寄生虫对宿主的作用

寄生虫侵入宿主在其体内移行、生长发育和繁殖过程中，对宿主机体产生多种有害作用。主要表现在以下几个方面。

（1）夺取营养　寄生虫在宿主体内生长、发育和繁殖所需要的营养物质均来源于宿主机体，其夺取的营养物质除蛋白质、碳水化合物和脂肪外，还有维生素、矿物质、微量元素。寄生的虫体数量越多，所需营养也越多。由于寄生虫对宿主营养的这种掠夺，使宿主长期处于贫血、消瘦和营养不良状态。

（2）机械性损伤

①固着：寄生虫利用吸盘、顶突、小钩、叶冠、齿、口囊等固着器官，固着于寄生部位，对宿主造成局部损伤，甚至引起出血和炎症等。

②移行：寄生虫侵入宿主机体后，经过一定途径的移行才能到达寄生部位。寄生虫在移行过程中破坏了所经过器官或组织的完整性，对其造成损伤。如猪蛔虫的幼虫需经肺脏移行，造成蛔虫性肺炎。

③压迫：某些寄生虫体积较大，压迫宿主器官，造成组织萎缩和功能障碍。如寄生于肝脏、肺脏的棘球蚴直径可达 5 ~ 10cm，引起肝脏、肺脏发生压迫性萎缩，导致功能障碍；还有些寄生虫虽然体积不大，但由于寄生在宿主的重要器官，也可因压迫引起严重疾病。如寄生于绵羊脑组织内的多头蚴因压迫脑组织引起神经症状。

④阻塞：寄生于消化道、呼吸道等腔道内的寄生虫，常因大量寄生造成这些器官阻塞，发生严重疾病。如猪蛔虫引起的肠阻塞和胆道阻塞等。

⑤破坏：细胞内寄生的原虫，在繁殖过程中大量破坏宿主机体的组织细胞而引起疾病。如梨形虫破坏红细胞造成动物贫血、黄疸和血红蛋白尿等。

（3）毒素作用和免疫损伤　寄生虫的分泌物、排泄物和死亡虫体的分解产物对宿主均有毒性作用或免疫病理反应，导致宿主组织和功能的损伤。如蜱可以产生防止宿主血液凝固的抗凝血物质；此外，寄生虫的代谢产物和死亡虫体的分解产物又都具有抗原性，可使宿主致敏而引起局部或全身变态反应等免疫病理反应。如血吸虫虫卵分泌的可溶性抗原与宿主抗体结合，可形成抗原抗体复合物－虫卵肉芽肿。

（4）继发感染

①接种病原微生物：某些昆虫叮咬动物时，将病原微生物注入其体内，如某些蚊虫传播日本乙型脑炎；蜱传播脑炎、布鲁氏菌病和炭疽等。

②携带病原：某些蠕虫在感染宿主时，将病原微生物或其他寄生虫携带到宿主体内。如猪毛尾线虫携带副伤寒杆菌，鸡异刺线虫携带火鸡组织滴虫等，移行期猪蛔虫幼虫为猪肺炎霉形体进入猪的肺脏创造了条件而发生气喘病。

③激活病原微生物：某些寄生虫的侵入可以激活宿主体内处于潜伏状态的病原微生物和条件性致病菌。如仔猪感染食道口线虫后，可激活副伤寒杆菌，引起急性副伤寒。

④协同作用：宿主混合感染多种寄生虫其致病作用增强。如犊牛单纯感染50万条奥斯特线虫或毛圆线虫的感染期幼虫引起发病，而混合感染12.5万条两种线虫就可以发病；动物感染寄生虫后可使其机体抵抗力降低，促进传染病的发生。

2. 宿主对寄生虫的作用

免疫反应是宿主对寄生虫作用的主要表现。寄生虫侵入宿主机体后，可激发宿主对其产生免疫应答反应，影响寄生虫的生长、发育和繁殖。宿主对寄生虫的作用就是阻止虫体的侵入以及消灭、抑制、排除侵入的虫体。宿主在全价营养和良好的饲养条件下，具有较强的抵抗力，或抑制虫体的生长发育，或降低其繁殖力，或缩短其生活周期，或能阻止虫体附着并促其排出体外，或以炎症反应包围虫体，或能沉淀及中和寄生虫的产物等。

3. 寄生虫与宿主相互作用的结果

寄生虫对宿主产生损害作用，同时宿主对寄生虫产生不同程度的免疫力并设法将其清除。两者之间的相互作用，一般贯穿于从寄生虫侵入宿主、移行、寄生到排出的全部过程中，其结果一般可归纳为三类。

（1）完全清除　宿主清除了体内的寄生虫，临诊症状消失，而且对再感染具有一定时间的抵抗力。

（2）带虫免疫　宿主自身或经过治疗清除了体内大部分寄生虫，感染处于低水平状态，但对同种寄生虫的再感染具有一定的抵抗力，宿主与寄生虫之间能维持相当长时间的寄生关系，而宿主则不表现症状，这种现象在寄生虫的感染中极为普遍。

（3）机体发病　宿主不能阻止寄生虫的生长和繁殖，当寄生虫数量或致病性达到一定程度时，宿主即可表现临诊症状和病理变化而发病。

总之，寄生虫与宿主的关系异常复杂，任何一个因素既不能孤立看待，也不能过分强调。了解寄生虫与宿主之间的相互作用可作为寄生虫病防治的依据。

二、寄生虫生活史

（一）寄生虫生活史的概念及类型

寄生虫生长、发育和繁殖的一个完整循环过程称为寄生虫的生活史或发育史。寄生虫种类繁多，生活史形式多样，根据寄生虫在其生活史中有无中间宿主，大体可分为两种类型。

1. 直接发育型

寄生虫完成生活史不需要中间宿主，虫卵或幼虫在外界发育到感染期后直接感染动物或人。直接发育型寄生虫称为土源性寄生虫。如蛔虫、牛羊消化道线虫等。

2. 间接发育型

寄生虫完成生活史需要中间宿主，幼虫在中间宿主体内发育到感染期后再感染动物或人。间接发育型寄生虫称为生物源性寄生虫。如肝片形吸虫、猪带绦虫等。

（二）寄生虫完成生活史的条件

寄生虫完成生活史必须具备以下条件。

1. 适宜的宿主

适宜的宿主甚至是特异性的宿主是寄生虫建立生活史的前提。

2. 具有感染性阶段

虫体必须发育到感染性阶段（或称侵袭性阶段），才具有感染宿主的能力。

3. 适宜的感染途径

寄生虫有其特定的感染途径和寄生部位，侵入宿主体内后要经过一定的移行路径到达其寄生部位生长、发育和繁殖，在此过程中，寄生虫必须战胜宿主的抵抗力。

（三）寄生虫对寄生生活的适应性

由自由生活演化为寄生生活，寄生虫从虫体结构、发育、营养、繁殖等都会发生很大变化，以适应其寄生生活。根据寄生虫种类的不同，其适应的程度和表现形式有所不同，主要表现在以下两个方面。

1. 在形态构造上的适应

（1）形态上的变化　如跳蚤具有两侧扁平的身体和发达并善于跳跃的腿，这种身体形态使其适合于在宿主体表毛发间活动；蚊子有适于吸血的刺吸式口器；线虫、绦虫的线状或带状体形，使其适于肠道的寄生环境。

（2）附着器官的产生　寄生虫为了更好地寄生于宿主的体内或体表，逐渐进化产生了一些特殊的附着器官。如绦虫的吸盘、小钩，线虫的唇、牙齿等。

2. 在生理功能上的适应

（1）营养关系的变化　主要表现在消化器官的简单化，甚至完全消失。如绦虫无消化器官，仅靠体表直接从宿主体吸取营养。

（2）生殖能力的加强　大多数寄生虫都具有发达的生殖器官和强大的繁殖能力。如绦虫每一节片内都具有独立的两性生殖器官；人蛔虫体长 30～35cm，每天产卵 20 万个以上，一条雌虫体内含有大约 2700 万个虫卵。

（3）对体内和体外环境抵抗力的增强　蠕虫体表一般都有一层较厚的角质膜，具有抵抗宿主消化的能力；线虫的感染性幼虫具有一层外鞘膜，绝大多数蠕虫的虫卵和原虫的卵囊都有特质的壁，能抵抗不良的外界环境。

（4）生理行为有助于寄生虫的传播　矛形双腔吸虫的囊蚴寄居在蚂蚁的脑部，能使蚂蚁向草叶的顶端运动，被草食动物食入的可能性更大。

（5）寄生虫代谢功能的适应　寄生虫合成蛋白质所需的氨基酸来源于分解食物或分解宿主组织，也可直接摄取宿主游离的氨基酸。大多数寄生虫的能量来源从糖酵解中获取，如血液和组织中寄生虫。部分能量则从固定二氧化碳中获得，如肠道寄生虫所处环境条件特征是二氧化碳张力大。

（四）宿主对寄生生活产生影响的因素

1. 遗传因素的影响

某些动物对某些寄生虫种类先天不具感受性。如马不感染牛皮蝇，牛不感染马媾疫锥虫。

2. 年龄因素的影响

不同年龄对寄生虫的易感性不同。一般来说，幼龄动物对寄生虫易感性较高，感染后症状明显，而成年动物则表现轻微或无症状。

3. 机体组织屏障的影响

宿主机体的皮肤、黏膜、血脑屏障以及胎盘等可有效地阻止一些寄生虫的侵入。

4. 宿主体质及饲养管理情况的影响

体质及营养条件好的动物对寄生虫有一定的抵抗力。如猪饲料中缺乏维生素及矿物质时，仔猪易感染猪蛔虫。

5. 宿主免疫作用的影响

一是寄生虫侵入、移行、寄生部位发生局部组织抗损伤作用，表现为组织增生或钙化；二是寄生虫可刺激宿主机体网状内皮系统发生全身性免疫反应，抑制虫体的生长、发育和繁殖。

三、寄生虫的分类和命名

（一）寄生虫的分类

在同一群体内，其基本特征，特别是形态特征相似，这是目前寄生虫分类的重要依据。进化则是寄生虫的分类基础。所有的动物均属动物界，根据各种动物之间相互关系的密切程度，分别组成不同的分类阶元。寄生虫分类的最基本单位是种。种是指具有一定形态学特征和遗传学特性的生物类群。近源的种归结到一起称为属；近源的属归结到一起称为科；以此类推，有目、纲、门、界。在各阶元之间还有“中间”阶元，如亚门、亚纲、亚目、超科、亚科、亚属、亚种或变种等。

与兽医有关的寄生虫主要隶属于扁形动物门吸虫纲、绦虫纲；线形动物门线虫纲；棘头动物门棘头虫纲；节肢动物门蛛形纲、昆虫纲；环节动物门蛭纲；还有原生动物亚界原生动物门等（图1－1）。

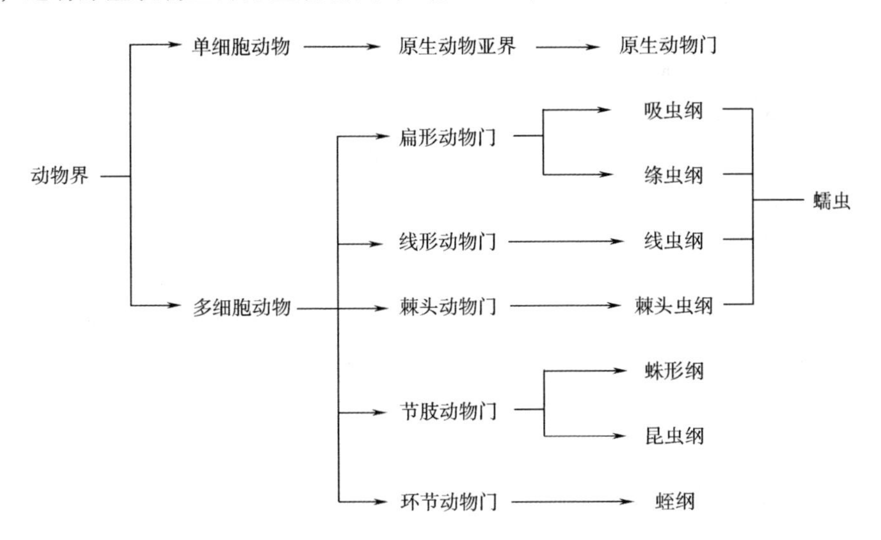

图1－1　与兽医有关的寄生虫分类轮廓

为了表述方便，习惯上将吸虫纲、绦虫纲、线虫纲和棘头虫纲的寄生虫统称为蠕虫；蛛形纲的寄生虫主要为蜱和螨；昆虫纲的寄生虫通常称为昆虫；原生动物门的寄生虫称为原虫。由其所致的寄生虫病则分别称为蠕虫病、蜱螨与昆虫病和原虫病。

（二）寄生虫的命名

为了准确地区分和识别各种寄生虫，必须给寄生虫定一个专门的名称。国际公认的生物命名规则是林奈创造的双名制法。用这种方法给寄生虫规定的名称称为寄生虫学名，即科学名。学名是由两个不同的拉丁文或拉丁化文字单词组成。属名在前，种名在后。第一个单词是寄生虫的属名，第一个字母要大写；第二个单词是寄生虫的种名，字母全部小写。例如，日本分体吸虫的学名是“*Schistosoma japonicum*”，其中“*Schistosoma*”表示分体属，而“*japonicum*”表示日本种。必要时还可把命名人和命名年代写在学名之后。如“*Schistosoma japonicum*，Katsurada，1904”表示命名人是“Katsurada”，是1904年命名的。命名人的名字和年代可以略去不写。

寄生虫病的命名，原则上是以引起疾病的寄生虫的属名定为病名，如姜片属的吸虫引起的寄生虫病称为姜片吸虫病。若某属寄生虫只引起一种动物发病时，通常在病名前冠以动物种名，如鸭鸟龙线虫病。但在习惯上也有不遵照这一原则的情况，如牛、羊消化道线虫病是若干个属的线虫所引起的疾病的统称。

项目思考

一、名词解释

寄生虫　宿主　终末宿主　中间宿主　补充宿主　贮藏宿主　保虫宿主　带虫宿主　生活史

二、选择题

1. 寄生虫是指（　　）。

A. 营寄生生活的生物　　B. 生活在高等动物体内的低等生物

C. 动物性寄生物　　D. 除植物以外的寄生物

2. 下列对寄生虫的描述，哪项不恰当（　　）。

A. 一生离不开宿主　　B. 可自宿主体表获得营养

C. 可自宿主体内获得营养　　D. 可对宿主造成损害

3. 宿主是指（　　）。

A. 互利共生生物的任何一方

B. 偏利共生生物中的受益一方

C. 营寄生生活的两种生物中受害的一方

D. 营寄生生活的两种生物中受益的一方

4. 不属于寄生虫致病作用的是（　　）。

A. 夺取宿主营养　　B. 机械性损伤

C. 虫体毒素和免疫损伤作用　　D. 败血症

5. 寄生虫的学名为（　　）。

A. 英文命名　　B. 瑞典文命名

C. 由属名加种名　　D. 由种名加属名

三、判断题

1. 中间宿主是指寄生虫成虫期或有性生殖阶段寄生的宿主。(　　)

2. 寄生虫由自由生活演化为寄生生活，其虫体结构、发育、营养、繁殖等都会发生很大变化，以适应其寄生生活。(　　)

3. 带虫免疫是寄生虫感染中极为普遍的现象。(　　)

四、简答题

1. 寄生虫有哪些类型?

2. 宿主有哪些类型?

3. 寄生虫对宿主产生哪些有害作用?

4. 寄生虫完成生活史应具备哪些条件?

5. 寄生虫生活史的类型有哪些?

6. 寄生虫的命名规则是什么?

项目二　动物寄生虫病学基础知识

知识目标

掌握动物寄生虫病流行的基本环节、诊断方法和防治措施；了解动物寄生虫病的免疫特点和人兽共患寄生虫病的相关知识。

技能目标

通过学习动物寄生虫病学基础理论，使学生能够初步制定动物寄生虫病防治计划。

必备知识

一、动物寄生虫病流行病学

（一）动物寄生虫病流行病学的概念

研究寄生虫病流行的科学称为寄生虫病流行病学或寄生虫病流行学，是研究动物群体某种寄生虫病的发生原因和条件、传播途径、流行过程及其发展规律，以及据此采取预防、控制及扑灭措施的科学。流行病学当然也包括某些个体的研究，因为个体的疾病，有可能在条件具备时发展为群体。从概念上看，流行病学的内容涉及面极广，概括地说，它包括了寄生虫与宿主和足以影响其相互关系的外界环境因素的总和。

（二）动物寄生虫病流行的基本环节

某种寄生虫病在一个地区流行必须同时具备 3 个基本环节，即感染来源、感染途径和易感宿主。

1. 感染来源

感染来源（感染源）一般是指寄生有某种寄生虫的终末宿主、中间宿主、补充宿主、贮藏宿主、保虫宿主、带虫宿主及生物传播媒介等。虫卵、幼虫、虫体等病原体通过这些宿主的粪便、尿液、痰液、血液以及其他分泌物、排泄物不断排出体外，污染外界环境，然后发育到感染性阶段，经一定的方式或途径感染易感宿主。如感染蛔虫的猪，每天都可以从粪便中排出蛔虫卵，这种卵发育到感染性阶段，被其他健康猪吃入，就能造成感染；牛环形泰勒虫病患牛血液中的虫体可通过硬蜱的吸血，传播给其他健康牛。

作为感染来源，其体内的寄生虫在生活史的某一发育阶段可以主动或被动、直接或间接进入另一宿主体内继续发育。如带有囊尾蚴的猪，其体内的囊尾蚴可以通过屠宰后的猪肉，在不洁的卫生条件和不良的饮食习惯情况下感染人。

有些病原体不能排出宿主体外，但也会以一定的形式作为感染来源，如旋毛虫幼虫以包囊的形式存在于宿主肌肉内。

2. 感染途径

感染途径是指病原体感染给易感动物的方式，可以是单一途径，也可以是多种途径。寄生虫的感染途径随其种类的不同而异，主要有以下几种。

（1）经口感染　寄生虫随着动物的采食、饮水，经口腔进入宿主体内的一种方式。这种方式最为多见。

（2）经皮肤感染　寄生虫从宿主皮肤钻入其体内，如分体吸虫、仰口线虫、钩虫、牛皮蝇幼虫等。

（3）经生物媒介感染　寄生虫通过节肢动物的叮咬、吸血而传播给易感动物。主要是一些血液原虫和丝虫。

（4）接触感染　寄生虫通过宿主之间互相直接接触传播，或通过用具、人员和其他动物等的传递而间接接触传播，如蜱、螨和虱等。

（5）经胎盘感染　寄生虫通过胎盘由母体进入胎儿体内使其感染，如弓形虫等。

（6）交配感染　动物直接交配或经被病原体污染的人工授精器械而感染，如牛胎毛滴虫、马媾疫等。

（7）自身感染　某些寄生虫产生的虫卵或幼虫不需要排出宿主体外，而在原宿主体内使其再次遭受感染，如猪带绦虫患者感染囊尾蚴病。

3. 易感宿主

易感宿主是指对某种寄生虫缺乏免疫力或免疫力低下的动物。寄生虫一般只能在一种或若干种动物体内生存、发育和繁殖，并不能在所有种动物体内生活，对宿主具有选择性。宿主的易感性高低与动物种类、品种、年龄、性别、饲养方式、营养状况等因素有关，而其中最重要的因素是营养状况。

（三）动物寄生虫病流行病学的基本内容

动物寄生虫病流行病学研究的基本内容包括生物学因素、自然因素和社会因素。

1. 生物学因素

生物学因素包括寄生虫和宿主两个方面。

（1）寄生虫的成熟时间　是指寄生虫的虫卵或幼虫感染宿主到它们成熟排卵所需要的时间。这对于有季节性的蠕虫病尤为重要。排卵时间可以经过诊断方法测知，据此可以推断最初的感染时间及其移行过程的时间，对确定驱虫时间及制定防治措施意义重大。

（2）寄生虫成虫的寿命　寄生虫在宿主体内的寿命可决定该寄生虫向外界散布病原体的时间，长寿的寄生虫会长期地向外界散布该种病原体，如牛带绦虫在人体内寿命可达 5 年以上；绵羊莫尼茨绦虫的寿命只有 2 ~ 6 个月，一般为 3 个月，而绵羊感染又有季节性（夏季），因此，绵羊患病就可能出现间断期。寄生虫的这些生物学特性常常构成该种寄生虫病流行的主要特征。

（3）寄生虫在外界的生存　主要包括寄生虫以哪个发育阶段及何种形式排出宿主体外；它们在外界环境生存所需要的条件及耐受性；一般条件和特殊条件下发育到感染阶段所需要的时间；在自然界的存活、发育和保持感染能力的期限等内容。这些资料对防治寄生虫病具有重要的参考意义。

（4）中间宿主与传播媒介　许多寄生虫在发育过程中需要中间宿主和生物传播媒介，因此要了解中间宿主的分布、密度、习性、栖息地、出没时间和越冬地点以及有无天敌等；它们的生物学特性对于寄生虫病的流行有很大的作用。此外还要了解寄生虫幼虫进入中间宿主体内的可能性，在其体内的生长发育以及进入补充宿主或贮藏宿主的时间和机遇等。

2. 自然因素

自然因素包括气候、地理和生物种群等方面。气候和地理等自然条件的不同势必影响植被和动物区系的分布及其抵抗力，也意味着中间宿主和传播媒介的不同，随之将影响到寄生虫的分布以及寄生虫病的发生与流行，主要表现在以下几方面。

（1）地方性　寄生虫病的发生和流行常有明显的区域性，绝大多数寄生虫病呈地方流行性，少数呈散发性，极少数呈流行性。寄生虫的地理分布也称为寄生虫区系。影响寄生虫区系差异的原因主要与下列因素有关。

①动物种群的分布：动物种群包括寄生虫的终末宿主、中间宿主、补充宿主、贮藏宿主、保虫宿主、带虫宿主和生物媒介。动物种群的分布，决定了与其相关的寄生虫的分布。

②自然条件：气候、地理、生态环境等不同，对寄生虫存在的影响也不同。寄生虫对自然条件适应性的差异，决定了不同自然条件的地理区域所特有的寄生虫区系。

③寄生虫的发育类型：一般规律是，直接型生活史的土源性寄生虫地理分布较广，而间接型生活史的生物源性寄生虫的地理分布受到严格限制。

（2）季节性　多数寄生虫在外界环境中完成一定的发育阶段需要一定的条件，诸如温度、湿度、光照等，这些均会随着季节的变化而变化，而使寄生虫在宿主体外的发育具有季节性，因此，动物感染和发病的时间也随之出现季节性，也称为季节动态。生活史中需要中间宿主和以节肢动物作为宿主或传播媒介的寄生虫所引起的疾病，其流行季节与有关中间宿主和节肢动物的消长相一致。因此，由生物源性寄生虫引起的疾病更具明显的季节性。

（3）慢性和隐性　寄生虫病多呈慢性和隐性经过，不表现临诊症状或症状轻微，只是引起动物生产能力下降。其影响因素很多，其中最主要的是感染强度，即整个宿主种群感染寄生虫的平均数量。当宿主感染寄生虫后，只有原虫和少数其他寄生虫（如螨）可通过繁殖增加数量，而多数寄生虫不再增加数量，只是继续完成其个体发育。因此，许多宿主出现带虫现象。

（4）多寄生性　动物体内同时寄生两种以上寄生虫的多寄生现象较为常见，通常情况下，两种寄生虫在宿主体内同时寄生时，一种寄生虫可以降低宿主对另一种寄生虫的免疫力，即出现免疫抑制，从而导致这些寄生虫在宿主体内的生存期延长、生殖能力增强等现象。

（5）自然疫源性　有些寄生虫病即使没有人类或易感动物的参与，也可以通过传播媒介感染动物造成流行，并且长期在自然界往复循环，这些寄生虫病称为疫源性寄生虫病。存在自然疫源性疾病的地区，称为自然疫源地。在自然疫源地中，保虫宿主在流行病学上起着重要作用，尤其是经常被忽视而又难以施治的野生动物种群。

3. 社会因素

包括社会经济状况、文化教育和科学技术水平；有关法律法规的制定和执行；人们的生活方式、风俗习惯；动物饲养管理条件以及防疫保健措施等。这些均对寄生虫病的流行产生很大影响。

二、动物寄生虫病的免疫

（一）寄生虫免疫的类型及特点

1. 免疫反应的概念

机体排除病原体和非病原体异体物质或已改变性质的自身组织，以维持机体的正常生理平衡过程，称为免疫反应（免疫应答）。

2. 免疫的类型

（1）先天性免疫　先天性免疫是动物先天所建立的天然防御能力，它受遗传因素控制，具有相对稳定性，对寄生虫的感染均具有一定程度的抵抗作用，但没有特异性，一般也不强烈，固又称为非特异性免疫。宿主对寄生虫的抵抗，包括自然抵抗力和恢复力。

①自然抵抗力：也称自然抗性。指宿主在寄生虫感染之前就已存在，由宿主的种属所固有的结构特点和生理特性所决定的，而且被感染后也不提高的抵抗力。这种自然抗性又分为绝对抗性和相对抗性，绝对抗性是指宿主对某种寄生虫的侵袭完全不易感；相对抗性是指宿主能降低某种寄生虫生存的适应性。自然抗性主要与下列因素有关。

a. 宿主的皮肤、黏膜上皮的阻隔等物理屏障作用；

b. 溶菌酶、干扰素等化学作用；

c. pH、温度等理化环境；

d. 非特异性吞噬作用和炎性反应等生物学条件。

②恢复力：是指被寄生虫感染的个体对损伤恢复和补偿的能力。不同个体的恢复力是有差异的。例如，血红蛋白A型的绵羊在同样感染捻转血矛线虫的条件下比血红蛋白B型的绵羊较少发生贫血。这种特性是遗传所产生的，与免疫反应无关。

（2）获得性免疫　寄生虫侵入宿主后，抗原物质刺激宿主免疫系统而出现的免疫，称为获得性免疫。这种免疫具有特异性，往往只对激发动物产生免疫的同种寄生虫起作用，故又称为特异性免疫。其宿主对寄生虫产生的抵抗力称为获得性抵抗力，与自然抗性不同的是由抗体或细胞介导所产生。获得性免疫大致可分为消除性免疫和非消除性免疫。

①消除性免疫：是指宿主能完全消除体内的寄生虫，并对再感染具有特异性抵抗力。这种免疫状态较为少见。

②非消除性免疫：是指寄生虫感染后，虽然可诱导宿主对再感染产生一定程度的抵抗力，但对体内原有的寄生虫则不能完全清除，维持在较低的感染状态，使宿主免疫力维持在一定水平，如果残留的寄生虫被清除，宿主的免疫力

也随之消失，这种免疫状态为带虫免疫，如患双芽巴贝斯虫病的牛痊愈后，就会出现带虫免疫现象。

3. 寄生虫免疫的特点

寄生虫免疫具有与微生物免疫所不同的特点，主要表现在以下三个方面。

（1）免疫复杂性　这主要是由于绝大多数寄生虫是多细胞动物，因而组织结构复杂；虫种产生过程中存在遗传差异，有些为适应环境变化而产生变异；寄生虫生活史十分复杂，不同发育阶段而具有不同的组织结构。这些因素均决定了寄生虫抗原的复杂性，因而其免疫反应也十分复杂。

（2）不完全免疫　即宿主尽管对寄生虫能起一些免疫作用，但不能将虫体完全清除，以致寄生虫可以在宿主体内进行生存和繁殖。

（3）带虫免疫　即寄生虫在宿主体内保持一定数量时，宿主对同种寄生虫的再感染具有一定的免疫力。一旦宿主体内虫体完全消失，这种免疫力也随之结束。这是寄生虫感染中常见的一种免疫状态。

（二）寄生虫的免疫逃避

寄生虫能侵入免疫功能正常的宿主体内，并能逃避宿主的免疫效应，而在宿主体内发育、繁殖和生存，这种现象称为免疫逃避。其主要原因如下。

1. 部位阻隔

某些组织和器官由于其特殊的生理结构，与免疫系统相对隔离而不产生免疫反应，称为免疫局限位点。如胎儿、眼组织、小脑组织、睾丸、胸腺等，寄生在此的寄生虫一般不受免疫作用，例如寄生于胎儿的弓形虫；寄生于小鼠脑部的弓首蛔虫的幼虫；寄生于人眼中的丝虫等。对于寄生于细胞内的寄生虫，由于宿主的免疫系统不能直接作用，如果抗原不被呈递到感染细胞的表面，则宿主的免疫系统就不能识别被感染细胞，其细胞内的寄生虫就能逃避免疫反应。如巴贝斯虫、利什曼原虫等。另外，被宿主形成的包囊所包围的寄生虫，由于有厚的囊壁包裹，免疫系统不能作用于包囊内而不受免疫的影响。如囊尾蚴、棘球蚴、旋毛虫等。

2. 表面抗原的改变

（1）抗原变异　寄生虫在不同的发育阶段具有不同的抗原，即使在同一发育阶段，有些虫种抗原也产生变异，而不受已存在的抗体的作用。如锥虫。

（2）分子模拟与抗原伪装　在些寄生虫体表能表达与宿主组织抗原相似的成分，称为分子模拟；有些寄生虫体表能结合宿主的抗原分子，或用宿主抗原包裹，称为抗原伪装。如分体吸虫可吸收许多宿主抗原，妨碍了宿主免疫系统识别，同时宿主免疫系统不能把虫体作为侵入者识别出来。曼氏血吸虫肺期童虫表面被宿主血型抗原和主要组织相容性复合物包裹，这类抗原并不是寄生虫所合成，因而宿主抗体不能与其结合，使虫体产生免疫逃避。

（3）表膜脱落与更新　蠕虫体表膜不断脱落与更新，使与表膜结合的抗体随之脱落，因此，出现寄生虫免疫逃避。

3. 破坏免疫

寄生虫破坏宿主免疫主要表现为：抑制与抗原反应的B细胞，使之不能分泌抗体，从而抑制宿主的免疫应答，甚至出现继发性免疫缺陷；宿主特异性抑制性T细胞（Ts）激活，可抑制免疫活性细胞的分化和增殖，使宿主产生免疫抑制；有些寄生虫的分泌物和排泄物中某种成分具有直接的淋巴细胞毒性作用，或可以抑制淋巴细胞激活等；有些寄生虫抗原诱导的抗体结合在虫体表面，不仅对宿主没有保护作用，反而可阻断保护性抗体与之结合，这类抗体称为封闭抗体，其结果是宿主虽有高滴度抗体，但对再感染却无抵抗力；寄生虫的可溶性抗原可使其逃避宿主的保护性免疫反应，有利于虫体增加数量。

4. 代谢抑制

有些寄生虫在其生活史的某些阶段能保持静息状态，此时寄生虫代谢水平降低，刺激宿主的抗原也因此而减少，从而降低宿主对寄生虫的免疫反应，进而逃避宿主免疫系统对寄生虫的作用。但处于代谢抑制的寄生虫在条件适宜时会大量繁殖，重新感染宿主。

（三）免疫的实际应用

由于寄生虫在组织结构和生活史上比其他病原体复杂等因素，致使获得足够量的特异性抗原还有困难，而其功能性抗原的鉴别和批量生产更为不易。因此，寄生虫免疫预防等实际应用受到限制，但近些年也取得了一些重要进展。

目前，对寄生虫感染免疫预防的主要研究方向和方法有以下几个方面：

1. 人工感染

人工感染少量寄生虫，在感染的危险期给予亚治疗量的抗寄生虫药，使寄生虫不足以引起疾病，但能刺激机体产生对再感染的抵抗力。其不足是宿主处于带虫免疫状态，仍可作为感染来源存在。

2. 提取物免疫

给宿主接种已死亡、整体或颗粒性寄生虫或其粗提物，诱导宿主产生获得性免疫，但其保护性极其微小，并可迅速消失。相比之下，从寄生虫的分泌物、排泄物以及宿主体液或寄生虫培养液中提取抗原，给予宿主后所产生的保护力大大提高。如从感染巴贝斯虫动物血浆中分离可溶性抗原，从牛带绦虫离体培养液中提取抗原等。其不足是提纯抗原不易批量生产，更不易标准化，但分子生物学技术和基因工程技术为功能抗原的鉴定和生产提供了前景。

3. 虫苗免疫

（1）基因工程虫苗免疫　基因工程疫苗是利用DNA重组技术，将编码虫体的保护性抗原的基因导入受体菌（如大肠杆菌）或细胞，使其在受体菌活细胞中高度表达，表达产物经纯化复性后，加入或不加入免疫佐剂而制成的疫苗。如鸡球虫疫苗。

（2）DNA虫苗免疫　DNA疫苗又称核酸疫苗或基因疫苗。是利用DNA重组技术，将编码虫体的保护性抗原的基因插入到真核表达载体中，通过注射的方式直接接种到宿主体内，在其体内表达后，可诱导产生特异性免疫，达到预防寄生虫感染的作用。如羊绦虫的DNA虫苗免疫。

（3）致弱虫苗免疫　通过人工致弱或筛选，使寄生虫自然株变为无致病力或弱毒且保留保护性免疫原性的虫株，用此虫株免疫宿主使其产生免疫力。如鸡球虫弱毒苗，弓形虫、枯氏锥虫、牛羊网尾线虫致弱虫苗等。

（4）异源性虫苗免疫　利用与强致病力有共同保护性抗原且致病力弱的异源虫株免疫宿主，使机体对强致病力的寄生虫产生免疫保护力。如用日本分体吸虫动物株免疫猴，能产生对日本分体吸虫人类株的保护力。

4. 非特异性免疫

非特异性免疫是对宿主接种非寄生虫抗原物质，以增强其非特异性免疫力。如给啮齿动物接种卡介苗（BCG）免疫增强剂，可不同程度地保护其对巴贝斯虫、疟原虫、利什曼原虫、分体吸虫和棘球蚴的再感染。这些物质大多数是免疫佐剂，单独使用或与抗原联合使用时，起细胞介导免疫和吞噬作用的非特异性刺激作用，继而增强宿主对寄生虫的免疫力。

三、动物寄生虫病的诊断

寄生虫病的诊断，是在流行病学调查及临诊诊断的基础上，通过实验室诊断检查出宿主体内的病原体，必要时可进行寄生虫学剖检。

（一）流行病学调查

流行病学调查可为寄生虫病的诊断提供重要依据。调查的内容主要有以下几个方面。

1. 基本概况

主要了解当地地理环境、地形地势、河流与水源、降雨量及其季节分布、耕地数量及性质、草原数量、土壤植被特性、野生动物的种类与分布等。

2. 被检动物群概况

包括被检动物的数量、品种、性别和年龄组成、动物补充来源、产奶量、产肉量、产蛋率、繁殖率、剪毛量、饲养方式、饲料来源及质量、水源及卫生状况及其他环境卫生状况等。

3. 动物发病背景资料

主要为近两三年动物发病情况，包括发病率、死亡率、发病与死亡原因、采取的措施及效果、平时防制措施等。

4. 动物发病现状资料

主要包括发病时间、临诊症状、发病率、死亡率、剖检结果、死亡时间、转归、是否诊断及诊断结论、是否采取措施及效果、平时防制措施等。

5. 中间宿主和传播媒介

中间宿主和传播媒介以及其他各类型宿主的存在和分布情况。

6. 人兽共患病调查

当怀疑为人兽共患病时，应了解当地居民饮食及卫生习惯；人的发病数量及诊断结果等。与犬、猫有关的疾病，应调查其饲养数量、营养状况和发病情况等。

（二）临诊检查诊断

临诊检查主要是检查动物的营养状况、临诊表现和疾病的危害程度。对于具有典型症状的疾病基本可以确诊，如球虫病的排血便、脑包虫病的“回旋运动”、疥癣病的“剧痒、脱毛”等；对于某些外寄生虫病可发现病原体而建立诊断，如皮蝇蛆病、各类虱病等；对于非典型疾病，可获得有关临诊资料，为下一步采取其他诊断方法提供依据。

寄生虫病的临诊检查，应以群体为单位进行大批动物的逐头检查，动物数量过多时，可抽查其中部分动物。群体检查时，注意从中发现异常和病态动物。一般检查时，重点注意营养状况，体表有无肿瘤、脱毛、出血、皮肤异常变化和淋巴结肿胀，有无体表寄生虫。系统检查时，按照临诊诊断的方法进行。将搜集到的症状分类，统计各种症状的比例，提出可疑寄生虫病的范围。检查中发现可疑症状或怀疑为某种寄生虫病时，应随时采取相关病料进行实验室检查。

（三）寄生虫学剖检诊断

寄生虫学剖检是诊断寄生虫病可靠而常用的方法，尤其适合于群体动物的诊断。剖检可用自然死亡的动物、急宰的患病动物或屠宰的动物。它是在病理解剖的基础上进行，既要检查各器官的病理变化，又要检查各器官内的寄生虫并分别采集，确定寄生虫的种类和感染强度，以便确诊。

寄生虫学剖检还用于寄生虫的区系调查和动物驱虫效果评定。一般多采用全身各器官组织的全面系统检查，有时也根据需要，检查一个或若干个器官。

（四）实验室病原体检查诊断

实验室病原体检查诊断是寄生虫病诊断中必不可少的手段，一般在流行病学调查和临诊检查的基础上进行。通过对各种病料的检查从中发现寄生虫病的病原体，可为确诊提供重要依据。

不同的寄生虫病采取不同的检验方法。主要有：粪便检查（虫体检查法、虫卵检查法、毛蚴孵化法、幼虫检查法等）、皮肤及其刮下物检查、血液检查、尿液检查、生殖器官分泌物检查、肛门周围刮取物检查。痰液、鼻液和淋巴穿刺物检查等。

必要时可进行实验动物接种，多用于上述实验室检查法不易检出病原体的某些原虫病。用采自患病动物的病料，对易感实验动物进行人工接种，待寄生虫在其体内大量繁殖后，再对其进行病原体检查，如伊氏锥虫病和弓形虫病等。

（五）药物诊断

药物诊断是对疑似寄生虫病的患病动物，用对该寄生虫病的特效药物进行驱虫或治疗而进行诊断的方法。适用于生前不能或无条件用实验室检查进行诊断的寄生虫病。

1. 驱虫诊断

用特效驱虫药对疑似动物进行驱虫，收集驱虫后3d内排出的粪便，肉眼检查粪便中的虫体，确定其种类及数量，以达到确诊的目的。适用于绦虫病、线虫病、胃蝇蛆病等胃肠道寄生虫病。

2. 治疗诊断

用特效抗寄生虫药对疑似动物进行治疗，根据治疗效果来进行诊断。治疗效果以死亡停止、症状缓解、全身状态好转以至痊愈等表现评定。多用于原虫病、螨病以及组织器官内蠕虫病的诊断。

（六）免疫学诊断

免疫学诊断是利用免疫反应的原理，在体外进行抗原或抗体检测的一种诊断方法。常用的免疫学诊断方法有环卵沉淀试验、间接红细胞凝集试验、酶联免疫吸附试验、间接荧光抗体试验、乳胶凝集试验、免疫印渍技术、免疫层析技术等。这些方法是寄生虫病诊断有价值的方法。

（七）分子生物学诊断

分子生物学技术已应用于寄生虫学的基因分型、生物学特性研究、病原诊断追踪和流行病学调查等，这些技术具有高度的灵敏性和特异性。已在寄生虫学上应用的分子生物学技术主要有 DNA 探针技术和聚合酶链反应（PCR）等。

四、动物寄生虫病的防治措施

（一）控制和消除感染来源

1. 动物驱虫

驱虫是综合性防制措施的重要环节，通常是用药物杀灭或驱除寄生虫。根据驱虫目的不同，可分为治疗性驱虫和预防性驱虫。

（1）治疗性驱虫（紧急性驱虫）　即发现患病动物及时用药治疗，驱除或杀灭寄生于宿主体内或体表的寄生虫。通过驱虫使患病动物恢复健康，同时还可以防止向外界散播病原体。它不受时间和季节的限制。

（2）预防性驱虫（计划性驱虫）　即根据各种寄生虫病的流行规律有计划地进行定期驱虫。如北方地区防治绵羊蠕虫病，多采取一年两次驱虫的措施。春季驱虫在放牧前进行，目的在于防止牧场被污染；秋季驱虫在转入舍饲后进行，目的在于将动物体内已经感染的寄生虫驱除体外，防止寄生虫病的发生及病原体的散播。预防性驱虫尽可能在成虫期前驱虫，因为这时寄生虫的虫卵或幼虫尚未产生，可以最大限度地防止散播病原体。

在组织大规模驱虫时，应先选小群动物做药效及安全性试验，应选用广谱、高效、低毒、价廉、使用方便、适口性好的驱虫药，还要注意寄生虫抗药性的产生，应有计划地经常更换驱虫药物。驱虫后 3d 内排出的粪便应进行无害化处理。

2. 对保虫宿主的处理

某些寄生虫病的流行，与保虫宿主（犬、猫、野生动物和鼠类等）关系密切，特别是弓形虫病、住肉孢子虫病、利什曼原虫病、贝诺孢子虫病、华支睾吸虫病、裂头蚴病、棘球蚴病、细颈囊尾蚴病和旋毛虫病等，其中许多还是重要的人兽共患病。因此，应加强对犬和猫的管理，大型工厂化和集约化养殖场，严禁饲养犬、猫；城市和农村要限制养犬，牧区也应控制饲养量；对允许饲养的犬、猫应定期检查，对患寄生虫病或带虫的犬、猫应及时治疗或进行驱虫，其粪便深埋或烧毁。很多野生动物是某些寄生虫的保虫宿主，应设法把驱虫食饵放置在它们活动的场所。鼠是某些寄生虫的中间宿主和带虫者，在自然疫源地中起到感染来源的作用，应搞好灭鼠工作。

3. 加强兽医卫生检验

某些寄生虫病可以通过被感染的肉、鱼、淡水虾和蟹等动物性食品传播给人类和动物，如猪带绦虫病、牛带绦虫病、裂头绦虫病、华支睾吸虫病、并殖吸虫病、旋毛虫病、颚口线虫病、弓形虫病、住肉孢子虫病等；某些寄生虫病可通过吃入患病动物的肉和脏器在动物之间循环，如旋毛虫病、棘球蚴病、多头蚴病、细颈囊尾蚴病和豆状囊尾蚴病等。因此，要加强兽医卫生检验工作，对患病胴体和脏器以及含有寄生虫的鱼、虾、蟹等，按有关规定销毁或无害化处理，杜绝病原体的扩散。

4. 粪便生物热除虫

许多寄生在消化道、呼吸道、肝脏、胰腺及肠系膜血管中的寄生虫，在其繁殖过程中将大量的虫卵、幼虫或卵囊随粪便排出体外，在外界环境中发育到感染期。因此，杀死粪便中的虫卵、幼虫或卵囊，可以防止动物再感染。因为这些病原体对一般的消毒剂具有强大的抵抗力，但对高温和干燥敏感，所以杀灭粪便中寄生虫的病原体最简单最有效的方法是粪便生物热发酵，随时把粪便集中在固定的场所，经 10～20d 发酵后，粪堆内温度可达到 60～70℃，几乎完全可以杀死其中的病原体。

（二）切断传播途径

1. 轮牧

轮牧是牧区草地除虫的最好措施。放牧时动物粪便污染草地，其中的寄生虫虫卵和幼虫可在适宜的温度和湿度下开始发育，如果在它们还未发育到感染期时，把动物转移到新的草地，可有效地避免动物感染。在原草地上的感染期虫卵和幼虫，经过一段时期未能感染动物则自行死亡，草地得到净化；不同种寄生虫在外界发育到感染期的时间不同，转换草地的时间也应不同。不同地区和季节对寄生虫发育到感染期的时间影响很大，在制定轮牧计划时均应予以考虑。例如，某些绵羊线虫的幼虫在某地区夏季牧场上，需要 7d 发育到感染阶段，便可让羊群在 6d 时离开；如果那些绵羊线虫在当时的温度和湿度条件下，只能保持 1.5 个月的感染力，即可在 1.5 个月后，让羊群返回原牧场。

2. 合理的饲养方式

随着集约化、专业化畜牧业生产的发展，要求必须改变传统落后的饲养方式，建立新的先进的有利于疾病防治的饲养方式。如猪由散养改为圈养或封闭式饲养、牛由放牧改为舍饲、禽由平养改为笼养等，都可以减少寄生虫的感染机会。

3. 消灭中间宿主和传播媒介

对生物源性寄生虫病，消灭中间宿主和传播媒介可以阻止寄生虫的发育，起到消除感染源和阻断感染途径的双重作用。应消灭的中间宿主和传播媒介，是指那些经济意义较小的螺、蝲蛄、剑水蚤、蚂蚁、甲虫、蚯蚓、蝇、蜱及吸血昆虫等无脊椎动物。主要措施有以下几种。

（1）物理方法　主要是改造生态环境，使中间宿主和传播媒介失去必需的栖息场所。如排水、交替升降水位、疏通沟渠增加水的流速、清除隐蔽物等。

（2）化学方法　使用化学药物杀死中间宿主和传播媒介。如在动物圈舍、河流、溪流、池塘、草地等喷洒杀虫剂或灭螺剂。但要注意环境污染和对有益生物的危害，必须在严格控制下实施。

（3）生物方法　养殖捕食中间宿主和传播媒介的动物对其进行捕食，如养鸭及食螺鱼灭螺，养殖捕食孑孓的柳条鱼、花鳉等灭螺；还可以利用它们的习性，设法回避或加以控制，如羊莫尼茨绦虫的中间宿主是地螨，地螨惧强光、怕干燥，潮湿和草高而密的地带数量多，黎明和日暮时活跃，据此可采取避螨措施以减少绦虫的感染。

（4）生物工程方法　培育雄性不育节肢动物，使其与同种雌虫交配，产出不发育的卵，导致该种群数量减少。国外用该法已成功地防制丽蝇、按蚊等。

（三）增强动物抵抗力

1. 科学饲养

实行科学化养殖，饲喂全价饲料，能保证动物机体营养状态良好，以获得较强的抵抗力，可防止寄生虫的侵入或阻止侵入后继续发育，甚至将其包埋或致死，使感染维持在最低水平，使机体与寄生虫之间处于暂时的相对平衡状态，制止寄生虫病的发生。

2. 卫生管理

主要包括饲料、饮水和圈舍 3 个方面。禁止从低洼地、水池旁、潮湿地带收割饲草，必要时将其存放 3 ~6 个月后再利用；禁止饮用不流动的浅水，最好饮用井水、自来水、或流动的江河水；畜舍要建在地势较高和干燥的地方，保持舍内干燥、光线充足和通风良好，动物密度要适宜，及时清除粪便和垃圾。

3. 保护幼年动物

幼龄动物由于抵抗力弱而容易感染，而且发病严重，死亡率较高。因此，哺乳仔畜断奶后应立即分群，安置在经过除虫处理的圈舍。放牧时先放幼年动物，转移后再放成年动物。

4. 免疫预防

寄生虫虫苗可分为 5 类：弱毒活苗、排泄物 - 分泌物抗原苗、基因工程苗、化学合成苗和基因苗。目前，国内外比较成功地研制了预防牛羊肺线虫病、血矛线虫病、毛圆线虫病、泰勒虫病、旋毛虫病、犬钩虫病、禽气管比翼线虫病、弓形虫病和鸡球虫病等的虫苗。正在研究预防猪蛔虫病、牛巴贝斯虫病、牛囊尾蚴病、猪囊尾蚴病、牛皮蝇蛆病、伊氏锥虫病和分体吸虫病等的虫苗。

五、人兽共患寄生虫病概述

（一）人兽共患寄生虫病的概念与分类

1. 人兽共患寄生虫病的概念

人兽共患寄生虫病是指脊椎动物与人之间自然传播的寄生虫病，即以寄生虫为病原体，既可感染人又可感染动物的一类疾病。包括寄生性原虫、蠕虫、能进入宿主皮肤和体内的节肢动物，但不包括在宿主体表吸血和寄居的暂时性寄生虫。

2. 人兽共患寄生虫病的分类

人兽共患寄生虫病的分类方法主要有 3 种。

（1）按寄生虫学分类划分

①吸虫病：约 19 种，如华支睾吸虫病、姜片吸虫病、日本分体吸虫病、片形吸虫病、并殖吸虫病等。

②绦虫（蚴）病：约 15 种，如棘球蚴病、猪带绦虫病、脑多头蚴病、裂头绦虫病、迭宫绦虫病等。

③线虫病：约 27 种，旋毛虫病、钩虫病、蛔虫病、丝虫病等。

④原虫病：约 17 种，如贾第鞭毛虫病、隐孢子虫病、利什曼原虫病、住肉孢子虫病、弓形虫病等。

⑤节肢动物病：约 14 种。

⑥棘头虫病。

（2）按感染来源划分

①人源性人兽共患寄生虫病：即以人群中传播为主，可感染脊椎动物，也可以相互传播，但以人传播给动物为主要流向，如阿米巴原虫病。

②动物源性人兽共患寄生虫病：即以脊椎动物之间传播为主，也可感染人类，也可以相互传播，但以动物传播给人为主要流向，如旋毛虫病。

③互源性人兽共患寄生虫病：即人与脊椎动物均可作为感染来源相互传播，如日本分体吸虫病。

④真性人兽共患寄生虫病：即寄生虫的生活史必须以人和某种动物分别作为其终末宿主和中间宿主，缺一不可。属于这一类的病只有猪带绦虫病和牛带绦虫病两种，上述两种病分别以猪、牛为中间宿主，人为终末宿主。

（3）按感染途径划分

①经口感染引起的人体寄生虫病：

a. 食品源性。

病原体经肉品感染人，如猪带绦虫病、牛带绦虫病、旋毛虫病、肉孢子虫病、弓形虫病等。

病原体经淡水鱼、虾、蟹和贝类等水产品感染人，如裂头绦虫病、迭宫绦虫病、并殖吸虫病、后殖吸虫病、异形吸虫病、后睾吸虫病、华支睾吸虫病、棘口吸虫病、膨结线虫病、毛细线虫病等。

病原体经蛙、蛇等特殊食品感染人，如迭宫绦虫病、中线绦虫病；还有重翼吸虫、刚棘颚口线虫、广东管圆线虫、棘颚口线虫的幼虫，人吃入后引起幼虫移行症。

病原体随被污染的食品、水、手，再经食品而感染人，如姜片吸虫病、片形吸虫病、同盘吸虫病、囊尾蚴病、脑多头蚴病、细颈囊尾蚴病、棘球蚴病、旋毛虫病、毛细线虫病、毛圆线虫病、小袋虫病、弓形虫病、球虫病、阿米巴病、蛇状虫病等；还有弓首蛔虫、泡翼线虫等感染性虫卵引起内脏幼虫移行症等。

b. 非食品源性。病原体经媒介动物携带而误入口中感染人，如双腔吸虫病、复孔绦虫病、膜壳绦虫病、西里伯瑞利绦虫病、伪裸头绦虫病、龙线虫病、筒线虫病、伯特绦虫病、棘头虫病等。

②经皮肤（黏膜）感染引起的人体寄生虫病：

a. 直接钻入。病原体直接钻入皮肤，如日本分体吸虫病、尾蚴性皮炎、类圆线虫病、钩虫病，还有动物寄生虫的感染性幼虫引起人的皮肤幼虫移行症。

b. 生物媒介带入。病原体经生物媒介带入，如丝虫病、吸吮线虫病、利什曼原虫病、锥虫病、巴贝斯虫病、疟疾、蝇蛆病等。

③接触感染：病原体通过动物与人的直接或间接接触而感染，如疥螨等。

（二）影响人兽共患寄生虫病流行的因素

人兽共患寄生虫病的流行，同样要具有感染来源、传播途径、人和易感动物 3 个必需的基本环节。而在人与动物之间传播中，显然人的因素更为重要。

1. 人的因素

首先，随着人类活动地域的不断扩大，势必进入自然疫源地，因而获得感染，如巴贝斯虫病、猴疟原虫病、锥虫病、利什曼原虫病等；其次，由于风俗习惯、饮食习惯、肉食品加工方式、流动频繁和范围扩大等因素，增加了人感染和传播寄生虫病的机会，如有生食猪肉、牛肉习惯的地区，流行猪带绦虫病、牛带绦虫病、旋毛虫病、肉孢子虫病等。

2. 动物因素

家畜、观赏动物、伴侣动物和野生动物种群的扩大，而且与人类的关系更为密切，致使人兽共患寄生虫病传播的机会大大增加，如弓形虫病、弓首蛔虫病、隐孢子虫病等。

3. 环境因素

环境因素中最重要的是环境污染，为寄生虫的存活和传播创造了条件，主要是粪便污染水源、土壤、蔬菜和植被；同样，用含有各种蠕虫卵、幼虫、原虫包囊的粪便施肥，污染土壤和蔬菜，人生食时更易造成感染。

（三）人兽共患寄生虫病的预防与控制

人兽共患寄生虫病的预防和控制，应从影响流行的 3 个因素入手，只有如此，才能消除或切断其循环链，从而达到预防和控制的目的。

1. 人的方面

首先，要提高人们对人兽共患寄生虫病危害性的认识，增强公共卫生意识；其次，消除影响人兽共患寄生虫病感染和流行的因素，改变不良的风俗习惯、饮食习惯和肉食品加工方式，养成良好的卫生习惯，饭前便后勤洗手，禁食生肉或半生肉，同时要加强肉品卫生检验；另外，对人进行化学药物预防和治疗，是控制感染来源的一项重要措施。

2. 动物方面

首先应采取消毒、检疫、隔离、封锁、淘汰等综合性兽医卫生措施，同时进行免疫预防和化学药物预防和治疗。猪囊尾蚴的基因工程重组苗、日本分体吸虫基因工程重组苗、旋毛虫的灭活苗、弓形虫的减毒苗等，均已进入动物临诊试验阶段；化学药物防治同样具有消除感染来源的重大意义，可使人的感染大为减少。

3. 环境方面

主要是消灭经济意义较小的中间宿主和贮藏宿主等，如螺蛳和鼠类等，但贮藏宿主中的野生动物则不易控制。还要避免各种环境污染，尤其是人和动物粪便的污染。

除此，还要加强疫情监测和国际贸易间的检疫防疫，防止寄生虫病的传入和传出。

项目思考

一、名词解释

寄生虫流行病学　感染来源　易感宿主　疫源性寄生虫病　带虫免疫　驱

虫诊断　治疗诊断　预防性驱虫　成虫期前驱虫　人兽共患寄生虫病

二、选择题

1. 不属于寄生虫病控制措施的是（　　）。

A. 消灭感染源　　B. 增加饲养密度

C. 增强动物机体抵抗力　　D. 切断传播途径

2. 下列不属于宿主免疫应答的是（　　）。

A. 抗原呈递　　B. T 细胞活化

C. 部位阻隔　　D. 抗原抗体结合

3. 寄生虫病的流行在地域上表现为（　　）。

A. 散发性　　B. 地方性

C. 季节性　　D. 自然疫源性

4. 不属于寄生虫流行的 3 个基本环节的是（　　）。

A. 感染来源　　B. 感染途径

C. 易感动物　　D. 感染时间

三、判断题

1. 一种寄生虫可以在所有动物体内生存。（　　）

2. 寄生虫的感染途径是单一的。（　　）

3. 动物寄生虫病的感染和发病时间会随季节发生变化。（　　）

4. 寄生虫病的临诊检查是以群体为单位进行大批动物的逐头检查。（　　）

5. 放牧时动物粪便污染草地，在虫卵和幼虫还没发育到感染期时，即把动物转移到新的草地，可有效的避免动物感染。（　　）

四、填空题

1. 动物寄生虫病流行的 3 个基本环节包括（　　　　）、（　　　　）、（　　　　）。

2. 动物寄生虫的感染途径包括经口感染、经皮肤感染、（　　　　）、（　　　　）、经胎盘感染（　　　　）、自身感染。

3. 中间宿主和传播媒介主要指经济意义较小的（　　　　）动物。

4. 临诊检查主要是检查动物的（　　　　）、（　　　　）和疾病的危害程度。对于具有（　　　）症状的疾病基本可以确诊。

5. 寄生虫剖检诊断法可用于（　　　　）（　　　　）或屠宰动物。

6. 杀灭粪便中寄生虫的病原体最简单最有效的方法（　　　　）。

五、简答题

1. 动物驱虫分哪两种？

2. 动物寄生虫病的流行特点是什么？

3. 动物寄生虫病诊断的方法有哪些？

4. 防治动物寄生虫病为什么要采取综合性防治措施？包括哪些内容？
5. 控制和消除感染来源是哪些内容？
6. 人兽共患寄生虫病是由哪些寄生虫引起的？
7. 人兽共患寄生虫病的预防和控制措施是什么？
8. 动物寄生虫免疫的特点是什么？

项目三　吸虫病的防治

知识目标

掌握吸虫的一般形态结构、生活史以及动物主要吸虫病的诊断要点和防治措施；了解吸虫的分类和动物生产中危害较大的吸虫病的种类。

技能目标

能够通过观察吸虫虫体及其虫卵的形态结构识别吸虫的种类；能够对主要吸虫病做出正确的诊断，并能采取有效的防治措施。

必备知识

一、吸虫概述

吸虫属于扁形动物门吸虫纲，包括单殖吸虫、盾腹吸虫和复殖吸虫三大类。寄生于动物的吸虫主要以复殖吸虫为主。

（一）吸虫的形态构造

1. 外部形态

吸虫多为雌雄同体，背腹扁平，呈叶状，少数呈圆形或圆柱状，有的呈线状。一般为乳白色、淡红色或棕色。体表光滑或有小刺、小棘等。大小不一，长度范围在0.3～75mm不等。一般有两个吸盘，口吸盘位于虫体前端，围绕在口孔周围，口孔位于口吸盘中央；腹吸盘多位于虫体腹面，有的位于虫体后端，称为后吸盘，有的无腹吸盘。生殖孔多位于腹吸盘前缘或后缘处，排泄孔位于虫体末端。

2. 体壁和实质

吸虫无表皮，体壁由皮层和肌肉层构成皮肌囊。皮层从外向内包括3层：外质膜、基质和基质膜。外质膜的成分为酸性黏多糖或糖蛋白，具有抗宿主消化酶和保护虫体的作用。基质内含有线粒体、分泌小体和感觉器。皮层具有分泌与排泄功能，可进行氧气和二氧化碳的交换，还具有吸收营养、感觉的功能，其营养物质以葡萄糖为主，也可吸收氨基酸。肌层附着于基层上，包括外环肌、内纵肌与中斜肌，是虫体伸缩活动的组织。吸虫无体腔，皮肌囊内充满网状组织即实质。

3. 消化系统

消化系统包括口、前咽、咽、食道及肠管。口除少数在腹面外，通常位于虫体前端，由口吸盘围绕。前咽为口与咽之间的细管，长短不一，有或无，一般较短。口下即为咽，呈球形。咽后连食道，下分两条位于虫体两侧的肠管，肠管末端为盲肠。无肛门，食物残渣经口排出体外（图3－1）。吸虫的营养物质包括宿主的上皮细胞、黏液、胆汁、消化管的内含物及血液等。

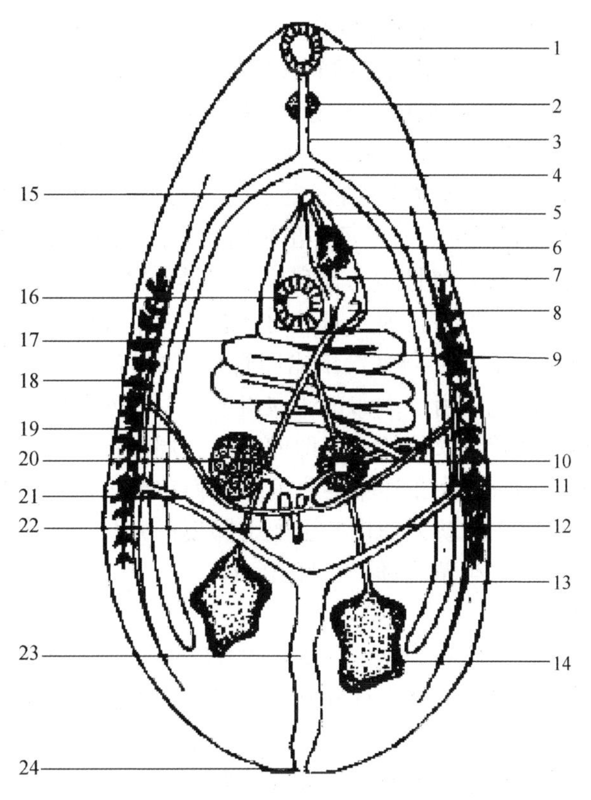

图3－1 吸虫构造模式图

1—口吸盘 2—咽 3—食道 4—肠 5—雄茎囊 6—前列腺 7—雄茎 8—贮精囊 9—输精管 10—卵膜 11—梅氏腺 12—劳氏管 13—输出管 14—睾丸 15—生殖孔 16—腹吸盘 17—子宫 18—卵黄腺 19—卵黄管 20—卵巢 21—排泄管 22—受精囊 23—排泄囊 24—排泄孔

4. 排泄系统

排泄系统由焰细胞、毛细管、集合管、排泄总管、排泄囊和排泄孔等部分组成。焰细胞收集排泄物，经毛细管、集合管集中到排泄囊，最后由末端的排泄孔排出体外。成虫排泄孔只有1个，位于虫体末端。吸虫经排泄系统将含有尿素、氨、尿酸等废物排出体外。焰细胞的数目与排列，在分类上具有重要意义。

5. 神经系统

为梯型神经系统。在咽的两侧各有一个与横索相连的神经节，相当于神经中枢。两个神经节向前向后各发出3对神经纤维束，分布在虫体的背、腹和两侧。向后的神经纤维束在不同水平上与几条横索相连。由神经纤维束发出的神经末梢分布到口吸盘、咽及腹吸盘等器官。在皮层中有许多感觉器。某些吸虫的毛蚴和尾蚴常具眼点，具有感觉器官的功能。

6. 生殖系统

生殖系统发达，除分体吸虫外，均为雌雄同体。

（1）雄性生殖系统　雄性生殖器官包括睾丸、输出管、输精管、贮精囊、射精管、前列腺、雄茎、雄茎囊和生殖孔等。睾丸数目、形态、大小和位置随吸虫的种类而不同。通常有两个睾丸，每个睾丸发出一条输出管，再汇合为一条输精管，输精管远端膨大及弯曲而成为贮精囊，接着延伸为射精管，射精管的基端为前列腺所包围，称为前列腺部；末端为雄茎，开口于虫体腹面的生殖孔。贮精囊、射精管、前列腺和雄茎被包围在雄茎囊内。贮精囊在雄茎囊内时称为内贮精囊，在其外时称为外贮精囊。雄茎可伸出生殖孔外，与雌性生殖器官交配。

（2）雌性生殖系统　雌性生殖器官包括卵巢、输卵管、卵模、受精囊、梅氏腺、卵黄腺、子宫及生殖孔等。卵巢的形态、大小及位置常因种而异，常偏于虫体一侧。卵巢一个，由卵巢发出输卵管，远端与受精囊及卵黄总管相接。卵黄腺多在虫体的两侧，由许多卵黄滤泡组成，左右两条卵黄管汇合为卵黄总管。卵黄总管与输卵管汇合处的囊腔即卵模，其周围由一群单细胞腺——梅氏腺包围着，成熟的卵细胞由于卵巢的收缩作用而移向输卵管，与受精囊中的精子相遇受精，受精卵向前移入卵模。虫卵由卵模进入与此相连的子宫，成熟后通过子宫末端的阴道经生殖孔排出（图3－1）。

7. 淋巴系统

单盘类、对盘类和环肠类吸虫有独立的淋巴系统，位于虫体两侧，由2～4对纵管及其附属构造组成。纵管有分支，与口、腹吸盘淋巴窦相接。具有输送营养和排泄的功能。

吸虫无循环系统和呼吸系统，行厌氧呼吸。

（二）吸虫的生活史

吸虫的生活史比较复杂，整个过程均需中间宿主，有的还需补充宿主。中间宿主多为淡水螺或陆地螺，补充宿主多为鱼类、蛙、螺和昆虫等。发育过程包括卵、毛蚴、胞蚴、雷蚴、尾蚴、囊蚴和成虫等阶段（图3－2、图3－3）。

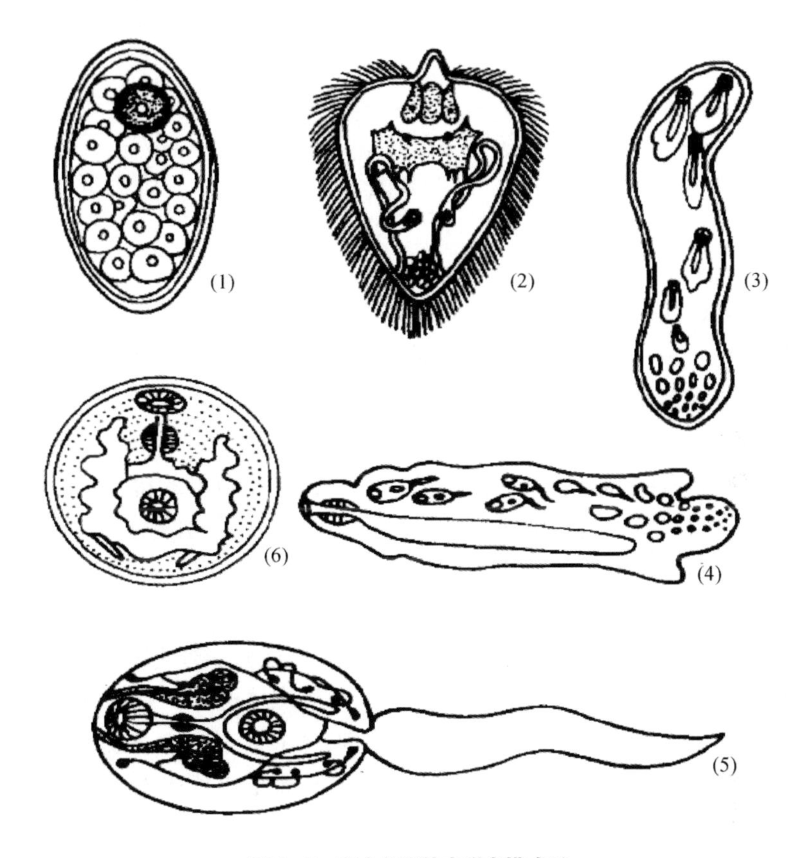

图3－2　吸虫各期幼虫形态模式图

（1）虫卵　（2）毛蚴　（3）胞蚴　（4）雷蚴　（5）尾蚴　（6）囊蚴

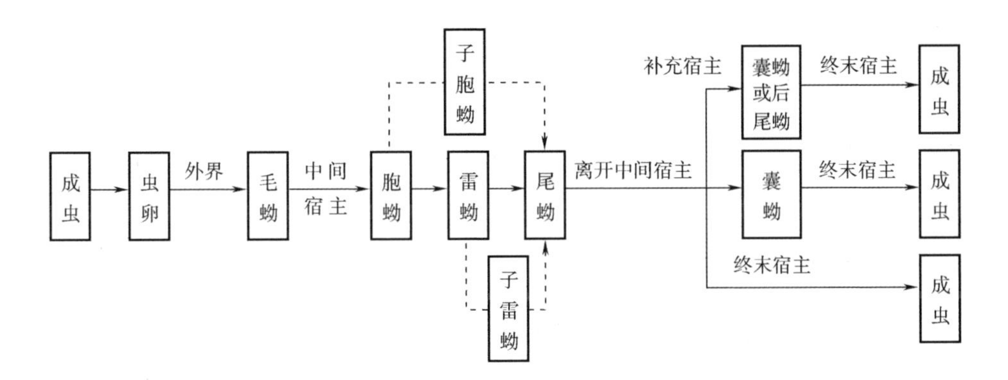

图3－3　吸虫发育示意图

1. 虫卵

多呈椭圆形或卵圆形，为灰白、淡黄至棕色，具有卵盖（分体吸虫除外）。有些虫卵在排出时只含有胚细胞和卵黄细胞。有的已发育含有毛蚴。

2. 毛蚴

外形呈三角形或梨形，外被有纤毛，运动活泼。前部较宽，后端狭小，有头腺。消化道、神经和排泄系统开始分化。当卵在水中发育时，毛蚴从卵盖破壳而出，遇到适宜的中间宿主，即利用其头腺钻入螺体，脱去纤毛，发育为胞蚴。

3. 胞蚴

呈包囊状，两端圆，内含胚细胞、胚团及简单的排泄器。发育成熟的胞蚴体内含有雷蚴。多寄生于螺的肝脏，通过体表获取营养，营无性繁殖，一个胞蚴能发育形成多个雷蚴。

4. 雷蚴

呈包囊状，有咽和盲肠，体内含胚细胞、胚团及简单的排泄器官。营无性繁殖。有的吸虫只有1代雷蚴，有的则有母雷蚴和子雷蚴两期。雷蚴发育为尾蚴，成熟后逸出螺体，游于水中。

5. 尾蚴

在水中运动活跃。由体部和尾部构成，体表有棘，有1～2个吸盘。除原始的生殖器官外，其他器官均开始分化；尾蚴从螺体逸出，黏附在某些物体上形成囊蚴而感染终末宿主；或直接经皮肤钻入终末宿主体内，脱去尾部，移行到寄生部位发育为成虫。有些吸虫尾蚴需进入补充宿主体内发育为囊蚴再感染终末宿主。

6. 囊蚴

由尾蚴脱去尾部，形成包囊发育而成，呈圆形或卵圆形。有的生殖系统只有简单的生殖原基细胞，有的则有完整的生殖器官。囊蚴都通过其附着物或补充宿主进入终末宿主的消化道内，囊壁被消化液溶解，幼虫破囊而出，移行至寄生部位发育成成虫。

7. 成虫

寄生于终末宿主体内，并行有性生殖，多数复殖吸虫的成虫由囊蚴发育而成，少数由尾蚴发育而成。

（三）吸虫的分类

吸虫属于扁形动物门（*Platyhelminthes*）吸虫纲（*Trematoda*），纲下分为3个目：单殖目（*Monogenea*）、盾殖目（*Aspidogastrea*）、复殖目（*Digenea*）。有的分类学家将此3个目提升为亚纲。与兽医关系密切的为复殖目，其重要的科、属如下。

1. 片形科（Fasciolidae）

大型虫体，呈扁叶状，具皮棘。口、腹吸盘紧靠。有咽，食道短，肠支多分枝。卵巢分枝，位于睾丸之前。睾丸前后排列，分叶或分枝。生殖孔居体中线上，开口于腹吸盘前。卵黄腺充满体两侧，延伸至体中央。缺受精囊，子宫位于睾丸前。寄生于哺乳类的胆管及肠道。

片形属（*Fasciola*）

姜片属（*Fasciolopsis*）

2. 双腔科（歧腔科）（Dicrocoeliidae）

中、小型虫体，体细长，扁平，半透明。体表光滑。具口、腹吸盘。有咽和食道，肠支简单，通常不抵达体末端。排泄囊简单，呈管状。睾丸呈圆形或椭圆形，并列、斜列或前后排列，位于腹吸盘后。卵巢圆形，常居睾丸之后。生殖孔居中位，开口于腹吸盘前。卵黄腺位于肠管中部两侧。子宫由许多上、下行的子宫圈组成，几乎充满生殖腺后的大部分空间，内含大量小型、深褐色卵。寄生于两栖类、爬虫类、鸟类及哺乳类的肝、肠及胰脏。

歧腔属（*Dicrocoelium*）

阔盘属（*Eurytrema*）

3. 前殖科（Prosthogonimidae）

小型虫体，前端稍尖，后端稍圆，具皮棘。口吸盘和咽发育良好，有食道，肠支简单，不抵达后端。腹吸盘位于体前半部。睾丸对称，在腹吸盘之后。卵巢位于睾丸之间的前方。生殖孔在口吸盘附近。卵黄腺呈葡萄状，位于体两侧。寄生于鸟类，较少在哺乳类。

前殖属（*Prosthogonimus*）

4. 并殖科（Paragonimidae）

中型虫体，近卵圆形，肥厚，具体棘。口吸盘在亚前端腹面，腹吸盘位于体中部，生殖孔在其直后，肠管弯曲，抵达体后端。睾丸分枝，位于体后半部。卵巢分叶，在睾丸前与子宫相对，卵黄腺分布广泛。寄生于猪、牛、犬、猫及人的肺脏。

并殖属（*Paragonimus*）

5. 后睾科（Opisthorchiidae）

中、小型吸虫，虫体扁平，前端较窄，透明。口、腹吸盘不甚发达，相距较近。具咽和食道，肠支抵达体后端。睾丸前后位或斜列，位于体后部。雄茎细小，雄茎囊一般缺。卵巢在睾丸前。子宫有许多弯曲。生殖孔紧靠腹吸盘前。寄生于胆管或胆囊，极少在消化道。

支睾属（*Clonorchis*）
后睾属（*Opisthorchis*）
对体属（*Amphimerus*）
次睾属（*Mctorchis*）
微口属（*Microtrema*）

6. 棘口科 （Echinostomatidae）

中小型虫体，呈长叶状。体表有棘或鳞，体前端具头冠，上有1~2排头棘。腹吸盘发达，位于较小口吸盘的附近。具咽、食道和肠支。生殖孔开口于腹吸盘之前。睾丸前后排列，在虫体中部靠后。卵巢在睾丸之前。子宫在卵巢与腹吸盘之间。无受精囊。寄生于爬虫类、鸟类及哺乳类的肠道，偶尔寄生在胆管及子宫。

棘口属（*Echinostoma*）
低颈属（*Hypoderaeum*）
棘缘属（*Echinoparyphium*）
棘隙属（*Echinochasmus*）
真缘属（*Euparyphium*）

7. 前后盘科 （Paramphistomatidae）

虫体肥厚，呈圆锥形、梨形或圆柱状。活体时为白色、粉红色或深红色。体表光滑。有或无口吸盘，腹吸盘发达，在虫体后端。肠支简单，常呈波浪状延伸到腹吸盘。睾丸前后或斜列于虫体中部或后部。卵巢位于睾丸后。生殖孔在体前部。寄生于哺乳类的消化道。

前后盘属（*Paramphistomum*）
殖盘属（*Cotylophoron*）
杯殖属（*Calicophoyon*）
巨盘属（*Gigantocotyle*）
巨咽属（*Macropharynx*）
盘腔属（*Chenocoelium*）
锡叶属（*Ceylonocotyle*）

8. 腹袋科（Gastrothylacidae）

虫体圆柱形，前端较尖，后端较钝。在口吸盘后至腹吸盘的前缘具有腹袋。腹吸盘位于体末端。两肠支短或长而弯曲。生殖孔开口于腹袋内。睾丸左右或背腹排列于虫体后部腹吸盘前。无雄茎囊。寄生于反刍动物瘤胃。

腹袋属（*Gastrothylax*）
菲策属（*Fischoederius*）

卡妙属（*Carmyerius*）

9. 腹盘科（Gastrodiscidae）

虫体扁平，体后部宽大呈盘状，腹面有许多小乳突。口吸盘后有一对支囊，有食道球。睾丸前后排列或斜列，边缘有小缺刻。生殖孔位于肠分支前的食道中央。卵巢分瓣，位于睾丸后体中央。子宫弯曲沿两睾丸之间上升。卵黄腺分布于肠支外侧。

平腹属（*Homalogaster*）

腹盘属（*Gastrodiscus*）

拟腹盘属（*Gastrodiscoides*）

10. 背孔科（Notocotylidae）

小型虫体，缺腹吸盘。虫体腹面有纵列腹腺。咽缺，食道短。睾丸并列于虫体后端，雄茎囊发达。卵巢位于睾丸之间或之后。生殖孔位于肠分叉处稍后。寄生于鸟类及哺乳类的大肠。

背孔属（*Notocotylus*）

槽盘属（*Ogmocotyle*）

同口属（*Paramonostomum*）

下殖属（*Catatropis*）

11. 异形科（Heterophyidae）

小型虫体。体后部宽，腹吸盘发育不良或付缺。食道长。生殖孔开口于腹吸盘附近。睾丸呈卵圆形或稍分叶，并列或前后排列于体后部。无雄茎囊。卵巢呈卵圆形或稍分叶，位于睾丸之前。卵黄腺位于体后两侧。子宫曲折在后半部，内含极少数虫卵。寄生于哺乳动物和鸟类肠道。

异形属（*Heterophyes*）

后殖属（*Metagonimus*）

12. 分体科（Schistosomatidae）

雌雄异体。虫体呈线形，雌虫较雄虫细，被雄虫抱在“抱雌沟”内。口吸盘和腹吸盘不发达，或紧靠或付缺。缺咽。肠支在体后部联合成单管，抵达体后端。生殖孔开口于腹吸盘之后。睾丸数目多在 4 个以上，居于肠联合之前或后。卵巢在肠联合处之前。子宫为直管。虫卵壳薄，无卵盖，在其一端常有小刺。寄生于鸟类或哺乳类动物的门静脉血管内。

分体属（*Schistosoma*）

东毕属（*Orientobilharzia*）

毛毕属（*Trichobilharzia*）

吸虫主要科鉴定见图 3－4。

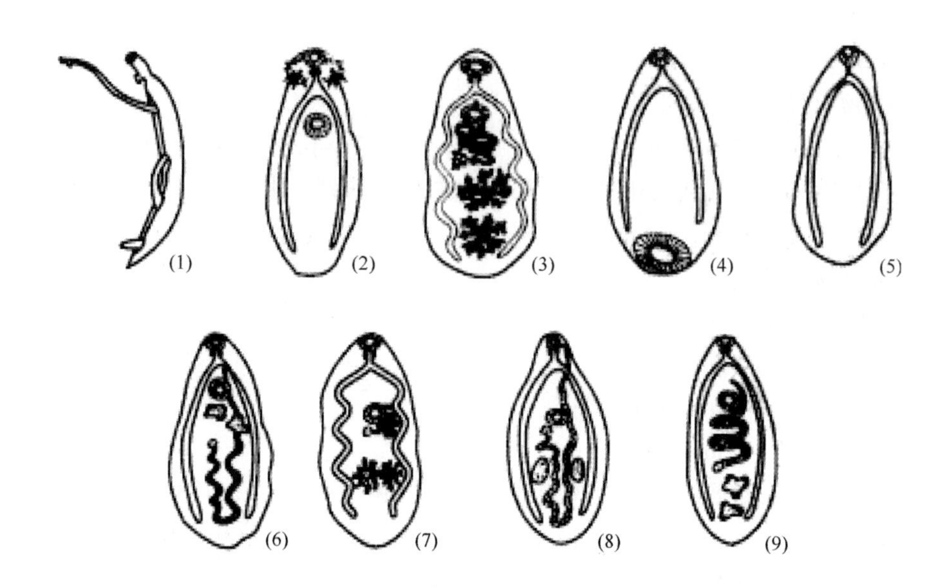

图 3-4 吸虫主要科鉴定略图

（1）分体科 （2）棘口科 （3）片形科 （4）前后盘科 （5）背孔科 （6）双腔科 （7）并殖科 （8）前殖科 （9）后睾科

二、动物吸虫病的防治

（一）片形吸虫病

片形吸虫病是由片形科片形属的肝片形吸虫和大片形吸虫寄生于牛、羊等反刍动物的肝脏和胆管内所引起的一种寄生虫病，又称为“肝蛭”。呈地方性流行，多为慢性经过，引起动物消瘦、贫血、发育障碍和生产能力下降；急性感染时能引起肝炎和胆管炎，并伴有全身性中毒现象和营养障碍，幼畜和绵羊可引起大批死亡，给畜牧业带来巨大经济损失。

1. 病原体

片形吸虫病主要的病原体主要有两种：肝片形吸虫和大片形吸虫，前者分布于我国各地，后者在华南、华中和西南地区较常见。

（1）肝片形吸虫（*F. hipatica*） 虫体背腹扁平，呈叶状（图 3-5），新鲜虫体呈棕红色，固定后为灰白色。虫体大小为（20～40）mm×（10～13）mm，体表前端有许多小棘，后部光滑。虫体前部较后部宽，突出部呈锥形，称为头锥，其底部突然变宽，形成肩部，虫体中部最宽，向后逐渐变窄。口吸盘位于虫体前端，腹吸盘略大于口吸盘，位于肩水平线中央稍后方。生殖孔在口吸盘和腹吸盘之间。具有咽和短的食道，下接两条具有盲端的肠干，每条肠干又分出很多侧枝。雄性生殖器官包括 2 个多分支的睾丸，前后排列于虫体的中后部，每个睾丸各有一条输出管，2 条输出管上行汇合成一条输精管，进入雄茎囊，囊内有贮精囊和射精管，其末端为雄茎，通过生殖孔伸出体外，在贮精囊和雄茎之间有前列腺。雌性生殖器官有一个鹿角状的卵巢，位于腹吸盘后的右侧。输卵管与卵模相通，卵模位于睾丸前的体中央，卵模周围有梅氏腺。曲折重叠的子宫位于卵模和腹吸盘之间，内充满虫卵，一端与卵模相通，另一端通向生殖孔。卵黄腺分布于体两侧，与肠管重叠。左右两侧的卵黄腺通过卵黄腺管横向中央，汇合成一个卵黄囊与卵模相通。无受精囊。体后端中央处有纵行的排泄管。

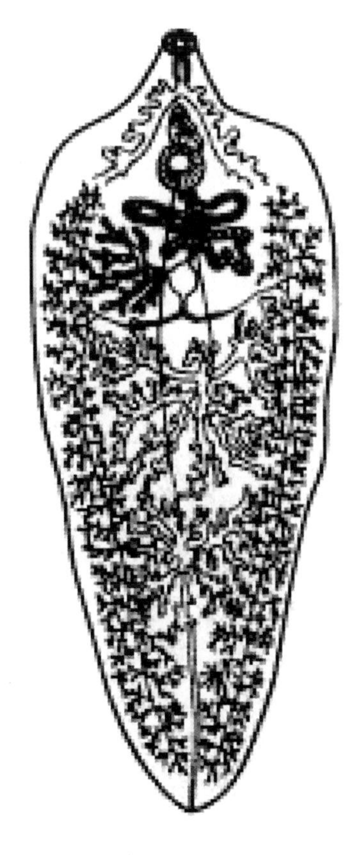

图 3－5 肝片形吸虫

虫卵较大，呈长椭圆形，黄色或黄褐色。前端较窄，后端较钝，卵盖不明显，卵壳薄而光滑，半透明，分两层，卵内充满卵黄细胞和 1 个胚细胞。虫卵大小为（133～157）μm×（74～91）μm。

（2）大片形吸虫（*F. gigantica*） 大片形吸虫的形态与肝片形吸虫基本相似，不同点是虫体呈长叶状，体形较大，大小为（25～75）mm×（5～12）mm。虫体两侧缘较平行，“肩部”不明显。后端钝圆。虫卵为黄褐色，长卵圆形，大小为（150～190）μm×（70～91）μm。

2. 生活史

中间宿主：为椎实螺科的淡水螺。肝片形吸虫的中间宿主为小土窝螺和斯氏萝卜螺。大片形吸虫的中间宿主为耳萝卜螺，小土窝螺也可。

终末宿主：肝片形吸虫主要是牛、羊、鹿、骆驼等反刍动物。猪、马属动物、兔及一些野生动物也可感染，人也可感染。大片形吸虫主要感染牛。

成虫寄生于终末宿主的肝胆管内产卵，虫卵随胆汁进入肠道后，随粪便排出体外。在适宜的温度（25～26℃）、氧气、水分和光线条件下需 10～20d 孵化出毛蚴。毛蚴在水中游动，钻入中间宿主体内进行无性繁殖，经胞蚴、母雷蚴、子雷蚴 3 个阶段，经 35～50d 发育为尾蚴。尾蚴离开螺体，进入水中，在水中或水生植物上脱掉尾部，形成囊蚴。终末宿主饮水或吃草时，吞食囊蚴而感染。

囊蚴在十二指肠中脱囊发育为童虫，童虫进入肝胆管有 3 种途径：从胆管开口处直接进入肝脏；钻入肠黏膜，经肠系膜静脉进入肝脏；穿过肠壁进入腹腔，由肝包膜钻入肝脏，童虫进入肝胆管发育为成虫。囊蚴进入终末宿主体内经 2 ~3 个月发育为成虫。成虫可在终末宿主体内寄生 3 ~5 年（图 3 –6）。

图 3 –6　肝片形吸虫生活史

3. 流行病学

（1）感染来源　患病和带虫的牛、羊等反刍动物通过粪便不断向外界排出大量虫卵，污染环境，为本病感染来源。

（2）感染途径　经口感染，牛羊等动物因食入含囊蚴的饲草或饮水而感染。动物长时间地停留在狭小而潮湿的牧地放牧时最易遭受严重的感染。舍饲动物也可因采食从低洼、潮湿的牧地收割的牧草而受感染。

（3）繁殖力　繁殖力强。1 条成虫 1 昼夜可产 8000 ~13000 个虫卵；幼虫在中间宿主体内进行无性繁殖，1 个毛蚴可发育为数百个甚至上千个尾蚴。

（4）抵抗力　虫卵的发育、毛蚴和尾蚴的游动以及淡水螺的存活与繁殖都与温度、水有直接关系。虫卵发育最适宜的温度是 25 ~30℃，经 8 ~12d 即可孵出毛蚴。虫卵对高温和干燥则敏感，40 ~50℃时几分钟死亡，在完全干燥的环境中迅速死亡。虫卵对低温的抵抗力较强，但结冰后很快死亡。含毛蚴的虫卵在新鲜水和光线的刺激下可大量孵出毛蚴。尾蚴在 27 ~29℃大量逸出螺体。

囊蚴对外界因素的抵抗力较强，在潮湿的环境中可存活数月，但对干燥和阳光的直射最敏感。

（5）地理分布　分布广泛，多发生在地势低洼、潮湿、多沼泽及水源丰富的放牧地区。

（6）流行特点　多发生于温暖多雨的夏、秋季节。幼虫引起的疾病多在秋末冬初，成虫引起的疾病多在冬末和春季。在我国北方地区多发生在气候温暖、雨量较多的夏、秋季节，而在南方地区，由于雨水多、温暖季节较长，因而感染季节也较长，不仅在夏、秋季节，有时在冬季也可感染。

4. 临诊症状

临诊症状的表现程度主要取决于感染的强度、机体的抵抗力、年龄及饲养管理条件等。轻度感染时往往不表现症状。感染数量多时（牛250条以上，羊50条以上）则表现症状，但幼畜即使轻度感染也可能呈现症状。临诊上一般可分为急性型和慢性型两种类型。

（1）急性型　由幼虫引起。多发生于绵羊，由于短时间内吞食大量囊蚴而引起。童虫在体内移行造成组织器官的损伤和出血，引起急性肝炎。主要表现为体温升高，食欲减退或废绝，精神沉郁，可视黏膜苍白和黄染，衰弱易疲劳，触诊肝区有疼痛感，叩诊肝区浊音界扩大，血红蛋白和红细胞数显著降低。一般出现症状后3～5d内死亡。

（2）慢性型　由成虫引起，一般在吞食囊蚴后4～5个月发病，此类型较多见。

羊主要表现为逐渐消瘦、贫血，食欲减退，被毛粗乱易脱落，眼睑、颌下水肿，有时波及胸、腹，早晨明显，运动后减轻。妊娠羊易流产，重者衰竭死亡。

牛多呈慢性经过，犊牛症状明显。常表现逐渐消瘦，被毛粗乱，易脱落，食欲减退，反刍异常，继而出现周期性瘤胃膨胀或前胃弛缓，下痢，贫血，水肿，母牛不孕或流产。乳牛产乳量下降，质量差，如不及时治疗，可因恶病质而死亡。

5. 病理变化

（1）急性型　肝肿大，包膜有纤维素沉积，有2～5mm长的暗红色虫道，虫道内有凝固的血液和很小的童虫。胆管内有黏稠暗黄色胆汁和大量未成熟的虫体。腹腔中有血色液体，腹膜发炎。

（2）慢性型　主要表现慢性增生性肝炎，在被破坏的肝组织形成瘢痕性的淡灰白色条索，肝实质萎缩、褪色、变硬，边缘钝圆，小叶间结缔组织增生，胆管肥厚，扩张呈绳索样突出于肝表面。胆管内壁粗糙而坚实，内含大量血性黏液和虫体及黑褐色或黄褐色磷酸盐结石。切开后在胆管内可见成虫或童虫，少数个体在胆囊中也可见到成虫。

6. 诊断

（1）生前诊断　根据临诊症状、流行病学调查、粪便检查（多采用沉淀法、集卵法检查虫卵）等可做出初步诊断。

（2）死后诊断　动物死后剖检，以肝脏病理变化、肝脏胆管内找到虫体或胆汁中查出虫卵等即可做出诊断（牛羊急性感染时应用）。

（3）免疫学诊断　对于隐性感染或急性感染可采用间接血凝试验（IHA）、酶联免疫吸附实验（ELISA）等进行实验室诊断。

（4）血液生化检验　可用血浆酶含量检测法作为诊断该病的一个指标。在急性病例时，由于童虫损伤实质细胞，使谷氨酸脱氢酶（GDH）升高；慢性病例时，成虫损伤胆管上皮细胞，使γ-谷氨酰转肽酶（γ-GT）升高，持续时间可长达9个月之久。

7. 治疗

（1）硝氯酚（拜耳9015）　粉剂或片剂：剂量为牛3~4mg/kg体重；绵羊4~5mg/kg体重，1次口服。针剂：剂量为牛0.5~1.0mg/kg体重，绵羊为0.75~1.0mg/kg体重，深部肌肉注射。适用于慢性病例，只对成虫有效，对童虫无效。

（2）丙硫咪唑（抗蠕敏）　剂量为牛10mg/kg体重，绵羊15mg/kg体重，1次口服。对成虫驱虫效果较好，对童虫效果稍差。

（3）溴酚磷　可用于急性病例的治疗。剂量为牛12mg/kg体重，羊16mg/kg体重，1次口服。对成虫和童虫具有较好的杀灭效果。

（4）三氯苯唑（肝蛭净）　剂量为牛10mg/kg体重，羊12mg/kg体重，1次口服。该药对成虫和童虫均有高效，休药期14d。

此外，还可选用硫双二氯酚、六氮对二甲苯等。

8. 预防

（1）定期驱虫　驱虫的时间和次数可根据流行地区的具体情况而定。针对急性病例，可在夏、秋季选用肝蛭净等对童虫驱虫效果好的药物。针对慢性病例，北方地区全年可进行2次驱虫，第1次在冬末春初，由舍饲转为放牧之前进行；第2次在秋末冬初，由放牧转为舍饲之前进行。南方因终年放牧，每年可进行三次驱虫。

（2）粪便无害化处理　对于驱虫后的动物粪便可应用堆积发酵法杀死其中的病原体，以免污染环境。

（3）消灭中间宿主　灭螺是预防片形吸虫病的重要措施。改造低洼地，使螺无适宜生存环境；大量养殖水禽，用以消灭螺类；也可采用化学灭螺法，如从每年的3~5月份，气候转暖，螺类开始活动起，利用1:50000的硫酸铜或氨水以及2.5mg/L的血防－67杀灭螺类，或在草地上小范围的死水内用生石灰杀灭等。

（4）科学放牧　选择在高燥处放牧，尽量不到低洼，潮湿地方放牧。牧区实施轮牧方式，每月轮换一次草地。

（5）饲养卫生　动物的饮水最好用自来水、井水或流动的河水，并保持水源清洁，以防感染。从低洼潮湿地收割的牧草要晒干后再喂给牛、羊。

（二）华支睾吸虫病

华支睾吸虫病是由后睾科支睾属的吸虫寄生于犬、猫、猪等动物和人肝脏胆管和胆囊内引起的疾病。可使肝脏肿大并导致其他肝病变，又称为“肝吸虫病”，是重要的人兽共患寄生虫病，多为隐性感染，呈慢性经过。

1. 病原体

华支睾吸虫（*C. sinensis*），背腹扁平呈叶状，前端稍尖，后端较钝，呈淡黄色或灰白色、半透明，体表无棘。虫体大小为（10～25）mm×（3～5）mm。口吸盘位于虫体前端，腹吸盘位于虫体前1/5处，口吸盘略大于腹吸盘。消化器官简单，包括口、咽、食道及两条直达虫体后端的盲肠。两个分支的睾丸，前后排列在虫体的后1/3处。卵巢分叶，位于睾丸之前。受精囊发达，呈椭圆形，位于睾丸与卵巢之间。卵黄腺由细小的颗粒组成，分布在虫体两侧，由腹吸盘向下延伸至受精囊的水平线。子宫从卵模处开始盘绕而上，开口于腹吸盘前缘的生殖孔，内充满虫卵（图3－7）。

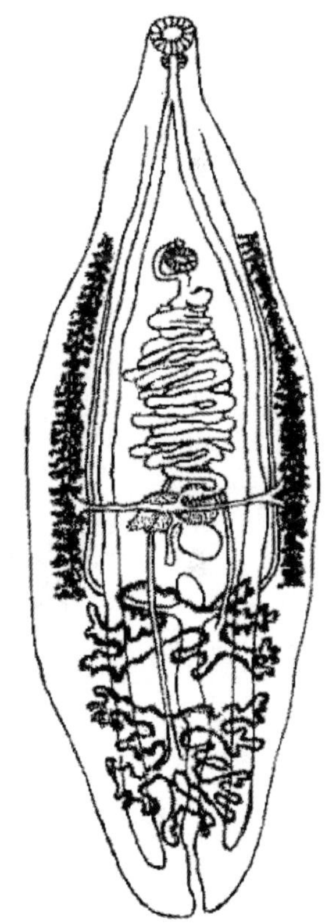

图3－7　华支睾吸虫

虫卵小，呈黄褐色，大小为（27～35）μm×（12～20）μm，形似电灯泡，上端有卵盖，后端有一小突起，内含有成熟的毛蚴。

2. 生活史

中间宿主：淡水螺类，其中以纹沼螺、长角涵螺、赤豆螺等分布最广泛，它们生活于静水或缓流的坑塘、沟渠、沼泽中。

补充宿主：淡水鱼和淡水虾，在我国已证实的淡水鱼类有70多种，以鲤科鱼最多，其中以麦穗鱼类感染率最高；淡水虾如米虾、沼虾等。

终末宿主：犬、猫、猪、鼠类和人以及野生的哺乳动物。

成虫在终末宿主的肝脏胆管内产卵，虫卵随胆汁进入消化道混于粪便中排出体外，被中间宿主吞食后，在其体内发育为毛蚴、胞蚴、雷蚴和尾蚴，进入中间宿主体内的虫卵约经 30～40d 发育为尾蚴。成熟的尾蚴离开螺体游于水中，如遇到适宜的补充宿主即钻入其体内发育成囊蚴。终末宿主吞食含有囊蚴的鱼、虾而感染。囊蚴进入终末宿主小肠，囊壁被消化，幼虫逸出，从十二指肠胆管口进入肝脏胆管，约经 1 个月发育为成虫。成虫在犬、猫体内可分别存活 3.5 年和 12 年以上；在人体内可存活 20 年以上（图 3－8）。

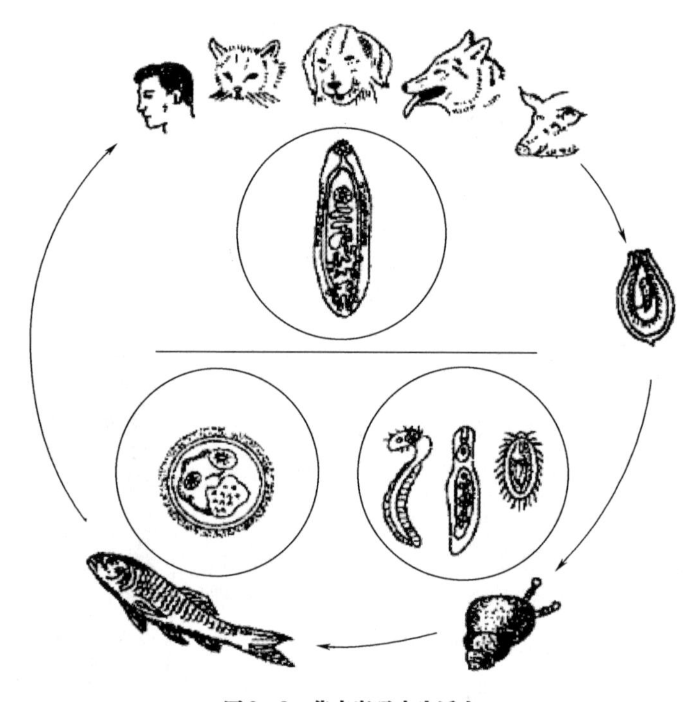

图 3－8　华支睾吸虫生活史

3. 流行病学

（1）传染来源　主要是患病和带虫的犬、猫、猪和人；其次是肉食野生动物。

（2）感染途径　经口感染。猫、犬感染多因食入生鱼、虾饲料或由厨房废弃物而引起，猪多因散养或以生鱼及其内脏等作为饲料而感染，人的感染多因食生的或未煮熟的鱼、虾而感染。

（3）囊蚴的抵抗力　鱼感染囊蚴的感染率较高。囊蚴对高温敏感，90℃立即死亡。在烹制“全鱼”时，可因温度和时间不足而不能杀死囊蚴。

（4）季节性　终末宿主动物和人感染华支睾吸虫无明显季节性，但中间宿主淡水鱼的感染有一定季节性。一般温度在 20～30℃时尾蚴侵入鱼体明显增多。

（5）地理分布 分布广泛。在水源丰富、淡水渔业发达的地区流行严重。

（6）流行特点 本病的流行与地理环境、自然条件、生活习惯有密切关系。在流行区，粪便污染水源是影响淡水螺感染率高低的重要因素，如南方地区，厕所多建在鱼塘上，猪舍建在塘边，用新鲜的人、畜粪直接在农田上施肥，含大量虫卵的人、畜粪便直接进入水中，使螺、鱼受到感染，易促成本病的流行。

4. 临诊症状

多数动物为隐性感染，症状不明显。严重感染时表现消化不良，食欲减退、下痢和腹水等症状，逐渐贫血、消瘦，肝区叩诊有痛感。病程多为慢性经过，易并发其他疾病。

人主要表现为胃肠道不适，食欲不佳，消化功能障碍，腹痛，有门静脉淤血症状，肝脏肿大，肝区隐痛，轻度浮肿，或有夜盲症。

5. 病理变化

主要病变在胆囊、胆管和肝脏。胆囊肿大，胆管变粗，胆汁浓稠，呈草绿色。胆管和胆囊内有许多虫体和虫卵。肝表面结缔组织增生，有时引起肝硬化或脂肪变性。

6. 诊断

（1）生前诊断 在流行区，动物有生食或半生食淡水鱼史，临诊表现消化不良和下痢等症状，即可怀疑为本病。

（2）粪便检查 可用漂浮法，如粪便中查到虫卵即可确诊。此外，还可应用十二指肠引流胆汁检查法，用引流胆汁进行离心沉淀检查也可查获虫卵。

（3）免疫学诊断 常用的方法有间接血凝试验（IHA）、酶联免疫吸附试验（ELISA）等。其中，ELISA 是目前较为理想的免疫检测方法，且国内已有商品快速 ELISA 诊断试剂盒供应。

7. 治疗

（1）吡喹酮 犬、猫剂量为 50～70mg/kg 体重，1 次口服，隔周服用1 次。为首选治疗药物。

（2）丙硫咪唑 剂量为 30～50mg/kg 体重，口服，每日 1 次，连用 12d。

（3）六氯对二甲苯（血防 846） 剂量为犬、猫 50mg/kg 体重，口服，每日 1 次，连用 5d。总量不超过 25g。出现毒性反应后立即停药。

（4）硫双二氯酚（别丁） 剂量为 80～100mg/kg 体重，混入饲料中喂服。

8. 预防

对流行地区的猪、犬和猫要定期进行检查和驱虫；严禁在疫区用生的或未煮熟的鱼、虾饲喂动物；加强粪便管理，防止粪便污染水塘。禁止在鱼塘边盖猪舍或厕所，消灭中间宿主淡水螺，宜采用捕捉或掩埋的方法。人禁食生鱼、虾，改变不良的烹调鱼、虾习惯，做到熟食。

（三）姜片吸虫病

姜片吸虫病是由片形科姜片属的布氏姜片吸虫寄生于猪和人小肠内引起的一种人畜共患的吸虫病。临诊以消瘦、腹痛、腹泻等为特征。

图3－9 布氏姜片吸虫

1. 病原体

布氏姜片吸虫（*F. buski*），虫体宽大而肥厚，是吸虫类中最大的一种，外观似姜片，故称姜片吸虫。新鲜虫体呈肉红色，固定后为灰白色，体表长有小刺，易于脱落。虫体大小为（20～75）mm×（8～20）mm。有口、腹2个吸盘，口吸盘位于虫体前端，腹吸盘发达，与口吸盘相距较近。咽小、食道短，两条肠管呈波浪状弯曲，伸达虫体后端。有两个分支的睾丸，前后排列在虫体后半部。有1个分支的卵巢，位于虫体中部稍偏后方。卵膜位于虫体中部，周围为梅氏腺。卵黄腺位于虫体两侧，呈颗粒状。无受精囊。子宫弯曲，位于虫体前半部的卵巢与腹吸盘之间，内部充满虫卵。生殖孔开口于腹吸盘前方（图3－9）。

虫卵呈椭圆形或卵圆形，淡黄色，卵壳较薄，有卵盖。卵内含有1个卵细胞和许多卵黄细胞。大小为（130～150）μm×（85～97）μm。

2. 生活史

中间宿主：扁卷螺。

终末宿主：猪和人。

成虫寄生于猪的小肠，虫卵随粪便排出体外，落入有中间宿主的水中，在26～30℃的温度下，经2～4周孵出毛蚴。毛蚴在水中游动，如遇中间宿主扁卷螺，即侵入其体内进行无性繁殖，形成胞蚴、母雷蚴、子雷蚴、尾蚴。毛蚴发育为尾蚴需25～30d。尾蚴从螺体逸出，借助吸盘吸附在水生植物，如水浮莲、水葫芦、浮萍、金鱼藻、菱角和荸荠等茎叶上形成囊蚴。当猪吞食附有囊蚴的水生植物而感染。囊蚴经胃到达小肠，囊壁被消化幼虫逸出，并附在小肠黏膜上发育为成虫。进入猪体内的囊蚴约经 3 个月发育为成虫。成虫在猪体内的寿命为 9 ~13 个月（图 3 –10）。

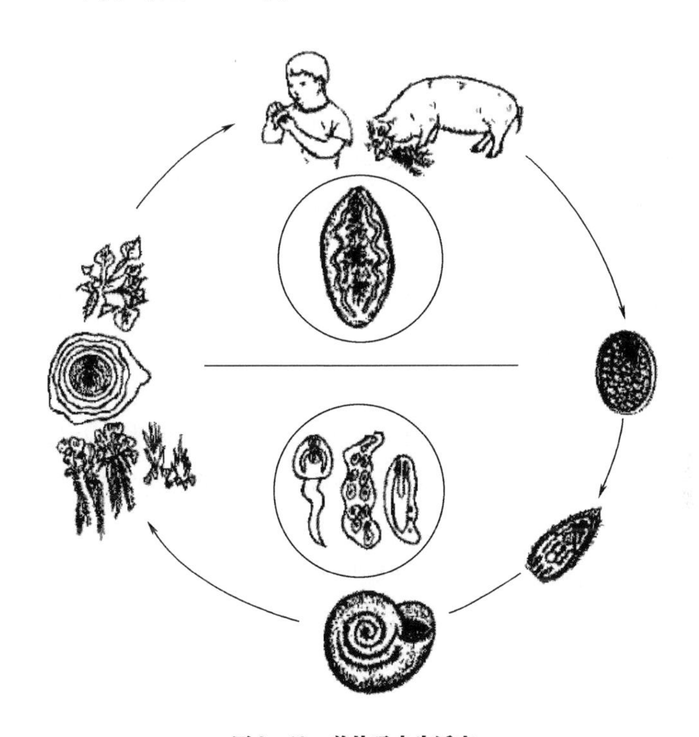

图 3 –10　姜片吸虫生活史

3. 流行病学

（1）感染来源　病猪、带虫猪和人。

（2）感染途径　终末宿主经口感染。主要通过猪、人粪便当作主要肥料给水生植物施肥，让猪直接生吃水生植物感染。

（3）繁殖力　较强。1 条成虫 1 昼夜可产卵 1 万 ~5 万个。

（4）抵抗力　囊蚴对外界环境条件抵抗力较强，在潮湿的情况下可存活 1 年，遇干燥则易死亡。

（5）地理分布　该病主要分布在用水生植物喂猪的南方省份。

（6）流行特点　该病呈地方流行性。主要危害幼猪，以 3 ~6 月龄感染率最高，以后随年龄增长感染率下降，并且纯种猪比本地种和杂种猪更易感。每年 5 ~7 月份该病开始流行，6 ~9 月份是感染的最高峰，猪只一般在秋季发病较多，也有的延至冬季。冬季由于青饲料缺少，饲养条件差，天气寒冷，导致病情更为严重，死亡率随之增高。

4. 临诊症状

虫体少量寄生时不显症状。寄生数量较多时，表现贫血、眼结膜苍白，水肿，尤其以眼睑和腹部较为明显。消瘦，营养不良，生长缓慢，精神不振，食欲减退，皮毛干燥、无光泽，腹痛、下痢和浮肿等。母猪常因虫体的寄生而产奶量下降，影响乳猪生长，有时造成母猪产仔率下降。

5. 病理变化

姜片吸虫吸附于肠黏膜上时，当虫体前端钻入肠壁，可引起肠黏膜机械性损伤、局部炎症、水肿、点状出血及溃疡和坏死，肠黏膜脱落，甚至形成脓肿。严重感染时肠道机械性阻塞，可引起肠破裂或肠套叠而死亡。

6. 诊断

根据流行病学、临诊症状和剖检变化，可做出初步诊断，粪便检查可采用直接涂片法和反复沉淀法，若发现虫卵即可确诊。

7. 治疗

（1）硫双二氯酚　体重50～100kg以下的猪，剂量为100mg/kg体重；体重100～150kg以上的猪，剂量为50～60mg/kg体重，混在少量精料中喂服，一般服后出现拉稀现象，1～2d后可自然恢复。

（2）吡喹酮　剂量为30～50mg/kg体重，拌料，1次口服。

（3）硝硫氰胺（7505）　剂量为10mg/kg体重，拌料，1次口服。

（4）硝硫氰醚3%油剂　剂量为20～30mg/kg体重，拌料，1次喂服。

8. 预防

（1）加强饲养管理　不要在有水生植物的池塘边放牧，避免猪下塘采食。如喂少量水生植物可煮熟，如大量利用则应青贮发酵后再喂猪。

（2）消灭中间宿主扁卷螺　如用1:5000的硫酸铜溶液或0.1%的石灰水等灭螺。

（3）猪粪无害化处理与定期驱虫　加强粪便管理，每天清扫猪舍粪便，堆积发酵，经生物热处理后，方可作肥料。在流行区，每年应在春、秋两季进行定期驱虫。

（四）阔盘吸虫病

阔盘吸虫病是由双腔科阔盘属的吸虫寄生于动物及人的胰管内引起的吸虫病，主要感染牛、羊，其次是猪。以贫血、营养障碍、腹泻、消瘦、水肿为特征，严重感染时可造成死亡。

1. 病原体

主要有胰阔盘吸虫、腔阔盘吸虫和支睾阔盘吸虫3种（图3－11）。其中以胰阔盘吸虫最为常见。

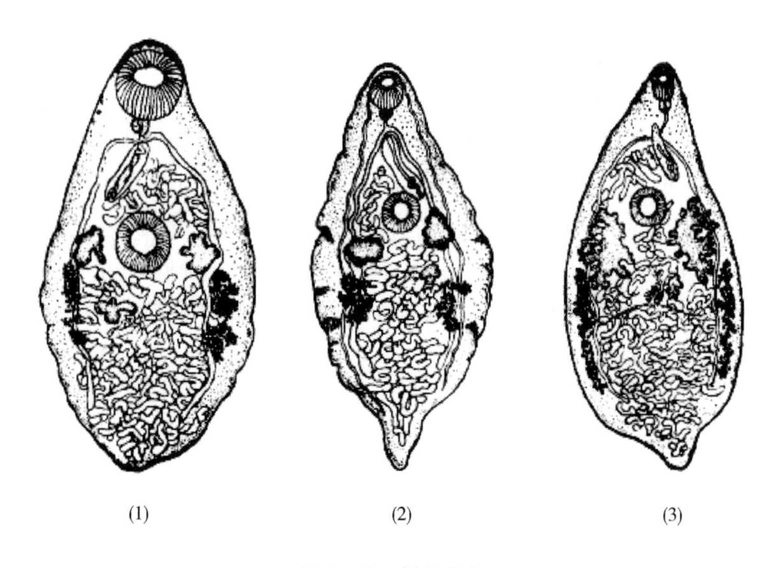

图 3-11　阔盘吸虫

（1）胰阔盘吸虫　（2）腔阔盘吸虫　（3）支睾阔盘吸虫

（1）胰阔盘吸虫（*E. pancreaticum*）　虫体扁平，较厚，呈长卵圆形。新鲜虫体呈棕红色，固定后为灰白色。大小为（8～16）mm×（5～5.8）mm。体表有小刺，成虫常已脱落。吸盘发达，口吸盘较腹吸盘大。咽小，食道短，两条肠支简单。睾丸2个，圆形或略分叶，左右排列在腹吸盘水平线的稍后方。生殖孔开口于肠管分叉处的后方。卵巢分叶3～6瓣，位于睾丸之后。受精囊呈圆形，在卵巢附近。子宫有许多弯曲，位于虫体后半部，内充满棕色虫卵。卵黄腺呈颗粒状，位于虫体中部两侧。虫卵呈黄棕色或棕褐色，椭圆形，两侧稍不对称，有卵盖，内含1个椭圆形的毛蚴。虫卵大小为（42～50）μm×（26～33）μm。

（2）腔阔盘吸虫（*E . coelomaicum*）　呈短椭圆形，体后端具有一明显的尾突，虫体大小为（7～8）mm×（3～5）mm。口、腹吸盘大小相近，卵巢呈圆形，多数边缘完整，少数分叶。

（3）支睾阔盘吸虫（*E. cladotchis*）　此种少见，虫体前尖后钝，呈瓜籽形，腹吸盘略大于口吸盘，睾丸呈分支状。卵巢分叶5～6瓣。虫体大小为（5～8）mm×（2～3）mm。

2. 生活史

三种阔盘吸虫的生活史相似。

中间宿主：陆地螺，主要为条纹蜗牛、枝小丽螺、中华灰蜗牛。

补充宿主：胰阔盘吸虫和腔阔盘吸虫的补充宿主为草螽；支睾阔盘吸虫为针蟋。

终末宿主：主要为牛、羊等反刍动物，还可感染猪、兔、人等。

成虫在终末宿主胰管内产生虫卵，虫卵随着胰液进入肠道，再随粪便排出体外，被中间宿主吞食后，在其体内孵出毛蚴，进而发育成母胞蚴、子胞蚴和尾蚴。在形成尾蚴的过程中，子胞蚴黏团逸出螺体，被补充宿主吞食，尾蚴发育为囊蚴。终末宿主吞食了含有囊蚴的补充宿主而感染，囊蚴在十二指肠内脱囊，由胰管开口进入胰管内发育为成虫（图 3－12）。阔盘吸虫整个发育期为 10～16 个月。其中在中间宿主体内需 6～12 个月；在补充宿主体内需 1 个月；在终末宿主体内需 3～4 个月。

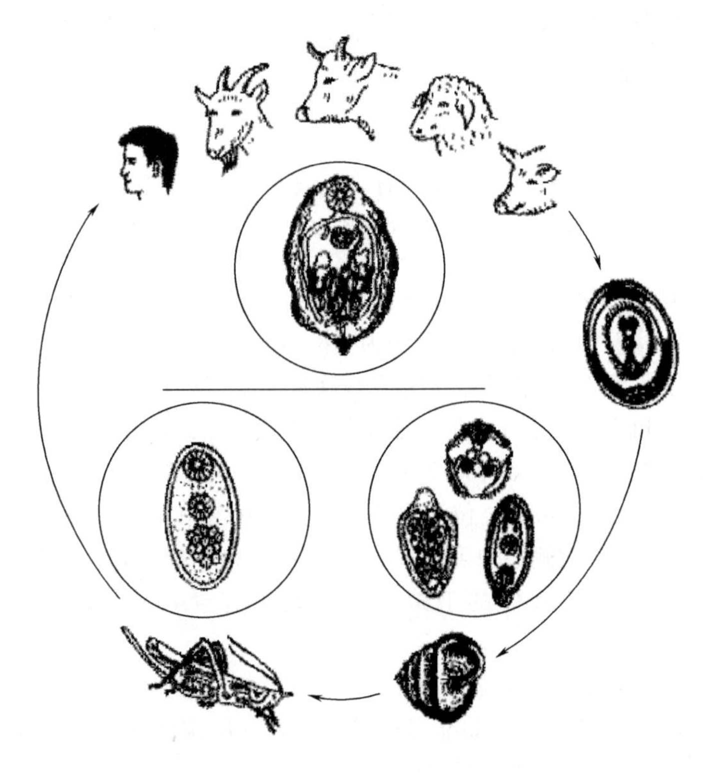

图 3－12　阔盘吸虫生活史

3. 流行病学

（1）感染来源　病畜或带虫的反刍动物，虫卵随粪便排出体外，污染周围环境。

（2）感染途径　终末宿主经口感染。

（3）地理分布　流行广泛，以胰阔盘吸虫和腔阔盘吸虫流行最广，与陆地螺和草螽的分布广泛密切相关。主要发生于放牧牛、羊。

（4）流行特点　7～10 月份草螽最为活跃，但被阔盘吸虫感染后其活动能力降低，故同期很容易被牛、羊随草一起吞食，多在冬、春季节发病。

4. 临诊症状

取决于虫体寄生强度和动物体况。轻度感染时症状不明显。严重感染时，牛、羊发生代谢失调和营养障碍，表现为消化不良，精神沉郁，消瘦，贫血，下颌及前胸水肿，腹泻，粪便中带有黏液。严重者可因恶病质而导致死亡。

5. 病理变化

尸体消瘦，胰腺肿大，胰管因高度扩张呈黑色蚯蚓状突出于胰脏表面。胰管发炎肥厚，管腔黏膜不平，呈乳头状小结节突起，并有点状出血，内含大量虫体。慢性感染则因结缔组织增生而导致整个胰脏硬化、萎缩，胰管内仍有数量不等的虫体寄生。

6. 诊断

根据流行病学、临诊症状等可做出初步诊断。粪便检查可采用直接涂片法或沉淀法，如果发现大量虫卵、再结合尸体剖检在胰管内发现大量虫体即可确诊。

7. 治疗

（1）吡喹酮　剂量为牛 35～45mg/kg 体重，羊 60～70mg/kg 体重，1 次口服，或牛、羊均按 30～50mg/kg 体重，用液体石蜡或植物油配成灭菌油剂，腹腔注射。

（2）六氯对二甲苯　剂量为牛 300mg/kg 体重，羊 400～600mg/kg 体重，1 次口服，隔天 1 次，3 次为 1 个疗程。

8. 预防

及时诊断和治疗患病动物，驱除成虫，消灭病原体；定期预防性驱虫，加强粪便管理，堆积发酵，以杀死虫卵；消灭中间宿主；避免到补充宿主活跃地带放牧，放牧地区实行轮牧。

（五）前后盘吸虫病

前后盘吸虫病又称为“同盘吸虫病”，是由前后盘科的各属吸虫寄生于牛、羊等反刍动物瘤胃所引起的疾病。除平腹属的成虫寄生于牛、羊等反刍动物的盲肠和结肠外，其他各属成虫均寄生于瘤胃。本病的主要特征为感染强度较大，症状较轻；大量幼虫在移行过程中有较强的致病作用，甚至引起死亡。

1. 病原体

前后盘吸虫的种类繁多，其共同特征为虫体肥厚，呈圆锥形，口吸盘在虫体前端，腹吸盘发达，位于虫体后端，故称前后盘吸虫。最常见的有鹿前后盘吸虫和长菲策吸虫。

（1）鹿前后盘吸虫（*P. cervis*）　呈圆锥形，形似“鸭梨”。活体为粉红色，固定后呈灰白色，大小为（8～10）mm×（4～4.5）mm。口吸盘位于虫体前端，腹吸盘位于虫体后端，大小约为口吸盘的2倍（图3－13）。虫卵呈椭圆形，淡灰色，有卵盖，卵黄细胞不充满整个虫卵，大小为（125～132）μm×（70～80）μm。

（2）长菲策吸虫（*F. elongatus*） 虫体前端稍尖，呈长圆筒形，为深红色，固定后呈灰白色，大小为（10～23）mm×（3～5）mm。体腹面具有腹袋。腹吸盘位于虫体后端，大小约为口吸盘的2.5倍（图3－14）。虫卵和鹿前后盘吸虫相似，颜色为褐色。

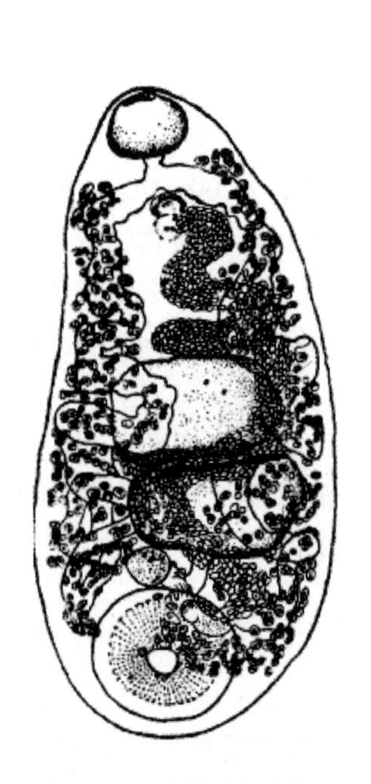

图3－13 鹿前后盘吸虫图

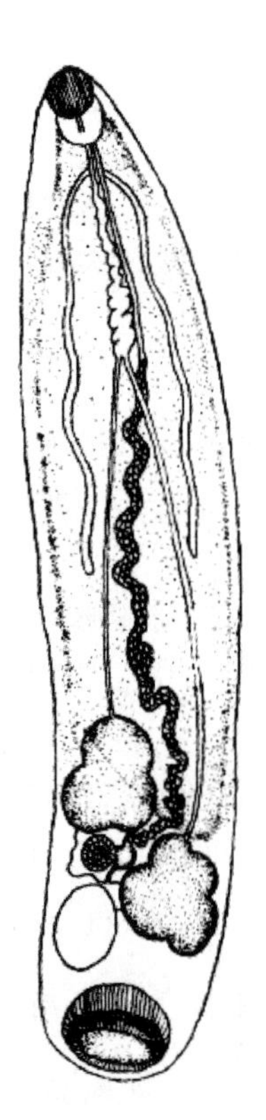

图3－14 长菲策吸虫

2. 生活史

中间宿主：淡水螺类，主要为扁卷螺和椎实螺。

终末宿主：主要为牛、羊、鹿、骆驼等反刍动物。

成虫在反刍动物瘤胃内产卵，虫卵随粪便排出体外落入水中，在适宜条件下约需14d孵出毛蚴。毛蚴在水中游动，遇到中间宿主即钻入其体内，发育为胞蚴、雷蚴和尾蚴，侵入中间宿主体内的毛蚴约经43d发育为尾蚴，尾蚴逸出螺体，附着在水草上很快形成囊蚴。终末宿主牛、羊等吞食含有囊蚴的水草而感染。囊蚴在肠道内脱囊，幼虫在小肠、皱胃及其黏膜下以及胆囊、胆管和腹腔等处移行，最后到达瘤胃，约经3个月发育为成虫。

3. 流行病学

（1）感染来源 患病或带虫牛、羊等反刍动物。

（2）感染途径 终末宿主经口感染。虫卵随粪便排出，污染水草。

（3）流行特点 广泛流行，多流行于江河流域、低洼潮湿等水源丰富的地区。南方可常年感染，北方主要在5～10月份感染。幼虫引起的急性病例多发生于夏、秋季节，成虫引起的慢性病例多发生于冬、春季节。多雨年份易造成流行。

4. 临诊症状

（1）急性型 由幼虫在宿主体内移行引起。多见于犊牛。表现为精神沉郁，食欲降低，体温升高，顽固性下痢，粪便带血、恶臭、有时可见幼虫。重者消瘦、贫血，体温升高，嗜中性粒细胞增多且核左移，嗜酸性粒细胞和淋巴细胞增多，可衰竭死亡。

（2）慢性型 由成虫寄生而引起。主要表现为食欲减退、消瘦、贫血、颌下水肿、腹泻等消耗性症状。

5. 病理变化

剖检可见瘤胃壁上有大量成虫寄生，瘤胃黏膜肿胀、损伤。幼虫移行时可造成“虫道”，使胃肠黏膜和其他脏器受损，有多量出血点，肝脏淤血，胆汁稀薄，颜色变淡，病变各处均有大量幼虫。慢性病例可见瘤胃壁黏膜肿胀，其上有大量成虫。

6. 诊断

根据流行病学、临诊症状、粪便检查和剖检发现虫体综合诊断。粪便检查用沉淀法，发现大量虫卵时方可确诊。

7. 治疗

（1）硫双二氯酚 剂量为牛40～50mg/kg体重，羊80～100mg/kg体重，1次口服。对寄生于瘤胃壁上的前后盘吸虫的幼虫约有87%的驱虫率，对成虫有100%的效果，但在应用时应注意，如果病牛腹泻严重，特别是犊牛则不宜采用此药，以防腹泻加重，引起死亡。

（2）氯硝柳胺 剂量为牛50～60mg/kg体重，羊70～80mg/kg体重，1次口服。

8. 预防

同片形吸虫病。

（六）前殖吸虫病

前殖吸虫病是由前殖科前殖属的前殖吸虫寄生于家禽及鸟类的输卵管、法氏囊、泄殖腔及直肠所引起的疾病，偶见于蛋内。主要特征为输卵管炎、产畸形蛋和继发性腹膜炎。

1. 病原体

前殖吸虫种类较多，但以卵圆前殖吸虫和透明前殖吸虫分布较广。

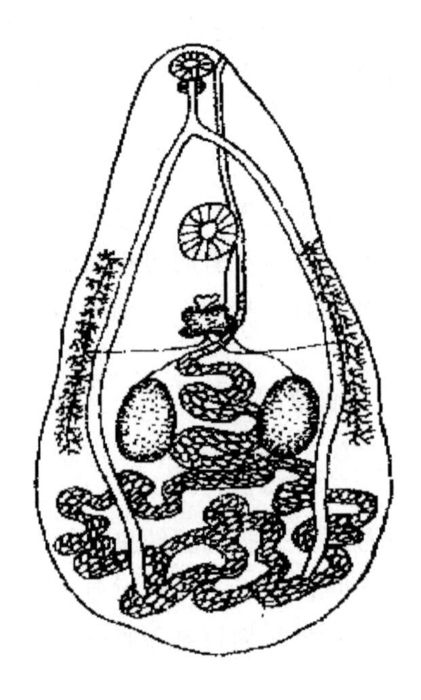

图 3－15　透明前殖吸虫

（1）卵圆前殖吸虫（*P. ovatus*）　虫体前端狭，后端钝圆，体表有小刺。大小为（3～6）mm×（1～2）mm。口吸盘小，呈椭圆形，位于虫体前端，腹吸盘较大，位于虫体前 1/3 处。睾丸卵圆形，并列于虫体中部。卵巢分叶，位于腹吸盘的背面。子宫盘曲于睾丸和腹吸盘前后。卵黄腺在虫体中部两侧。生殖孔开口于口吸盘的左前方。虫卵呈棕褐色，椭圆形，大小为（22～24）μm×（13～16）μm，一端有卵盖，另一端有小刺，内含卵细胞。

（2）透明前殖吸虫（*P. pellucidus*）　前端稍尖，后端钝圆，体表前半部有小棘。大小为（6.5～8.2）mm×（2.5～4.2）mm。口吸盘呈球形，位于虫体前端，腹吸盘呈圆形，位于虫体前 1/3 处，口吸盘等于或略小于腹吸盘。睾丸卵圆形，并列于虫体中央两侧。卵巢多分叶，位于腹吸盘与睾丸之间。卵黄腺分布于腹吸盘后缘与睾丸后缘的体两侧。生殖孔开口于口吸盘的左前方（图 3－15）。虫卵与卵圆前殖吸虫卵基本相似，大小为（26～32）μm×（10～15）μm。

此外还有楔形前殖吸虫、鲁氏前殖吸虫和家鸭前殖吸虫。

2. 生活史

中间宿主：淡水螺类。

补充宿主：蜻蜓及其稚虫。

终末宿主：鸡、鸭、鹅、野鸭及其他鸟类。

成虫在终末宿主的寄生部位产卵，虫卵随终末宿主粪便和排泄物排出体外，被中间宿主吞食（或遇水孵出毛蚴）发育为毛蚴，毛蚴在螺体内发育为胞蚴和尾蚴，无雷蚴阶段。尾蚴成熟后逸出螺体，游于水中，遇到补充宿主时，由其肛孔进入肌肉约经 70d 形成囊蚴。家禽由于啄食含有囊蚴的蜻蜓或其稚虫而感染，在消化道内囊蚴壁被消化，幼虫逸出后经肠道进入泄殖腔，再转入输卵管或法氏囊经 1 ~3 周发育为成虫。成虫在鸡体内生存期为 3 ~6 周，在鸭体内 18 周（图 3 –16）。

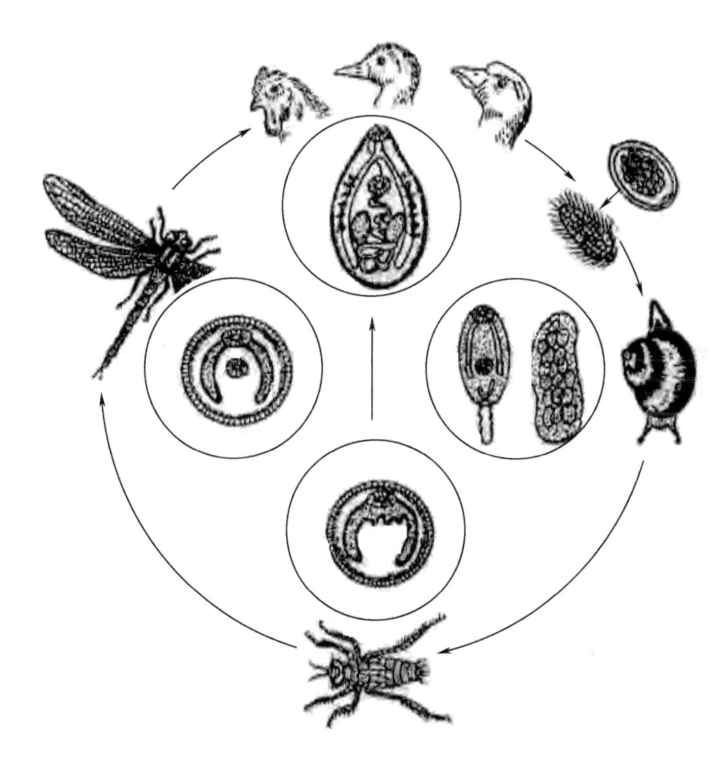

图 3 –16　前殖吸虫生活史

3. 流行病学

（1）感染来源　患病或带虫鸡、鸭、鹅等，虫卵存在于粪便和排泄物中。

（2）感染途径　终末宿主经口感染。

（3）流行特点　流行季节与蜻蜓的出现季节相一致。家禽的感染多因到水池岸边放牧，捕食蜻蜓所引起。本病在我国南方分布较广，常呈地方流行性，各种年龄的家禽均能感染。

4. 临诊症状

本病主要危害鸡，特别是产蛋鸡，对鸭的致病性不强。初期症状不明显，食欲、产蛋正常，但蛋壳变软变薄，随之产蛋量下降，畸形蛋、软壳蛋、无壳蛋增加，病情继续发展，患鸡出现食欲减退、消瘦、精神不振、产蛋停止，有时从泄殖腔中排出石灰水样液体，并可见腹部膨大、下垂、压痛。泄殖腔突出，肛门潮红，腹部及肛门周围羽毛脱落，后期体温升高，严重者可致死亡。

5. 病理变化

主要病变是输卵管炎，输卵管黏膜充血，极度增厚，在黏膜上可找到虫体。其次是腹膜炎，腹腔内有大量黄色混浊的液体，脏器被干酪样物黏着在一起。

6. 诊断

根据蜻蜓活跃季节等流行病学资料和临诊症状可做出初步诊断；剖检可见病变并发现虫体、结合粪便虫卵检查可确诊。

7. 治疗

（1）丙硫咪唑　剂量为120mg/kg体重，1次口服。

（2）吡喹酮　剂量为60mg/kg体重，1次口服。

（3）氯硝柳胺　剂量为100～200mg/kg体重，1次口服。

8. 预防

在流行区应根据季节动态进行有计划的驱虫；消灭中间宿主淡水螺，对主要孳生地如沼泽和低洼地区用硫酸铜、氯硝柳胺等进行灭螺。避免在蜻蜓出现的时间（早、晚和雨后）或到其稚虫栖息的池塘边放牧。

（七）双腔吸虫病

双腔吸虫病是由双腔科双腔属的吸虫寄生于牛、羊等反刍动物的胆管和胆囊内引起的寄生虫病。主要特征为胆管炎、肝硬变，并导致代谢障碍和营养不良。常与肝片形吸虫混合感染。

1. 病原体

常见的虫种有矛形双腔吸虫和中华双腔吸虫。

（1）矛形双腔吸虫（*P. pellucidus*）　又称支双腔吸虫，虫体扁平、透明，呈棕红色，肉眼可见到内部器官，表面光滑，窄长呈“矛形”。前端较尖锐，体后半部稍宽。虫体大小为（6.7～8.3）mm×（1.6～2.1）mm，长宽比例为3:1～5:1。腹吸盘大于口吸盘。口吸盘位于前端，腹吸盘位于体前1/5处；两睾丸前后排列或斜列在腹吸盘后方，边缘不整齐或分叶。睾丸后方偏右为卵巢及受精囊，卵巢呈圆形，位于睾丸之后。子宫弯曲，充满虫体后半部，生殖孔开口于腹吸盘前方肠管分叉处。卵黄腺位于虫体中部两侧，呈细小颗粒状（图3－17）。虫卵呈卵圆形，黄褐色，卵壳厚，一端有卵盖，左右不对称，内含毛蚴。虫卵大小为（34～44）μm×（29～33）μm。

（2）中华双腔吸虫（*D. chinensis*）　与矛形双腔吸虫相似，但虫体较宽，虫体大小为（3.5～9.0）mm×（2.0～3.1）mm。主要区别为2个睾丸边缘不整齐或稍分叶，左右并列于腹吸盘后（图3－18）。虫卵大小为（45～51）μm×（30～33）μm。

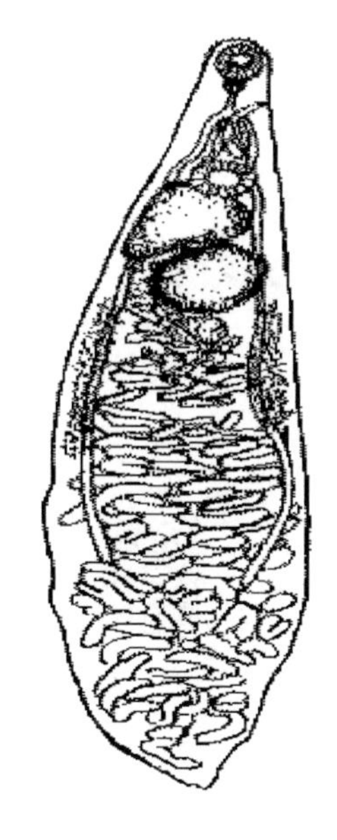

图 3－17 矛形双腔吸虫

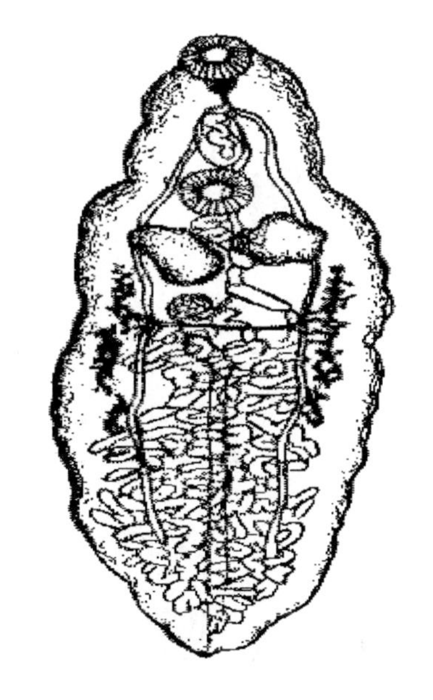

图 3－18 中华双腔吸虫

2. 生活史

中间宿主：陆地螺，主要为条纹蜗牛、枝小丽螺等。

补充宿主：蚂蚁。

终末宿主：主要为牛、羊、鹿和骆驼等反刍动物。

成虫在终末宿主胆管和胆囊内产卵，虫卵随胆汁进入肠道，然后随粪便排出体外。虫卵被中间宿主吞食后、在其体内孵出毛蚴，进而发育为母胞蚴、子胞蚴和尾蚴。众多尾蚴聚集形成尾蚴群囊，外被黏性物质包裹成为黏性球，从螺的呼吸腔排出，黏附于植物或其它物体上，进入中间宿主体内的虫卵发育为尾蚴需 82～150d。当含尾蚴的黏性球被补充宿主吞食后，很快在其体内形成囊蚴。终末宿主吞食了含有囊蚴的蚂蚁而感染。囊蚴在终末宿主的肠内脱囊，由十二指肠经总胆管进入胆管及胆囊内约经 72～85d 发育为成虫。整个发育期为 160～240d（图 3－19）。

3. 流行病学

（1）感染来源 患病或带虫牛、羊等反刍动物，虫卵存在于粪便中。

（2）感染途径 经口感染。

（3）抵抗力 虫卵对外界环境的抵抗力强，在土壤和粪便中可存活数月，在 18～20℃时，干燥 1 周仍能存活；虫卵对低温的抵抗力更强，能耐受－50℃的低温；虫卵也能耐受高温，50℃时 24h 仍有活力。

（4）流行特点 分布广泛，在我国主要分布于东北、华北、西北和西南等

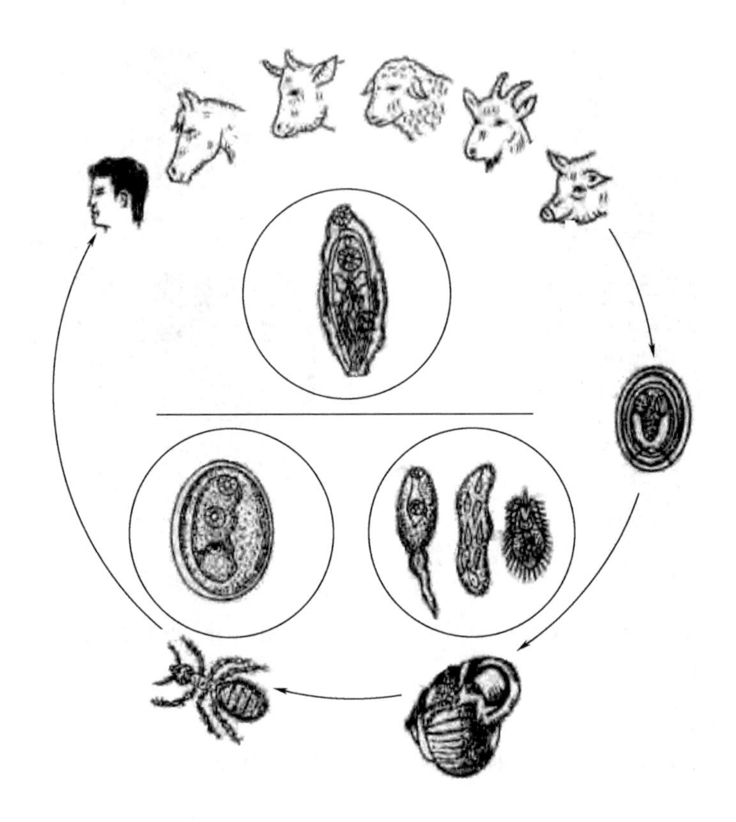

图3－19 双腔吸虫生活史

省和自治区，多呈地方流行性。在南方地区，动物几乎全年都可感染；而在北方地区，由于中间宿主冬眠，动物的感染明显具有春、秋两季的特点，但动物发病多在冬、春季节。动物随年龄的增长，其感染率和感染强度也逐渐增加，感染的虫体数可达数千条，甚至上万条，这说明动物获得性免疫力较差。

4. 临诊症状

轻度感染时症状不明显。严重感染时，尤其在早春症状明显。一般表现为慢性消耗性疾病症状，精神沉郁，食欲不振，逐渐消瘦，可视黏膜苍白、黄染，下颌水肿，腹泻，行动迟缓，喜卧等。本病常与肝片形吸虫混合感染，症状加重，并可引起死亡。

5. 病理变化

主要病变为胆管卡他性炎症和胆管壁增厚，胆管周围结缔组织增生。肝脏发生硬变、肿大，肝表面粗糙，胆管扩张显露呈索状。在胆管和胆囊内可见寄生有数量不等的虫体。

6. 诊断

根据流行病学资料，结合临诊症状、粪便检查和剖检发现虫体综合诊断。

粪便检查用沉淀法。因带虫现象极为普遍，发现大量虫卵时方可确诊。双腔吸虫病与肝片吸虫病的临诊症状、病理变化很相似，因此，要注意鉴别诊断。

7. 治疗

（1）三氯苯丙酰嗪（海涛林）　配成2%的混悬液，经口灌服有特效。剂量为牛30～40mg/kg体重，羊40～50mg/kg体重，1次口服。

（2）丙硫咪唑　剂量为牛10～15mg/kg体重，羊30～40mg/kg体重，1次口服。用其油剂腹腔注射，效果良好。

（3）六氯对二甲苯（血防846）　剂量为牛、羊均按200～300mg/kg体重，1次口服，连用2次。

（4）吡喹酮　剂量为牛35～45mg/kg体重，羊60～70mg/kg体重，1次口服。

8. 预防

每年的秋末和冬季进行2次驱虫，以防虫卵污染牧场；加强粪便管理，进行生物热发酵，杀死虫卵；消灭中间宿主，可采取改良牧场或放养成鸡进行灭螺灭蚁；禁止动物在潮湿和低洼的牧场上放牧，以减少感染机会。

（八）并殖吸虫病

并殖吸虫病是由并殖科并殖属的吸虫寄生于犬、猫等动物和人的肺脏内引起的疾病，又称肺吸虫病，是重要的人兽共患寄生虫病。主要特征为引起肺炎和囊肿，痰液中含有虫卵，异位寄生时引起相应症状。

1. 病原体

卫氏并殖吸虫（*P. westermani*），虫体新鲜时呈深红色，肥厚，腹面扁平，背面隆起，很像半粒赤豆，固定压扁后呈椭圆形，大小为（7.6～16.0）mm×（4.0～8.0）mm，厚3.5～5.0mm。体表被有小棘，口、腹吸盘大小略同。腹吸盘位于体中横线稍前，两盲肠形成弯曲终于体末端。睾丸分支左右并列于虫体后1/3处。卵巢分5～6个叶，形如指状，位于腹吸盘的右侧。卵黄腺由许多密集的卵黄滤泡组成，分布于虫体两侧。子宫内充满虫卵与卵巢左右对称(图3－20)。

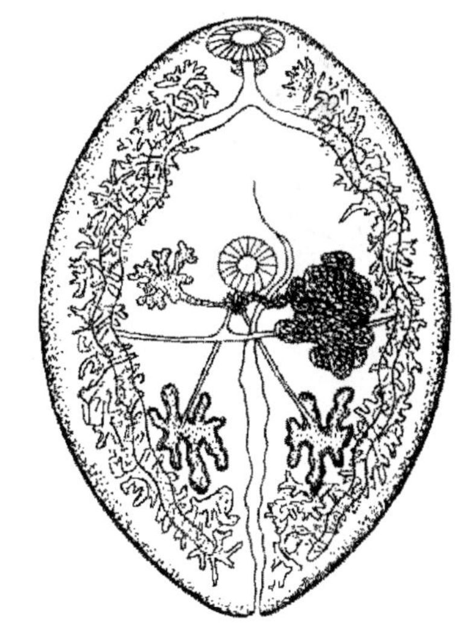

图3－20　卫氏并殖吸虫

虫卵金黄色，呈不规则的椭圆形，卵壳薄厚不均。大小为（75～118）μm×（48～67）μm，内含卵黄细胞数十个。

2. 生活史

中间宿主：淡水螺类。

补充宿主：淡水蟹和蝲蛄。

终末宿主：主要为犬、猫、猪和人，还见于野生的犬科和猫科动物中的狐狸、狼、貉、猞猁、狮、虎、豹等。

成虫在终末宿主肺脏产卵，虫卵上行进入支气管和气管，或随痰排出或进入口腔，再吞下经肠道随粪便排出体外。落于水中的虫卵在适宜的温度下经2～3周孵出毛蚴。毛蚴在水中游动，遇到中间宿主即侵入其体内发育为胞蚴、母雷蚴、子雷蚴及尾蚴。成熟的尾蚴从螺体逸出后，侵入补充宿主体内变为囊蚴。从毛蚴进入中间宿主至补充宿主体内变为囊蚴约需3个月。终末宿主吃到含有囊蚴的补充宿主后，囊蚴在肠内破囊而出，穿过肠壁进入腹腔，在脏器间移行窜扰后穿过膈肌进入胸腔，钻过肺膜进入肺脏经2～3个月发育为成虫。成虫寿命一般为5～6年（图3－21）。

图3－21　并殖吸虫生活史

3. 流行病学

（1）感染来源　患病动物或带虫的犬、猫、猪和人，虫卵存在于粪便中。

（2）感染途径 终末宿主经口感染。

（3）抵抗力 囊蚴对外界的抵抗力较强，经盐、酒腌制则大部分不死，在10%～20%的盐水或醋中部分囊蚴可存活24h以上，但加热到70℃，经3min即可将其全部杀死。

（4）地理分布 该病广泛分布于世界各地。在我国分布于23个省、直辖市、自治区。

（5）流行特点 由于中间宿主和补充宿主分布特点，加之卫氏并殖吸虫的终末宿主范围又较广泛，因此，本病具有自然疫源性。

4. 临诊症状

患病动物表现精神沉郁，食欲不振，消瘦，咳嗽，气喘，胸痛，血痰，湿性啰音。因并殖吸虫在体内有到处窜扰的习性，有时出现异位寄生。寄生于脑部时，表现头痛、癫痫、瘫痪等；寄生于脊髓时，出现运动障碍、下肢瘫痪等；寄生于腹部时，可致腹痛、腹泻、便血、肝脏肿大等；寄生于皮肤时，皮下出现游走性结节，有痒感和痛感。

5. 病理变化

主要是虫体形成囊肿，以肺脏最为常见，还可见于全身各内脏器官中。肺脏中的囊肿多位于浅层，有豌豆大，稍凸出于肺表面，呈暗红色或灰白色，单个散在或积聚成团，切开时可见黏稠褐色液体，有的可见虫体，有的有脓汁或纤维素，有的成空囊。有时可见纤维素性胸膜炎、腹膜炎并与脏器粘连。

6. 诊断

根据临诊症状，结合流行病学资料，并检查痰液及粪便中虫卵确诊。痰液用10%氢氧化钠溶液处理后，离心沉淀检查。粪便检查用沉淀法。也可用X光检查和血清学方法诊断，如间接血凝试验及酶联免疫吸附试验等。

7. 治疗

（1）硫双二氯酚（别丁） 剂量为50～100mg/kg体重，每日或隔日给药，10～20个治疗日为1个疗程。

（2）丙硫咪唑 剂量为50～100mg/kg体重，连服2～3周。

（3）吡喹酮 剂量为50mg/kg体重，1次口服。

（4）硝氯酚 剂量为每天1mg/kg体重给药，连服3d；或2mg/kg体重，分两次给药，隔日服药。

8. 预防

在流行区防止易感动物及人生食或半生食溪蟹和蝲蛄；粪便无害化处理；患病脏器应销毁；搞好灭螺工作。

（九）东毕吸虫病

东毕吸虫病是由分体科东毕属的各种吸虫寄生于牛、羊等多种动物的肠系膜静脉及门静脉内引起的疾病。主要特征为贫血、腹泻、水肿、发育不良，影响受胎或发生流产。

1. 病原体

病原体有4种：土耳其斯坦东毕吸虫、程氏东毕吸虫、土耳其斯坦东毕吸虫结节变种、彭氏东毕吸虫。常见的是前两种。

（1）土耳其斯坦东毕吸虫（*O. turkestanicum*） 雌雄异体，虫体呈线状，雌雄经常呈合抱状态。雄虫为乳白色，大小为（4～5）mm×（0.4～0.5）mm，腹面有抱雌沟。睾丸数目为78～80个，细小，颗粒状，位于腹吸盘后呈不规则的双行排列。生殖孔开口于腹吸盘后方。雌虫为暗褐色，体表光滑无结节，纤细，略长，大小为（4～6）mm×（0.07～0.12）mm。卵巢呈螺旋状扭曲，位于两肠管合并处的前方。卵黄腺位于肠管两侧。子宫短，在卵巢前方，子宫内通常只有一个虫卵。虫卵大小为（72～74）μm×（22～26）μm，无卵盖，两端各有一个附属物，一端较尖，另一端钝圆（图3－22）。

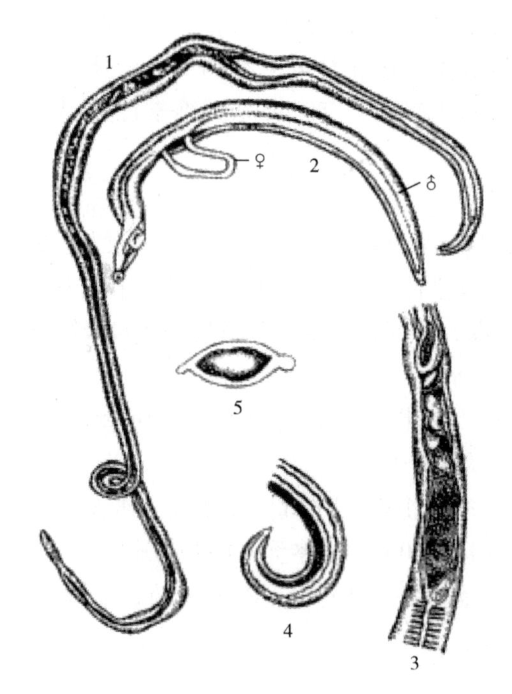

图3－22 土耳其斯坦东毕吸虫

1—雌虫 2—雌雄抱合 3—雌虫卵巢部分 4—雌虫尾部 5—虫卵

（2）程氏东毕吸虫（*O. cheni*） 体表有结节。雄虫粗大，大小为（3～5）mm×（0.2～0.35）mm，抱雌沟明显。雌虫比雄虫细短，大小为（2.6～3）mm×（0.1～0.15）mm。雄虫睾丸较大，数目为53～99个，拥挤重叠，单行排列。虫卵大小为（80～130）μm×（30～50）μm。

2. 生活史

中间宿主：东毕吸虫的中间宿主为椎实螺类，有耳萝卜螺、卵萝卜螺、小土窝螺等。它们栖息于水田、池塘、水流缓慢及杂草丛生的河滩、死水洼、草塘和水溪等处。

终末宿主：主要为牛、羊、鹿、骆驼等反刍动物；其次是马、驴等单蹄动物和人。

成虫寄生于牛羊等终末宿主的门静脉和肠系膜静脉，虫体成熟后产卵，虫卵或在肠壁黏膜或被血流冲积到肝脏内形成虫卵结节。该结节在肠壁黏膜处可破溃使虫卵进入肠腔，在肝脏处的虫卵或被结缔组织包埋、钙化而死亡或结节随血流或胆汁而注入小肠随粪便排出体外。虫卵在适宜的条件下大约经10d孵出毛蚴，毛蚴在水中遇到适宜的中间宿主即钻入其体内发育为母胞蚴、子胞蚴和尾蚴。毛蚴侵入螺体发育至尾蚴约需1个月。尾蚴自螺体逸出，在水中遇到终末宿主即经皮肤侵入，移行至肠系膜静脉及门静脉内，经1.5～2个月发育为成虫。

3. 流行病学

（1）感染来源　病畜或带虫牛、羊等动物，虫卵存在于粪便中。

（2）感染途径　终末宿主经皮肤感染。

（3）地理分布　呈地方流行性。分布广泛，主要分布于长江以北多数省、区。

（4）流行特点　具有一定的季节性，一般在5～10月份流行，北方地区多在6～9月份。急性病例多见于夏、秋季节，慢性病例多见于冬、春季节。成年牛、羊的感染率比幼龄高。

4. 临诊症状

多为慢性经过，病畜表现为营养不良，消瘦，贫血和腹泻，粪便常混有黏液和脱落的黏膜和血丝。可视黏膜苍白，颌下和腹下部出现水肿，成年病畜体弱无力，使役时易出汗，母畜不发情、不妊娠或流产。幼畜生长缓慢，发育不良。突然感染大量尾蚴或新引进家畜感染可能引起急性发作，表现为体温升高至40℃以上，食欲减退，精神沉郁，呼吸促迫，腹泻，消瘦，直至死亡。妊娠牛易流产，奶牛产奶量下降。

东毕吸虫的尾蚴可钻入人体皮肤内，引起尾蚴性皮炎（稻田性皮炎）。人感染后几小时，皮肤出现米粒大红色丘疹，1～2d内发展成绿豆大，周围有红晕及水肿，有时可连成风疹团，剧痒。

5. 病理变化

尸体消瘦，贫血，腹腔内常有大量积水。小肠壁肥厚，黏膜上有出血点或坏死灶，肠系膜淋巴结水肿。肝脏表面凸凹不平、质地变硬，并有大小不等的灰白色坏死结节。肝脏在初期多表现为肿大，后期多表现为萎缩，被膜增厚，呈灰白色。

6. 诊断

本病的生前诊断比较困难，常根据流行病学、临诊症状、尸体剖检进行诊断，在肠系膜静脉及门静脉内发现大量虫体即可确诊。粪便检查用毛蚴孵化法。

7. 治疗

（1）吡喹酮　剂量为牛、羊 30～40mg/kg 体重，1 次内服，每天一次，连用 2d。

（2）六氯对二甲苯　剂量为绵羊 100mg/kg 体重，1 次内服；牛 350mg/kg 体重，1 次内服，连用 3d。

（3）硝硫氰胺　剂量为绵羊 50mg/kg 体重，1 次内服；牛 20mg/kg 体重，连用 3d 为 1 个疗程；也可用 2% 混悬液静脉注射，绵羊 2～3mg/kg 体重，牛 1.5～2mg/kg 体重。对绵羊驱虫效果好。

8. 预防

（1）定期驱虫　应在每年春秋给牛、羊等各驱虫一次。初春驱虫可以防止虫卵随粪便传播，深秋驱虫可以保证动物安全越冬。

（2）杀灭中间宿主　根据椎实螺的生态学特点，结合农牧业生产采取有效的措施，改变螺类的生存环境，进行灭螺。也可以使用五氯酚钠，氯硝柳胺、氯乙酰胺等杀螺剂灭螺。同时可以饲养水禽进行生物灭螺。

（3）加强粪便管理　防止病畜粪便污染水源，将粪便堆积发酵，杀灭虫卵。

（4）加强饲养卫生管理　严禁家畜接触和饮用“疫水”，特别在流行区内不得饮用池塘、水田、沟渠、沼泽、湖水，最好给家畜设置清洁饮水槽，饮用井水或自来水。

（十）日本分体吸虫病

日本分体吸虫病是由分体科分体属的吸虫寄生于人和牛、羊等多种动物的门静脉系统的小血管内所引起的一种人兽共患寄生虫病，又称为“血吸虫病”。主要特征为急性或慢性肠炎、肝硬化、贫血、消瘦。

1. 病原体

日本分体吸虫（*S. japanicum*），为雌雄异体，呈线状。雄虫体形较雌虫短粗，呈乳白色，大小为（10～20）mm×（0.5～0.55）mm。口吸盘位于虫体前端，腹吸盘较大，在口吸盘后方不远处具有粗而短的柄。体壁自腹吸盘后方至尾部，两侧向腹面卷起形成抱雌沟，雌虫常居雄虫的抱雌沟内，呈合抱状态，交配产卵。雌虫细长为灰褐色，大小为（15～26）mm×0.3mm。口、腹吸盘均较雄虫小，口吸盘内有口，缺咽，下接食道，两侧有食道腺。肠管在腹吸盘前分为两支，向后延伸，约于体后1/3处再合为一条单管，伸达虫体末端。雄虫睾丸有7枚，呈椭圆形，串状排列于前部的背侧，每个睾丸有一输出管，共同汇合为一输精管，向前扩大为贮精囊。雄性生殖孔开口于腹吸盘后抱雌沟内。雌虫具卵巢1个，呈椭圆形，位于中部偏后方两侧肠管之间，其后端发出一输卵管，并折向前方伸延，在卵巢前面和卵黄管合并，形成卵膜。卵膜周围为梅氏腺。卵模前为管状子宫，其中含卵50～300个，雌性生殖孔开口于腹吸盘后方。卵黄腺呈较规则的分支状，位于虫体后1/4处（图3－23）。

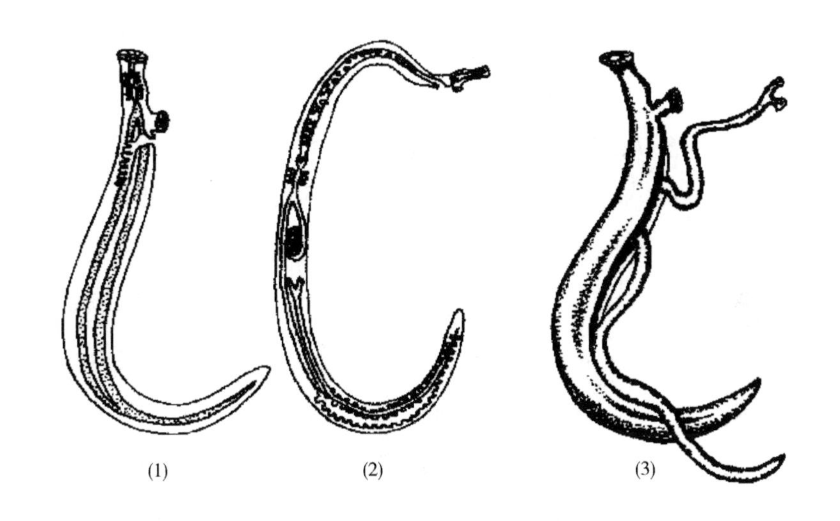

图3－23 日本分体吸虫

（1）雄虫 （2）雌虫 （3）雌雄合抱

虫卵呈椭圆形，淡黄色，大小为（70～100）μm×（50～65）μm，卵壳较薄，无盖，在其侧方有一小刺，卵内含毛蚴。

2. 生活史

中间宿主：钉螺。

终末宿主：主要为人和牛，其次为羊、猪、马、犬、猫、兔、啮齿类及多种野生哺乳动物。

日本分体吸虫的成虫寄生于终末宿主的门静脉和肠系膜静脉内，虫体可逆流移行至肠黏膜下层静脉末梢。寄生状态时，一般雌、雄虫合抱，交配后雌虫产出虫卵。一部分虫卵顺血流到达肝脏，一部分沉积在肠壁形成结节。虫卵在肠壁或肝脏内逐渐发育成熟，内含毛蚴。毛蚴分泌的溶组织酶通过卵壳的微孔到组织内，破坏血管壁，并使周围的肠黏膜组织发炎和坏死，加之肠壁肌肉的收缩，使结节及坏死组织向肠腔破溃，虫卵即进入肠腔，随终末宿主的粪便排出体外。虫卵落入水中，如水温度在 25 ~ 30℃、pH7.4 ~ 7.8 时，数小时即可孵出毛蚴。毛蚴在水中游动，遇到中间宿主即钻入其体内，经母胞蚴、子胞蚴发育为尾蚴。毛蚴侵入螺体发育至尾蚴约需 3 个月。尾蚴离开螺体游于水表面，遇到终末宿主经皮肤钻入，然后脱掉尾部经小血管或淋巴管随血流经右心、肺、体循环到达肠系膜静脉和门静脉内发育为成虫。尾蚴侵入宿主后发育为成虫的时间，因宿主的种类不同而有差异，一般奶牛为 36 ~ 38d，黄牛为 39 ~ 42d，水牛为 46 ~ 50d。成虫寿命一般为 3 ~ 4 年，在黄牛体内能存活 10 年以上（图 3 - 24）。

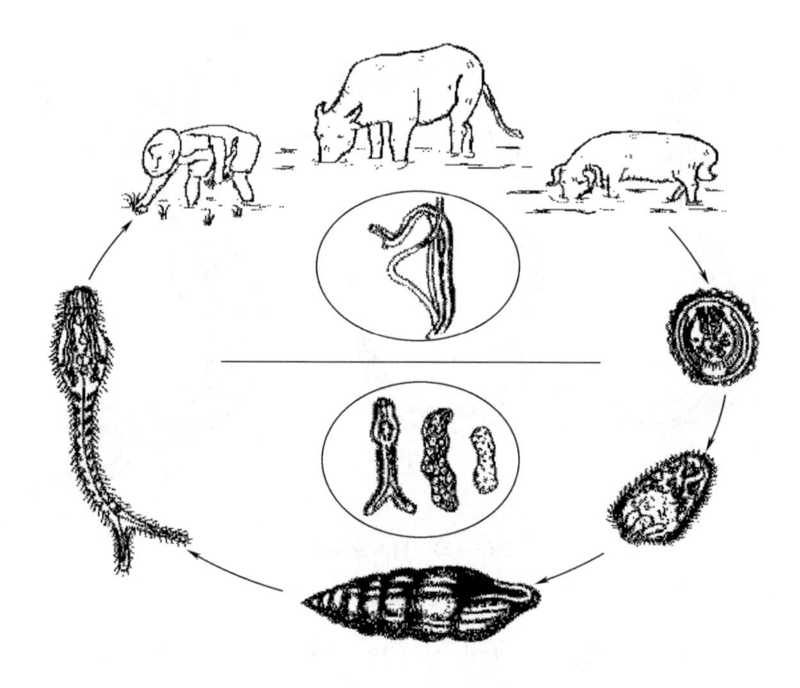

图 3 - 24 日本分体吸虫生活史

3. 流行病学

（1）感染来源 患病或带虫的牛和人等，虫卵存在于粪便中。

（2）感染途径 终末宿主主要经皮肤感染，还可通过吞食含尾蚴的水、草经口腔黏膜感染以及经胎盘感染。

（3）繁殖力　一条雌虫1d可产卵1000个左右。一个毛蚴在钉螺体内经无性繁殖，可产出数万条尾蚴。尾蚴在水中遇不到终末宿主时，可在数天内死亡。

（4）季节性　钉螺的存在对本病的流行起着决定性作用。在流行区内，钉螺常于3月份开始出现，4～5月份和9～10月份是繁殖旺季。掌握钉螺的分布及繁殖规律，对防治本病具有重要意义。

（5）地理分布　主要分布于长江流域和江南的省、市。一般钉螺阳性率高的地区，人、畜的感染率也高；凡有病人及阳性钉螺的地区，一定有病牛。病人、病畜的分布与当地钉螺的分布是一致的，具有地区性特点。

（6）流行特点　黄牛的感染率和感染强度高于水牛。黄牛年龄越大，阳性率越高。而水牛随着年龄增长，其阳性率则有所降低，并有自愈现象。在流行区，水牛在传播本病上可能起主要作用。

4. 临诊症状

以犊牛和犬的症状较重，羊和猪较轻。黄牛症状较水牛明显，成年水牛多为带虫者。

犊牛大量感染时，症状明显，往往呈急性经过。主要表现为食欲不振、精神沉郁，体温升高达40～41℃，可视黏膜苍白，水肿，行动迟缓，日渐消瘦，因衰竭而死亡。慢性型病畜表现为消化不良、发育缓慢，往往成为侏儒牛，食欲不振，有里急后重现象，下痢，粪便含有黏液和血液。患病母牛发生不孕、流产等。轻度感染时，症状不明显，成为带虫者。

人先出现皮炎，而后咳嗽、多痰、咯血，继而发热、下痢、腹痛。后期出现肝、脾肿大，肝硬化，腹水增多（俗称大肚子病），逐渐消瘦、贫血，常因衰竭而死亡。幸存者体质极度衰弱，成人丧失劳动能力，妇女不育，孕妇流产、儿童发育不良。

5. 病理变化

尸体消瘦、贫血、腹水增多。虫卵沉积于组织中产生虫卵结节（虫卵肉芽肿）。病变主要在肝脏和肠壁，肝脏表面凸凹不平，表面和切面有米粒大灰白色虫卵结节，初期肝脏肿大，后期肝脏萎缩、硬化。严重感染时，肠壁肥厚，表面粗糙不平，肠道各段均可找到虫卵结节，尤以直肠的病变最为严重。肠黏膜有溃疡斑，肠系膜淋巴结和脾脏肿大，门静脉血管肥厚。在肠系膜静脉和门静脉内可找到多量雌、雄合抱的虫体。此外，在心、肾、脾、胰、胃等器官有时也可发现虫卵结节。

6. 诊断

根据流行病学资料、临诊症状、剖检变化和粪便检查进行综合诊断。粪便检查常采用毛蚴孵化法。此外，也可刮取直肠黏膜做压片，镜检虫卵，死后剖检病畜，发现虫体、虫卵结节等确诊。近年来已应用于生产实践的免疫学诊断方法有皮内试验、环卵沉淀试验、间接红细胞凝集试验、酶联免疫吸附试验等。其检出率均在95%以上。

7. 治疗

（1）硝硫氰胺（7505） 剂量为60mg/kg，1次口服。最大用药量黄牛不超过18g，水牛不超过24g。也可配成1.5%～2%的混悬液，黄牛2mg/kg体重，水牛1.5mg/kg体重，1次静脉注射。

（2）吡喹酮 剂量为30mg/kg体重，1次口服，最大用药量黄牛不超过9g，水牛不超过10.5g。

（3）六氯对二甲苯（血防846） 剂量为黄牛120 mg/kg体重，水牛90mg/kg体重，口服，每日1次（每日极量：黄牛28g，水牛36g），连用10d；血防846油溶液（20%），剂量为40mg/kg体重，每日注射1次，5d为1个疗程，半个月后可重复治疗。用于急性期病牛。

（4）硝硫氰醚（7804） 剂量为牛5～15mg/kg体重，瓣胃注射，也可20～60mg/kg体重，1次口服。

8. 预防

日本分体吸虫病对人的危害很严重，因此，对该病应采取综合性预防措施，要人、畜同步防控。预防措施除积极查治病畜、病人，控制感染源外，还应抓好消灭钉螺、加强粪便管理以及防止家畜感染等各个环节的工作。

（1）定期检查粪便，发现虫卵及时驱虫 流行区每年应对人和易感动物进行普查，对患病的人畜和带虫者进行及时治疗。驱虫后的粪便要堆积发酵，防止对土壤、饲料及饮水的污染。

（2）加强饲养管理，雨后不放牧 饮水要选择无钉螺的水源或用井水。建立安全放牧区，特别要注意在流行季节防止家畜涉水，避免感染尾蚴。

（3）消灭中间宿主 对有钉螺的牧场、水池等地，可喷洒五氯酚钠、溴乙酰胺等药物灭螺。

（十一）棘口吸虫病

棘口吸虫病是由棘口科的多种吸虫寄生于家禽和野禽的肠道所引起的疾病，有些种也寄生于哺乳动物体内。主要特征为下痢、消瘦、幼禽生长发育受阻。

1. 病原体

寄生的主要虫种包括卷棘口吸虫、宫川棘口吸虫、日本棘隙吸虫、似锥低颈吸虫等。

（1）卷棘口吸虫（*E. revolutum*）　虫体呈长叶状，淡红色，大小为（7.6～12.6）mm×（1.26～1.6）mm，体表长有小棘。虫体前端具有发达的头冠，头冠上头棘37枚，口吸盘小于腹吸盘。睾丸呈椭圆形，前后排列于卵巢后方。卵巢呈圆形或扁圆形，位于虫体中部，子宫弯曲于卵巢前方，内充满虫卵。卵黄腺发达，分布在腹吸盘后虫体两侧，伸达虫体后端，在睾丸后方不向体中央扩展（图3－25）。虫卵金黄色，呈椭圆形，大小为（114～126）μm×（64～72）μm，一端有卵盖，内含卵细胞。

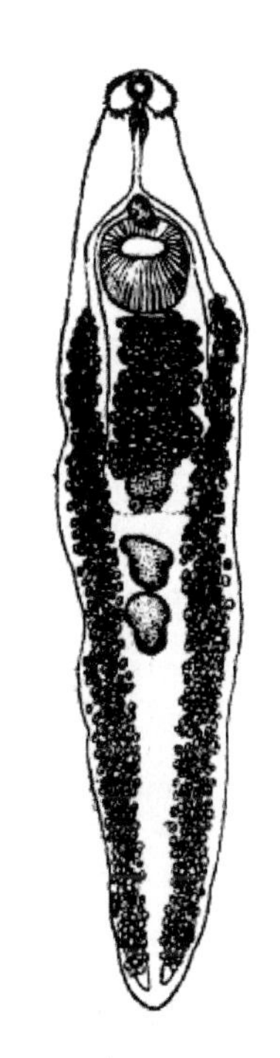

图3－25　卷棘口吸虫

（2）宫川棘口吸虫（*E. miyagawai*）　与卷棘口吸虫的形态结构极其相似，大小为（8.6～18.4）mm×（1.62～2.48）mm，主要区别在于睾丸分叶，卵黄腺在睾丸后方向体中央扩展汇合。

（3）日本棘隙吸虫（*E. gaponicus*）　虫体小，呈长椭圆形，大小为（0.81～1.09）mm×（0.24～0.32）mm。头领发达，呈肾形，具有头棘24枚，排成一列。虫卵为卵圆形，金黄色，大小为（72～80）μm×（50～57）μm。

（4）似锥低颈吸虫（*H. conoideum*）　虫体肥厚，头端圆钝，腹吸盘处最宽，向后逐渐狭小，形似圆锥状，大小为（7.37～11.0）mm×（1.10～1.58）mm。头领不发达，呈半圆形，有头棘49枚。虫卵为卵圆形，淡黄色，有卵盖，大小为（90～106）μm×（54～72）μm。

2. 生活史

中间宿主：淡水螺类，主要有折叠萝卜螺、小土窝螺和凸旋螺等。

补充宿主：除上述3种淡水螺外，还有2种扁卷螺（半球多脉扁螺和尖口圆扁螺）、蛙类或淡水鱼。

终末宿主：主要为鸡、鸭、鹅和一些野生禽类。

成虫在终末宿主的肠道内产卵，虫卵随粪便排出体外，在30℃左右的水中经7～10d孵出毛蚴。毛蚴在水中游动，遇到中间宿主即钻入其体内，发育为胞蚴、母雷蚴、子雷蚴和尾蚴。毛蚴发育为尾蚴约需70～80d。尾蚴自螺体逸出后游动于水中，遇到补充宿主即侵入其体内变为囊蚴，终末宿主吞食了含囊蚴的补充宿主而感染，约经20d左右发育为成虫（图3－26）。

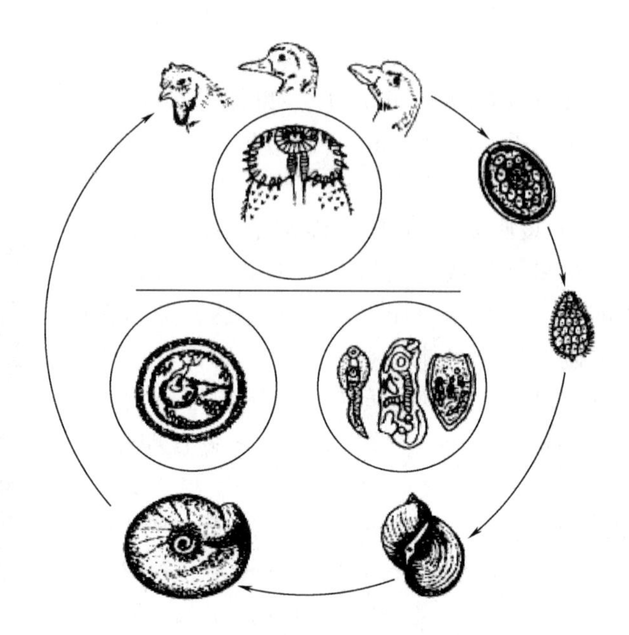

图3－26 棘口吸虫生活史

3. 流行病学

（1）感染来源　患病或带虫的鸡、鸭、鹅等，虫卵存在于粪便中。

（2）感染途径　终末宿主经口感染。

（3）地理分布　在我国各地流行广泛，尤其在南方各省普遍发生。

4. 临诊症状

主要危害雏禽。少量寄生时不显症状，严重感染时可引起食欲不振，消化不良，下痢，粪便中混有黏液。消瘦，贫血，可因衰竭而死亡。

5. 病理变化

剖检可见肠黏膜发炎，有出血点，肠内容物充满黏液，有多量虫体附在肠黏膜上。

6. 诊断

根据流行病学和临诊表现，结合粪便检查发现虫卵或死后剖检发现虫体即可确诊。

7. 治疗

（1）硫双二氯酚　剂量为150～200mg/kg体重，混料喂服。

（2）氯硝柳胺　剂量为50～60mg/kg体重，混料喂服。

（3）丙硫咪唑　剂量为20～40mg/kg体重，1次口服。

8. 预防

在流行区内的家禽应有计划地进行驱虫，驱出的虫体和排出的粪便应进行无害化处理；勿以浮萍或水草等作为饲料，因螺类经常夹杂在水草中，勿以生鱼、蝌蚪及贝类等饲喂家禽以防发生感染；改善饲养管理方式，减少感染机会。

项目思考

一、选择题

1. 肝片吸虫的中间宿主是（　　）。

A. 吸血昆虫　B. 鱼类　C. 淡水螺　D. 牛羊

2. 肝片吸虫感染终末宿主时是在幼虫（　　）阶段。

A. 胞蚴　B. 尾蚴　C. 囊蚴　D. 毛蚴

3. 前后盘吸虫感染家畜的幼虫阶段是（　　）。

A. 胞蚴　B. 囊蚴　C. 尾蚴　D. 毛蚴

4. 双腔吸虫的补充宿主是（　　）。

A. 蚯蚓　B. 蚂蚁　C. 草螽　D. 针蟋

5. 姜片吸虫病主要发生于（　　）。

A. 牛、羊　B. 猪　C. 家禽　D. 犬、猫

6. 具有抱雌沟的吸虫是（　　）。

A. 前后盘吸虫　B. 双腔吸虫　C. 胰阔盘吸虫　D. 东毕吸虫

7. 姜片吸虫寄生在（　　），以（　　）为中间宿主。

A. 小肠　扁卷螺　B. 肝脏　椎实螺

C. 胰脏　鱼虾　D. 肠系膜静脉　钉螺

8. 华支睾吸虫寄生在终末宿主的（　　）。

A. 胆管、胆囊　B. 肠道

C. 肠系膜静脉内　D. 肺

9. 能引起肝萎缩，且表面有粟粒至高粱米粒大的灰白色结节的疾病是（　　）。

A. 东毕吸虫病　B. 日本分体吸虫病

C. 并殖吸虫病　D. 双腔吸虫病

10. 前殖吸虫病主要侵害鸡的（　　）。

A. 小肠　B. 输卵管　C. 肝脏　D. 法氏囊

二、判断题

1. 前后盘吸虫病又称为“肝吸虫病”。（　　）

2. 双腔吸虫的中间宿主是陆地螺和蚂蚁。（　　）

3. 前后盘吸虫主要侵害反刍动物的肝脏和肠道。（　　）

4. 牛阔盘吸虫病的病原体主要是胰阔盘吸虫，寄生于前胃。（　　）

5. 吸虫全部为雌雄同体，背腹扁平。(　　)
6. 吸虫的生活史复杂，发育过程中需要终末宿主和1~2个中间宿主。(　　)
7. 片形吸虫病的感染方式是经口感染。(　　)
8. 姜片吸虫的中间宿主是椎实螺。(　　)
9. 日本分体吸虫病主要是通过消化道感染。(　　)
10. 棘口吸虫主要侵害牛羊，寄生于小肠和肝脏。(　　)
11. 所有吸虫感染终末宿主的阶段是囊蚴。(　　)
12. 卫氏并殖吸虫寄生在动物的肺脏，又称为“肺吸虫病”。(　　)

三、填空题

1. 肝片形吸虫的外形呈（　　　），新鲜时呈（　　　）色。
2. 片形吸虫的驱虫药物有（　　　）、（　　　）、（　　　）等。
3. 华支睾吸虫主要寄生于犬、猫和猪的（　　　）器官。
4. （　　　）虫新鲜时呈肉红色，固定后为灰白色，是吸虫中最大的一种。
5. 阔盘吸虫主要寄生于（　　　），常用（　　　）药进行治疗。
6. 以输卵管炎、产蛋机能紊乱为特征的吸虫病是（　　　）。
7. 吸虫除需要终末宿主外，还需要（　　　）。
8. 猪姜片吸虫病主要发生于（　　　）月份。
9. 大部分吸虫，除（　　　）吸虫外，均为（　　　）同体。
10. 吸虫的发育过程有（　　　）、（　　　）、（　　　）、（　　　）、（　　　）、（　　　）各期。

四、简答题

1. 简述吸虫的形态构造和生活史。
2. 列表说明所讲述吸虫病的病原体、虫卵特征、中间宿主、补充宿主、终末宿主及寄生部位。
3. 请调查当地有哪些吸虫病发生，并提出综合性防治措施。
4. 牛羊片形吸虫病为什么容易流行？如何预防？
5. 猪姜片吸虫病的流行特点是什么？如何预防？
6. 吸虫的发育除成虫阶段外，还包括哪几个阶段？
7. 叙述禽前殖吸虫病的诊断要点和治疗方法。
8. 简述日本分体吸虫病的流行特征和防治方法。

项目四　绦虫病的防治

知识目标

掌握绦虫的一般形态结构、生活史以及动物主要绦虫病的诊断要点和防治措施；了解绦虫的分类和动物生产中危害较大的绦虫病的种类。

技能目标

能够通过观察绦虫虫体及其虫卵的形态结构识别绦虫的种类；能够对主要绦虫病做出正确的诊断，并能采取有效的防治措施。

必备知识

一、绦虫概述

（一）绦虫的形态构造

绦虫隶属于扁形动物门、绦虫纲，其中只有圆叶目和假叶目绦虫对动物具有感染性。绦虫的分布极其广泛，成虫期和其中绦期（绦虫蚴）都能对动物和人造成严重危害。

1. 外部形态

绦虫呈背腹扁平的带状，白色或乳白色。虫体大小随种类不同，小的仅有数毫米，大的可达 10m 以上，最长可达 25m 以上。一条完整的绦虫由头节、颈节和体节 3 部分组成。

（1）头节　位于虫体的最前端，为吸附和固着器官，由于绦虫种类不同，形态构造差别很大。圆叶目绦虫的头节膨大呈球形，其上有4个圆形或椭圆形的吸盘，位于头节前端的侧面，呈均匀排列。有的种类在头节顶端的中央有1个顶突，其上有一圈或数圈角质化的小钩。顶突的有无及其上小钩的排列和数目在分类定种上有重要的意义。假叶目绦虫的头节一般为指形，在其背、腹面各具1个沟样的吸槽。

（2）颈节　又称生长节，颈节是头节后的纤细部位，和头节、体节的分界不甚明显，其功能是不断生长出体节。

（3）体节　体节由节片组成。节片数目因种类差别很大，少者仅有几个，多者可达数千个。绦虫的节片之间大多有明显的界限。节片按其前后位置和生殖器官发育程度的不同，可分为未成熟节片、成熟节片和孕卵节片。未成熟节片简称“幼节”，紧接在颈节之后，生殖器官尚未发育成熟；成熟节片简称“成节”，在幼节之后，节片内的生殖器官逐渐发育成具有生殖能力的雄性和雌性两性生殖器官，故又称“两性节”；孕卵节片简称“孕节”，在成节之后，节片的子宫内充满虫卵，而其他的生殖器官逐渐退化、消失。

2. 体壁

绦虫体壁的最外层是皮层，皮层覆盖着链体各个节片，其下为肌肉系统，由皮下肌层和实质肌层组成。皮下肌层的外层为环肌，内层为纵肌。纵肌贯穿整个链体，唯在节片成熟后逐渐萎缩退化，越往后端退化越为显著，于是最后端孕节能自动从体节脱落。

3. 实质

绦虫无体腔，由体壁围成一个囊状结构，称为皮肤肌肉囊，囊内充满海绵样的实质，各器官包埋在实质中。

4. 神经系统

神经中枢在头节中，由几个神经节和神经联合构成；自中枢部分发出两条大的和几条小的纵神经纤维束，贯穿各个体节，直达虫体后端。

5. 排泄系统

排泄系统起始于焰细胞，由焰细胞发出来的细管汇集成为较大的排泄管，与虫体两侧的纵排泄管相连。纵排泄管每侧有背、腹两条，通常腹纵排泄管与每个节片后缘的横管相通。在最后体节后缘中部有1个总排泄孔通向体外。

6. 生殖系统

绦虫除个别虫种外，均为雌雄同体。其生殖器官特别发达。每个成熟节片都具有雄性和雌性生殖系统各一组或两组（图4－1）。

（1）雄性生殖器官　有睾丸一个至数百个，呈圆形或椭圆形，连接着输出管。睾丸多时，输出管互相连接成网状，至节片中部附近汇合成输精管，输精

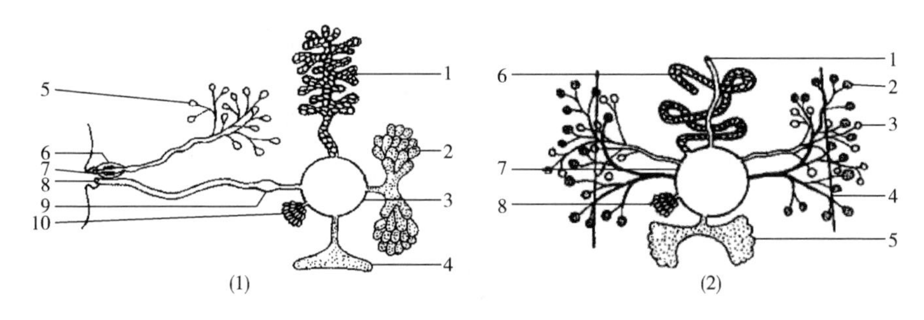

图4－1　绦虫生殖器官构造模式图

（1）圆叶目：1—子宫　2—卵巢　3—卵模　4—卵黄腺　5—睾丸　6—雄茎囊
7—雄性生殖孔　8—雌性生殖孔　9—受精囊　10—梅氏腺
（2）假叶目：1—雌性生殖孔　2—睾丸　3—卵黄腺　4—排泄管　5—卵巢
6—子宫　7—卵模　8—梅氏腺

管曲折蜿蜒向边缘推进，并有两个膨大部，一个在未进入雄茎囊之前，称外贮精囊，一个在进入雄茎囊之后，称内贮精囊，与输精管末端相接的部分为射精管及雄茎。雄茎可自生殖腔向边缘伸出，生殖腔在节片边缘开口处为雄性生殖孔。雄茎囊多为圆囊状物，贮精囊、射精管、前列腺及雄茎的大部分都包埋在雄茎囊内。

（2）雌性生殖器官　卵模在雌性生殖器官的中心区域，卵巢、卵黄腺、子宫、阴道等均与之相通。卵巢位于节片的后半部，一般呈两瓣状，由许多细胞组成。各细胞有小管，最后汇合成一支输卵管，与卵模相通。阴道末端开口于雌性生殖孔，近端通卵模。卵黄腺分为两叶或为一叶，在卵巢附近（圆叶目），或成泡状散布（假叶目），由卵黄管通往卵模。圆叶目绦虫的子宫一般为盲囊状，无子宫孔，虫卵不能自动排出，必须等到孕节脱落破裂时，才散出虫卵。而假叶目绦虫子宫有子宫孔通向体外，成熟的虫卵可由子宫孔排出，故子宫不如圆叶目的发达。有的绦虫子宫到一定时期还会退化消失，而虫卵散布在由实质形成的袋状腔（称为副子宫器或卵袋）内。

绦虫无消化系统，靠体壁微绒毛的渗透作用吸收营养；无循环及呼吸系统，行厌氧呼吸。

（二）绦虫的生活史

绦虫的发育比较复杂，绝大多数在其生活史中都需要 1 个或 2 个中间宿主。绦虫在其终末宿主体内的受精方式大多为同体节受精，但也有异体节受精或异体受精的。绦虫的成虫多寄生在脊椎动物的消化道中，其发育过程经虫卵、幼虫（绦虫蚴）、成虫 3 个阶段。各种绦虫蚴的形态结构和名称不同（图4－2）。

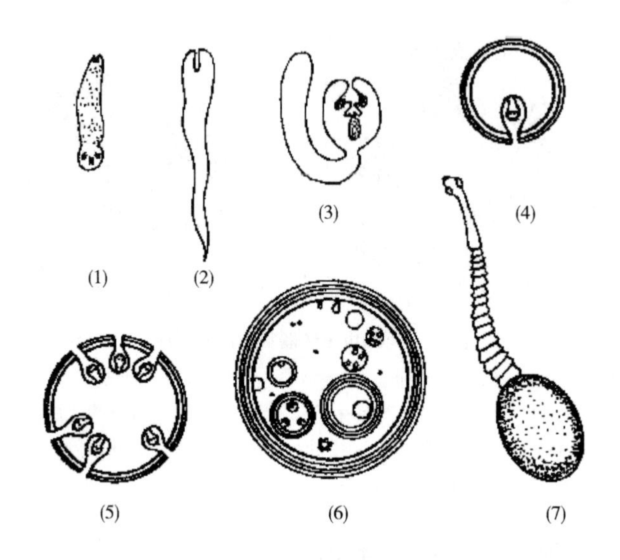

图4-2 绦虫蚴构造模式图
（1）原尾蚴 （2）裂头蚴 （3）似囊尾蚴 （4）囊尾蚴 （5）多头蚴 （6）棘球蚴 （7）链尾蚴

圆叶目绦虫寄生于终末宿主的小肠内，孕卵节片（或孕卵节片先已破裂释放出虫卵）随粪便排出体外，被中间宿主吞食后，虫卵内的六钩蚴逸出，通过不同的途径及方式到达寄生部位，并发育为绦虫蚴，绦虫蚴期也称为中绦期。圆叶目绦虫的绦虫蚴在哺乳动物的体内发育为囊尾蚴、多头蚴、棘球蚴；在节肢动物和软体动物体内发育为似囊尾蚴。以上各种类型的幼虫被各自固有的终末宿主吞食，在其消化道内发育为成虫。

假叶目绦虫的虫卵随终末宿主粪便排出体外后，必须进入水中才能继续发育，孵化为钩毛蚴（或钩球蚴），被中间宿主（甲壳纲昆虫）吞食后发育为原尾蚴，含有原尾蚴的中间宿主被补充宿主（鱼、蛙类或其他脊椎动物）吞食后发育为实尾蚴（或称裂头蚴），终末宿主吞食带有实尾蚴的补充宿主而感染，在其消化道内经消化液作用，头节逸出，吸附在肠壁上发育为成虫。

（三）绦虫的分类

绦虫大约有1500多种，隶属于扁形动物门（Platyhelminthes）绦虫纲（Cestoidea），与动物和人关系密切的为多节绦虫亚纲的圆叶目和假叶目，其中以圆叶目绦虫为多见，假叶目绦虫种类较少。

1. 圆叶目 （Cyclophllidea）

头节上有4个圆形或椭圆形吸盘，有的种类在头节最前端有顶突，顶突上常有角质化的小钩。虫体分节明显。生殖孔在体节侧缘，无子宫孔。虫卵缺卵盖。卵巢为扇形分叶或哑铃状。卵黄腺为一致密体，在卵巢的后面。成虫寄生于脊椎动物，幼虫寄生于脊椎动物或无脊椎动物。

（1）裸头科（Anoplocephalidae） 大、中型虫体，头节上无顶突和小钩。无颈节，每个体节有1组或2组生殖器官。节片宽度大于长度，睾丸数目众多。子宫形状多为横管或网状。幼虫为似囊尾蚴，中间宿主为无脊椎动物（地螨），成虫寄生于牛、羊、马等哺乳动物的肠道。

裸头属（*Anoplocephala*）

副裸头属（*Paranoplocephala*）

莫尼茨属（*Moniezia*）

曲子宫属（*Helictometra* 或 *Thysaniezia*）

无卵黄腺属（*Avitellina*）

（2）带科（Taeniidae） 大、中、小型虫体，头节上有顶突，顶突不能回缩，上有2圈小钩，形状特殊，但牛带绦虫例外。每个体节有1组生殖器官，生殖孔不规则地交替排列在节片一侧边缘。睾丸数目众多。卵巢双叶，子宫为管状，孕节子宫有主干和许多分支。虫卵圆形，胚膜辐射状，卵内含六钩蚴。幼虫为囊尾蚴型，寄生于哺乳动物和人；成虫寄生于食肉动物和人。

带属（*Taenia*）

带吻属（*Taeniarhynchus*）

多头属（*Multiceps*）

棘球属（*Echinococcus*）

（3）戴文科（Davaineidae） 中、小型虫体，头节顶突上有2圈或3圈斧型小钩，吸盘上有或无细小的钩，长在边缘。每节有1组生殖器官，偶尔也有2组的。生殖孔开口于节片侧缘，生殖器官在发育后期，子宫存在或退化，由副子宫器或卵袋取代。成虫一般寄生于鸟类，亦有寄生于哺乳动物的。幼虫寄生于无脊椎动物。

戴文属（*Davainea*）

赖利属（*Raillietina*）

（4）双壳科（Dilepididae） 中、小型虫体，吸盘上有或无小钩，绝大多数有顶突，顶突可回缩，顶突上通常有1~2圈小钩。每节有1组或2组生殖器官，生殖孔开口于节片侧缘，睾丸数目多。孕节子宫为横的袋状或分叶，后期为副子宫器或卵袋所替代，卵袋含1个或多个虫卵。寄生于鸟类和哺乳动物。

复孔属（*Dipylidium*）

（5）膜壳科（Hymenolepididae） 中、小型虫体，头节上有可伸缩的顶突，顶突上大多具有小钩，呈单圈排列，节片通常宽度大于长度，有1组生殖器官，生殖孔为单侧。睾丸大，通常不超过4个。孕节子宫为横管。成虫寄生于脊椎动物，通常以无脊椎动物为中间宿主，个别虫种可以不需要中间宿主而能直接发育。

膜壳属（*Hymenolepis*）

伪裸头属（*Pseudanoplocephala*）

剑带属（*Drepanidotaenia*）

皱褶属（*Fimbriaria*）

（6）中绦科（Mesocestoididae）　中、小型虫体，头节上有4个突出的吸盘，但无顶突。生殖孔位于腹面的中线上。虫卵居于厚壁的副子宫器内。成虫寄生于鸟类和哺乳动物。

中绦属（*Mesocestoides*）

2. 假叶目（Pseudophyllidea）

头节一般为双槽型，有时双槽不明显或付缺。分节明显或不明显。生殖孔位于体节中间或边缘；生殖器官每节常有1组，偶有2组者。睾丸众多，分散排列。卵黄腺为许多泡状体。孕节的子宫常成弯曲管状。子宫孔位于腹面。卵通常有卵盖，在中间宿主体内发育为原尾蚴，在补充宿主体内发育为能感染终末宿主的实尾蚴，成虫大多数寄生于鱼类。

（1）双叶槽科（Diphyllobothriidae）　大、中型虫体，头节上有吸槽，分节明显。生殖孔和子宫孔同在腹面，卵巢位于体后部，卵黄腺小而多，呈泡状。子宫为螺旋形的管状，在阴道孔后向外开口。卵有盖，产出后孵化。成虫主要寄生于鱼类，有的也见于爬行类、鸟类和哺乳动物。

双叶槽属（*Diphyllobothriium*）

迭宫属（*Spirometra*）

舌形属（*Ligula*）

（2）头槽科（Bothriocephalidae）

头槽属（*Bohtriocephalus*）

二、动物绦虫病的防治

（一）猪囊尾蚴病

猪囊尾蚴病是由带科带属的猪带绦虫的幼虫—猪囊尾蚴寄生于猪的肌肉和其他器官中所引起的疾病，又称为“猪囊虫病”，是重要的人兽共患寄生虫病，给养猪业造成重大的经济损失，而且给人类健康带来严重威胁，是肉品卫生检验的重点项目之一。

1. 病原体

猪囊尾蚴（*Cysticercus cellulosae*），俗称猪囊虫。成熟的猪囊尾蚴，呈椭圆形，约黄豆大，为半透明的包囊，大小为（6～10）mm×5mm，囊内充满液体，囊壁是一层薄膜，壁上有1个圆形粟粒大的乳白色内嵌的头节，头节的形态构造与成虫头节的形态构造相同。

猪带绦虫（*T. solium*），又称有钩绦虫、链状带绦虫，呈乳白色，扁平带状，长2~5m，偶有长达8m的。头节呈球形，直径约1mm，其上有4个吸盘，顶突上有25~50个角质小钩，分2圈排列。颈节纤细，长5~10mm，整个虫体由700~1000个节片组成。幼节较小，宽度大于长度。成节距头节约1m，长度与宽度几乎相等而呈四方形，孕节长度大于宽度。每个成节含有1组生殖器官，生殖孔不规则地在节片侧缘交错开口。睾丸为泡状，150~200个，分散于节片的背侧。卵巢除分两叶外，还有1个副叶。子宫为一直管，妊娠时，逐渐向两侧分枝，每侧数目在7~12，侧枝上可再分枝，内充满虫卵。孕节逐个或成段随粪便排出（图4-3）。

(1)

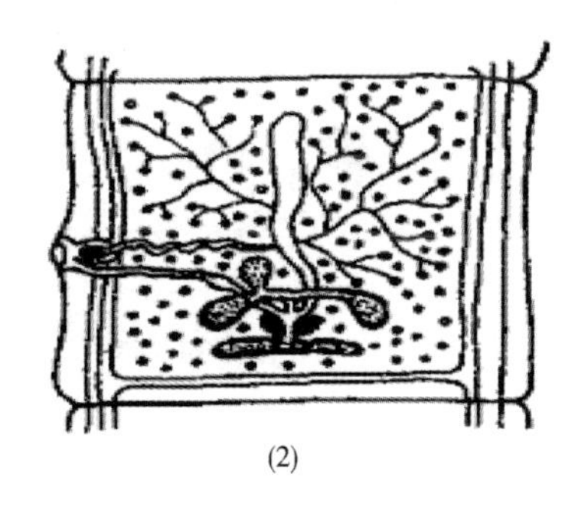
(2)

图4-3 猪带绦虫

（1）头节 （2）成熟节片

虫卵为圆形或椭圆形，直径为31~43μm，有一层薄的卵壳，多已脱落，故外层常为胚膜，较厚，具有辐射状条纹，内有1个六钩蚴。

2. 生活史

中间宿主：猪。

终末宿主：人。

成虫寄生于人的小肠内，以其头节深埋在黏膜内，其孕卵节片随粪便排出后，破溃逸出虫卵污染地面、食物和饮水，猪吞食了孕卵节片或虫卵而感染，在胃肠消化液的作用下，虫卵内的六钩蚴破壳而出，钻入肠黏膜的血管或淋巴管内，随血液循环带到全身各组织器官中，但主要是到达横纹肌内，约两个月后发育为成熟的猪囊尾蚴。猪囊尾蚴在猪体可生存数年，年久后即钙化。

人误食了未熟的或生的含猪囊尾蚴的猪肉而感染。猪囊尾蚴在胃肠消化液作用下，囊壁被消化，在小肠内翻出头节，以其吸盘和小钩固着在肠黏膜上发育为成虫。在人小肠内的幼虫发育为成虫需2~3个月，人体内通常只寄生1

条，偶有数条。成虫在人体内可存活25年之久（图4-4）。

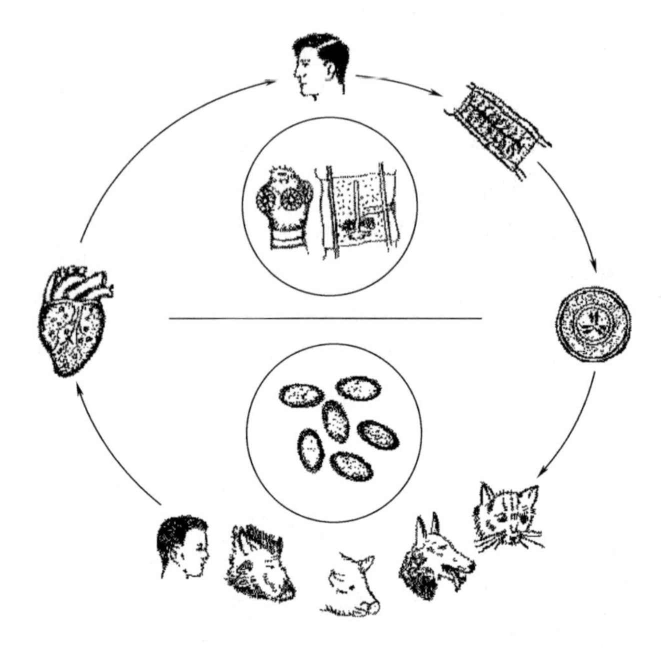

图4-4 猪带绦虫生活史

3. 流行病学

猪带绦虫病人或带虫者是本病的感染来源。本病呈地方流行性，以华北、东北和西南等地区发生较多，其发生与流行和下列因素有关：

（1）猪的感染与不合理的饲养管理方式和人的不良卫生习惯密切相关。有些地区养猪习惯于散放或猪圈与厕所相连（连茅圈）；人大便不入厕所或人的粪便管理不严，使猪吃入病人的粪便或被粪便污染的饲料和饮水而感染。

（2）人的感染与不良的食肉习惯有关。个别地区的居民喜吃生猪肉造成人感染，大多数人是因为不合理的烹调和加工方法，使人食入未熟的猪肉而感染。用同一刀具切生猪肉后又加工凉拌菜，也可导致感染。

（3）有的地区对肉品缺乏严格的检验或食品卫生法执行不严格，病肉处理不当，成为本病流行的重要因素。

（4）绦虫病人每隔数天排孕卵节片1次，每月可脱落200多个节片，每个节片含虫卵约3万~5万个。虫卵在外界抵抗力较强，一般能存活1~6个月。

4. 临诊症状

猪囊尾蚴多数寄生在活动性较大的肌肉中，如咬肌、心肌、舌肌、肋间肌、腰肌、肩胛外侧肌、股内侧肌等。轻度感染时一般无明显症状，极严重感染的猪可有营养不良、生长受阻、贫血和肌肉水肿等。由于病猪不同部位的肌肉水肿，或两肩显著外展，或臀部异常肥胖宽阔，或头部呈大胖脸形或前胸、后躯及四肢异常肥大，体中部窄细，整个猪体从背面观呈哑铃状或葫芦形，前面看呈狮子头形。病猪走路前肢僵硬，后肢不灵活，左右摇摆，似“醉酒状”，不爱活动，反应迟钝。某些器官严重感染时可出现相应的症状，如寄生于脑部常可引起神经症状，甚至死亡；寄生于眼结膜下组织或舌部表层时，可见寄生处呈现豆状肿胀。

人患猪带绦虫病后，表现消瘦、消化不良、腹痛、恶心、呕吐等；人患囊尾蚴病时表现肌肉酸痛无力。寄生于眼部时，可导致视力障碍，甚至失明。寄生于脑部时，表现头晕、恶心、呕吐以及癫痫等症状。

5. 病理变化

严重感染的猪肉，呈苍白色而湿润。除在各部分肌肉中可发现囊尾蚴外，有时可在脑、眼、肝、脾、肺甚至淋巴结与脂肪内见到。

6. 诊断

生前诊断比较困难，只有当舌部浅表寄生囊尾蚴时，触诊可发现结节，但只有在重度感染时才可发现。一般只能在宰后检验时才能确诊。近年血清免疫学诊断方法已被应用于猪囊尾蚴病的诊断上。

人猪带绦虫病可通过粪便检查发现孕卵节片或虫卵确诊。

7. 治疗

在实际生产中，猪囊尾蚴病的治疗意义不大。人驱虫后应检查排出的虫体有无头节，如无头节则虫体还会生长。对于猪囊尾蚴病的治疗可用吡喹酮、丙硫咪唑等药物。对于人猪带绦虫病的治疗可采用槟榔－南瓜子合剂、仙鹤草根芽、吡喹酮、甲苯咪唑等药物。

8. 预防

加强肉品卫生检验，实行定点屠宰、集中检疫。对有囊尾蚴的猪肉，应做无害化处理。对高发人群进行普查，发现人患绦虫病时应及时驱虫，驱出的虫体和粪便必须严格处理。做到人有厕所、猪有圈。在北方主要是改造连茅圈，防止猪食人粪而感染囊尾蚴，彻底杜绝猪和人粪接触的机会。人粪需经无害化处理后方可利用。加强个人卫生，养成饭前便后洗手的良好习惯，改进烹调习惯和不卫生的食肉方法，切忌食生肉或未熟的猪肉，另外切生肉和熟食的菜刀、菜板必须分开。加强宣传教育工作，抓好“查、驱、检、管、改”五个环节，可使该病得到良好的控制。

（二）棘球蚴病

棘球蚴病是由带科棘球属绦虫的幼虫——棘球蚴寄生于哺乳动物和人的肝脏和肺脏及其他器官所引起的寄生虫病，又称为“包虫病”，是重要的人兽共患寄生虫病之一。

1. 病原体

棘球蚴（*Helictometra*）主要有两种类型。

（1）单房型棘球蚴　是细粒棘球绦虫的幼虫，为包囊状结构，囊内含有液体。一般呈球形，直径5～10cm，小的仅有豌豆大，大的有小儿头大。囊壁分为两层，外层为角质层，较厚，无细胞结构。内层为胚层（生发层），胚层生有许多原头蚴，还可向腔内生出生发囊（子囊），子囊的生发层上还可生出孙囊，子囊和孙囊的内壁上又可生出数量不等的原头蚴。子囊、孙囊和原头蚴可脱落游离于囊液中，统称为棘球砂。含有原头蚴的囊称为生发囊或育囊，而生发层上不能生出原头蚴的囊称为不育囊。有的棘球蚴还能向囊外衍生子囊。

（2）多房型棘球蚴　又称泡球蚴，是多房棘球绦虫的幼虫，由无数个小囊泡聚集而成。小囊泡为圆形或卵圆形，大小为2～5mm，囊内含有原头蚴。

成虫主要有细粒棘球绦虫（*E. granulosus*）和多房棘球绦虫（*E. multilocularis*）两种，均为小型绦虫，长2～7mm，由1个头节和3～4个体节构成。头节上有吸盘、顶突和小钩。

细粒棘球绦虫虫卵大小为（32～36）μm×（25～30）μm，多房棘球绦虫虫卵大小为（30～38）μm×（29～34）μm。

2. 生活史

中间宿主：细粒棘球绦虫为羊、牛、猪、马、骆驼、多种野生动物和人；多房棘球绦虫主要为啮齿类动物。

终末宿主：犬、狼和狐狸等肉食动物。

细粒棘球绦虫的成虫寄生于终末宿主的小肠内，孕卵节片随粪便排出体外，节片破裂，虫卵逸出，污染饲草、饲料和饮水，牛、羊等中间宿主吞食虫卵后而感染。在消化道内卵内六钩蚴逸出后，钻入肠壁经血流或淋巴散布到体内各处，以肝脏及肺脏最多，经6～12个月发育为成熟的棘球蚴，可持续数年。终末宿主吞食含有棘球蚴的肝脏或肺脏等感染，在小肠内经40～50d发育为成虫，在犬体内寿命为5～6个月（图4－5）。人误食细粒棘球绦虫的虫卵后，可患棘球蚴病。棘球蚴可在人体内生长发育达10～30年。

多房型棘球蚴寄生于啮齿类动物的肝脏，犬、狼和狐狸等吞食含有棘球蚴的肝脏后约经30～33d发育为成虫，其寿命约为3～3.5个月。

3. 流行病学

犬是主要的感染来源。犬在本病的流行上有重要意义。动物和人棘球蚴病的感染来源，在牧区主要是犬，特别是野犬和牧羊犬。虫卵污染草原和生活环境，造成动物和人的感染，猎人感染机会多，因其直接接触犬和狐狸的皮毛等。通过蔬菜、水果、饮水，误食虫卵也可感染。当人屠杀牲畜时，往往随意

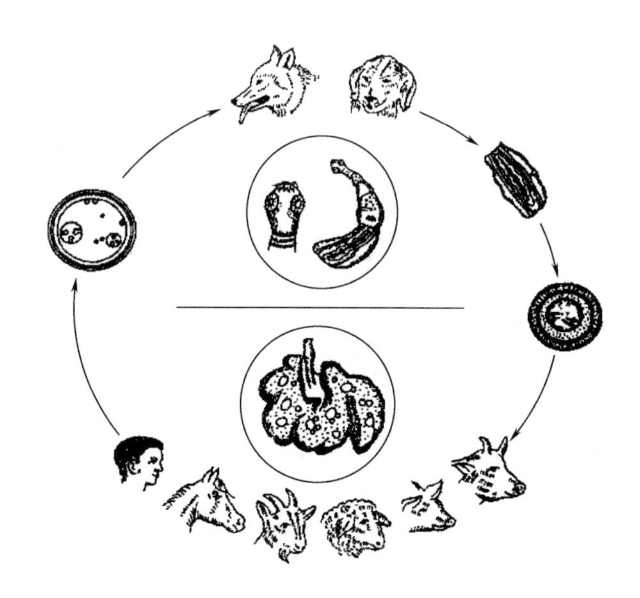

图4－5　棘球绦虫生活史

丢弃感染棘球蚴的内脏或以其喂犬，导致犬感染。

棘球蚴病在我国以新疆为最严重，其次在青海、宁夏、甘肃、内蒙古和四川等省、地区较严重。

细粒棘球绦虫的中间宿主范围广泛。流行病学上重要的是绵羊（成年羊），其感染率最高，因其本身是细粒棘球绦虫最适宜的中间宿主，同时放牧羊群经常与牧羊犬接触密切，吃到虫卵的机会多，而牧羊犬又常可吃到绵羊的内脏，因此造成本病在绵羊与犬之间循环感染。动物死亡多发于冬季和春季。

一条成虫每昼夜可产卵400～800个，一个终末宿主可同时寄生数万条虫体，故排卵量很大。虫卵抵抗力很强，在外界环境中可长期生存，5～10℃的粪堆中可存活12个月，－20～20℃的干草中可存活10个月，土壤中可存活7个月。对消毒剂也有较强的抵抗力。

4. 临诊症状

棘球蚴对动物的危害程度主要取决于棘球蚴的大小、数量和寄生部位。机械性压迫使周围组织发生萎缩和功能障碍，代谢产物被吸收后可引起组织炎症和全身过敏反应，严重者可致死。绵羊较敏感，死亡率也较高，严重感染者表现为消瘦，被毛逆立，脱毛，咳嗽，倒地不起。牛严重感染时，常见消瘦，衰弱，呼吸困难或轻度咳嗽，剧烈运动时症状加重，产奶量下降。各种动物均可因囊泡破裂而产生严重的过敏反应，突然死亡，对人危害尤其明显。

5. 病理变化

剖检可见受感染的肝脏和肺脏等器官有豌豆大到小儿头大的棘球蚴寄生。

6. 诊断

动物棘球蚴病生前诊断比较困难，剖检时才能发现。结合症状及免疫学方法可初步诊断。采用皮内变态反应、间接血凝试验和酶联免疫吸附试验对动物和人有较高的检出率。对动物尸体剖检时，在肝脏、肺脏等处发现棘球蚴可以确诊。对人和动物还可用X射线和超声波诊断。

皮内变态反应：取新鲜棘球蚴囊液，无菌过滤（使其不含原头蚴），在动物颈部皮内注射0.1～0.2mL，注射5～10min观察结果，如皮肤出现直径5～10cm的红斑，并有肿胀或水肿为阳性。

7. 治疗

丙硫咪唑：剂量为90mg/kg体重，连服2次，对原头蚴杀虫率为82%～100%。

吡喹酮：剂量为25～30mg/kg体重，每天1次，连服5d，有较好的疗效。

人棘球蚴病可用外科手术摘出，也可用丙硫咪唑和吡喹酮等治疗。

8. 预防

对犬应进行定期驱虫，可用氢溴酸槟榔碱2mg/kg体重，或吡喹酮5mg/kg体重，或甲苯咪唑8mg/kg体重，均1次口服。驱虫后犬粪要无害化处理，防止病原体的扩散。禁止用感染棘球蚴的动物肝脏、肺脏等器官喂犬。经常保持畜舍、饲草、饲料和饮水卫生，防止犬粪的污染。人与犬等动物接触，应注意个人卫生防护。

（三）细颈囊尾蚴病

细颈囊尾蚴病是由带科带属的泡状带绦虫的幼虫—细颈囊尾蚴寄生于猪等多种动物腹腔内所引起的疾病。主要特征为幼虫移行时引起出血性肝炎、腹痛。

1. 病原体

细颈囊尾蚴（*Cysticercus tenuicollis*），又称为“水铃铛”。是泡状带绦虫的幼虫。呈乳白色，囊泡状，囊内充满透明的液体。大小如鸡蛋大或更大，囊壁上有1个乳白色具有长颈的头节（图4－6）。在肝脏、肺脏等脏器中的囊体有一层由宿主组织反应产生的厚膜包裹，故不透明，易与棘球蚴相混淆。

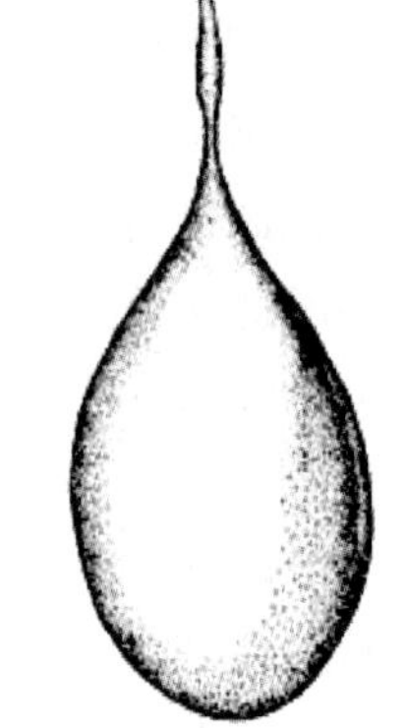

图4－6 细颈囊尾蚴

泡状带绦虫（*T. hydatigena*），成虫长可达5m。

虫卵为卵圆形，大小为（36～39）μm×（31～35）μm。

2. 生活史

中间宿主：猪、牛、羊及骆驼等。

终末宿主：犬、狼及狐狸等肉食动物。

成虫在终末宿主的小肠内寄生，其孕卵节片和虫卵随宿主的粪便排出体外，随着饲料和饮水被中间宿主吞食后，六钩蚴在消化道内逸出，钻入肠壁血管内，随着血流到达肝脏，并逐渐移行到肝脏表面，经0.5～1个月进入腹腔的大网膜或肠系膜上，有时也可见在胸腔的浆膜上发育，再经过1～2个月发育为成熟的细颈囊尾蚴。终末宿主吞食了含有细颈囊尾蚴的脏器而感染，经51d在小肠内发育为成虫。成虫在犬的小肠中可生存大约1年。

3. 流行病学

细颈囊尾蚴病分布广泛，在我国各地均有发生。家畜中以猪的感染最为普遍，我国农村及乡镇养犬多，而犬感染泡状带绦虫普遍，目前又对犬管理不严，加之不进行定期驱虫，因而造成了犬到处散布虫卵，致使家畜大量感染细颈囊尾蚴病。

造成流行的另一原因，是人们缺乏防治本病的卫生知识，农村及牧区往往在户外屠宰牲畜，犬活动或守在周围，屠宰人员常随手将有病的脏器喂犬，这是犬易于感染泡状带绦虫的主要原因。

4. 临诊症状

细颈囊尾蚴病对仔猪、羔羊和犊牛等幼龄动物危害较严重。多数幼畜表现为虚弱、不安、流涎、不食、消瘦、腹痛和腹泻。有急性腹膜炎时，体温升高并有腹水，按压腹壁有痛感，腹部体积增大。仔猪有时突然大叫后倒毙。成年动物一般无明显临诊症状。

5. 病理变化

六钩蚴移行时造成肝脏出血，在肝实质中有虫道。有时能见到急性腹膜炎，腹水混有渗出的血液，其中含有幼小的细颈囊尾蚴。严重病例可在肺组织和胸腔等处发现细颈囊尾蚴。

6. 诊断

细颈囊尾蚴病的生前诊断较困难，可用血清学方法，但假阳性较高。目前仍以死后剖检或宰后检查发现细颈囊尾蚴确诊为主。

7. 治疗

对细颈囊尾蚴的治疗，可采用吡喹酮，剂量为猪50mg/kg体重与液体石蜡按1:6比例混合研磨均匀，分2次间隔1d深部肌肉注射，可全部杀死虫体；羊50mg/kg体重，口服，有一定疗效；或硫双二氯酚100mg/kg体重喂服。

8. 预防

对犬应定期驱虫；防止犬进入猪、羊舍内，以免污染饲料及饮水；禁止将屠宰动物的患病脏器随地抛弃，或未经处理喂犬。

（四）牛囊尾蚴病

牛囊尾蚴病是由带科带吻属的肥胖带吻绦虫的幼虫——牛囊尾蚴寄生于牛

肌肉内引起的寄生虫病，又称为“牛囊虫病”。本病在人和牛之间传播，属人兽共患寄生虫病。主要特征为幼虫移行时体温升高，虚弱，腹泻，反刍减弱或消失；幼虫定居后症状不明显。

1. 病原体

牛囊尾蚴（*Cysticercus bovis*），呈椭圆形半透明的囊泡，大小为（5~9）mm×（3~6）mm，呈灰白色，囊内充满液体，囊内有1个乳白色的头节，头节上无顶突和小钩。

肥胖带吻绦虫（*T. saginatus*），又称为牛带吻绦虫、牛肉带绦虫、无钩绦虫。虫体呈乳白色，扁平带状。长5~10m，最长可达25m。由1000~2000个节片组成。头节上有4个吸盘，无顶突和小钩。成熟节片近似方形，有300~400个睾丸，卵巢分2大叶，无付叶。孕卵节片窄而长，每一节片子宫侧枝15~30对（图4-7）。

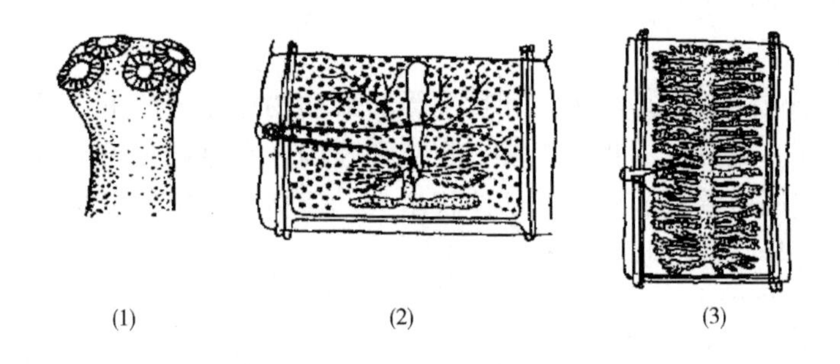

(1)　　(2)　　(3)

图4-7　肥胖带吻绦虫

（1）头节　（2）成熟节片　（3）孕卵节片

虫卵呈椭圆形，胚膜甚厚具辐射纹，大小为（30~40）μm×（20~30）μm，内有六钩蚴。

2. 生活史

中间宿主：黄牛、水牛及牦牛等。

终末宿主：人。

成虫寄生在人的小肠内，孕卵节片随粪便排出体外，破裂后虫卵污染饲料、饲草或饮水，被牛吞食后，六钩蚴逸出，钻入肠壁血管中，随血流到达心肌、舌肌、咬肌等各部位肌肉中，经10~12周发育为成熟的牛囊尾蚴。人食用未熟或生的含有牛囊尾蚴的肌肉而感染，包囊被消化，头节翻出吸附在小肠黏膜上，经2~3个月发育为成虫，其寿命可达25年以上。

3. 流行病学

人感染肥胖带吻绦虫病在我国西藏、四川多因食用火烤大块牛肉（因内部温度不够，很难杀死深部的牛囊尾蚴）引起，而广西、贵州及内蒙古因有食生牛肉习惯，所以以上地区呈地方流行性；其他地区多为散发，多因炒菜时间短或温度不够、用同一刀具切生牛肉后又加工凉拌菜或品尝生牛肉馅等而感染。

牛感染牛囊尾蚴病与人的粪便管理以及牛的饲养方式有密切关系。在牛囊尾蚴病流行区多因人们不习惯使用厕所，随处大便，使人的粪便污染牧地、饲料和饮水引起。犊牛易感性高于成年牛。

肥胖带吻绦虫繁殖力强，每个孕卵节片含有虫卵约10万个以上，平均每天排出虫卵可达72万个。虫卵在水中可存活4～5周，在湿润的粪便中可存活10周，在干燥的牧场上可存活8～10周，在低湿的牧场上可存活20周。

4. 临诊症状

牛感染囊尾蚴初期，六钩蚴在体内移行时症状明显，主要表现体温升高，虚弱，腹泻，反刍减弱或消失，严重者可导致死亡。牛囊尾蚴在肌肉中发育成熟后，则不表现明显的症状。

人感染肥胖带吻绦虫可表现腹痛、腹泻、恶心、消瘦及贫血等症状。

5. 病理变化

牛囊尾蚴多寄生于咬肌、舌肌、心肌、肩胛肌、颈肌及臀肌等处，有时也可寄生于肺、肝、肾及脂肪等处。

6. 诊断

牛囊尾蚴病的生前诊断比较困难，可采用血清学方法（如IHA和ELISA等）做出诊断。主要依靠宰后检验，在肌肉中检出牛囊尾蚴即可确诊。但一般感染强度较低，应仔细进行肉品检验。

人的肥胖带吻绦虫病可根据粪便中孕卵节片或虫卵检查确诊。

7. 治疗

吡喹酮：剂量为30mg/kg体重，连用7d，或50mg/kg体重，连用2～3d，口服。也可试用芬苯达唑，剂量为25mg/kg体重，连服3d。人感染肥胖带吻绦虫病，可用氯硝柳胺、吡喹酮、丙硫咪唑等治疗。

8. 预防

加强牛肉的卫生检验工作，轻微感染的酮体应做无害化处理。一般在－10℃，10d或－18℃，5d可完全杀死牛囊尾蚴。改变人们食生的或半生不熟的牛肉的饮食习惯，防止人感染牛囊尾蚴。做好肥胖带吻绦虫病患者的普查工作，对已查出的患者进行驱虫，同时将驱除的虫体和粪便进行无害化处理，以防止污染，确实消灭病原体。要养成良好的卫生习惯，做到饭前便后洗手，修好厕所，不随处大便，管理好人的粪便，防止虫卵污染环境。选择无污染的牧地进行放牧。

（五）脑多头蚴病

脑多头蚴病是由带科带属的多头带绦虫的幼虫—脑多头蚴寄生于牛、羊等反刍动物的大脑内引起的寄生虫病，有时还可以寄生于延脑或脊髓内，又称为“脑包虫病”“回旋病”。是危害绵羊和犊牛的严重的寄生虫病。

1. 病原体

脑多头蚴（*Coenurus cerebralis*），又称为脑共尾蚴或脑包虫。呈圆形或椭圆形，为乳白色半透明的囊泡，直径约5cm或更大。囊壁有两层膜组成，外膜为角皮层，内膜为生发层。生发层上有100～250个直径为2～3mm的原头蚴。

多头带绦虫（*T. multiceps*），长40～100cm，由200～250个节片组成。头节小，顶突上有22～32个小钩，孕卵节片子宫侧枝为14～26对。

虫卵呈圆形，直径为29～37μm。

2. 生活史

中间宿主：羊、牛等反刍动物。

终末宿主：犬、狼及狐狸等肉食动物。

成虫寄生于终末宿主的小肠内，其孕卵节片或虫卵随粪便排出体外，污染饲料、牧草或饮水，被中间宿主吞食后感染，六钩蚴逸出，钻入肠壁血管中，随着血液循环到达脑和脊髓内，经2～3个月发育为脑多头蚴。终末宿主吞食了含有脑多头蚴的脑和脊髓后而感染，多头蚴在动物的消化道内经消化液的作用，囊壁被消化，原头蚴逸出，吸附在小肠黏膜上经41～73d发育为成虫。成虫在犬的小肠中可生存数年。

3. 流行病学

脑多头蚴病分布广泛，在内蒙古、宁夏、甘肃、青海、新疆等牧区多有发生。绵羊的脑多头蚴病较普遍。流行的主要原因是因为养犬及牧羊犬多，人们在剖杀羊只时，常将羊头随意地喂犬，造成犬感染多头带绦虫的机会增多。犬尾随羊群，使粪便到处散布，污染饲草、饲料及饮水，造成羊脑多头蚴病的流行。

4. 临诊症状

可分为前期和后期两个阶段。

前期为急性期，是感染初期六钩蚴在脑组织移行引起的脑部炎性反应，表现体温升高，脉搏和呼吸加快，患畜做回旋、前冲或后退运动。有的病例出现流涎、磨牙、斜视、头颈弯向一侧等。发病严重的羔羊可在5～7d内因急性脑炎而死亡。

后期为慢性期，在一定时期内症状不明显，随着脑多头蚴的发育，逐渐出现明显症状。以虫体寄生于大脑半球表面最为常见，出现典型的“回旋运动”，转圈方向与虫体寄生部位相一致，虫体大小与转圈直径成反比。如果虫体压迫视神经，可致视力障碍以至失明。虫体寄生于大脑额骨区时，头下垂或向前冲，遇障碍物时用头抵住不动或倒地。虫体寄生于枕骨区时，头高举。虫体寄生于小脑时，站立或运动失去平衡，步态蹒跚。虫体寄生于脊髓时，后躯无力或麻痹，呈犬坐姿势。上述症状常反复出现，终因神经中枢损伤及衰竭而死亡。如果多个虫体寄生于不同部位时，则出现综合性症状。

5. 病理变化

急性病例剖检时可见脑膜充血和出血，脑膜表面有六钩蚴移行所致的虫道。慢性病例外观头骨，有时会出现变薄、变软，并有隆起，打开头骨后可见虫体，虫体寄生部位周围组织出现萎缩、变性及坏死，被虫体压迫的大脑对侧视神经乳突常有充血与萎缩。

6. 诊断

急性期病例生前诊断比较困难，慢性期病例可根据典型症状和流行病学资料初步诊断。但应与莫尼茨绦虫病及羊鼻蝇蛆病做鉴别诊断，因这两种病都有神经症状，均可出现转圈运动（假性“回旋病”），可用粪便检查和观察羊鼻腔来区别。寄生于大脑表层时，触诊可判定虫体部位。也可用X光或超声波进行诊断。有些病例需在剖检时发现虫体才能确诊。近年来有采用酶联免疫吸附试验（ELISA）和变态反应（眼睑内注射多头蚴囊液）诊断本病的报道。

7. 治疗

（1）手术疗法　脑多头蚴位于头部前方大脑表层时可采用外科手术的方法摘除，在脑深部和后部寄生的情况下手术疗法难以摘除。

（2）药物疗法　对急性病例可用吡喹酮和丙硫咪唑试治。吡喹酮，剂量为100～150mg/kg体重，1次口服，连用3d为1个疗程；也可按10～30mg/kg体重，以1：9的比例与液体石蜡混合，做深部肌肉注射，3d为1个疗程。丙硫咪唑，剂量为30mg/kg体重，口服，隔日1次，共3次。

8. 预防

对牧羊犬和散养犬定期进行驱虫，排出的粪便堆积发酵处理；对犬提倡拴养，以免粪便污染饲料和饮水；牛、羊宰后含有脑多头蚴的脑和脊髓，要及时销毁或高温处理，防止犬吃入。

（六）裂头蚴病

裂头蚴病是由假叶目双叶槽科迭宫属的曼氏迭宫绦虫的幼虫——裂头蚴寄生于哺乳动物及人的肌肉、皮下组织和胸、腹腔等处引起的寄生虫病。

1. 病原体

曼氏裂头蚴（*Sparganum mansoni*），呈乳白色，长为0.3～30cm，有的长

达 105cm，扁平，不分节，为长带形的实体构造。体前端较宽大，具有横纹，向后略变细。

成虫为曼氏迭宫绦虫（*S. mansoni*），具体虫体形态见“犬、猫绦虫病”。

虫卵呈椭圆形，淡黄色，大小为（52～76）μm×（31～44）μm，两端稍尖，有卵盖。

2. 生活史

中间宿主：剑水蚤。

补充宿主：蝌蚪。

贮藏宿主：蛙、蛇、鸟类和猪等动物及人。

终末宿主：犬、猫、狐狸、虎、狼及豹等肉食动物；人亦可感染。

成虫寄生于犬、猫等肉食动物的小肠内，孕卵节片内的虫卵从子宫孔产出，随终末宿主粪便排出体外，在温度适宜的水中，经 15d 左右发育为钩球蚴（或称钩毛蚴），钩球蚴孵出后在水中游动 1～2d，被中间宿主剑水蚤吞入，在其体内经 1～2 周发育为成熟的原尾蚴。含有原尾蚴的剑水蚤被补充宿主蝌蚪吞食，随着蝌蚪发育为成蛙，原尾蚴发育为实尾蚴（即裂头蚴），移行至蛙的肌肉组织内。当蛙被蛇、鸟类和猪等贮藏宿主食入后，在其肌肉、结缔组织、皮下组织及胸、腹腔等处继续停留在裂头蚴阶段。犬、猫等终末宿主吞食了受感染的补充宿主或贮藏宿主时，裂头蚴以吸槽附着在其小肠壁上，约经 3 周时间发育为成虫（图 4－8）。

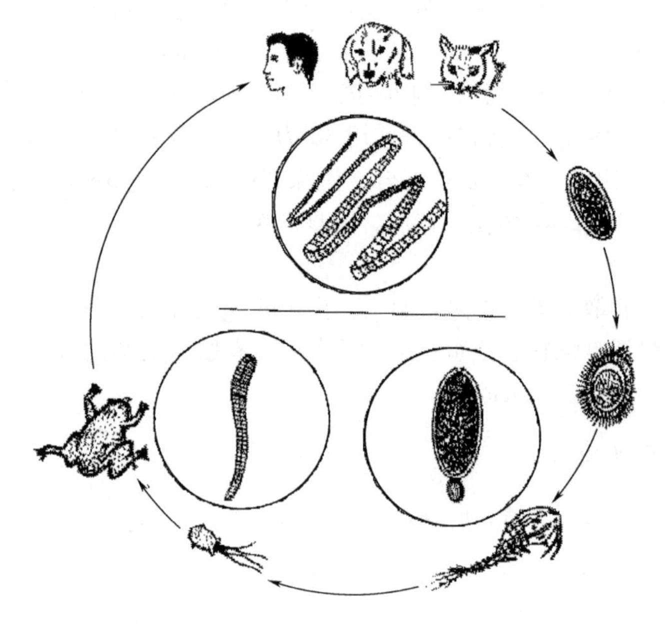

图 4－8　曼氏迭宫绦虫生活史

3. 流行病学

猪和鸡、鸭等感染裂头蚴可能是吞食了混在水草中的蝌蚪、蛙所致。食肉动物感染成虫主要是因捕食蛙类和饲喂生的或不熟蛙、蛇及猪肉而引起。

人感染裂头蚴的主要途径是吞食活蛙或未煮熟的蛙肉、蛇肉、鸡鸭肉或猪肉等。有些地方民间用生蛙肉或蛙皮敷贴治疗疮疖和眼病，裂头蚴进入人体而感染。

本病多见于南方省份。

4. 临诊症状

猪感染裂头蚴多寄生在肌肉、肠系膜、网膜及其他组织，一般无明显症状，在屠宰后可发现。严重感染表现营养不良，食欲不振，精神沉郁和嗜睡。

人感染裂头蚴时可寄生于眼、皮下和内脏等处。寄生于皮下时局部皮肤有隆起的结节，局部瘙痒有虫爬感，如有炎症则可出现疼痛或触痛。裂头蚴侵入淋巴管时，引起浮肿和象皮肿。人感染曼氏迭宫绦虫时有腹痛、恶心、呕吐等轻微症状。

5. 诊断

裂头蚴病的诊断需从寄生部位检出虫体。

犬、猫和人等终末宿主可通过检查粪便中的虫卵做出诊断，必要时可做驱虫观察。

6. 治疗

裂头蚴病的治疗较为困难。人的裂头蚴病可用手术的方法摘除。可用药物对终末宿主进行驱虫。

7. 预防

在流行区，对犬、猫应进行定期驱虫，控制病原体的传播以减少猪和禽类等动物的感染；禁止从疫区引进犬和猫或先驱虫后再引进。不用屠宰场的废弃物，特别是未经无害化处理的非正常肉及内脏喂犬、猫；猪要圈养，避免吃到蛙类等补充宿主；人不用蛙肉贴敷消炎，不饮生水，不食生的或半生的蛙肉、蛇肉和猪肉等。

（七）豆状囊尾蚴病

豆状囊尾蚴病是由带科带属的豆状带绦虫的幼虫——豆状囊尾蚴寄生于兔的肝脏、肠系膜和腹腔内引起的寄生虫病。主要为慢性经过，表现消化紊乱和体重减轻。

1. 病原体

豆状囊尾蚴（*C. pisiformis*），呈椭圆形，大小为（6~12）mm×（4~6）mm，为白色的囊泡。囊壁半透明，囊内充满液体，透过囊壁可见到嵌于囊壁上的白色头节。头节上有 4 个吸盘和 2 圈角质小钩。

豆状带绦虫（*T. pisiformis*），体节边缘呈锯齿状，故又称锯齿带绦虫。乳白色，长可达 2m。

虫卵大小为（36～40）μm×（27～32）μm。

2. 生活史

中间宿主：主要是家兔，其次是野兔及其他啮齿类动物。

终末宿主：犬科动物。

成虫寄生于终末宿主小肠内，孕卵节片随粪便排出体外。虫卵随污染的饲草、饮水等被中间宿主吞食后，卵内的六钩蚴在消化道内逸出，钻入肠壁血管，随血流到达肝脏和腹腔，约经 1 个月发育为成熟的豆状囊尾蚴。当终末宿主吞食了含有豆状囊尾蚴的脏器后，囊尾蚴即以其头节附着于小肠壁上，约经 35d 发育为成虫。

3. 流行病学

豆状囊尾蚴是家兔常见的一种寄生虫，分布广泛，并且感染率也常常很高。这种广泛流行主要同兔的饲养方式、犬的喂养和养兔者缺乏预防本病的常识有关。在流行地区，由于犬的四处活动，排出的孕卵节片造成饲草的广泛污染，这种带有虫卵的青草、蔬菜又被直接用于喂兔，导致家兔感染豆状囊尾蚴。而在剖杀家兔时，又常将带有豆状囊尾蚴的内脏喂犬或随地丢弃而被犬吞食，导致犬感染豆状带绦虫。这种犬和家兔之间的循环感染造成本病的流行。

4. 临诊症状

本病对兔的致病力不强，多呈慢性经过。主要表现为食欲下降，精神沉郁，喜卧，腹围增大，眼结膜苍白。大量感染时出现肝炎症状，严重时可引起突然死亡。

5. 病理变化

剖检病变主要是肝脏的损伤。初期肝脏肿大，表面有大量小的虫体结节，后期虫体在肝脏表面出现，并游离于腹腔中，常见腹腔网膜、肝脏、胃肠等器官粘连。

6. 诊断

主要靠死后剖检发现豆状囊尾蚴而确诊。

7. 治疗

个别贵重的种兔需要治疗时，可试用吡喹酮，剂量为 25mg/kg 体重，每日 1 次，连用 5d；丙硫咪唑，剂量为 15mg/kg 体重，每日 1 次，连服 5d。

8. 预防

本病应以预防为主，提倡少养或不养犬，消灭野犬，对必须留下的生产用犬可用吡喹酮进行驱虫；防止犬吞食含有豆状囊尾蚴的兔内脏；禁止用犬粪污染的饲料、饮水喂兔。

（八）反刍动物绦虫病

反刍动物绦虫病是由裸头科莫尼茨属、曲子宫属和无卵黄腺属的多种绦虫寄生于牛、羊等反刍动物的小肠内引起的寄生虫病。对犊牛和羔羊危害较严重。

1. 病原体

（1）莫尼茨绦虫　主要包括扩展莫尼茨绦虫和贝氏莫尼茨绦虫。

均为大型绦虫，虫体呈长带状，头节小，近似球形。有 4 个吸盘，无顶突和小钩。体节宽度大于长度，每个成熟节片内有 2 组生殖器官，生殖孔开口于节片两侧边缘。睾丸数百个，呈颗粒状，分布于节片两侧纵排泄管之间；卵巢呈扇形分叶状与卵黄腺（呈块状）在节片两侧构成花环状，将卵模围在中间，分布在节片两侧。子宫呈网状。每个节片的后缘均有横列的节间腺。虫卵大小为 56～67μm，内含梨形器。

扩展莫尼茨绦虫（*M. expansa*），虫体呈乳白色，长 1～5m，最长可达 10m，宽度达 16mm；节间腺呈一列大囊泡状，范围大；睾丸数目较少，300～400 个；虫卵近似三角形。

贝氏莫尼茨绦虫（*M. benedeni*），虫体呈黄白色，长可达 4m，宽度达 26mm。节间腺呈小点密布的横带状，范围小，集中分布于每个节片后缘中央部。睾丸数目较多，约 600 个（图 4－9）。虫卵近似四角形。

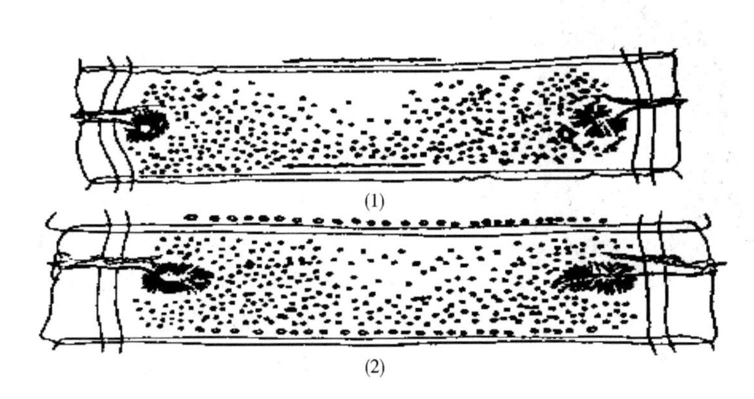

图 4－9　莫尼茨绦虫成熟节片

（1）贝氏莫尼茨绦虫　（2）扩展莫尼茨绦虫

（2）曲子宫绦虫　常见的虫种为盖氏曲子宫绦虫（*H. giardi*），成虫乳白色，带状，体长可达 4.3m，最宽为 8.7mm，头节小，直径不到 1mm，有 4 个吸盘，无顶突。节片较短，每个成熟节片内含有 1 组生殖器官，生殖孔位于节片的侧缘，左右不规则地交替排列。睾丸为小圆点状，分布于节片两侧纵排泄管的外侧；子宫呈波浪状弯曲。虫卵近似球形，无梨形器，直径为18～27μm，每5～15个虫卵被包在1个副子宫器内。

（3）无卵黄腺绦虫　常见的虫种为中点无卵黄腺绦虫（*A. centripunctata*），虫体长而窄，可达2～3m或更长，宽度仅有2～3mm，头节上有4个吸盘，无顶突和小钩，节片极短，分节不明显。每个成熟节片内含有1组生殖器官，生殖孔左右不规则地交替排列在节片的边缘。睾丸位于两侧纵排泄管的内外侧。卵巢呈圆球形，位于生殖孔与子宫之间。子宫在节片中央。无卵黄腺和梅氏腺。虫卵直径21～38μm，被包在副子宫器内（图4-10）。

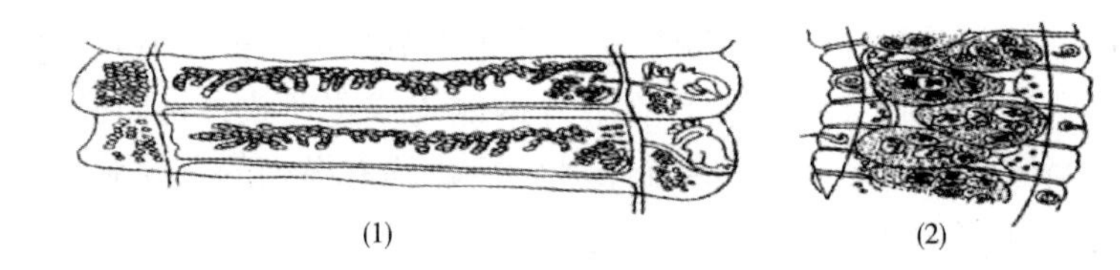

图4-10　曲子宫绦虫与无卵黄腺绦虫成熟节片

（1）曲子宫绦虫　（2）无卵黄腺绦虫

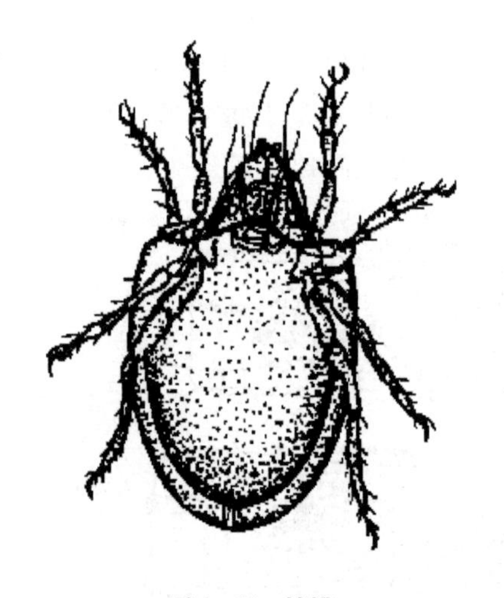

图4-11　地螨

2. 生活史

中间宿主：莫尼茨绦虫和曲子宫绦虫的中间宿主为地螨（图4-11）。无卵黄腺绦虫的中间宿主为弹尾目昆虫长角跳虫，也有人认为是地螨。

终末宿主：牛、羊及骆驼等反刍动物。

莫尼茨绦虫的虫卵和孕卵节片随终末宿主的粪便排至体外，被中间宿主吞食后，虫卵内的六钩蚴逸出，约经40d以上发育为似囊尾蚴。反刍动物吃草时吞食了含有似囊尾蚴的地螨而感染。似囊尾蚴以其头节附着于小肠壁上，经45～60d发育为成虫（图4-12）。成虫在终末宿主体内的寿命为2～6个月，一般为3个月。

曲子宫绦虫的生活史与莫尼茨绦虫相似。但动物具有年龄免疫性，4～5个月前的羔羊一般不感染曲子宫绦虫，故多见于6～8月龄以上及成年绵羊。当年生的犊牛也很少感染。曲子宫绦虫与贝氏莫尼茨绦虫常混合感染。

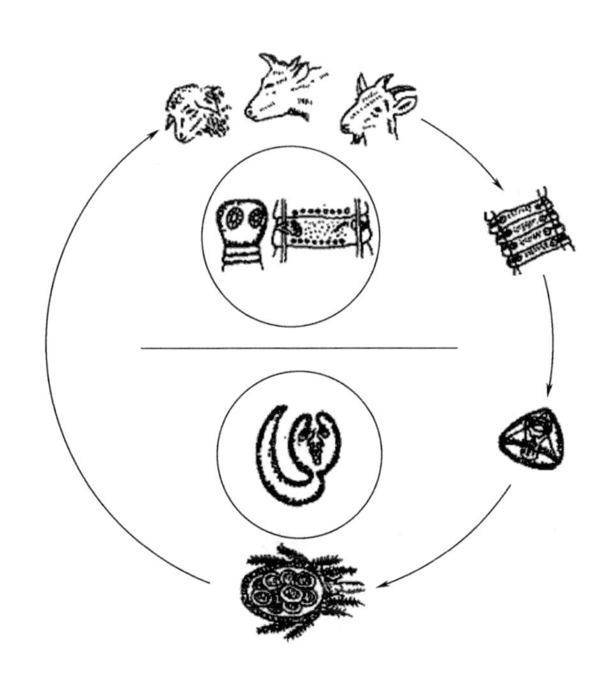

图 4－12　莫尼茨绦虫的生活史

无卵黄腺绦虫生活史尚不完全清楚，现认为弹尾目的昆虫为其中间宿主。中间宿主吞食虫卵后，经 20d 可在其体内形成似囊尾蚴。绵羊在吃草时食入含有似囊尾蚴的小昆虫而感染。在羊体内经 1～5 个月发育为成虫。

3. 流行病学

本病主要危害 1.5～8 个月的羔羊和当年生的犊牛。

本病的流行有明显的季节性，与地螨的分布和生活习性有密切关系，南方感染高峰一般在 4～6 月份，北方一般在 5～8 月份。

本病在我国的东北、西北和内蒙古的牧区流行广泛；在华北、华东、中南及西南各地也经常发生。

地螨种类多，分布广，现已查明有 30 余种地螨可作为莫尼茨绦虫的中间宿主，大量的地螨分布在潮湿、肥沃的土壤里，耕种 3～5 年的土壤里地螨数量很少。地螨耐寒，其体内的似囊尾蚴可随地螨越冬，春天气温回升后，地螨开始活动，但对干燥和热很敏感，气温在 30℃ 以上、地面干燥或日光照射时，地螨多从草上钻入地下，在早晚或阴雨天气时，经常爬至草叶上，动物在放牧时即可感染。

4. 临诊症状

羔羊和犊牛主要表现为食欲减退，饮欲增加，精神沉郁，消瘦，贫血，腹泻，粪便中含有黏液和孕卵节片，进而症状加剧，后期有明显的神经症状，如回旋运动、痉挛、抽搐、空口咀嚼，最后卧地不起，衰竭死亡。寄生虫体数量多时可造成肠阻塞，甚至破裂。成年动物一般无临诊症状。

5. 病理变化

尸体消瘦，黏膜苍白，肌肉色淡，胸腹腔渗出液增多。有时可见肠阻塞或扭转。肠黏膜出血，小肠内有绦虫。

6. 诊断

根据流行病学、临诊症状、粪便检查、剖检发现虫体进行综合诊断。首先要考虑发病的时间，是否多为放牧牛、羊，尤其是羔羊、犊牛，牧草上是否有多量地螨等；再仔细观察患病羔羊、犊牛的粪便中有无孕卵节片排出，用饱和盐水漂浮法检查粪便中的虫卵，未发现节片或虫卵时，可能为绦虫未发育成熟，因此可考虑应用药物进行诊断性驱虫。剖检发现虫体即可确诊。

7. 治疗

（1）硫双二氯酚　剂量为牛 50mg/kg 体重，绵羊 75 ~ 100mg/kg 体重，1 次口服。

（2）氯硝柳胺（灭绦灵）　剂量为牛 50mg/kg 体重，绵羊 60 ~ 75mg/kg 体重，1 次口服。

（3）丙硫咪唑　剂量为牛 5mg/kg 体重，羊 20mg/kg 体重，1 次口服。

（4）吡喹酮　剂量为牛 5 ~ 10mg/kg 体重，羊 10 ~ 15mg/kg 体重，1 次口服。

（5）甲苯咪唑　剂量为牛 10mg/kg 体重，羊 15mg/kg 体重，1 次口服。

8. 预防

对羔羊和犊牛应在放牧后 4 ~ 5 周时进行成虫期前驱虫，间隔 2 ~ 3 周后再进行第 2 次驱虫。但成年动物一般为带虫者，因此每年可进行 2 ~ 3 次驱虫。驱虫后的粪便应进行集中发酵处理。在感染季节避免在低湿草地放牧，并尽可能避免在清晨、黄昏及阴雨天放牧，以减少感染，有条件的地方可实行轮牧。对地螨孳生场所，采取深耕土壤、开垦荒地、种植牧草等措施，以减少地螨繁衍。

（九）伪裸头绦虫病

伪裸头绦虫病是由膜壳科伪裸头属的克氏伪裸头绦虫寄生于猪小肠内引起的寄生虫病。人偶有感染，为人兽共患寄生虫病。

1. 病原体

克氏伪裸头绦虫（*Pseudanoplacephala crawfordi*），虫体呈乳白色，体长为 97 ~ 167mm，宽为 3.8 ~ 5.9mm，头节上有不发达的顶突，无小钩，有 4 个吸盘。颈节长而纤细。节片宽度大于长度，生殖孔开孔于虫体同一侧的节片中部。睾丸为 24 ~ 43 个，不规则的分布于卵巢和卵黄腺的两侧。雄茎囊短，雄茎常伸出生殖孔外。卵巢分叶，呈菊花状，位于节片中部。卵黄腺为一实体，紧靠卵巢后面。孕卵节片子宫为波状弯曲的横管，其内充满虫卵（图4－13）。

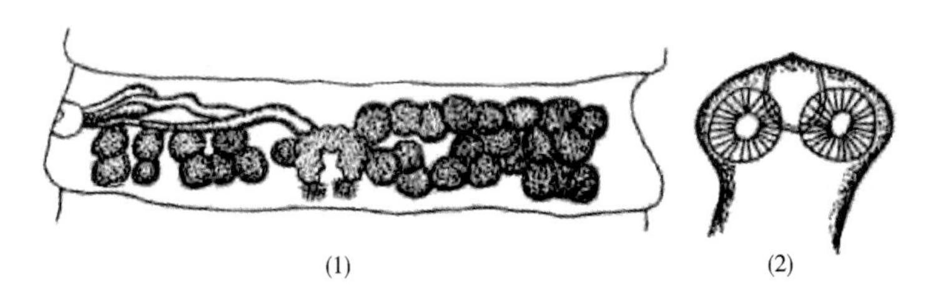

图4－13 克氏伪裸头绦虫

（1）成熟节片 （2）头节

虫卵呈圆形，直径为51.8～110.0μm，呈棕黄色或黄褐色，卵壳厚，外周有波状花纹，卵内含六钩蚴。

2. 生活史

中间宿主：鞘翅目的赤拟谷盗等昆虫。

终末宿主：猪、野猪及人。

成虫寄生于终末宿主小肠内，脱落的孕卵节片或其虫卵随着终末宿主的粪便排出体外，被中间宿主吞食后经27～31d发育为似囊尾蚴。猪因误食含似囊尾蚴的中间宿主而感染，似囊尾蚴在猪的小肠中约经30d发育为成虫。

3. 流行病学

克氏伪裸头绦虫的繁殖力较强，每个孕卵节片内含有2000～5000个虫卵。

褐家鼠在病原体的散播上起重要作用，其频繁活动于野外和居民区，经常出没于粮食和食品加工厂以及饲料库、猪舍等处，构成了病原体、中间宿主和终末宿主之间的传播链。

4. 临诊症状

轻度感染者一般无明显症状，严重感染时表现食欲减退，消瘦，被毛无光泽，阵发性腹痛、腹泻、呕吐及厌食等，粪便中常有黏液，仔猪生长发育受阻而成僵猪，甚至可引起肠阻塞而迅速死亡。

5. 病理变化

寄生部位的肠黏膜充血、脱落及水肿，细胞变性、坏死。

6. 诊断

结合症状与流行病学资料，在猪粪便中发现孕卵节片或用饱和盐水漂浮法检查粪便，发现虫卵即可做出诊断。

7. 治疗

（1）吡喹酮 剂量为15mg/kg体重，混入饲料中喂服。

（2）硫双二氯酚　剂量为30～125mg/kg体重，混入饲料中喂服。

（3）硝硫氰醚　剂量为20～40mg/kg体重，安全有效。

8. 预防

应保管好粮食和饲料，杀灭仓库害虫和灭鼠。猪定期驱虫，猪粪及时清除，并做好无害化处理，以防止虫卵扩散。

（十）鸡绦虫病

鸡绦虫病主要由戴文科赖利属和戴文属的多种绦虫寄生于鸡小肠内引起的寄生虫病。主要特征为小肠黏膜发炎、下痢、生长缓慢和产蛋率下降。

1. 病原体

病原体主要有4种。

四角赖利绦虫（*R. tetragona*），虫体长可达25cm，宽3mm。头节较小，顶突上有90～130个小钩，排成1～3圈。吸盘椭圆形，上有8～10圈小钩。成节内含1组生殖器官，生殖孔位于同侧。孕节中每个副子宫器内含6～12个虫卵。虫卵呈灰白色，壳厚，直径为25～50μm。

棘沟赖利绦虫（*R. echinobothrida*），大小和形态颇似四角赖利绦虫。顶突上有200～240个小钩，排成2圈。吸盘呈圆形，上有8～10圈小钩。生殖孔位于节片一侧的边缘上，每个副子宫器内含6～12个虫卵，虫卵直径为25～40μm。

有轮赖利绦虫（*R. cesticillus*），虫体较小，一般不超过4cm，偶尔可达15cm。头节大，顶突宽而厚，形似轮状，突出于前端，其上有400～500个小钩，排成2圈。4个吸盘上无小钩。生殖孔在体侧缘上不规则地交替排列。孕节中含有许多副子宫器，每个仅含1个虫卵（图4－14）。虫卵直径为75～88μm。

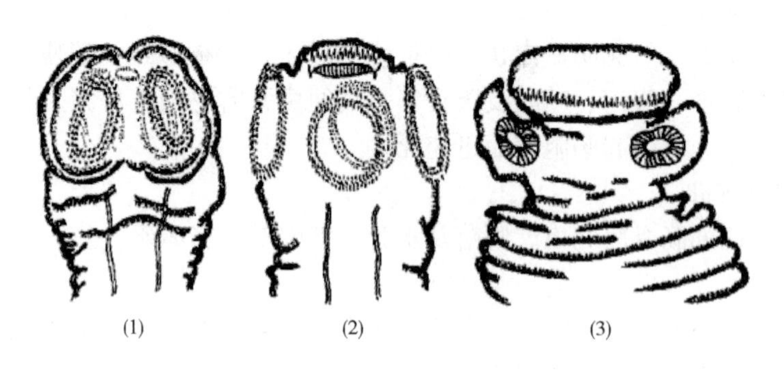

图4－14　赖利绦虫头节

（1）四角赖利绦虫　（2）棘沟赖利绦虫　（3）有轮赖利绦虫

节片戴文绦虫（*D. proglottina*），虫体短小，仅有0.5～3mm，由4～9个节片组成。头节小，顶突和吸盘上均有小钩，但易脱落。成节内含有1组生殖器官，生殖孔规则地交替开口于每个体节侧缘前部，每个副子宫器内含有1个虫卵（图4－15）。虫卵直径为28～40μm。

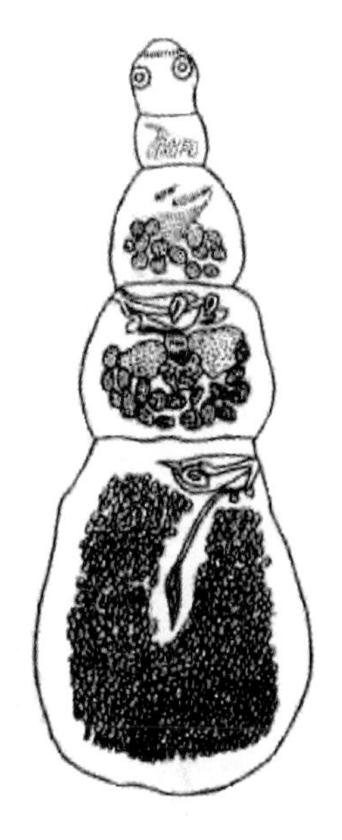

图4－15 节片戴文绦虫

2. 生活史

中间宿主：四角赖利绦虫的中间宿主是家蝇和蚂蚁；棘沟赖利绦虫为蚂蚁；有轮赖利绦虫为家蝇、金龟子、步行虫等昆虫；节片戴文绦虫为蛞蝓和陆地螺。

终末宿主：主要是鸡，其次是火鸡、鸽、鹌鹑、孔雀等。

成虫寄生于终末宿主的小肠内，其孕卵节片脱落后随粪便排出体外，被中间宿主吞食后，虫卵内的六钩蚴经14～21d发育为似囊尾蚴。含有似囊尾蚴的中间宿主被终末宿主吞食后，似囊尾蚴在小肠内经12～20d发育为成虫（图4－16）。

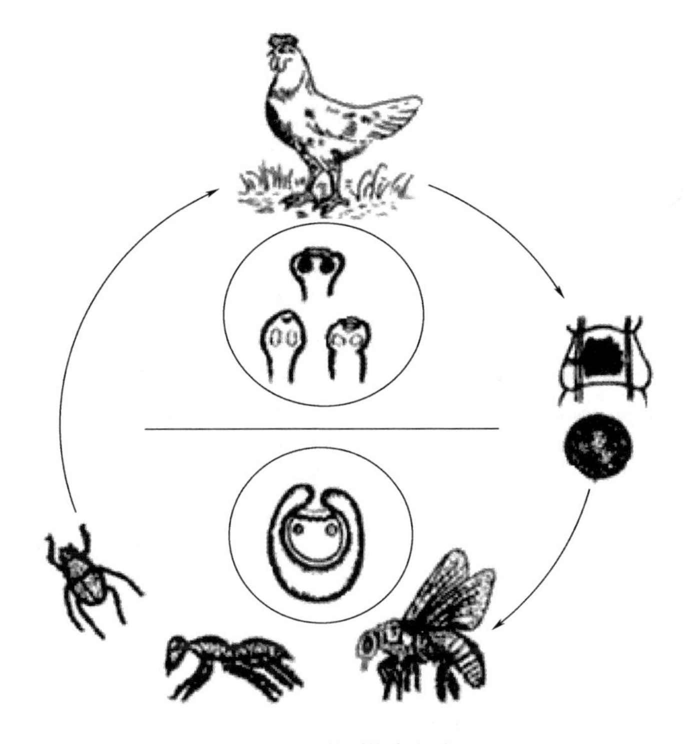

图4－16 赖利绦虫生活史

3. 流行病学

鸡绦虫病分布十分广泛，与中间宿主的分布广有关。感染多发生在中间宿主活跃的4~9月份。各种年龄的鸡均可感染，但以雏鸡的易感性更高，25~40日龄的雏鸡发病率和死亡率最高，成年鸡多为带虫者。饲养管理条件差、营养不良的鸡群，本病易发生和流行。四种绦虫常发生混合感染。

4. 临诊症状

病鸡表现食欲减退，饮欲增加，行动迟缓，羽毛蓬乱，贫血，消瘦，粪便稀且有黏液，头颈扭曲，蛋鸡产蛋量下降或停产，雏鸡生长发育迟缓，最后衰竭死亡。

5. 病理变化

剖检可见病鸡肠黏膜增厚，出血，黏膜上附着虫体，内容物中含有大量脱落的黏膜和虫体。赖利绦虫大量感染时虫体积聚成团，导致肠阻塞，甚至肠破裂引起腹膜炎。

6. 诊断

根据鸡群的临诊症状，粪便检查见到虫卵或孕卵节片，剖检病鸡发现虫体即可诊断。

7. 治疗

（1）丙硫咪唑　剂量为10~20mg/kg体重，1次口服。

（2）吡喹酮　剂量为10~20mg/kg体重，1次口服。

（3）硫双二氯酚　剂量为80~100mg/kg体重，1次口服。

（4）氯硝柳胺　剂量为80~100mg/kg体重，1次口服。

8. 预防

对鸡群进行定期驱虫，雏鸡2月龄左右进行第一次驱虫，以后每隔1.5~2个月驱虫一次，转舍或上笼之前必须进行驱虫。及时清除粪便并做无害化处理。发现病鸡及时治疗。雏鸡和成鸡要分开饲养，新购入的鸡应先隔离驱虫后再并群。鸡舍内外地面要坚实，使得甲虫的幼虫不能生活。鸡舍附近不能堆积垃圾等杂物，以减少蚂蚁建筑巢穴。定期杀灭鸡舍内外的昆虫，以防止中间寄主吞食虫卵。

（十一）犬、猫绦虫病

犬、猫绦虫病是由多种绦虫寄生于犬和猫的小肠内引起的一种寄生虫病。主要特征为消化不良、腹泻，多为慢性经过。寄生于犬、猫体内的绦虫种类很多，它们的幼虫期多以其他动物或人为中间宿主，严重危害动物和人类的健康。

1. 病原体

犬、猫绦虫病主要有九种。

（1）犬复孔绦虫病　犬复孔绦虫（*D. caninum*），虫体为淡红色，固定后为乳白色，长 15～50cm，宽约 3mm。通常由约 200 个节片组成。体节外形上呈淡黄色黄瓜籽状，故称“瓜籽绦虫”。头节上有 4 个吸盘及顶突，顶突上有 4～5圈小钩。每一成节具有 2 组生殖器官，生殖孔开口于两侧。睾丸 100～200 个。孕节内子宫分为许多卵袋，每个卵袋含虫卵数个至 30 个以上。虫卵呈球形，直径为 35～50μm，内含六钩蚴。幼虫期为似囊尾蚴（图 4－17）。

（2）中线绦虫病　中线绦虫（线中绦虫）（*M. lineatus*），虫体呈乳白色，体长 30～250cm，最大宽度 3mm。头节上无顶突和小钩，吸盘呈椭圆形。颈节很短。成熟节片近方形，每节有 1 组生殖器官，子宫为盲管，位于节片的中央。孕节似桶状，内有子宫和一卵圆形的副子宫器，副子宫器内含有成熟虫卵。虫卵呈椭圆形，大小为（40～60）μm×（34～43）μm，内含六钩蚴。幼虫期为似囊尾蚴（图 4－18）。

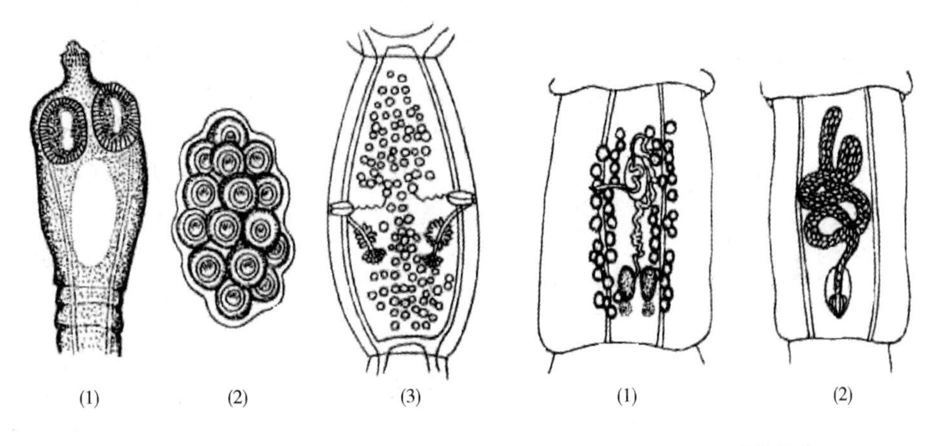

图 4－17　犬复孔绦虫

（1）头节　（2）孕节中的卵袋　（3）成熟节片

图 4－18　中线绦虫

（1）成熟节片　（2）孕卵节片

（3）泡状带绦虫病　泡状带绦虫（*T. hydatigena*），成虫体长可达 5m。头节顶突上有 26～46 个小钩。孕节有子宫侧枝 5～16 对，虫卵为卵圆形，大小为（36～39）μm×（31～35）μm。幼虫期为细颈囊尾蚴（图 4－19）。

（4）豆状带绦虫病　豆状带绦虫（*T. pisiformis*），成虫乳白色，体长可达 2m。头节顶突上有 36～48 个小钩。体节边缘呈锯齿状，故又称锯齿带绦虫。孕节子宫有 8～14 对侧枝。虫卵大小为（36～40）μm×（32～27）μm。幼虫期为豆状囊尾蚴（图 4－20）。

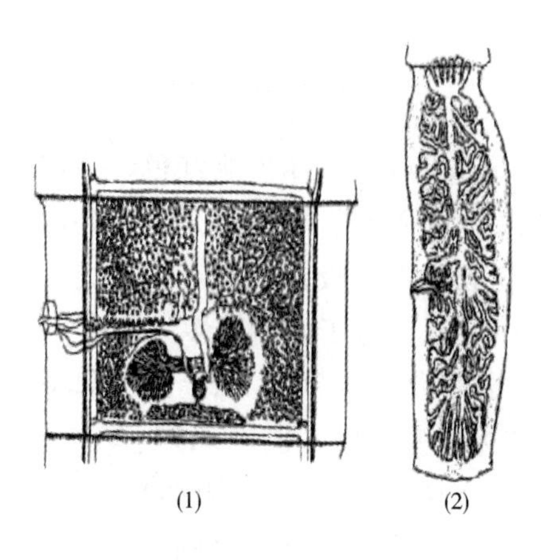

图4－19　泡状带绦虫
（1）成熟节片　（2）孕卵节片

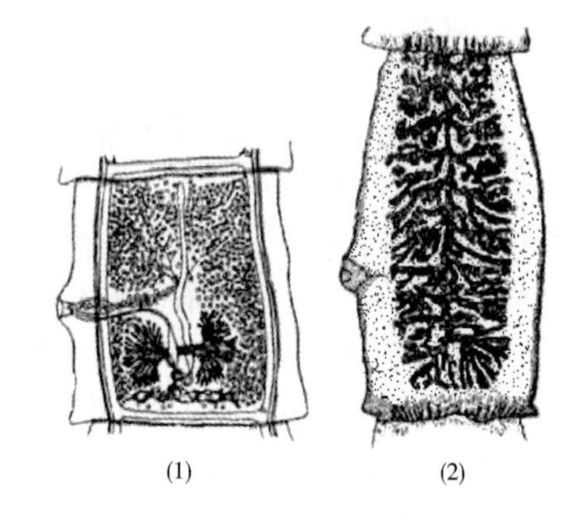

图4－20　豆状带绦虫
（1）成熟节片　（2）孕卵节片

（5）带状带绦虫病　带状带绦虫（*T. taeniaeformis*），也称带状泡尾带绦虫，成虫呈乳白色，体长15～60cm。头节粗壮，顶突肥大，上有小钩，4个吸盘向外侧突出。孕节子宫内充满虫卵，有子宫侧枝16～18对。虫卵的直径为31～36μm。幼虫期为链状囊尾蚴，简称链尾蚴，又称叶状囊尾蚴。

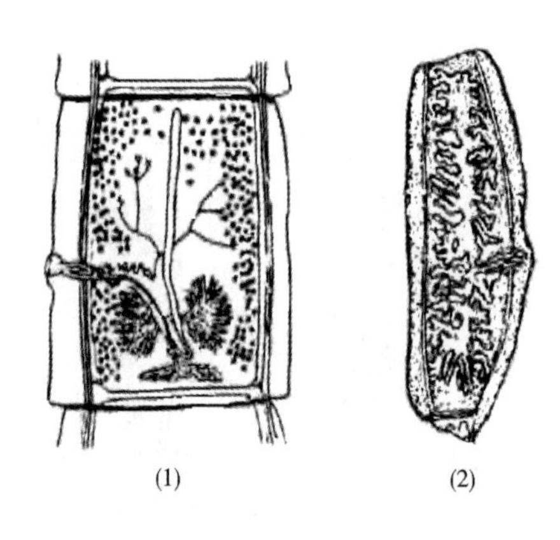

图4－21　多头带绦虫
（1）成熟节片　（2）孕卵节片

（6）多头绦虫病　多头带绦虫（多头绦虫，*T. multiceps*），成虫长40～100cm，由200～250个节片组成，最大宽度为5mm。头节的顶突上有22～32个小钩。孕节子宫侧枝14～26对。虫卵的直径为29～37μm。幼虫期为脑多头蚴，又称脑共尾蚴或脑包虫（图4－21）。

连续多头绦虫（*M. serialis*），成虫长10～70cm。头节的顶突上有2圈小钩，26～32个。孕节子宫侧枝20～25对。虫卵大小为（31～34）μm×（20～30）μm。幼虫期为连续多头蚴（连续共尾蚴）。

斯氏多头绦虫（*M. skrjabini*），成虫长20cm。头节的顶突上有32个小钩。孕节子宫侧枝20～30对。虫卵大小为32μm×26μm。幼虫期为斯氏多头蚴（斯氏共尾蚴），与脑多头蚴同物异名，只是寄生部位不同。

（7）细粒棘球绦虫病　细粒棘球绦虫（*E. granulosus*），为小型绦虫，长仅2～7mm，由头节和3～4个节片组成。顶突上有36～40个小钩。成节内有睾丸35～55个，生殖孔位于节片侧缘的后半部。孕节的长度远大于宽度，约占虫体长度的一半，子宫侧枝12～15对。虫卵大小为（32～36）μm×（25～30）μm。幼虫期为棘球蚴。

（8）宽节双叶槽绦虫病　宽节双叶槽绦虫（*D. latum*），成虫长2～12m。头节上有2个肌质纵行的吸槽，槽狭而深。成节和孕节均呈四方形。睾丸750～800个，与卵黄腺一起散在于节片两侧。卵巢分两叶，位于体中央后部；子宫呈玫瑰花状，在节片中央的腹面开口，其后为生殖孔。虫卵呈卵圆形，两端钝圆，淡褐色，有卵盖，大小为（67～71）μm×（40～51）μm。幼虫期为裂头蚴。

（9）曼氏迭宫绦虫病　曼氏迭宫绦虫（*S. mansoni*），成虫长40～60cm，最长者可达1m。头节指状，背腹各有一纵行的吸槽。体节的宽度大于长度。子宫有3～5次或更多的盘旋，子宫孔开口于阴门下方。虫卵呈椭圆形，淡黄色，两端稍尖，有卵盖，大小为（52～76）μm×（31～44）μm。幼虫期为曼氏裂头蚴（图4－22）。

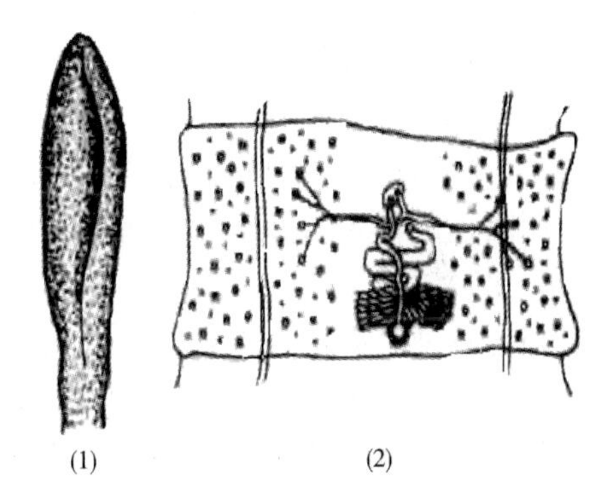

图4－22　曼氏迭宫绦虫

（1）头节　（2）成熟节片

2. 生活史

成虫寄生于终末宿主的小肠内，孕卵节片和虫卵随粪便排出体外，被中间宿主（有的还需补充宿主）吞食后，在其体内发育为幼虫，然后再被终末宿主吞食，在其小肠内发育为成虫。

犬复孔绦虫的中间宿主为犬、猫蚤和犬毛虱，终末宿主为犬和猫。

中线绦虫的中间宿主为地螨；补充宿主为啮齿类、禽类、爬虫类和两栖类动物等；终末宿主为犬和猫。

泡状带绦虫的中间宿主为猪、牛、羊和鹿等，常寄生于中间宿主的大网膜、肠系膜、肝脏和横膈膜等处；终末宿主为犬和猫。

豆状带绦虫的中间宿主为家兔、野兔等啮齿动物；常寄生于中间宿主的肝脏和肠系膜等处。终末宿主主要为犬、偶见于猫。

带状带绦虫的中间宿主为鼠类，常寄生于中间宿主的肝脏；终末宿主为猫。

多头带绦虫的中间宿主为绵羊、山羊、黄牛、牦牛和骆驼等，常寄生于中间宿主的脑内；终末宿主为犬科动物。

连续多头绦虫的中间宿主为野兔、家兔和松鼠等啮齿动物，常寄生于中间宿主的皮下、肌肉、腹腔脏器、心肌和肺脏等。终末宿主为犬科动物。

斯氏多头绦虫的中间宿主为绵羊和山羊等，常寄生于中间宿主的皮下、肌肉、胸腔和食道等。终末宿主为犬科动物。

细粒棘球绦虫的中间宿主为羊、牛及骆驼等草食动物和人，常寄生于中间宿主的肝脏、肺脏及其他器官。终末宿主为犬科动物。

宽节双叶槽绦虫的中间宿主为剑水蚤；补充宿主为鱼；终末宿主为犬、猫、猪、人及其他哺乳动物。

曼氏迭宫绦虫的中间宿主为剑水蚤；补充宿主为蛙类、蛇类和鸟类。终末宿主为犬、猫及其他肉食动物。

3. 流行病学

犬、猫通过食入中间宿主或其脏器而感染。在家畜和犬、猫之间形成传播链，同时也危害人的健康。本病主要分布于养犬、猫多的地区。

4. 临诊症状

轻度感染时症状不明显；严重感染时，表现食欲减退，消化不良，慢性腹泻和肠炎，有时腹痛，呕吐，异嗜，逐渐消瘦，贫血。虫体成团时可致肠阻塞、肠扭转甚至肠破裂。有的病例出现剧烈兴奋，有的发生痉挛和四肢麻痹。多呈慢性经过，很少死亡。在犬、猫粪便中可发现绦虫节片。

5. 诊断

用饱和盐水漂浮法检查粪便中的虫卵，注意观察动物体况，一般患有绦虫病的犬、猫在其肛门口常夹着尚未落地的孕卵节片或在排粪时排出较短的孕节，均可得到确诊。

6. 治疗

（1）氢溴酸槟榔素　剂量为犬 1 ~ 2mg/kg 体重，1 次内服。

（2）硫双二氯酚　剂量为犬、猫 200mg/kg 体重，1 次内服。

（3）盐酸丁萘脒　剂量为犬、猫 25 ~ 50mg/kg 体重，1 次内服。驱除细粒棘球绦虫时剂量为 50mg/kg 体重，1 次内服，间隔 48h 再服一次。

（4）氯硝柳胺（灭绦灵）　剂量为犬、猫 100 ~ 150mg/kg 体重，1 次口服。对细粒棘球绦虫无效。

（5）吡喹酮　剂量为犬 5mg/kg 体重，猫 2mg/kg 体重，1 次口服。

（6）丙硫咪唑　剂量为犬 10 ~ 20mg/kg 体重，每天 1 次，连用 3 ~ 4d。

7. 预防

犬、猫每年应进行 4 次预防性驱虫（每季度 1 次），也可根据虫卵或虫体检查，及时发现及时驱虫；不喂肉类联合加工厂的废弃物，特别是未经无害化处理（高温煮熟）的非正常肉食品；在裂头绦虫病流行地区捕捞的鱼、虾，最好不生喂犬、猫，以免感染裂头蚴病；应用蝇毒磷、倍硫磷、溴氰菊酯等药物杀灭动物舍和动物体的蚤和虱；大力防鼠灭鼠；加强饲养管理，严禁犬类进出畜舍、饲料仓库、屠宰场以及废料加工场所。

（十二）马裸头绦虫病

马裸头绦虫病是由裸头科裸头属和副裸头属的绦虫寄生于马属动物小肠内引起的寄生虫病。对幼驹危害严重，主要特征为消化不良、间歇性疝痛和下痢。

1. 病原体

病原体主要有3种。

叶状裸头绦虫（*A. perfoliata*），虫体短而厚，似叶状。长2.5～5.2cm，宽0.8～1.4cm。头节较小，4个吸盘呈杯状向前突出，每个吸盘后方各有1个特征性的耳垂状附属物。节片短而宽，成熟节片有1组生殖器官，睾丸约200个。虫卵近圆形，有梨形器，内含六钩蚴。虫卵直径为65～80μm，梨形器约等于虫卵半径。

大裸头绦虫（*A. magna*），虫体长可达1m以上，最宽处可达28mm，头节宽大，吸盘发达。所有节片的长度均小于宽度，节片有缘膜，前节缘膜覆盖后节约1/3。成熟节片有1组生殖器官，生殖孔开口于一侧。睾丸400～500个，位于节片中部，堆积成4～5层。子宫横列，呈袋状而有分枝。虫卵浅灰色呈圆形，直径50～60μm，内含六钩蚴，梨形器小于虫卵半径。

侏儒副裸头绦虫（*P. mamillana*），虫体短小，长6～50mm，宽4～6mm。头节小，吸盘呈裂隙样。虫卵大小为51μm×37μm，梨形器大于虫卵半径（图4－23）。

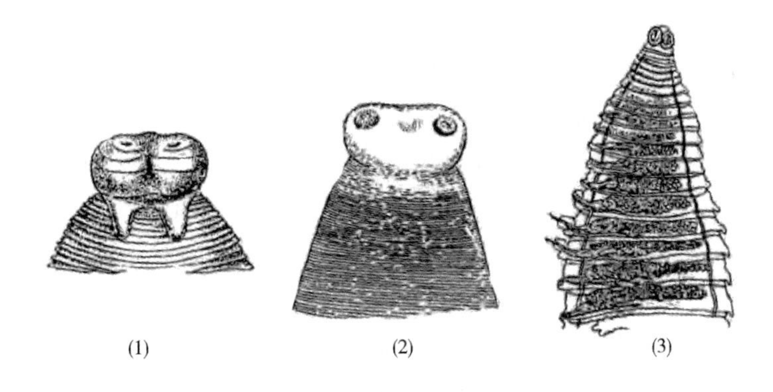

图4－23 裸头绦虫

（1）叶状裸头绦虫 （2）大裸头绦虫（3）侏儒副裸头绦虫

2. 生活史

中间宿主：地螨。

终末宿主：马、驴和骡等马属动物。

成虫寄生于终末宿主肠道中，孕卵节片和虫卵随粪便排出体外，被中间宿主吞食后，六钩蚴在其体内约经 5 个月发育为似囊尾蚴。当终末宿主食入含似囊尾蚴的中间宿主后，在小肠内经消化液作用，蚴体逸出，头节外翻，吸附在肠壁上经 6 ~ 10 周发育为成虫。

3. 流行病学

本病的传染源为患病或带虫的马、驴和骡等马属动物，孕卵节片存在于粪便中。以 2 岁以下的幼驹感染率最高。在我国西北和内蒙古等地的牧区，呈地方流行性，有明显的季节性，多在夏末秋初感染，冬季和次年春季出现症状，农区较少见。

4. 临诊症状

大量虫体寄生时，幼驹表现为生长发育迟缓，食欲不振，精神沉郁，被毛逆立无光泽，腹部膨大，有时腹泻，粪便中常混有带血的黏液，心跳加速，呼吸加快。常重复发生癫痫症状。有时出现疝痛症状。病程可持续 1 个月以上。

5. 病理变化

尸体消瘦，小肠或结肠有卡他性炎症或溃疡，病灶区含多量黏液和虫体。常见肝脏充血，心内、外膜有出血点，肠系膜淋巴结肿大、多汁且有出血点。有时出现腹膜炎。

6. 诊断

根据流行病学、临诊症状和粪便检查进行综合诊断。如在粪便中发现孕卵节片或虫卵可确诊。粪便检查用漂浮法。

7. 治疗

（1）氯硝柳胺（灭绦灵）　剂量为 88 ~ 100mg/kg 体重，1 次口服。

（2）硫双二氯酚　剂量为 10 ~ 25mg/kg 体重，1 次内服。

（3）槟榔 - 南瓜籽合剂　南瓜籽 400g，槟榔 50g。给药前绝食 12h，先投服炒熟碾碎的南瓜籽粉末 400g，经 1h 后，灌服槟榔末 50g，再经 1h 后投服硫酸钠 250 ~ 500g。

8. 预防

在本病流行的牧区，要进行预防性驱虫，驱虫后排出的粪便应做堆积发酵处理，以杀灭虫卵。避免在低湿草地和地螨孳生地放牧，最好在人工种植的草场上放牧，以减少感染的机会。

项目思考

一、名词解释

六钩蚴　棘球砂　中绦期　囊尾蚴　似囊尾蚴　原尾蚴　实尾蚴

二、选择题

1. 具有两性生殖器官的节片称作（　　）。

A. 未成熟节片　　B. 头节

C. 颈节　　D. 成熟节片

2. 绦虫外观呈（　　），多为乳白色。

A. 带状　　B. 线状

C. 圆筒状　　D. 球状

3. 在圆叶目绦虫的发育过程中如果以节肢动物和软体动物作为中间宿主时，发育为（　　）这种类型的中绦期。

A. 囊尾蚴　　B. 多头蚴

C. 似囊尾蚴　　D. 棘球蚴

4. 绦虫具有发达的（　　）。

A. 神经系统　　B. 循环系统

C. 消化系统　　D. 生殖系统

5. 猪带绦虫头节的形态特点有（　　）。

A. 吸盘 4 个及小钩 2 圈　　B. 吸盘 4 个及小钩 1 圈

C. 吸盘 4 个、无小钩　　D. 小钩 2 圈、无吸盘

6. 细粒棘球绦虫的中间宿主是（　　）。

A. 牛、羊和人　　B. 牧羊人

C. 羊和犬　　D. 犬、狼和狐狸

7. 俗称“水铃铛儿”的寄生虫是（　　）。

A. 链尾蚴　　B. 细颈囊尾蚴

C. 多头蚴　　D. 棘球蚴

8. 头节上没有吸盘而具有吸槽的绦虫是（　　）。

A. 细粒棘球绦虫　　B. 曼氏迭宫绦虫

C. 牛带绦虫　　D. 犬复孔绦虫

三、判断题

1. 绦虫的身体分为头节，颈节，体节，故各种绦虫的体长差不多。（　　）

2. 绦虫生殖器官发达，多为雌雄同体，每个成熟节片中都具有雄性和雌性生殖系统。（　　）

3. 脑多头蚴寄生在牛、羊等动物的肌肉中。（　　）

4. 莫尼茨绦虫的中间宿主为牛、羊等哺乳动物。（ ）

5. 肥胖带吻绦虫的头节有4个吸盘，具顶突，其上有2圈小钩。（ ）

6. 鸡绦虫病主要由戴文科赖利属和戴文属的多种绦虫引起的寄生虫病。本病常为几种绦虫混合感染。（ ）

四、填空题

1. 绦虫通过（ ）来吸收营养。

2. 绦虫的生活史比较复杂，圆叶目的绦虫以哺乳动物为中间宿主时，发育为（ ）、（ ）、（ ）等类型的幼虫；如果以节肢动物和软体动物作为中间宿主时发育为（ ）。

3. 猪囊尾蚴又称（ ），成虫寄生于（ ）的（ ）中。

4. 棘球蚴病又称为（ ）病，主要寄生于哺乳动物和人的（ ）、（ ）及其他器官。

5. 鸡赖利绦虫病常见的病原体有（ ）、（ ）、（ ）。

五、简答题

1. 简述绦虫的形态与结构。

2. 简述圆叶目绦虫的生活史。

3. 猪囊尾蚴病的主要流行因素有哪些？怎样预防？

4. 简述莫尼茨绦虫的生活史，并据此制定反刍兽绦虫病的防治措施。

5. 简述鸡绦虫病的病原体形态结构特点、发育过程。怎样治疗和预防？

6. 简述犬、猫绦虫病的病原体种类、形态特点、发育过程。怎样治疗和预防？

7. 根据流行病学调查制定当地的人兽共患绦虫病的防治措施。

项目五　线虫病的防治

知识目标

掌握主要线虫的一般形态构造、生活史以及动物主要线虫病的诊断要点和防治措施；了解线虫的分类和动物生产中危害较大的线虫病的种类。

技能目标

能够通过观察线虫虫体及其虫卵的形态结构识别线虫的种类；能够对主要线虫病做出正确的诊断，并能采取有效的防治措施。

必备知识

一、线虫概述

（一）线虫的形态构造

1. 外部形态

线虫一般两侧对称，呈细长的圆柱形或纺锤形，有的呈线状或毛发状。前端钝圆、后端较尖细，不分节。新鲜虫体通常为乳白色或淡黄色，吸血的虫体常呈淡红色。虫体大小差异很大，最小的仅 1mm 左右，如旋毛虫雄虫，最长可达 1m 以上，如麦地那龙线虫雌虫。寄生性线虫均为雌雄异体，一般为雄虫小，雌虫大。线虫整个虫体可分为头、尾、背、腹和两侧。

2. 体壁与体腔

（1）体壁　线虫体壁由角皮（角质层）、皮下组织和肌层构成。

①角皮：线虫体表为透明的角皮，由皮下组织的分泌物形成，表面光滑或有横纹、纵纹等。角皮可延续为口囊、食道、直肠、排泄孔及生殖管末端的内壁。有些线虫体表还常有由角皮参与形成的特殊构造，如头泡、颈泡、唇片、叶冠、颈翼、侧翼、尾翼、乳突、交合伞等，有附着、感觉和辅助交配等功能，其位置、形状和排列是分类的依据。

②皮下组织：在角皮层下面，是一层原生质。在虫体背面、腹面和两侧中央部的皮下组织增厚，形成4条纵索，分别称为背索、腹索和两条侧索。在两条侧索内有排泄管，背索和腹索内有神经纤维束。

③肌层：皮下组织下面为肌层。线虫只有纵肌，无环肌，肌纤维的收缩和舒张使虫体发生运动。

（2）体腔　体壁包围着一个充满液体的假体腔，内有消化、生殖等器官和系统。

3. 消化系统

多数线虫具有完整的消化系统，由口孔、口腔、食道、肠、直肠、肛门组成。

口孔位于头部顶端，其周围常有唇片围绕。无唇片的线虫有的在口缘部发育为叶冠、角质环（口领）等。口与食道之间有口腔，有些线虫的口腔内形成硬质构造，称为口囊，有些种在口腔内长有齿、口针或切板等。食道多呈圆柱状、棒状或漏斗状等，有些线虫的食道有1个或2个球状膨大部，称为食道球。食道的形状在分类上具有重要意义，食道后为管状的肠、直肠，末端为肛门。雌虫肛门单独开口，雄虫的直肠和肛门与射精管汇合为泄殖腔，开口为泄殖孔。肛门周围常有乳突，其数目、形状和排列随虫种不同而异，具有分类意义。

4. 排泄系统

线虫的排泄系统有腺型和管型之分。无尾感器纲为腺型，常见一个大的腺细胞位于体腔内；有尾感器纲为管型。排泄孔通常位于食道部腹面正中线上，同种类线虫位置固定，具有分类意义。

5. 神经系统

神经系统位于食道部的神经环相当于中枢，由此向前后各伸出若干条神经纤维束，各神经纤维束间有横联合，在虫体的其他部位还有单个的神经节。线虫体表有许多乳突，如头乳突、唇乳突、颈乳突、尾乳突或生殖乳突等，均是神经感觉器官。

6. 生殖系统

线虫多为雌雄异体。雌虫尾部较直，雄虫尾部弯曲或卷曲。生殖器官都是简单弯曲并相通的管状，形态上几乎没有区别。

雌性生殖器官通常为双管型（双子宫型），少数为单管型（单子宫型）。由卵巢、输卵管、子宫、受精囊，阴道和阴门组成。受精囊是贮精的器官，有些线虫无受精囊或阴道。阴门是阴道的开口，阴门的位置变化很大，可在虫体腹面的前部、中部或后部，但均位于肛门之前，其形态和位置具有分类意义。有些线虫的阴门被有表皮形成的阴门盖。双管型即有2组生殖器官，2个卵巢、2条输卵管、2条子宫最后汇合成1条阴道，开口于阴门。

雄虫生殖器官通常为单管型，由1个睾丸、1条输精管、1个贮精囊和1个射精管组成，开口于泄殖腔。许多线虫还有辅助交配器官，如交合刺、引器、副引器、性乳突和交合伞等，具有鉴定意义。交合刺多为2根，包藏在交合刺鞘内并能伸缩，在交配时有掀开雌虫生殖孔的功能。引器和副引器有引导交合刺伸缩或插入生殖孔的功能。交合伞为对称的叶膜状，由肌质的肋支撑，在交配时起固定雌虫的功能。肋分为3组，即腹肋、侧助和背肋。腹肋2对，即腹腹肋和侧腹肋；侧肋3对，即前侧肋、中侧肋和后侧肋；背肋组包括1对外背肋和1个背肋（图5－1、图5－2）。

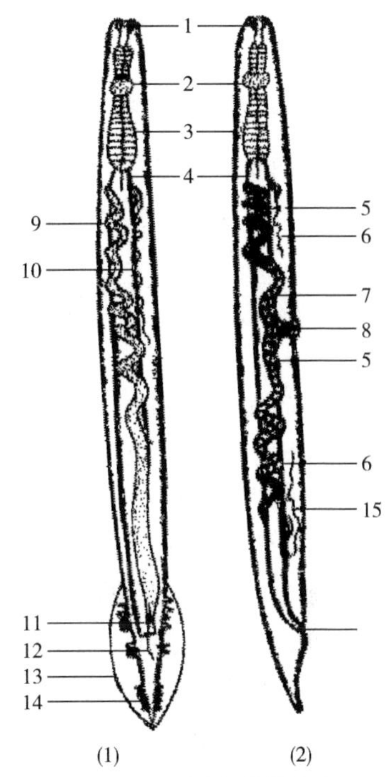

(1)　(2)

图5－1　线虫构造模式图

（1）雄虫　（2）雌虫

1—口腔　2—神经节　3—食道　4—肠　5—输卵管　6—卵巢　7—子宫　8—生殖孔　9—输精管　10—睾丸　11—泄殖腔　12—交合刺　13—翼膜　14—乳突　15—肛门

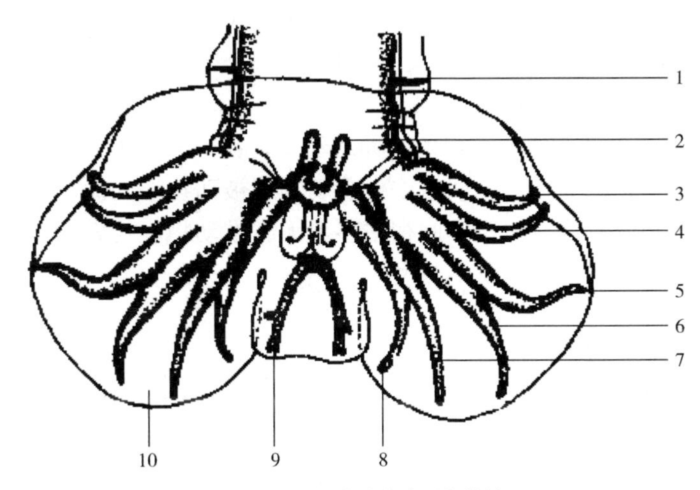

图5－2　圆形线虫雄虫尾部构造

1—伞前乳突　2—交合刺　3—前腹肋　4—侧腹肋　5—前侧肋　6—中侧肋　7—后侧肋　8—外背肋　9—背肋　10—交合伞膜

线虫无呼吸器官和循环系统。

（二）线虫的生活史

1. 线虫的生殖方式

线虫的生殖方式有 3 种。大部分线虫为卵生，有的为卵胎生或胎生。卵生是指虫卵尚未卵裂，处于单细胞期，如蛔虫卵；卵胎生是指虫卵处于早期分裂状态，即已形成胚胎，如后圆线虫卵；胎生是指雌虫直接产出早期幼虫，如旋毛虫。

2. 线虫的发育过程

线虫的发育一般要经过 5 个幼虫期，每期之间均要进行蜕皮（蜕化），因此，需要 4 次蜕皮，前 2 次蜕皮在外界环境中完成，后 2 次在宿主体内完成。只有发育到第 5 期幼虫，才能进一步发育为成虫。蜕皮是幼虫蜕去旧角皮，新生一层新角皮的过程。有的线虫蜕皮后旧角皮仍留在幼虫身体表面，称为披鞘幼虫。披鞘幼虫对外界环境的抵抗力较强，也很活跃。蜕皮时幼虫处于不生长、不采食、不活动的休眠状态。

绝大多数线虫虫卵内的第一期幼虫经过两次蜕皮之后发育到第 3 期幼虫才具有感染性（侵袭性）。如果蜕化的幼虫已从卵壳内孵出，生活于自然界，称为感染性（侵袭性）幼虫。部分线虫的虫卵经过一次蜕皮后就具有感染性，这种第二期虫卵可称为感染性（侵袭性）虫卵。

根据线虫在发育过程中是否需要中间宿主，可分为直接发育型（土源性）线虫和间接发育型（生物源性）线虫两种类型。

（1）直接发育型　雌虫产出虫卵，虫卵在外界环境中直接发育为感染性虫卵或感染性幼虫，被终末宿主吞食后，幼虫逸出（指吞食感染性虫卵）后在体内移行或不移行，再经 2 次蜕皮发育为成虫。代表类型有蛲虫型、毛尾线虫型、蛔虫型、圆线虫型、钩虫型。

（2）间接发育型　雌虫产出的虫卵或幼虫，被中间宿主吞食，在其体内发育为感染性幼虫，然后通过中间宿主侵袭动物或被动物吃入而感染，在终末宿主体内经蜕皮后发育为成虫。中间宿主多为无脊椎动物。代表类型有旋尾线虫型、原圆线虫型、丝虫型、旋毛虫型等。

（三）线虫的分类

线虫属线形动物门，其下分两个纲：尾感器纲和无尾感器纲。

1. 尾感器纲（Secernentea）

（1）蛔目（Ascaridata）　口孔由 3 片唇围绕，食道简单，呈圆柱状。直接型发育史。

①蛔科（Ascaridae）：大型虫体。头端有3片发达的唇，食道与肠接合处无小胃。有或无颈翼。雄虫具2根交合刺；雌虫阴门位于虫体前部。

蛔属（*Ascaris*）

副蛔属（*Parascaris*）

弓蛔属（*Toxascaris*）

贝蛔属（*Baylisascaris*）

②弓首科（Toxocaridae）：具3片唇。有或无颈翼。食道与肠接合处有小胃。

弓首属（*Toxocara*）

新蛔属（*Neoascaris*）

③禽蛔科（Ascaridiidae）：有3片唇，食道呈棒状。雄虫具2根交合刺，有1个泄殖孔前吸盘，尾端有明显的尾翼和尾乳突。雌虫阴门位于虫体中部。

禽蛔属（*Ascaridia*）

（2）尖尾目（Oxyurida）　虫体小型或中等大小。食道有明显的食道球。虫体尾部长而尖。雄虫尾翼发达。直接发育型。

①尖尾科（Oxyuridae）：口囊内有齿，有发达的后食道球。雄虫具1根或2根交合刺，或无交合刺。雌虫通常比雄虫长的多，并有长而尖的尾部，阴门靠近虫体前部。

尖尾属（*Oxyuris*）

无刺属（*Aspiculuris*）

普氏属（*Probstmayria*）

斯克里亚宾属（*Skrjabinema*）

住肠属（蛲虫属）（*Enterobius*）

钉尾属（*Passalurus*）

管状属（*Syphacia*）

②异刺科（Heterakidae）：有后食道球。雄虫交合刺两根，等长或不等长，有肛前吸盘。

异刺属（*Heterakis*）

同刺属（*Ganguleterakis*）

副盾皮属（*Paraspidodera*）

（3）杆形目（Rhabditata）　微型至小型虫体，常具6片唇；雌雄虫尾端均呈锥形；交合刺同形等长。自由生活世代，雌雄异体，有显著的前后食道球；寄生世代为孤雌生殖（宿主体内仅有雌虫），无食道球。

①类圆科（Strongyloididae）：小型虫体。口具两个侧唇。

类圆属（*Strongyloides*）

②小杆科（Rhabdiasidae）：虫体很小。口腔呈圆柱状，具3～6个不发达唇片。

小杆属（*Rhabditis*）

微细属（*Micronema*）

（4）圆线目（Strongylata）　细长形虫体，食道常呈棒状。雄虫尾部有发达的交合伞，伞上有肌质的肋。2根交合刺等长。有口囊，口孔有小唇或叶冠环绕。

①圆线科（Strongylidae）：有发达的大口囊，呈球形或半球形。有的口囊有背沟，口囊底部常有齿。口缘有内、外叶冠。雄虫有发达的交合伞和典型的肋，交合刺细长。

圆线属（*Strongylus*）

夏伯特属（*Chabertia*）

三齿属（*Triodontophorus*）

盆口属（*Craterostsmum*）

食道齿属（*Oesophagodontus*）

②盅口科（Cyathostomidae）（毛线科 Trichonematidae）：口缘有明显的叶冠。口囊不发达，一般较浅，呈圆筒状或环状；底部无齿。颈沟有或无。

盅口属（*Cyathostomum*）（毛线属 *Trichonema*）

盂口属（*Poteriostomum*）

辐首属（*Gyalocephalus*）

杯环属（*Cylicocyclus*）

杯齿属（*Cylicodontophorus*）

杯冠属（*Cylicostephanus*）

鲍杰属（*Bourgelatia*）

食道口属（*Oesophagostomum*）

③毛圆科（Trichostrongylidae）：虫体小，毛发状，口囊很小或缺。雄虫交合伞侧叶发达，背叶不明显，具2根交合刺。

毛圆属（*Trichostrongylus*）

奥斯特属（*Ostertagia*）

背带线虫属（*Teladorsagia*）

血矛属（*Haemonchus*）

长刺属（*Mecistocirrus*）

马歇尔属（*Marshallagia*）

古柏属（*Cooperia*）

细颈属（*Nematodirus*）

似细颈属（*Nematodirella*）

猪圆线虫属（*Hyostrongylus*）

④钩口科（Ancylostomatidae）：口囊发达，无叶冠，口缘有角质切板或齿。虫体前端向背面弯曲，故又名钩虫。雄虫交合伞较发达。

钩口属（*Ancylostoma*）

旷口属（*Agriostomum*）

仰口属（*Bunostomum*）

盖格属（*Gaigeri*）

球首属（*Globocephalus*）

板口属（*Necator*）

弯口属（*Uncinaria*）

⑤冠尾科（Stephanuridae）：口囊呈杯状，壁厚，基部有6～10个齿。口缘有细小的叶冠和角质隆起。交合伞不发达，交合刺较短粗。雌虫阴门靠近肛门。

冠尾属（*Stephanurus*）

⑥网尾科（Dictyocaulidae）：口囊小，口缘有4个小唇片。雄虫交合伞退化。交合刺短，黄褐色，呈多孔性结构。雌虫阴门位于虫体中部。寄生于气管和支气管。

网尾属（*Dictyocaulus*）

⑦原圆科（Protostrongylidae）：虫体毛发状。雄虫交合伞不发达，交合刺呈膜质羽状，有栉齿。阴门位于肛门附近。

原圆属（*Protostrongylus*）

囊尾属（*Cystocaulus*）

缪勒属（*Muellerius*）

刺尾属（*Spiculocaulus*）

新圆属（*Neostrongylus*）

鹿圆属（*Elaphostrongylus*）

拟马鹿圆属（*Parelaphostrongylus*）

⑧后圆科：口缘有1对分3叶的唇。雄虫交合伞发达，交合刺细长，线状。阴门位于肛门附近。寄生于猪支气管和细支气管。

后圆属（*Metastronglus*）

⑨比翼科（Syngamidae）：口囊呈杯状，无叶冠，口囊基部有齿。雄虫交合伞很发达。雌、雄常呈交配状态，呈“丫”形。雌虫阴门在虫体前半部或中部。

比翼属（*Syngamus*）

哺乳类比翼属（*Mammomonogamus*）

⑩裂口科（Amidostomatidae）：口囊发达呈亚球形，底部有1~3个齿。交合伞发达，2根交合刺等长。阴门位于虫体后1/5处。

裂口属（*Amidostomum*）

（5）旋尾目（Spirurida）　口周有6片小唇，或有2个侧唇，有筒形口囊。食道由短的前肌质部和长的后腺质部组成。雄虫尾部呈螺旋状卷曲。交合刺2根，形状、长短不同；雌虫阴门大都位于体中部。卵胎生，发育中需中间宿主。

①尾旋科（Spirocercidae）：虫体粗壮，螺旋形。有分为3叶的侧唇两片。雄虫尾部具发达的尾翼和多对乳突，两根交合刺不等长。

尾旋属（*Spirocerca*）

②吸吮科（Thelaziidae）：各种动物眼结膜囊内的寄生线虫。唇不显著，口囊小。雄虫通常泄殖孔前后均有乳突，两根交合刺不等长。雌虫阴门开口于虫体前部或后部。

吸吮属（*Thelazia*）

尖旋尾属（*Oxyspiruru*）

后吸吮属（*Metathelazia*）

③筒线科（Gongylonematidae）：虫体前部角皮上有圆形、不同大小的隆起。颈翼发达。雄虫具两根不等长、不同形交合刺。

筒线属（*Gongylonema*）

④华首科（锐形科）（Acuariidae）：虫体前部有悬垂物或角质饰带。雄虫泄殖孔前有4对乳突，泄殖孔后亦有多对乳突。交合刺不等长，不同形。常寄生于禽类肌胃、腺胃、食道或嗉囊壁。

副柔属（*Parabronema*）

锐形属（华首属）（*Acuaria*）

棘结属（*Echinuria*）

⑤四棱科（Tetrameridae）：虫体无饰带。雌雄明显异形。雄虫白色线状；雌虫近似球形，体表有4条纵沟。寄生于禽类腺胃。

四棱属（*Tetrameres*）

⑥颚口科（Gnatbostomatidae）：有2个大侧唇，呈3叶状。头端呈球状膨大，形成头球。提表布满小棘，体前部小棘呈鳞片状。

鄂口属（*Gnathostoma*）

⑦泡翼科（Physalopteridae）：头部具2个三角形侧唇，上有齿。雄虫尾翼发达，泄殖孔前后各有许多乳突，具两根不等长交合刺。

翼属（*Physaloptera*）

⑧柔线科（Habronematidae）：口囊边缘有两片唇。雄虫尾部卷曲，具 2 根不等长交合刺，泄殖孔前有 4 对乳突。

柔线属（*Habronema*）

德拉西属（*Drascheia*）

⑨似蛔科（Ascaropsidae）：

似蛔属（*Ascarops*）

泡首属（*Physocephalus*）

西蒙属（*Simondsia*）

（6）驼形目（Camallanata）　无唇，有或无口囊，食道长，由前肌质部和后腺质部组成。胎生。

龙线科（Dracunculidae）：雄虫有或无交合刺，雌虫远大于雄虫。

龙线属（*Dracunculus*）

鸟蛇属（*Avioserpens*）

（7）丝虫目（Filariata）　虫体乳白色丝状，口小，无口囊及咽。食道分前肌质部和后腺体部。雌虫阴门开口于口孔附近。雄虫交合刺常不等长、不同形。常寄生于与外界不相通的体腔或组织内。卵胎生或胎生。

①丝虫科（Filariidae）：虫体前部角皮光滑或具有乳突状或环状结构。

副丝虫属（*Parafilaria*）

②腹腔丝虫科（丝状科）（Setariidae）：口周围有明显的角质环、肩章状或乳突状构造。雌雄尾部均较长。

丝状属（*Setaria*）

③盘尾科（Onchocercidae）：虫体细长，丝状。雌虫远大于雄虫。口腔发育不全。体表角皮有横纹和螺旋状脊。交合刺不等长。

盘尾属（*Onchocerca*）

④双瓣科（Dipetalonematidae）：虫体细长，丝状。雄虫具不等长交合刺，同形或不同形。有或无尾翼。

双瓣属（*Dipetalonema*）

浆膜丝虫属（*Serofilaria*）

恶丝虫属（*Dirofilaria*）

2. 无尾感器纲　（Adenophorea）

（1）毛尾目（Trichurata）　虫体前部细，后部粗。食道为 1 串单列细胞组成，呈念珠状。雄虫交合刺 1 根或无。卵两端有塞。

①毛尾科（Trichuridae）：虫体前部细长，占全长的 2/3；后部较粗。雄虫交合刺 1 根，具鞘。卵生。

毛尾属（*Trichuris*）

②毛形科（Trichinellidae）：小型虫体，后部较前部稍粗。雄虫无交合刺及交合刺鞘，泄殖腔两侧有1对交配叶。胎生。

毛形属（*Trichinella*）

③毛细科（Capillariidae）：虫体细长，前部稍细。雄虫具1根交合刺或无。

毛细属（*Capillaria*）

线形属（纤形属）（*Thominx*）

（2）膨结目（Dioctophymata）　虫体粗大。食道呈柱状。雌虫和雄虫肛门均位于尾部。雄虫尾部具钟形无肋交合伞，具交合刺1根。虫卵壳厚，表面不平。

膨结科（Dioctophymatidae）：口孔由排列成1~3圈的乳突围绕。雌虫生殖孔位于体前部或体后部肛门附近。

膨结属（*Dioctophyma*）

二、动物线虫病的防治

（一）旋毛虫病

旋毛虫病是由毛形科毛形属的旋毛虫寄生于多种动物和人体内引起的疾病。旋毛虫成虫寄生于小肠，称为肠旋毛虫；幼虫寄生于横纹肌，称为肌旋毛虫。是重要的人兽共患病，该病是肉品卫生检验项目之一，在公共卫生上具有重要意义。

1. 病原体

旋毛虫（*T. spiralis*），为小型线虫，肉眼几乎难以辨认。虫体前端细，后端粗。前部为食道部，后部包含着肠管和生殖器官。雄虫长1.4~1.6mm，尾端有泄殖孔，其外侧为1对呈耳状悬垂的交配叶，内侧有2对小乳突，无交合刺。雌虫长为3~4mm，阴门位于身体前部的中央，胎生（图5-3）。幼虫长1.15mm，蜷曲在由机体炎性反应所形成的包囊内，包囊呈圆形、椭圆形，连同囊角而呈梭形，其长轴与肌纤维平行，长0.5~0.8mm（图5-4）。

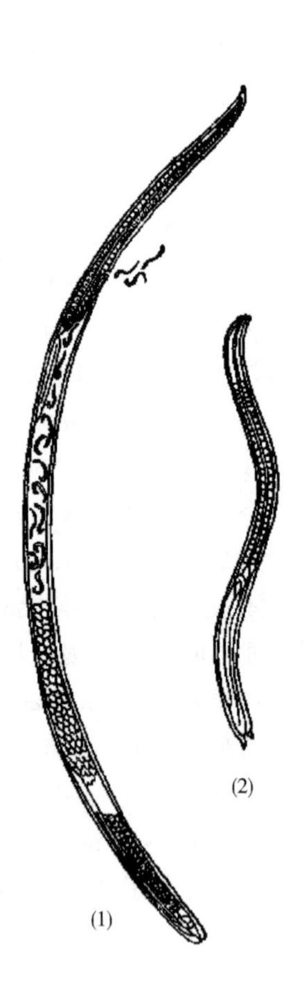

图5-3　旋毛虫成虫

（1）雌虫　（2）雄虫

2. 生活史

成虫和幼虫寄生于同一宿主。宿主感染时，先为终末宿主，后为中间宿主。宿主因食入含有感染

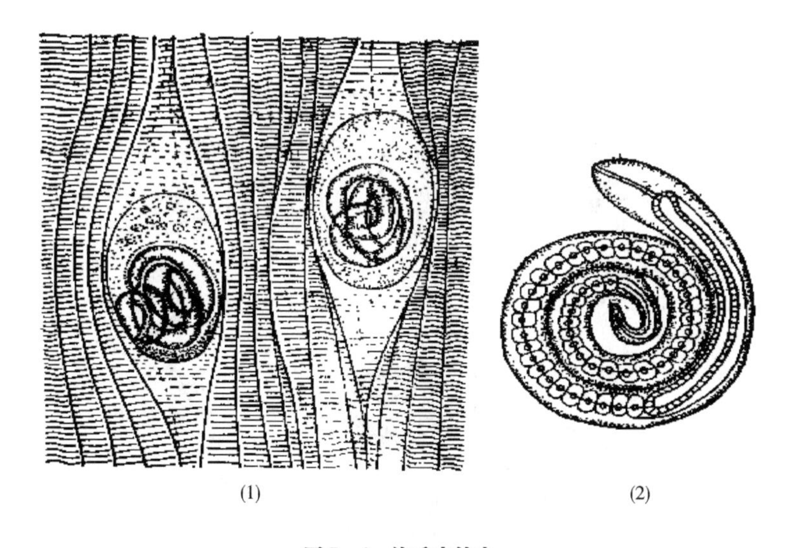

图5－4　旋毛虫幼虫

（1）肌肉中的包囊　（2）幼虫

性幼虫的包囊而感染，包囊在宿主消化道内被溶解，释出幼虫，幼虫在小肠内，经两昼夜发育为成虫。成虫寄生于小肠的绒毛间，雌、雄虫交配后，雄虫死亡。雌虫钻入黏膜深部肠腺中发育，约3d后开始产出幼虫，1条雌虫能产出1000～10000条幼虫，幼虫随淋巴进入血液循环，被带到全身各处。到达横纹肌的幼虫，在感染后第17～20d开始蜷曲盘绕起来，周围逐渐形成包囊，到第7～8周包囊完全形成，此时的幼虫已具有感染力。包囊中一般含1～2条虫体，也有的多达6～7条。到达横纹肌的幼虫，在感染后第17～20天开始蜷曲盘绕起来，周围逐渐形成包囊，到第7～8周包囊完全形成，此时的幼虫已具有感染力。包囊中一般含1～2条虫体，也有的多达6～7条。在6～9个月后，包囊开始从两端向中间钙化，全部钙化后虫体死亡。否则，幼虫可保持生命力数年至25年之久（图5－5）。

3. 流行病学

旋毛虫病分布于世界各地，宿主包括猪、犬、猫、鼠类、狐狸和野猪等多种哺乳动物和人。另外，肌肉包囊中的幼虫对外界的抵抗力较强，－20℃时可保持生命力57d，在腐败的肉或尸体内可存活100d以上，而且盐渍或烟熏均不能杀死肌肉深层的幼虫。

猪感染旋毛虫主要是吞食老鼠，鼠为杂食性，且互相残食，一旦感染将会在鼠群中保持平行感染；或用未经处理的厨房废弃物喂猪均可引起感染。犬的活动范围广，可以吃到多种动物的尸体，其感染率远远大于猪。人感染旋毛虫多与吃生猪肉，或食用腌制与烧烤不当的猪肉制品有关；切过生肉的菜刀、砧

图 5-5 旋毛虫的生活史

板均可能黏附有旋毛虫的包囊，也可能污染食品而造成食源性感染。

4. 临诊症状

动物对旋毛虫的耐受力较强，猪感染时往往不显症状。严重感染时，初期会出现食欲减退、腹泻和呕吐等症状。幼虫进入肌肉出现肌肉疼痛、步伐僵硬，呼吸和吞咽也有不同程度的障碍。有时眼睑和四肢水肿。死亡的极少，可自行康复。

人感染旋毛虫后症状明显。成虫侵入肠黏膜时引起肠炎，严重带血性腹泻。幼虫进入肌肉后引起急性肌炎，表现发热和肌肉疼痛；同时出现吞咽、咀嚼、行走和呼吸困难，眼睑水肿，食欲不振，极度消瘦。严重感染时，多因呼吸肌麻痹、心肌及其他脏器的病变和毒素的刺激等引起死亡。

5. 病理变化

成虫引起肠黏膜出血、发炎和绒毛坏死。幼虫寄生于肌肉可引起肌细胞横纹消失、萎缩、肌纤维膜增厚等病变。

6. 诊断

旋毛虫病的生前诊断比较困难，可采用间接血凝试验和酶联免疫吸附试验等免疫学方法。死后诊断常用肌肉压片法和消化法检查幼虫。

7. 治疗

治疗可用丙硫咪唑、甲苯咪唑、氟苯咪唑等。人可用甲苯咪唑或噻苯唑治疗。

8. 预防

加强卫生检验，发现有旋毛虫的肉类应按肉品检验规程处理；猪圈养，不用生的废肉屑和泔水喂猪；禁止用生肉喂犬、猫等动物；做好猪舍内的灭鼠工作；改变饮食习惯，不吃生的或半生不熟的肉类食品。

（二）肾膨结线虫病

肾膨结线虫病是由膨结科膨结属的肾膨结线虫主要寄生于犬等动物的肾脏或腹腔而引起的疾病，又称“肾虫病”。偶尔可以感染人。

1. 病原体

肾膨结线虫（*D. renale*），新鲜虫体呈红白色，圆柱状，两端略细。口孔周围有2圈乳突。雄虫（14～45）cm×（0.3～0.4）cm，交合伞呈钟形，无肋，交合刺1根，长5～6mm。雌虫（20～100）cm×（0.5～1.2）cm，生殖器官为单管型，阴门开口于食道后端。

虫卵呈卵圆形，棕色，表面有许多小凹陷，两端具塞状物，大小为（72～80）μm×（40～48）μm。

2. 生活史

中间宿主：蚯蚓等环节动物。

补充宿主：鱼和蛙类。

终末宿主：犬、猪、狐狸、水貂和狼等20多种动物。

为间接发育型。成虫产卵，虫卵随尿液排出体外，被中间宿主食入，在其体内发育为第2期幼虫。当补充宿主吞食了环节动物后，发育为第3期感染性幼虫。终末宿主多因食入含有第3期幼虫的生的或未煮熟的鱼、蛙类等而感染，幼虫进入肠壁血管，随血流移行至肾盂，大约需6个月发育为成虫。

3. 临诊症状

严重感染的患病动物表现排尿困难，尿尾段带血，消瘦，弓背，跛行，不安，腹股沟淋巴结肿大；少数病例可有腰痛表现。但大多数病例不表现临诊症状。

4. 病理变化

病变主要在肾脏，肾实质受到破坏，留下一个膨大的膀胱状包囊，内含1至数条虫体和带血的液体，往往右肾比左肾受侵害的程度高。个别病例，虫体可能出现于腹腔皮下结缔组织。

5. 诊断

根据临诊症状和尿液中检出虫卵以及死后剖检找到虫体即可确诊。

6. 治疗

本病需要手术进行治疗。

7. 预防

在本病流行区，禁止让犬吃生的或未煮熟的鱼及其他水生动物；患病动物的粪尿应严格处理，以防病原体扩散。

（三）猪蛔虫病

猪蛔虫病是由蛔科蛔属的猪蛔虫寄生于猪小肠内引起的疾病。主要引起仔猪发育不良，严重时生长发育停滞，形成“僵猪”，甚至造成死亡。是猪的一种常见寄生虫病，对养猪业危害非常严重。

1. 病原体

猪蛔虫（*A. suum*），是一种大型线虫。虫体呈中间稍粗，两端较细的圆柱状。活体呈淡红色或淡黄色，死后呈苍白色。口孔由 3 个唇片围绕，呈“品”字形排列，背唇较大，两侧腹唇较小。雄虫长 15～25cm，宽约 0.3cm，尾端常向腹面弯曲，形似钓鱼钩，泄殖孔开口距尾端较近，有 1 对等长的交合刺，无引器。雌虫长 20～40cm，宽约 0.5cm，虫体较直，尾端稍钝，阴门开口于虫体腹中线前 1/3 处，肛门距虫体末端较近（图 5－6）。

虫卵有受精卵和未受精卵之分。受精卵呈短椭圆形，黄褐色，大小为（50～75）μm×（40～80）μm；卵壳厚，由 4 层组成，最外层为凹凸不平的蛋白质膜，向内依次为卵黄膜、几丁质膜、脂膜。刚随粪便排出的受精卵内含 1 个圆形卵细胞，卵细胞与卵壳之间在两端形成新月形空隙。未受精卵呈长椭圆形，大小（90×40）μm，卵壳薄，蛋白质膜缺乏或很薄且不规则，内容物为油滴状的卵黄颗粒和空泡。

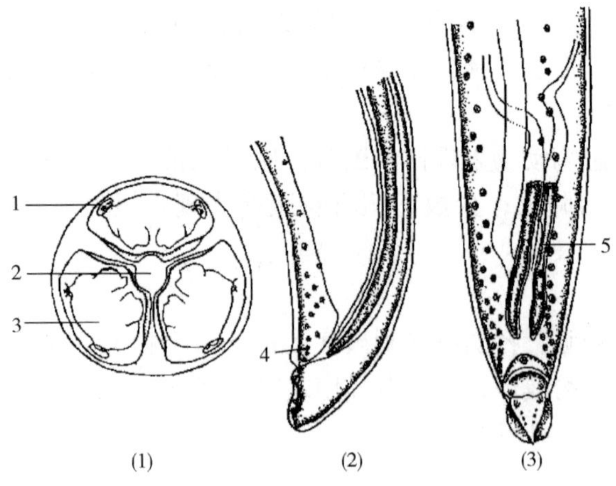

图 5－6　猪蛔虫

（1）头部顶面　（2）雄虫尾部　（3）雄虫尾部腹面

1—乳突　2—口孔　3—唇　4—性乳突　5—交合刺

2. 生活史

为直接发育型，不需要中间宿主。成虫寄生于猪的小肠，雌虫受精后，产出的虫卵随猪粪便排出体外，在适宜的温度、湿度和充足氧气等条件下，在卵内发育为第1期虫卵，进一步蜕化发育为第2期虫卵，此时的虫卵尚无感染力，在外界再经过一段时间发育为感染性虫卵。猪食入感染性虫卵后，在小肠中，幼虫自卵内释出。大多数幼虫很快钻入肠壁，并陆续进入血管，随血流经门静脉到达肝脏，进行第2次蜕化，形成第3期幼虫。第3期幼虫随血流经肝静脉、后腔静脉进入右心房、右心室和肺动脉，再经毛细血管进入肺泡，在此进行第3次蜕化变成第4期幼虫，虫体继续发育成为肉眼可见的幼虫。幼虫上行进入细支气管、支气管、气管，随黏液到达咽部，通过猪的吞咽，经食道、胃重返小肠，进行第4次蜕化，发育为第5期幼虫（童虫），继续发育为成虫（图5－7）。

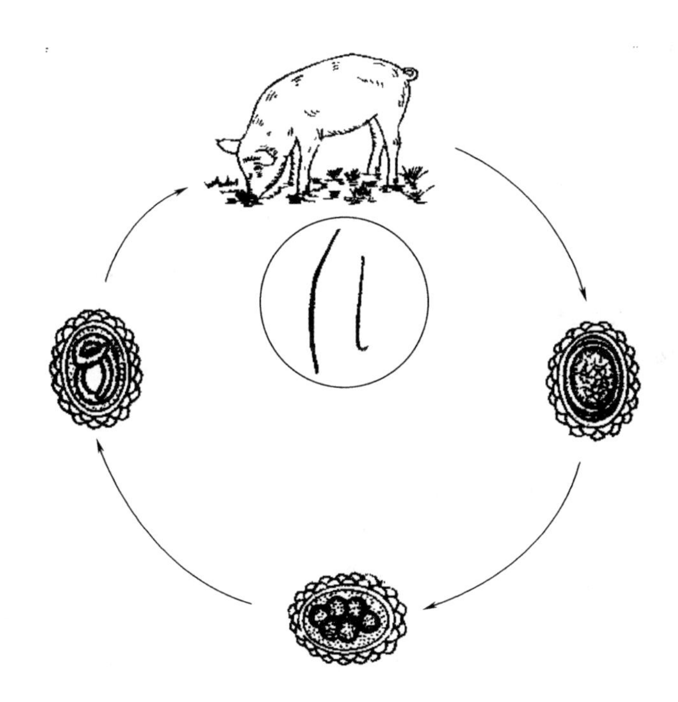

图5－7　猪蛔虫生活史

猪从食入感染性虫卵到在小肠内发育为成虫，需2～2.5月的时间。蛔虫在小肠内以黏膜表层物质和肠内容物为食，在猪体内可生存6个月，然后可自行随粪便排出。

3. 流行病学

蛔虫病在饲养管理不良和环境卫生条件差的猪场发病率较高。3～5月龄的仔猪最容易大量感染蛔虫，感染后症状也较为严重，并常发生死亡。造成仔猪蛔虫病流行的原因除了蛔虫生活史简单外，还包括蛔虫繁殖力强和虫卵对外界因素有较强的抵抗力这两个因素。寄生在猪小肠中的每条雌虫平均每天产卵量可达10万~20万个，高峰期可达100万~200万个。虫卵对外界环境具有很强的抵抗力，由于胚胎发育的过程是在卵壳内进行的，其幼虫受到卵壳的保护，因此虫卵能够在外界长期存活（长达3~5年），大大增加了感染性虫卵在自然界的数量。高于40℃或低于-2℃时，虫卵即停止发育；45~50℃时，虫卵在30min内死亡；55℃时，15min即可死亡；60~65℃时只能存活5min；在低温环境中，如在-27~-20℃时，感染性虫卵可存活30d。虫卵在疏松湿润的土壤中可存活2~5年，在2%福尔马林溶液中可以正常发育。一般用60℃以上的3%~5%的热碱水，20%~30%的热草木灰或新鲜石灰水才能杀死虫卵。此外，蚯蚓可作为猪蛔虫的贮藏宿主，在传播上起重要作用。

4. 临诊症状

仔猪感染后症状较严重，表现为精神沉郁，食欲减退，异嗜，营养不良，贫血，被毛粗糙，有的病猪生长发育受阻变成“僵猪”；感染严重时表现体温升高、咳嗽、呼吸困难、呕吐和腹泻等症状。病猪伏卧在地，不愿走动。幼虫移行时可造成肝脏和肺脏的损伤，常引起蛔虫性肺炎，嗜酸性白细胞增多，出现荨麻疹和某些神经症状。大量蛔虫聚集成团时，堵塞肠道，病猪表现疝痛，可因肠破裂而死亡。蛔虫误入胆管，可造成胆管堵塞，导致黄疸、贫血、呕吐、消化障碍、剧烈腹痛等症状，严重者死亡。

成年猪寄生虫体数量不多时症状不明显，但因胃肠机能遭受破坏，常有食欲不振、磨牙和增重缓慢等症状。

5. 病理变化

初期可见肺组织致密，表面大量出血点及暗红色斑块、坏死灶等。肝组织出血、变性和坏死，肝脏表面形成直径约1cm的云雾状蛔虫斑（也称“乳斑”）。用幼虫分离法检查可在肝、肺和支气管等器官发现大量幼虫。小肠卡他性炎症、出血或溃疡。肠破裂时可见有腹膜炎和腹腔内出血。胆道蛔虫时，胆管可见虫体。病程较长者，有化脓性胆管炎或胆管破裂，肝脏黄染和硬变等。

6. 诊断

根据流行病学和临诊症状可初步诊断，确诊需做实验室检查。粪便检查可采用直接涂片法和漂浮法，由于猪感染蛔虫相当普遍，1g粪便中虫卵数达1000个以上时，方可诊断为蛔虫病。剖检发现虫体可确诊。幼虫移行出现肺炎时，用抗生素治疗无效，可为本病诊断提供参考。

7. 治疗

（1）左咪唑　剂量为10mg/kg体重，喂服或肌注。

（2）丙硫咪唑 剂量为10mg/kg体重，口服。

（3）硫苯咪唑（芬苯哒唑） 剂量为3mg/kg体重，连用3d。

（4）氟苯咪唑 剂量为30mg/kg体重，混饲，连用5d；或5mg/kg体重，一次口服。

（5）甲苯咪唑 剂量为10～20mg/kg体重，混饲。

（6）伊维菌素 剂量为0.3mg/kg体重，1次皮下注射。

8. 预防

（1）定期驱虫 散养育肥猪可在3月龄和5月龄各驱虫1次。规模化养猪场，首先要对全群猪进行驱虫；以后公猪每年至少驱虫2次；后备猪在配种前驱虫1次；母猪在产前1～2周驱虫1次；仔猪转圈时驱虫1次；新引进的猪需驱虫后再和其他猪合群。

（2）减少蛔虫卵的污染 及时清除粪便，粪便和垫草进行堆积发酵；保持猪舍及运动场地的清洁卫生；产房和猪舍在进猪前需进行彻底冲洗和消毒；母猪转入产房前要用温肥皂水清洗全身，以免由于粪便污染乳头导致仔猪感染。在已控制或消灭此病的猪场，引入猪只时，应先隔离饲养，进行粪便检查，发现带虫猪时，需进行1～2次驱虫后再与本场猪并群饲养。

（四）冠尾线虫病

冠尾线虫病是由冠尾科冠尾属的有齿冠尾线虫寄生于猪的肾盂、肾周围脂肪和输尿管等处引起的一种寄生虫病，又称为“肾虫病”。

1. 病原体

有齿冠尾线虫（*S. dentatus*），虫体粗壮，形似火柴杆。新鲜时呈灰褐色，体壁较透明，隐约可见内部器官。口囊呈杯状，口缘有1圈细小的叶冠和6个角质隆起，底部有6～10个圆锥状大小不等的小齿。雄虫长20～30mm，交合伞不发达，交合刺2根，有引器和副引器。雌虫体长30～45mm，阴门靠近肛门。

虫卵呈长椭圆形，较大，灰白色，两端钝圆，卵壳薄，大小为（99～120）μm×（56～63）μm，内含32～64个深灰色的胚细胞。

2. 生活史

成虫在肾脏或输尿管内产卵，虫卵随尿液排出体外，在猪舍及运动场等潮湿处，孵化出第1期幼虫，经过2次蜕化发育为披鞘的第3期幼虫。猪经口感染时，幼虫钻入胃壁脱去鞘膜，蜕皮变为第4期幼虫，然后随血流经门静脉到达肝脏；经皮肤感染时，幼虫钻入皮肤或肌肉，蜕皮变为第4期幼虫，然后随血流经体循环到达肝脏，幼虫在肝脏停留3个月或更长时间。幼虫蜕皮为第5期幼虫后，穿过肝包膜进入腹腔，移行到肾脏周围和输尿管组织形成包囊，进一步发育为成虫。从感染性幼虫侵入猪体至发育为成虫需6～12个月。

3. 流行病学

在饲养密集、潮湿的猪场常流行本病。呈地方流行性，其流行程度随着各地气候条件的不同而异，一般温暖多雨的季节适于幼虫发育，感染机会多，容易流行，而炎热、干旱、阳光强烈的季节不适于幼虫发育，感染机会少，不易流行。在我国南方猪感染冠尾线虫，多在每年3～5月份和9～11月份。

4. 临诊症状

病猪初期出现皮肤炎症，皮肤上有丘疹和红色小结节，体表局部淋巴结肿大。精神沉郁，食欲不振，逐渐消瘦，贫血，被毛粗乱。随着病程的发展，出现后肢无力，跛行，走路时后躯左右摇摆，有时可继发后躯麻痹或后肢僵硬，不能站立，拖地爬行。尿液中常有白色黏稠的絮状物或脓液。仔猪发育停滞，母猪不孕或流产，公猪性欲减退或失去交配能力。严重者多因极度衰弱而死。

5. 病理变化

病变主要表现在肝脏和肾脏。肝脏内有包囊和脓肿，肿大变硬，结缔组织增生，切面可见到幼虫钙化的结节。肝门静脉中有血栓，内含幼虫。肾盂有脓肿，结缔组织增生。输尿管壁增厚，常有数量较多的包囊，内有成虫。此外，胸膜壁面和肺脏中也可见到结节或脓肿，脓液中可能有幼虫。

6. 诊断

对有后躯麻痹或不明原因跛行的5月龄以上猪只，可采集晨尿，静置后，倒去上层尿液，衬深色背景观察器皿底部有无白色点状物（虫卵），因虫卵黏性大，故易粘于容器底部。镜检发现虫卵或剖检患猪发现虫体即可确诊。幼虫寄生阶段，剖检在肝脏、肺脏或腹腔等处发现幼虫即可确诊。皮内变态反应亦可用于早期诊断。

7. 治疗

可选用左咪唑、丙硫咪唑、氟苯咪唑和伊维菌素等。

8. 预防

定期按计划驱虫，仔猪断奶后尽可能饲养在清洁的圈舍或牧场，避免猪粪污染；保持猪舍和运动场清洁，猪舍应通风良好，阳光充足，避免阴暗、潮湿和拥挤，猪圈内和运动场要勤打扫，勤冲洗，勤换垫草，定期消毒；场内地面保持平整，周围须有排水沟，以防积水；猪的粪便和垫草清除出圈后，要运到距猪舍较远的场所堆积发酵或挖坑沤肥，以杀灭虫卵；在已控制或消灭此病的猪场，引入猪只时，应先隔离饲养，进行粪便检查，发现带虫猪时，需进行1～2次驱虫后再与本场猪并群饲养。

（五）后圆线虫病

猪后圆线虫病是由后圆科后圆属的多种线虫寄生于猪的支气管和细支气管内所引起的寄生虫病，又称“肺线虫病”。以咳嗽、呼吸困难、生长发育障碍等为特征。本病在我国各地广泛存在，常呈地方流行性，严重时可造成大批死亡。

1. 病原体

猪后圆线虫（*Metastrongylus*），虫体呈乳白色或灰白色，丝状，所以又称肺丝虫。口囊小，口缘有1对分3叶的侧唇。食道呈棍棒状。雄虫交合伞侧叶大，背叶小，有1对细长的交合刺。雌虫阴门靠近肛门。卵胎生。我国常见的病原体有如下。

（1）野猪后圆线虫（*M. apri*）：又称长刺后圆线虫。雄虫长11～25mm，交合伞较小，前侧肋大，末端膨大。交合刺呈丝状，长4～4.5mm，末端为单钩。无引器。雌虫长20～25mm，阴道长，超过2mm。尾长90μm，稍弯向腹面。

（2）复阴后圆线虫（*M. pudendotectus*）：雄虫长16～18mm，交合伞较大，交合刺长1.4～1.7mm，末端为双钩。有引器。雄虫长22～35mm，阴道短，不足1mm。尾端直，有较大的角质膨大覆盖阴门和肛门。

（3）萨氏后圆线虫（*M. salmi*）：此种很少见。雄虫长17～18mm，交合刺长2.1～2.4mm，末端呈单钩状。雌虫30～45mm，阴道长1～2mm。尾长95μm，尾端稍向腹面弯曲。

以上3种线虫虫卵形态相似，呈椭圆形，大小为（51～63）μm×（33～42）μm。卵壳厚，表面有细小的乳突状突起，内含幼虫。

2. 生活史

为间接发育型，其中间宿主为蚯蚓。雌虫在支气管内产卵，卵和支气管黏液混在一起，随着咳嗽转至口腔，被猪咽入消化道，再随粪便排到外界。虫卵被中间宿主蚯蚓吞食后，在其体内孵出第1期幼虫（有时虫卵在外界孵出第1期幼虫，幼虫被蚯蚓吞食），经10～12d进行2次蜕化发育为感染性幼虫，并随蚯蚓粪便排至土壤中。蚯蚓受伤时幼虫也可从伤口逸出。猪吞食了土壤中的感染性幼虫或有感染性幼虫的蚯蚓而感染，幼虫在小肠内逸出，钻入肠系膜淋巴结中发育为第4期幼虫，经淋巴及血液循环进入肺脏支气管、细支气管内蜕化为第5期幼虫，进而发育为成虫。从感染至成虫排卵约需1个月左右，成虫寿命一般可存活1年左右（图5－8）。

3. 流行病学

野猪后圆线虫在我国流行广泛。猪感染后5～9周产卵最多，虫卵和第1

图5－8 后圆线虫生活史

期幼虫对外界环境抵抗力强，在外界可存活6个月以上。感染性幼虫在外界或蚯蚓体内可长期保持感染性，1条蚯蚓体内感染性幼虫多者达数百至上千条。

本病多发生于6～12月龄的散养猪。猪的发病季节与蚯蚓的活动季节相一致，即多在夏秋季节。

4. 临诊症状

轻度感染时症状不明显，但影响生长发育。严重感染时，表现阵发性咳嗽，呼吸困难，特别在运动、采食或遇冷空气刺激时更加剧烈；食欲减退、发育不良、贫血、消瘦、被毛干燥无光，鼻孔流出脓性分泌物，肺部有啰音。即使病愈，生长仍缓慢。

5. 病理变化

肉眼病变常不显著。肺膈叶腹面边缘有楔状气肿区，支气管增厚、扩张，靠近气肿区有坚实的灰色小结，小支气管周围呈现淋巴样组织增生和肌纤维肥大。支气管内有白色丝状虫体和黏液。

6. 诊断

根据流行病学、临诊症状和粪便检查进行综合诊断。粪便检查可用漂浮法（用饱和硫酸镁或硫代硫酸钠溶液作为漂浮液）检查粪便。剖检时，剪开并挤压肺膈叶后缘，发现成虫即可确诊。

7. 治疗

可采用下列药物进行治疗。肺炎严重时应使用抗生素以防继发感染。

（1）左咪唑　剂量为10mg/kg体重，喂服或肌注。

（2）甲苯咪唑　剂量为10～20mg/kg体重，混饲。

（3）氟苯咪唑　剂量为30mg/kg体重，混饲，连用5d；或5mg/kg体重，1次口服。

（4）硫苯咪唑（芬苯哒唑）　剂量为3mg/kg体重，连用3d。

8. 预防

在流行地区，每年春、秋季各进行1次驱虫；猪舍、运动场应保持干燥，舍内应铺设水泥地面；猪圈养，防止猪采食蚯蚓；及时清除粪便并堆积发酵。

（六）食道口线虫病

食道口线虫病是由盅口科食道口属的多种线虫寄生于猪结肠内所引起的寄生虫病。由于食道口线虫的幼虫能在宿主肠壁上形成结节，故又称“结节虫病”。本病感染较为普遍，是目前我国规模化猪场流行的主要线虫病之一。

1. 病原体

猪的食道口线虫常见的有下列几种。

（1）有齿食道口线虫（*Oe. dentatum*）：寄生于结肠。虫体呈乳白色，口囊浅，头泡膨大。雄虫长8～9mm，交合刺长1.15～1.30mm。雌虫长8～11.3mm，尾长0.35mm。

（2）长尾食道口线虫（*Oe. longicaudum*）：寄生于结肠和盲肠。虫体呈灰白色，口囊较深宽，口领膨大。雄虫长6.5～8.5mm　交合刺长0.9～0.95mm。雌虫长8.2～9.4mm，尾长0.4～0.46mm。

（3）短尾食道口线虫（*Oe. brevicaudum*）：寄生于结肠。雄虫长6.2～6.8mm，交合刺长1.05～1.23mm。雌虫长6.4～8.5mm，尾长仅0.08～0.12mm。

2. 生活史

虫卵随猪粪便排出体外，在外界适宜的条件下，经2次蜕皮，发育为披壳的感染性幼虫（第3期幼虫）。猪因食入感染性幼虫而感染。幼虫在小肠内脱壳，感染后1～2d移行至结肠侵入黏膜深部，导致肠壁形成1～6mm的结节；在感染后6～10d，幼虫在结节内蜕化变为第4期幼虫，之后返回肠腔再次蜕化变为第5期幼虫，最后发育为成虫。进入猪体内的感染性幼虫发育为成虫需1～2个月。

3. 流行病学

集约化方式饲养的猪和散养的猪都有本病的发生，成年猪被寄生的较多。潮湿的猪舍感染较多，因潮湿的环境有利于虫卵和幼虫的发育和存活。虫卵和幼虫对干燥和高温的耐受性较差，60℃时虫卵可迅速死亡。感染性幼虫可以越冬。

4. 临诊症状

轻度感染时不表现临诊症状，严重感染时可发生结节性肠炎。患猪表现食欲减退、贫血、高度消瘦、腹痛、腹泻，粪便中常带有脱落的黏膜。继发细菌感染时，则发生化脓性结节性大肠炎。

5. 病理变化

幼虫对大肠壁的机械刺激和毒性物质的作用，可使肠壁上形成粟粒状的结节。初次感染很少发生，多次感染后，肠壁可见大量结节。肠壁普遍增厚，有卡他性肠炎。继发细菌感染时，可导致弥漫性大肠炎。

6. 诊断

采用漂浮法检查粪便中的虫卵或采用幼虫培养法检查幼虫即可确诊，亦可进行诊断性驱虫。

虫卵呈椭圆形，卵壳薄，内有胚细胞，但易与红色猪圆线虫卵相混淆，若采用幼虫培养法培养至第3期幼虫即可鉴别。食道口线虫幼虫短而粗（0.6mm），尾鞘长，而红色猪圆线虫幼虫长而细（0.8mm），尾鞘短。

7. 治疗

参见猪蛔虫病。

8. 预防

参见猪蛔虫病。

（七）毛尾线虫病

毛尾线虫病是由毛尾科毛尾属的猪毛尾线虫寄生于猪大肠（主要是盲肠）引起的一种寄生虫病。虫体整个外形像鞭子，前端细长像鞭梢，后端粗短像鞭杆，故又称“鞭虫病”。本病主要危害仔猪，严重感染时可导致死亡。

1. 病原体

猪毛尾线虫（*T. suis*），呈乳白色，前端细长，呈毛发状，内为单细胞的食道，约占体长的2/3，后部粗短，内为肠管及生殖器官。寄生时，毛发状前端深陷在盲肠肠黏膜内，粗短的后端游离于肠腔中。雄虫长20~52mm，尾部卷曲，交合刺1根，具鞘。雌虫长39~53mm，后端钝圆，阴门位于粗细交界处（图5-9）。

虫卵呈黄褐色，腰鼓状，卵壳厚，两端具塞，大小为（52~61）μm×（27~30）μm，内含未发育的卵胚。

2. 生活史

为直接发育型。虫卵随猪粪便排出体外，在适宜的温度和湿度条件下，经

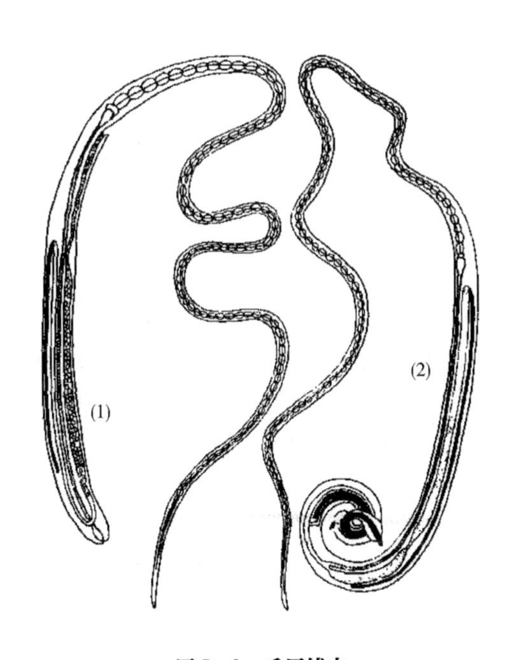

图 5－9　毛尾线虫

（1）雌虫　（2）雄虫

3～4 周发育为内含第 1 期幼虫的感染性虫卵。猪经口食入后，第 1 期幼虫在小肠内释出，钻入肠绒毛间发育，然后移行至盲肠和结肠内，钻入肠腺，在此进行 4 次蜕皮，逐渐发育为成虫。成虫寄生于肠腔，以头部固着于肠黏膜上发育。猪体内的感染性虫卵发育为成虫需 40～50d，成虫的寿命为 4～5 个月。

3. 临诊症状

轻度感染时，无明显的症状。严重感染时，出现食欲不振、贫血、消瘦、顽固性下痢，粪便中常带有血液及脱落的黏膜。此外，本病还容易继发细菌及结肠小袋虫感染。

4. 病理变化

毛尾线虫以头部深入肠黏膜，广泛地引起盲肠和结肠的慢性卡他性炎症，有时有出血性炎症。严重感染时，可见盲肠和结肠黏膜有出血性坏死、水肿和溃疡。

5. 诊断

采用漂浮法检查粪便，发现特征性虫卵即可确诊。剖检在盲肠上发现病变或虫体也可确诊。

6. 治疗

羟嘧啶为驱除毛尾线虫的特效药，剂量为 2mg/kg 体重，拌料或口服。

7. 预防

参照猪蛔虫病。

（八）类圆线虫病

类圆线虫病是由类圆科类圆属的兰氏类圆线虫寄生于仔猪小肠黏膜内而引起的一种寄生虫病，又称“杆虫病”。主要引起3~4月龄仔猪严重的肠炎、消瘦、生长发育迟缓，甚至大批死亡。

1. 病原体

兰氏类圆线虫（*S. ransomi*），只有孤雌生殖的雌虫。虫体细小，呈乳白色，长3.1~4.6mm，食道较长占虫体长的1/3，子宫和肠管相互缠绕位于虫体后部，阴门位于体后1/3和中1/3的交界处，尾短近似圆锥形。

虫卵呈椭圆形，卵壳薄而透明，内含幼虫，大小为（42~53）μm×（24~32）μm。

2. 生活史

猪体内只有雌虫寄生。孤雌生殖的雌虫在猪的小肠内产出含第1期幼虫的卵，卵随粪便排出体外，在外界环境中经12~18h孵出第1期幼虫，称杆虫型幼虫。杆虫型幼虫在外界的发育有直接和间接两种类型。在不适宜的外界环境条件下杆虫型幼虫进行直接发育，发育成具有感染性的丝虫型幼虫。在适宜的条件下杆虫型幼虫进行间接发育，变为自由生活的雌虫和雄虫，交配后，雌虫产出含第1期幼虫的卵，幼虫在外界孵出后再进行直接或间接发育，重复上述过程。

两种发育方式可以在外界的粪便和土壤中同时进行。只有丝虫型幼虫对猪具有感染性。幼虫可经皮肤钻入或经口食入而感染。经皮肤感染时，幼虫直接进入血管内；经口感染时，幼虫从胃黏膜钻入血管。然后幼虫经血液循环到心脏、肺脏、肺泡、支气管、气管再到咽，被吞咽后到达小肠，发育为雌性成虫。从皮肤侵入猪体内的感染性幼虫发育为成虫需6~10d，经口感染时需14d。

3. 流行病学

温暖潮湿的环境有利于兰氏类圆线虫的发育和存活，故本病多流行于温暖潮湿的夏季。猪圈卫生不良且潮湿时，流行比较普遍。主要是1月龄左右的仔猪感染率高，2~3月龄后逐渐减少。

4. 临诊症状

本病主要危害仔猪。幼虫移行引起肺炎时体温升高。病猪表现消瘦、贫血、呕吐、腹泻、腹痛，粪便中带有血液和黏液，最后多因极度衰竭而死。经皮肤感染时，皮肤上可见湿疹。少量寄生无明显症状，但影响生长发育。

5. 病理变化

剖检病变主要见于小肠，肠黏膜充血、出血、溃疡，肠内容物恶臭，呈白色水样。

6. 诊断

用饱和盐水漂浮法检查刚排出的新鲜粪便（夏季不超过5~6h），发现虫卵即可确诊。也可将粪便放置5~15h后，采用贝尔曼氏幼虫检查法，发现幼虫即可确诊。也可刮取十二指肠黏膜，压片镜检，发现大量雌虫也可确诊。

7. 治疗

可参考猪蛔虫病。还可用噻苯唑，剂量为50mg/kg体重，拌料，1次投服。

8. 预防

猪圈和运动场应保持清洁、干燥、通风，避免阴暗潮湿；母猪产前4~6d可应用伊维菌素类药物驱除体内的类圆线虫；幼猪和母猪、病猪和健康猪均应分开饲养。

（九）猪胃线虫病

猪胃线虫病是由似蛔科似蛔属、泡首属、西蒙属和颚口科颚口属的多种线虫寄生于猪胃内所引起的寄生虫病。本病主要发生于散养猪。

1. 病原体

（1）圆形似蛔线虫（*A. strongylina*）　似蛔科似蛔属。虫体咽壁上有3或4叠的螺旋形角质厚纹，左侧有1个颈翼膜。雄虫长10~15mm，右侧尾翼膜大，约为左侧的2倍，有4对肛前乳突和1对肛后乳突，1对交合刺长度和形状均不同。雌虫长16~22mm，阴门位于虫体中部的稍前方（图5-10）。虫卵壳厚，外有1层不平整的薄膜，内含幼虫，大小为（34~39）μm×（15~20）μm。

（2）有齿似蛔线虫（*A. dentata*）　似蛔科似蛔属。比圆形似蛔线虫大，雄虫长约25mm，雌虫长约55mm。口囊前部有1对齿。

（3）六翼泡首线虫（*P. sexalatus*）　似蛔科泡首属。虫体前部（咽区）角皮略为膨大，其后每侧有3个颈翼膜，颈乳突的位置不对称，口小，无齿，咽壁中部有圆环状的增厚，前、后部则为单线的螺旋形增厚。雄虫长6~13mm，尾翼膜窄，对称；有泄殖孔前、后乳突各4对，交合刺1对，不等长。雌虫长13~22.5mm，阴门位于虫体中部的后方。

（4）奇异西蒙线虫（*S. paradoxa*）　似蛔科西蒙属。有1对颈翼，口腔内有1个背齿和1个腹齿。雄虫长12~15mm，尾部呈螺旋状卷曲，游离于胃腔或部分埋入胃黏膜中。孕卵雌虫长15mm，前部纤细突出于胃腔中，后部呈球形，嵌入宿主胃壁中的包囊内（图5-11）。卵呈圆形或椭圆形，长20~29μm。

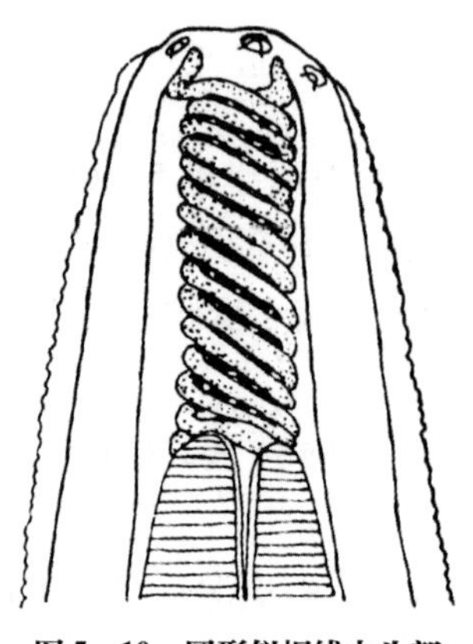

图5-10 圆形似蛔线虫头部

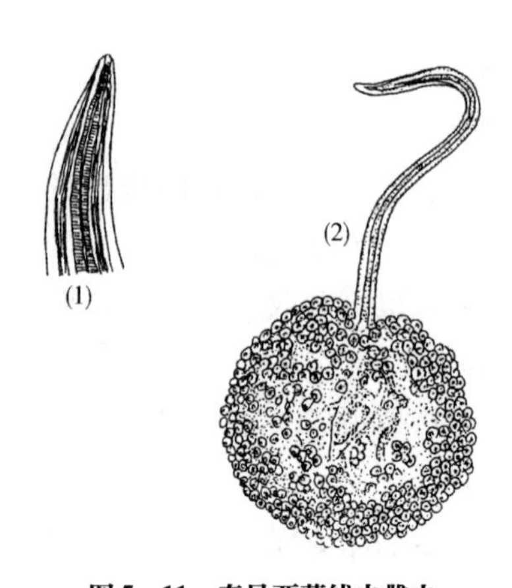

图5-11 奇异西蒙线虫雌虫
（1）头部 （2）雌虫全形

（5）刚棘颚口线虫（*G. hispidum*） 颚口科颚口属。新鲜虫体呈淡红色，表皮薄，可透见体内的白色生殖器官。头端呈球形膨大，上有11横列小棘；全身都有小棘排列成环，体前部的棘大而稀疏，呈三角形，体后部的棘细而致密，呈针状。雄虫长15～25mm，有1对不等长的交合刺。雌虫长22～45mm。虫卵呈椭圆形，黄褐色，一端有帽状结构，大小为（72×41）μm。

（6）陶氏颚口线虫（*G. doloresi*） 颚口科颚口属。雄虫长20～38mm，雌虫长27～52mm。虫卵呈椭圆形，大小为（52～67）μm×（31～37）μm，两端各具1个透明的突起。

2. 生活史

似蛔科线虫的中间宿主为食粪甲虫；颚口科线虫的中间宿主为剑水蚤。

虫卵随猪粪便排出体外，被中间宿主采食后，在其体内发育为感染性幼虫。猪由于采食了含感染性幼虫的中间宿主而感染，幼虫钻入胃黏膜内，经6个月发育为成虫。当含有感染性幼虫的中间宿主被不适宜的宿主（鱼类、蛙或爬行动物）采食后，幼虫可在这些宿主体内形成包囊，猪也可因采食这些贮藏宿主而感染。

3. 临诊症状

一般无明显的临诊症状。严重感染时，病猪呈慢性或急性胃炎症状，表现为食欲不振，渴欲增加，严重时呕吐，生长发育受阻、消瘦，甚至死亡。

4. 病理变化

成虫以其头部深入胃壁中形成空腔，内含淡红色液体，周围组织红肿、发炎，黏膜显著肥厚，可形成局灶性溃疡。

5. 诊断

粪便检查发现虫卵或剖检发现虫体即可确诊。

6. 治疗

（1）敌百虫　剂量为100mg/kg体重，内服。

（2）丙硫咪唑　驱泡首线虫剂量为5mg/kg体重，驱似蛔线虫剂量为60mg/kg体重，驱鄂口线虫剂量为20mg/kg体重，1次口服。

此外，还可用左旋咪唑、氯氰碘柳胺等。

7. 预防

每日清除粪便，并进行堆积发酵；定期驱虫；防止猪吃到中间宿主和贮藏宿主。

（十）犊新蛔虫病

犊新蛔虫病是由弓首科新蛔属的牛新蛔虫寄生于犊牛小肠内引起的一种寄生虫病。临诊上以肠炎、腹泻、腹痛和腹部膨大为特征。

1. 病原体

牛新蛔虫（*N. vitulorum*），又称牛弓首蛔虫（*T. vitulorum*）。虫体粗大，呈淡黄色，角皮薄软。头端有3片唇，唇基部宽而前窄。食道呈圆柱形，后端有1个小胃与肠管相接。雄虫长11～26cm，尾部有1个小锥突，弯向腹面，交合刺1对，形状相似，等长或稍不等长。雌虫长14～30cm，尾直，阴门开口于虫体前部1/8～1/6处。

虫卵近于球形，壳厚，外层呈蜂窝状，内含1个胚细胞，大小为（70～80）μm×（60～66）μm。

2. 生活史

成虫寄生于犊牛小肠内，雌虫产出的虫卵随粪便排出体外。在适宜的条件下，经20～30d发育为感染性虫卵（含2期幼虫卵）。母牛食入后，虫卵在其小肠孵化出幼虫，穿过肠黏膜移行，并潜伏于母牛的生殖系统组织中。当母牛怀孕后，幼虫开始活动，通过胎盘进入胎儿体内。犊牛出生后，幼虫在小肠经25～31d发育为成虫。成虫在犊牛的小肠中可以生存2～5个月，以后可逐渐从宿主体内排出。

幼虫在母牛体内移行，除一部分到子宫外，还有一部分幼虫经血液循环到达乳腺，犊牛可因哺食母乳而感染，在其小肠内发育为成虫。

犊牛吞食感染性虫卵后，幼虫经小肠进入肠壁血管，经血液循环移行至肝脏、肺脏，然后经支气管、气管，再经口腔、食道至肠道，随粪便排出，而不直接在小肠内发育。

3. 流行病学

本病主要发生于5月龄以下的犊牛，在温暖的南方多见，北方少见。虫卵对消毒剂的抵抗力较强，在2%福尔马林溶液中仍能正常发育，29℃时在2%来苏儿溶液中可存活20h。但该虫卵对直射阳光的抵抗力差，土壤表面的虫卵在阳光直射下经4h全部死亡，干燥环境下经48～72h死亡，感染性虫卵需有

80%的相对湿度才能够存活。

4. 临诊症状

被感染的犊牛一般在出生2周后症状明显，表现为精神萎靡、食欲不振，吮乳无力或停止吮乳，贫血、消瘦、腹痛、腹泻，粪便带有多量黏液或血斑，腹部膨大，站立不稳、走路摇摆；虫体的毒素作用可引起过敏、阵发性痉挛等；成虫寄生数量多时，可引起肠阻塞或肠破裂导致死亡。犊牛吞食感染性虫卵后，幼虫经血液循环移行至肺脏时，出现咳嗽、呼吸困难等，但可自愈。

5. 病理变化

小肠黏膜出血或溃疡；大量成虫寄生时可引起肠阻塞或肠穿孔；出生后的犊牛受感染时，由于幼虫的移行，可造成肠壁、肺脏及肝脏等组织的损伤、点状出血及发炎；血液中嗜酸性白细胞显著增多。

6. 诊断

根据临诊症状和流行病学资料可以做出初步诊断。确诊需用饱和盐水漂浮法检查粪便中的虫卵或剖检发现虫体。

7. 治疗

（1）枸橼酸哌嗪（驱蛔灵）　剂量为250mg/kg体重，1次口服。

（2）丙硫咪唑　剂量为10mg/kg体重，1次口服。

（3）左旋咪唑　剂量为8mg/kg体重，1次口服。

（4）伊维菌素　剂量为0.2mg/kg体重，皮下注射或口服。

8. 预防

对15~30日龄的犊牛进行驱虫，不仅可以治愈犊牛，并可减少虫卵对外界环境的污染；注意牛舍清洁，垫草和粪便要勤清扫，尤其对犊牛的粪便要集中进行发酵处理，以杀灭虫卵，减少牛感染的机会；母牛和犊牛分开饲养，以减少母牛感染的机会。

（十一）牛羊消化道线虫病

牛、羊消化道线虫病是由许多科、属的线虫寄生于牛、羊等反刍动物消化道内引起的多种线虫病的统称。这些线虫分布广泛，且多混合感染，对牛、羊的危害极大。这些线虫病在流行病学、临诊症状、诊断、治疗及预防等方面均相似，故综合叙述。

1. 病原体

病原体种类很多，主要的科、属、种如下。

（1）圆线目（Strongylata）

①毛圆科（Trichostrongylidae）：血矛属（*Haemongchus*），寄生于皱胃，偶见于小肠。本属危害最大、分布最广泛的是捻转血矛线虫（*H. contortus*），又称

捻转胃虫。虫体呈毛发状，因吸血而呈淡红色。颈乳突明显，头端尖细，口囊小，口囊内有1个背侧矛形小齿。雄虫长15~19mm，交合伞发达，有1个“人”字形背肋偏向一侧；交合刺短而粗，末端有小钩，有引器。雌虫长27~30mm，因白色的生殖器官环绕于红色（含血液）的肠道，故形成红白相间的外观；阴门位于虫体后半部，有1个显著的瓣状或舌状阴门盖。虫卵呈椭圆形，灰白色或无色，卵壳薄，大小为（75~95）μm×（40~50）μm。

毛圆属（*Trichostrongylus*），主要寄生于小肠前部，其次寄生于皱胃。最常见的是蛇形毛圆线虫（*T. colubriformis*），虫体细小。雄虫长，交合伞侧叶大，背叶不明显，背肋小，末端分小枝，1对交合刺短而粗，近于等长，远端具有明显的三角突，引器呈梭形。雌虫长5~6mm，阴门位于虫体后半部。虫卵大小为（79~101）μm×（39~47）μm。

长刺属（*Mecistocirrus*），寄生于皱胃。外形与血矛属线虫相似。最常见的是指形长刺线虫（*M. digitatus*），雄虫长25~31mm，交合刺细长。雌虫长30~45mm，阴门盖为2片，阴门位于肛门附近。虫卵大小为（105~120）μm×（51~57）μm。

奥斯特属（*Ostertagia*），主要寄生于皱胃，少见于小肠。虫体呈棕褐色，长10~12mm，口囊浅而宽。雄虫有生殖锥和生殖前锥，交合刺短，末端分2叉或3叉。雌虫尾端常有环纹，阴门在体后部，多具阴门盖。常见的种为环形奥斯特线虫（*O. circumcincta*）和三叉奥欧斯特线虫（*O. trifurcata*）。

马歇尔属（*Marshallagia*），寄生于皱胃，偶见于十二指肠。形态与奥斯特属线虫相似，但不具引器，交合刺分成3枝，末端尖。雌虫阴门位于虫体后半部。常见的种为蒙古马歇尔线虫（*M. mongolica*）。虫卵呈椭圆形，灰白色或无色，两侧厚，两端薄，大小为（173~205）μm×（73~99）μm。

古柏属（*Cooperia*），寄生于小肠、胰脏，很少见于皱胃。虫体小于9mm。前方有小的头泡，食道区有横纹，口囊很小。雄虫交合刺短，末端钝，生殖锥和交合伞发达，无引器。本属与毛圆属和类圆属线虫极为相似。常见的种有等侧古柏线虫（*C. laterouniformis*）和叶氏古柏线虫（*C. erschovi*）。

细颈属（*Nematodirus*），寄生于小肠。本属线虫种间大小差异大。头前端角皮有横纹，多数有头泡，颈部常弯曲。雄虫交合伞侧叶大，交合刺细长，远端融合，包在一个共同的薄膜内。雌虫尾端有1个小刺。常见的种类是尖刺细颈线虫（*N. filicollis*）。虫卵长椭圆形，灰白色或无色，一端较尖，大小为（150~230）μm×（80~110）μm。

似细颈属（*Nematodirella*），寄生于小肠。形态与细颈属线虫相似，不同点是雄虫交合刺很长，可达全虫的1/2；雌虫前1/4呈线形，以后突然粗大，随后又渐变纤细，阴门位于前1/3~1/4处。常见的种有长刺似细颈线虫（*N. longispiculata*）和骆驼似细颈线虫（*N. cameli*）。

毛圆科各属线虫主要部位形态构造见图 5－12、图 5－13。

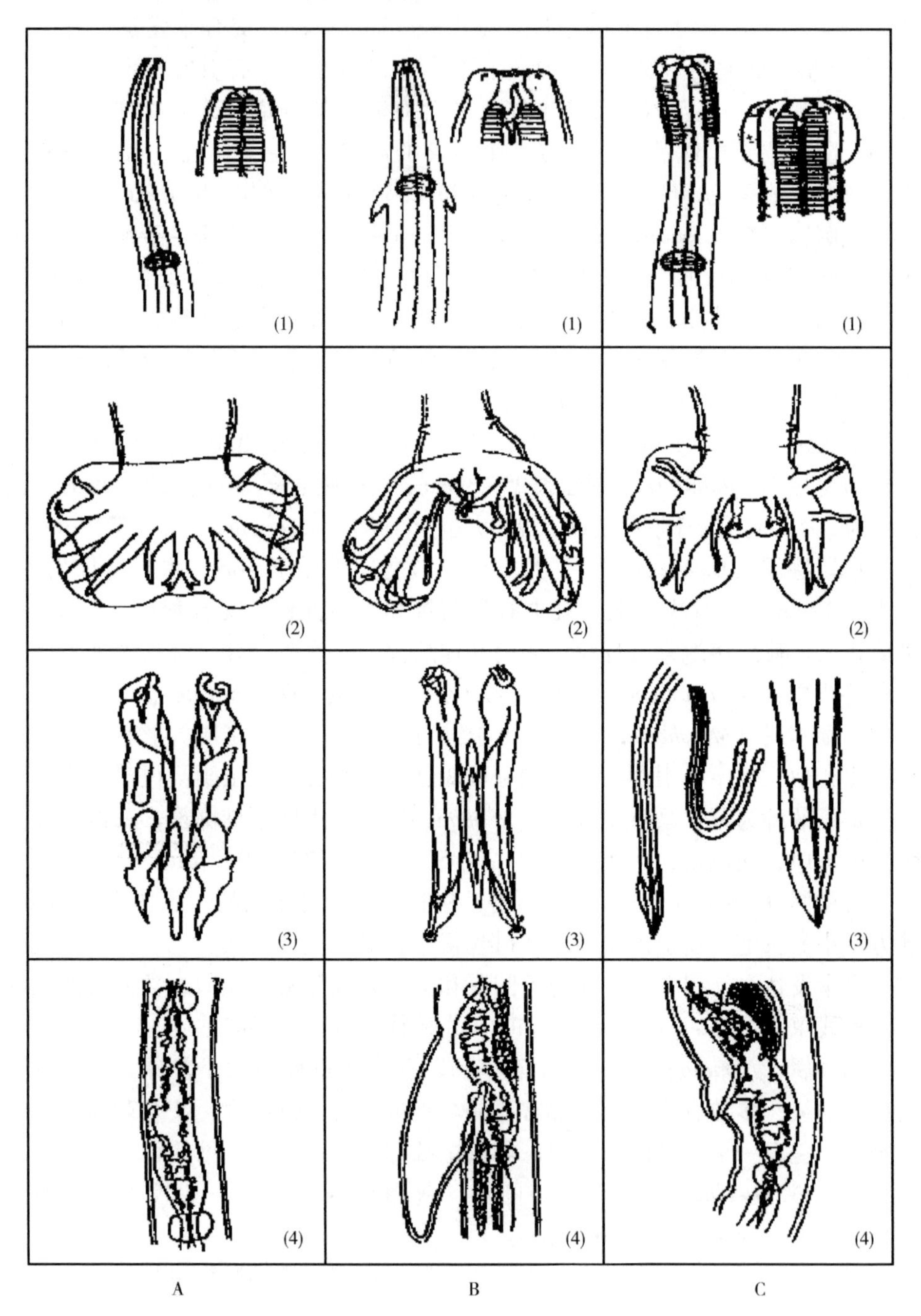

图 5－12　毛圆科主要属线虫形态构造图（一）

A. 毛圆属　B. 血矛属　C. 细颈属

（1）前部　（2）雄性交合伞　（3）交合刺和引带　（4）雌性阴户

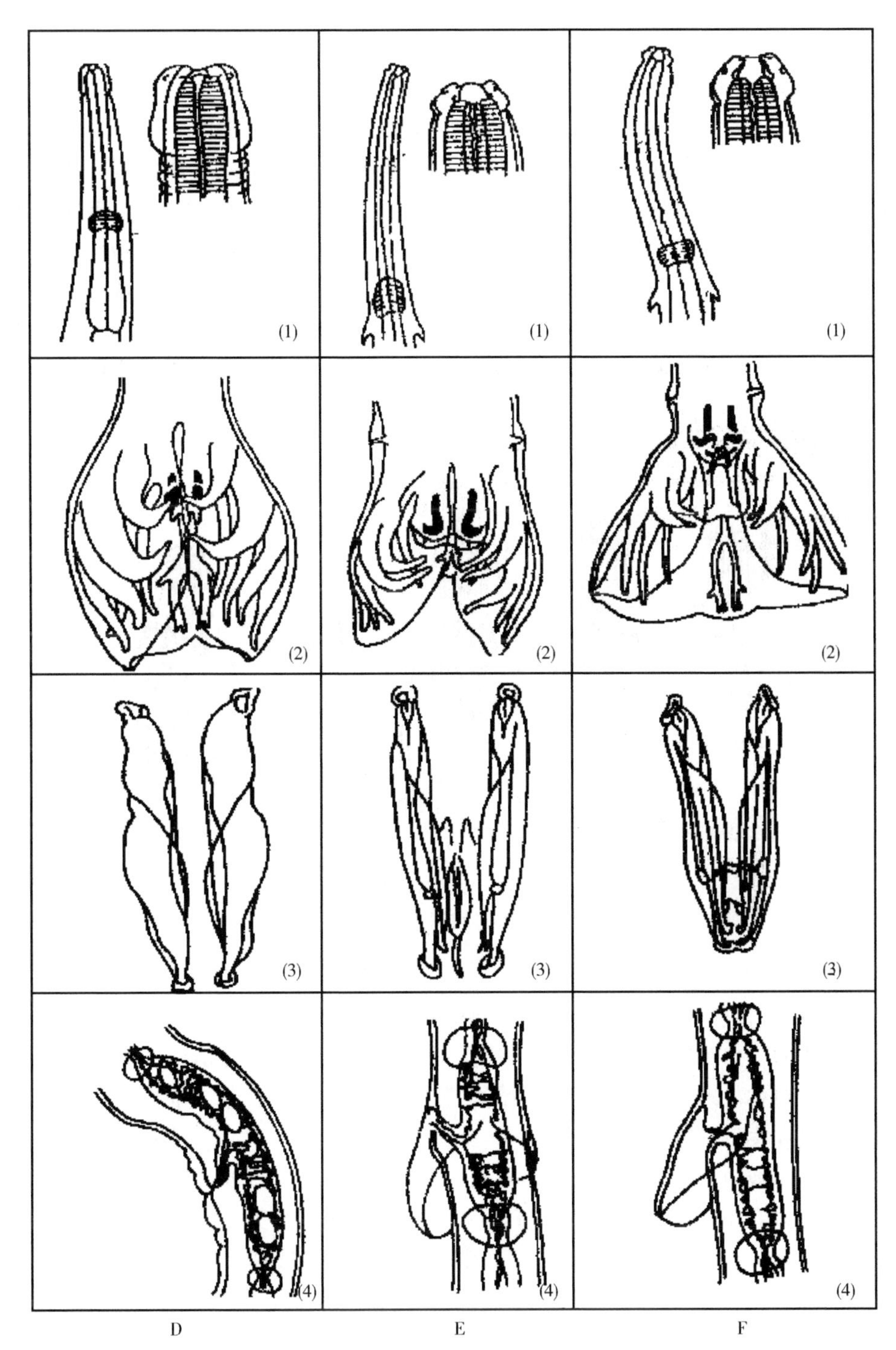

图 5－13　毛圆科主要属线虫形态构造图（二）

D. 古柏属　E. 奥斯特属　F. 马歇尔属

（1）前部　（2）雄性交合伞　（3）交合刺和引带　（4）雌性阴户

②盅口科（Cyathostomidae）[毛线科（Trichonematidae）]：食道口属（*O. esophagostomum*），寄生于结肠。有些种类的幼虫可在肠壁形成结节，所以又称为结节虫。口囊小而浅，其外周有明显的口领，口缘有叶冠，有或无颈钩，颈乳突位于食道附近两侧，其位置因种不同而异，有或无侧翼膜。雄虫的交合伞发达，有1对等长的交合刺。雌虫阴门位于肛门前方附近，排卵器发达，呈肾形。寄生于羊的主要有哥伦比亚食道口线虫（*Oe. columbianum*）、微管食道口线虫（*Oe. venulosum*）、粗纹食道口线虫（*Oe. asperum*）和甘肃食道口线虫（*Oe. kansuensis*）。寄生于牛的主要有辐射食道口线虫（*Oe. radiatum*）（图5-14）。虫卵呈椭圆形，灰白色或无色，壳较厚，大小为（70~74）μm×（45~75）μm。

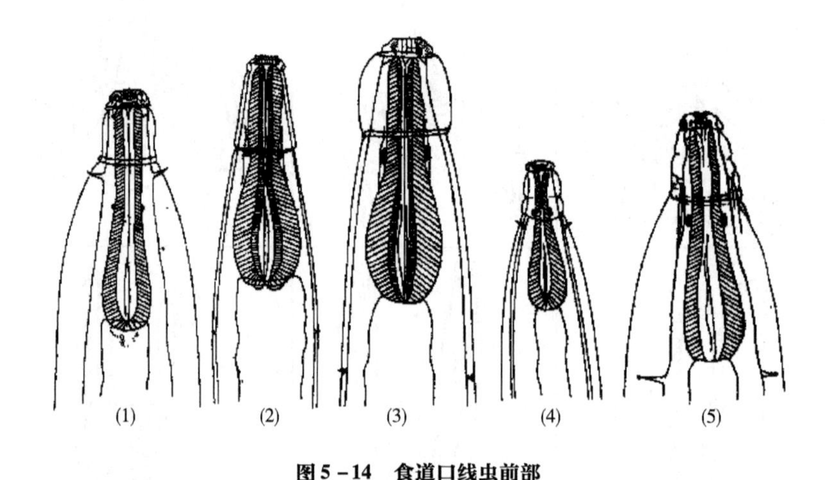

图5-14　食道口线虫前部

（1）哥伦比亚食道口线虫　（2）微管食道口线虫　（3）粗纹食道口线虫
（4）辐射食道口线虫　（5）甘肃食道口线虫

③钩口科（Ancylostomatidae）：仰口属（*Bunostomum*），寄生于小肠。头端向背面弯曲，口囊大，呈漏斗状，口孔腹缘有1对半月形的切板。雌虫交合伞外背肋不对称。雌虫阴门在虫体中部之前。虫卵具有特征性。常见的虫体为羊仰口线虫和牛仰口线虫。

羊仰口线虫（*B. trigonocephalum*），寄生于羊小肠。口囊底部背侧有1个大背齿，腹侧有1对小亚腹侧齿。雌虫长12.5~17mm，交合伞发达，外背肋不对称，交合刺扭曲、较短，无引器。雌虫长15.5~21mm，尾端钝圆，阴门位于体后部。虫卵呈钝椭圆形，两侧平直，壳薄，灰白色或无色，胚细胞大而少，内含暗色颗粒。虫卵大小为（82~97）μm×（47~57）μm。

牛仰口线虫（*B. phlebotomum*），寄生于牛小肠，主要是十二指肠。与羊仰口线虫相似，区别为口囊底部腹侧有2对亚腹侧齿，雄虫交合刺长，为羊仰口线虫的5~6倍，阴门位于虫体中部前。虫卵两端钝圆，胚细胞呈暗黑色（图5－15）。

④圆线科 Strongymoidea：夏伯特属（*Chabertia*），寄生于大肠。有或无颈沟，颈沟前有明显的头泡，或无头泡；口孔开口于前腹侧，有2圈不发达的叶冠；口囊呈亚球形，底部无齿。雄虫交合伞发达，交合刺等长且较细，有引器。雌虫阴门靠近肛门。常见的种有绵羊夏伯特线虫（*C. ovina*）和叶氏夏伯特线虫（*C. erschowi*）（图5－16）。虫卵椭圆形，灰白或无色，壳较厚，内含10多个胚细胞，大小为（83~110）μm×（47~59）μm。

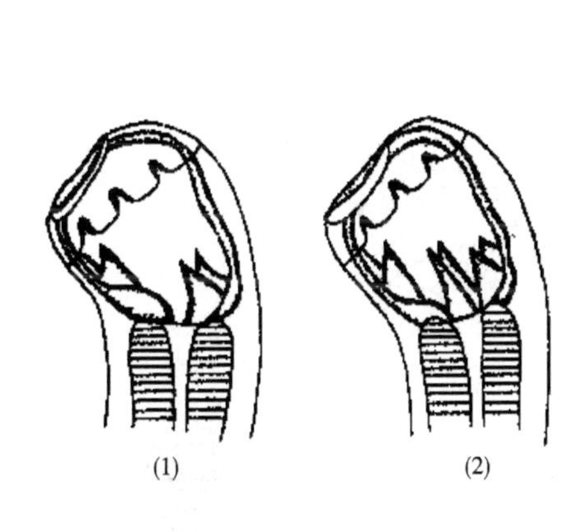

图5－15　牛、羊仰口线虫头部

（1）羊仰口线虫　（2）牛仰口线虫

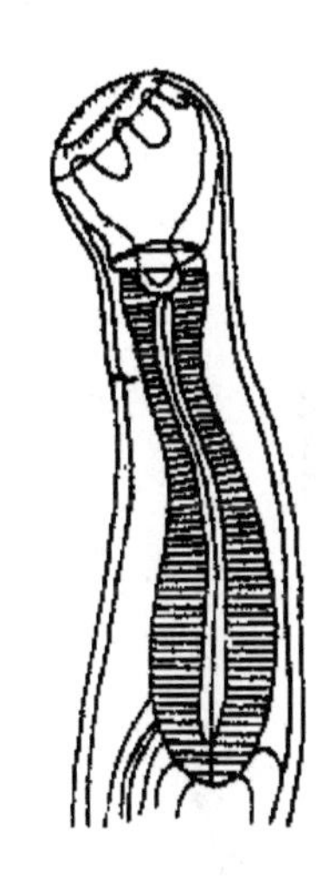

图5－16　绵羊夏伯特线虫前部

（2）毛尾目 Trichurata

毛尾科 Trichuridae：

毛尾属（*Trichuris*）：常见虫体为毛尾线虫，成虫寄生于盲肠。虫体呈乳白色，前部细长呈毛发状，后部短粗，虫体粗细过度突然，外形似鞭，又称为“鞭虫”。雄虫尾部卷曲，有1根交合刺，有交合刺鞘。雌虫尾部稍弯曲，后端钝圆，阴门位于粗细交界处（图5－17）。虫卵呈褐色或棕色，壳厚，两端具塞，呈腰鼓状，大小为（70~75）μm×（31~35）μm。

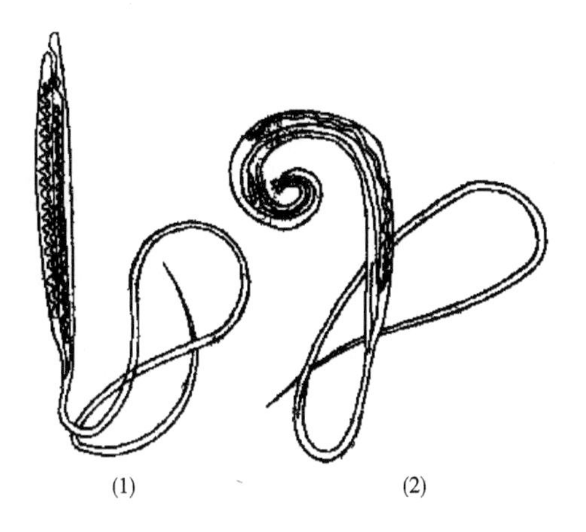

图5－17　绵羊毛尾线虫

（1）雌虫　（2）雄虫

2. 生活史

牛、羊消化道线虫的发育过程基本相似。毛尾属线虫的感染性阶段为感染性虫卵，其余消化道线虫的感染性阶段均为感染性幼虫。均属直接发育型。

消化道线虫均经口感染，但仰口线虫也可经皮肤感染，而且幼虫发育率可以达到80%以上，而经口感染时，发育率仅为10%左右。

毛圆科线虫产出的虫卵随粪便排出体外，在适宜的条件下，逸出的幼虫约需1周经2次蜕皮发育为感染性幼虫。幼虫移行到牧草的茎叶上，牛、羊吃草或饮水时感染，幼虫在皱胃或小肠黏膜内发育为第4期幼虫，然后返回皱胃和肠腔，附着在黏膜上进行最后1次蜕皮变为第5期幼虫，逐渐发育为成虫（图5－18）。

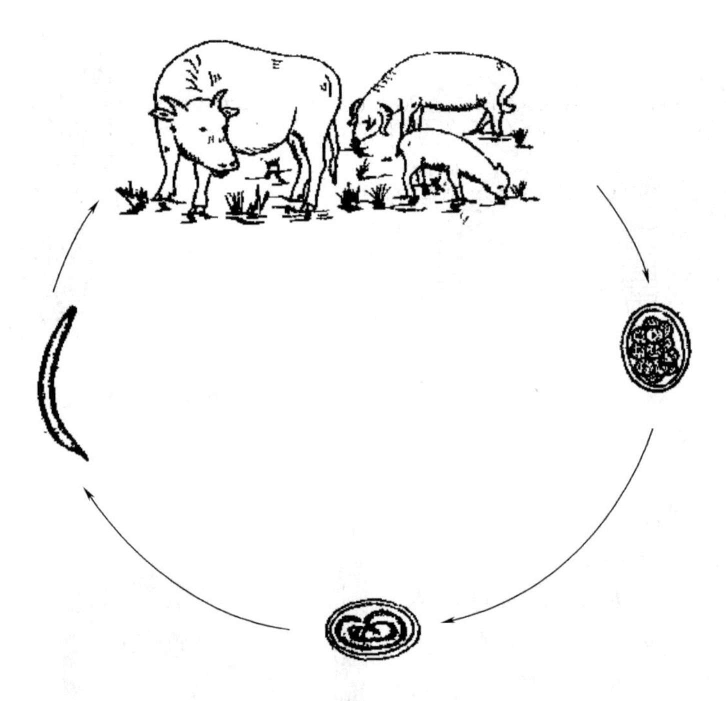

图5－18 毛圆科线虫生活史

仰口线虫经皮肤感染后，幼虫进入血液循环到达肺脏，进入肺泡进行第3次蜕皮变为第4期幼虫，再移行至支气管、气管、咽，被咽下后进入小肠，进行第4次蜕皮后发育为第5期幼虫，最后发育为成虫。此过程需50～60d。

食道口线虫的感染性幼虫感染牛、羊后，大部分幼虫钻入结肠固有层形成结节，在其中进行第3次蜕皮变为第4期幼虫，在返回结肠中经第4次蜕皮发育为第5期幼虫，最后发育为成虫。幼虫在结节内停留的时间与牛、羊的年龄和抵抗力有关，短则6～8d，长则1～3个月或更长，甚至不能发育为成虫。哥伦比亚食道口线虫和辐射食道口线虫可在肠壁的任何部位形成结节。微管食道口线虫很少造成肠壁结节。

毛尾线虫的虫卵随粪便排出体外，在适宜的条件下经 2 周或数月发育为感染性虫卵，牛、羊经口感染后，卵内幼虫在肠道孵出，以细长的头部固着在肠壁黏膜上，约经 12 周发育为成虫。

3. 流行病学

牛、羊消化道线虫的第 3 期幼虫抵抗力强，多数可抵抗干燥、低温和高温等不利因素的影响，许多种类线虫的幼虫可在牧场上越冬。第 3 期幼虫具有背地性，在牧地的适宜条件下，离开地面向牧草的叶片上爬行；且对弱光有趋向性，但畏惧强烈的阳光，故仅于清晨、傍晚或阴天时爬上草叶，在日光强烈的白昼和夜晚又返回土壤中隐蔽。故牧草受到幼虫污染，土壤为其来源。

牛、羊消化道线虫病在每年春季（4 ~ 5 月份）会出现发病高峰期，即“春季高潮”。我国许多地区有此现象，尤其以西北地区明显。其原因主要归结为两点：一是可以越冬的感染性幼虫，致使牛、羊春季放牧后很快受到感染；二是牛、羊当年感染时，由于牧草充足，抵抗力强，使体内的幼虫发育受阻，而当冬末春初、草料不足、抵抗力下降时，幼虫开始活跃发育，至春季 4 ~ 5 月份，其成虫数量在体内迅速达到高峰，即“成虫高峰”，牛、羊发病数量剧增。

4. 临诊症状

牛、羊经常混合感染多种消化道线虫，而多数线虫以吸食血液为生，因此，引起牛、羊贫血，虫体的毒素作用干扰宿主的造血功能或抑制红细胞的生成，使贫血加重。虫体的机械性刺激，使胃、肠组织损伤，消化、吸收功能降低。表现高度营养不良，渐进性消瘦，贫血，可视黏膜苍白，下颌及腹部下水肿，腹泻或顽固性下痢，有时粪便中带血，有时便秘与腹泻交替，精神沉郁，食欲不振，可因衰竭而死亡。尤其羔羊和犊牛发育受阻，死亡率高。死亡多发生在“春季高潮”时期。

5. 病理变化

尸体消瘦、贫血、水肿。幼虫移行经过的器官出现淤血性出血和小出血点。胃、肠黏膜发炎有出血点，肠内容物呈褐色或血红色。食道口线虫可引起肠壁结节，新结节中常有幼虫。在胃、肠道内发现大量虫体。

6. 诊断

应根据流行病学、临诊症状、粪便检查虫卵和剖检发现虫体进行综合诊断。因牛、羊带虫现象极为普遍，故发现大量虫卵时才能确诊。

7. 治疗

左咪唑：剂量为 6 ~ 10mg/kg 体重，1 次口服，奶牛、奶羊休药期不得少于3d。

丙硫咪唑：剂量为牛、羊10～15mg/kg体重，1次口服。

甲苯咪唑：剂量为牛、羊10～15mg/kg体重，1次口服。

伊维菌素或阿维菌素：剂量为牛、羊0.2mg/kg体重，1次口服或皮下注射。

8. 预防

一般应在春、秋两季各进行1次驱虫。北方地区可在冬末、春初进行驱虫，可有效防止“春季高潮”；对驱虫后排出的粪便应及时清理并进行堆积发酵；注意饲料、饮水清洁卫生，尤其在冬、春季，牛、羊要合理的补充精料、矿物质、多种维生素，以增强抗病力；放牧牛、羊尽量避开潮湿地及幼虫活跃时间，可以减少感染机会。有条件的地方可实施轮牧。

（十二）网尾线虫病

网尾线虫病是由网尾科网尾属的多种线虫寄生于牛、羊等反刍动物支气管和细支气管内引起的疾病。又称“肺线虫病”。本病多见于潮湿地区，常呈地方流行性。主要危害幼龄动物，严重时可引起患病动物大批死亡。

1. 病原体

（1）丝状网尾线虫（*D. filaria*），寄生于绵羊、山羊及骆驼等反刍兽的支气管，有时见于气管和细支气管。虫体呈乳白色，细线状，肠管好像一条黑线穿行体内。雄虫长25～80mm，交合伞发达，后侧肋和中侧肋合二为一，只在末端稍分开，2个背肋末端有3个小分支；交合刺呈靴状，黄褐色，为多孔性结构。雌虫长43～112mm，阴门位于虫体中部附近。虫卵大小为（120～130）μm×（80～90）μm，卵内含第1期幼虫。

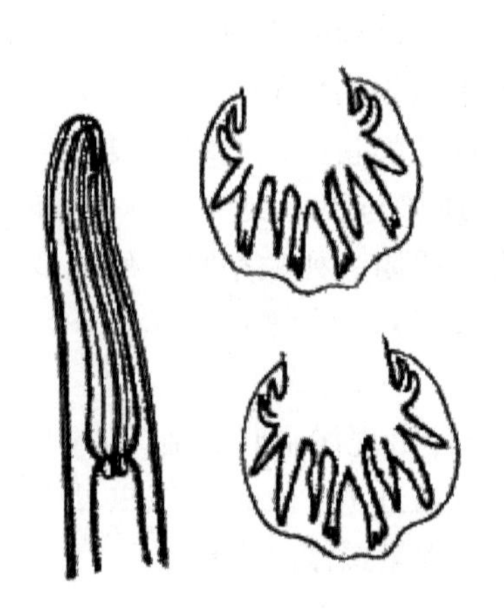

图5－19 网尾线虫的头部及交合伞

（2）胎生网尾线虫（*D. viviparus*），寄生于牛、骆驼和多种野生反刍兽的支气管和气管内。雄虫长40～50mm，交合伞的中侧肋与后侧肋完全融合。交合刺呈黄褐色，为多孔性构造；引器椭圆形，为多泡性结构（图5－19）。雌虫长60～80mm，阴门位于虫体中央部分，其表面略突起呈唇瓣状。虫卵大小为（82～88）μm×（33～38）μm，卵内含第1期幼虫。

（3）骆驼网尾线虫（*D. cameli*），寄生于单峰驼和双峰驼的支气管和气管内。雄虫长32～55mm，交合伞的中、后侧肋完全融合，仅末端稍膨大；背肋1

对，粗大。交合刺与胎生网尾线虫相似。雌虫长 46～68mm。虫卵大小为(49～99）μm×（32～49）μm，卵内含第 1 期幼虫。

2. 生活史

为直接发育型。成虫寄生于宿主的支气管内，雌虫产出的虫卵随咳嗽进入口腔并被咽下，在消化道孵出第 1 期幼虫，随粪便排到体外。在 20℃温度下经 5～7d，蜕皮 2 次发育为感染性幼虫。宿主吃草或饮水时，摄入感染性幼虫，幼虫钻入肠壁，在肠淋巴结内发育蜕化为第 4 期幼虫，经移行到达肺部，寄生在细支气管和支气管，从感染到发育为成虫，大约需要 18d。感染后 26d 开始产卵。成虫在羊体内的寄生期与羊的营养状态和年龄有关，从 2 个月到 1 年不等（图 5－20）。

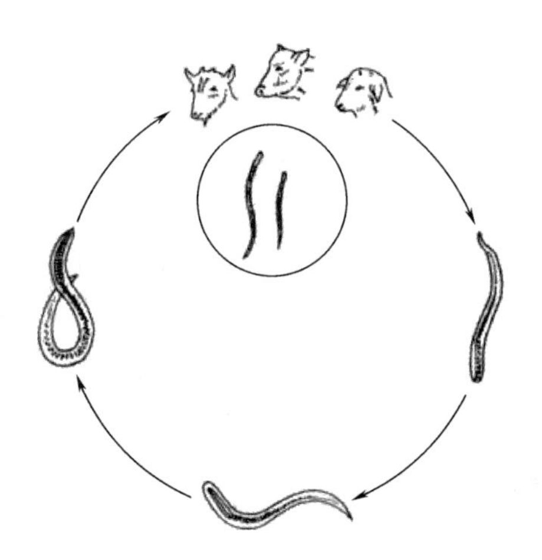

图 5－20 网尾线虫生活史

3. 流行病学

丝状网尾线虫的幼虫对热和干燥敏感，故炎热季节对其生存不利。但幼虫耐低温，在 4～5℃时幼虫就可以发育，并且保持活力达 100d 之久，被雪覆盖的粪便，在－40～－20℃气温下，其中的感染性幼虫仍不死亡。

胎生网尾线虫还可寄生于骆驼和多种野牛体内，广泛流行于我国西北、西南的许多地区，是放牧牛群，尤其是牦牛春季死亡的重要原因之一。

4. 临诊症状

感染后首先表现为咳嗽，最初为干咳、后为湿咳，而且咳嗽次数逐渐频繁。中度感染时，咳嗽强烈而粗粝；严重感染时呼吸浅表，急促并感痛苦。常具群发性，羊被驱赶和夜间休息时咳嗽尤为明显。阵发性咳嗽常咳出黏液团块，镜检时见有虫卵和幼虫。鼻孔排出黏液分泌物，干涸后在鼻孔周围形成痂皮，有时可形成绳索状物，垂悬在鼻孔下面。患羊常打喷嚏，逐渐消瘦，被毛枯干，贫血，头胸部和四肢水肿，呼吸急促，体温一般不升高。羔羊症状较严重，可引起死亡。成年羊症状不明显。

5. 病理变化

剖检可见大量虫体及黏液、脓性物质及混有血丝的分泌物团块阻塞细支气管，局部肺组织膨胀不全和周围肺组织的代偿性气肿。虫体寄生部位，肺表面稍隆起，呈灰白色，触诊有坚硬感，切开可发现虫体。支气管黏膜肿胀、充血及出血。

6. 诊断

根据临诊症状、流行病学特点，结合用幼虫分离法检出粪便中的第 1 期幼虫即可确诊。丝状网尾线虫的第 1 期幼虫较大，长为 550 ~ 585μm，头端钝圆，有一扣状结节，尾端细而钝，体内有黑色颗粒。剖检病畜在支气管和细支气管内发现虫体和相应病变时，即可确诊。

7. 治疗

（1）左咪唑　剂量为 8 ~ 10mg/kg 体重，1 次口服。

（2）丙硫咪唑　剂量为 10 ~ 15mg/kg 体重，1 次口服。

（3）伊维菌素或阿维菌素　剂量为 0.2mg/kg 体重，1 次口服或皮下注射。

8. 预防

根据当地的具体情况进行计划性驱虫，由放牧转为舍饲前驱虫 1 次，使羊只安全过冬，1 ~ 2 月初再进行 1 次驱虫，避免春乏死亡；保持牧场清洁干燥，防止潮湿积水，注意饮水卫生；成年羊和羔羊分群放牧，以减少羔羊感染；羔羊接种致弱幼虫苗，可起到一定的保护作用。

（十三）牛吸吮线虫病

牛吸吮线虫病是由吸吮科吸吮属的多种线虫寄生于黄牛、水牛的结膜囊、第三眼睑和泪管内引起的寄生虫病，又称寄生性结膜角膜炎，俗称“牛眼虫病”。可引起牛的结膜角膜炎，继发细菌感染时可造成角膜糜烂和溃疡。

1. 病原体

吸吮线虫口囊小，无唇，边缘有内外 2 圈乳突。雄虫常有大量的泄殖孔前乳突。雌虫阴门位于虫体的前部。

（1）罗氏吸吮线虫（*T. rhodesi*）　罗氏吸吮线虫是我国最常见的一种吸吮线虫。虫体呈乳白色，体表有明显的锯齿状横纹。虫体头端细小，有一小而呈长方形的口囊。食道短，呈圆筒状（图 5 - 21）。雄虫长 9 ~ 13mm，尾端弯曲，2 根交合刺不等长。泄殖孔前乳突 14 对，后乳突 3 对。雌虫长 14 ~ 18mm，尾部钝圆，尾端侧面上有 1 个小突起，阴门开口于虫体前部腹面，开口处的角皮上无横纹，略有凹陷。

（2）大口吸吮线虫（*T. gulosa*）体表横纹不明显，口囊碗状。雄虫长6～9mm，2根交合刺不等长，有18对尾乳突，其中有4对位于泄殖孔后。雌虫长11～14mm，阴门开口于食道末端处，开口处的体表平而无突出物。

（3）斯氏吸吮线虫（*T. skrjabini*）体表无横纹。雄虫长5～9mm，交合刺很短，大小几乎相等。雌虫长11～19mm。

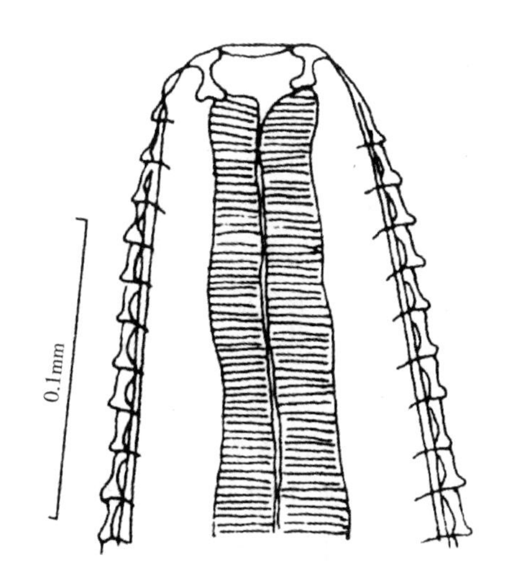

图5－21　罗氏吸吮线虫雌虫前端

2. 生活史

中间宿主为蝇属的各种蝇类，如胎生蝇、秋蝇等。

为间接发育型。胎生。雌虫在牛的结膜囊内产出幼虫，当蝇舔食牛眼分泌物时，幼虫同眼分泌物一起被蝇吞食，在蝇体内经30d左右发育为感染性幼虫，然后移行到蝇的口器。当蝇再次舔食牛眼分泌物时，感染性幼虫即进入牛眼内，幼虫在牛结膜囊内经20d左右发育为成虫。

3. 流行病学

本病的流行与蝇类活动的季节密切相关。温暖地区蝇类常年活动，该病亦常年流行，但夏、秋季多发。北方地区，一般在夏、秋蝇类活跃季节发病。

4. 临诊症状

虫体机械性地刺激和损伤结膜和角膜，引起结膜角膜炎，如继发细菌感染，后果严重。临诊上见有眼潮红、流泪和角膜混浊等症状。炎性过程加剧时，眼内有脓性分泌物流出，常使上下眼睑黏合。角膜炎继续发展，可引起糜烂和溃疡，严重时发生角膜穿孔，水晶体损伤及睫状体炎，最后导致失明。混浊的角膜发生崩解和脱落时，一般能缓慢地愈合，但在该处会留下永久性白斑，影响视觉。病牛极度不安，常将眼部在其他物体上摩擦，摇头，严重影响采食和休息，导致生长、发育缓慢和生产力下降。

5. 诊断

结合临诊症状，在眼内发现吸吮线虫即可确诊。虫体爬至眼球表面时，容易被发现。打开眼睑，有时可以在结膜囊发现虫体。还可用一橡皮吸耳球，吸取3%的硼酸溶液，强力冲洗第3眼睑内侧和结膜囊，同时用一弧形盘接取冲洗液，可在其中发现虫体。

6. 治疗

左咪唑：剂量为8mg/kg体重，口服，每天1次，连用2d。

90%的美沙利定：20mL，1次皮下注射。

1%的敌百虫溶液：点眼。

用3%硼酸溶液、1/1500的碘溶液、0.2%的海群生或0.5%的来苏儿强力冲洗眼结膜囊和第3眼睑，可杀死或冲出虫体。

当继发细菌感染时，可应用抗生素类软膏或磺胺类药物治疗。

7. 预防

在疫区每年秋冬季节，结合牛体内的其他寄生虫，进行计划性驱虫；在春天蝇类大量出现以前，再对牛进行1次普遍性驱虫，以减少病原体的传播；搞好环境卫生，做好灭蝇、灭蛆和灭蛹工作。

（十四）牛羊丝状线虫病

牛、羊丝状线虫病是由丝状科丝状属的多种线虫寄生于牛、羊等反刍动物的腹腔中引起的寄生虫病，故又称“腹腔丝虫病”。寄生于腹腔的成虫一般数量不多，致病性不强，症状不明显。但某些种的幼虫可寄生于马和羊的体内，引起马、羊脑脊髓丝虫病和马浑睛虫病，危害比较严重。

1. 病原体

丝状属线虫长数厘米至十余厘米，乳白色。口孔周围有角质环围绕，在背、腹面，有时也在侧面有向上的隆起，形成唇状、肩章状或乳突状的外观。雄虫有交合刺1对，不等长，不同形，在泄殖孔前后有乳突数对。雌虫尾尖上常有小结或小刺，阴门在食道部。雌虫产带鞘的微丝蚴，出现于宿主的血液中（图5-22）。

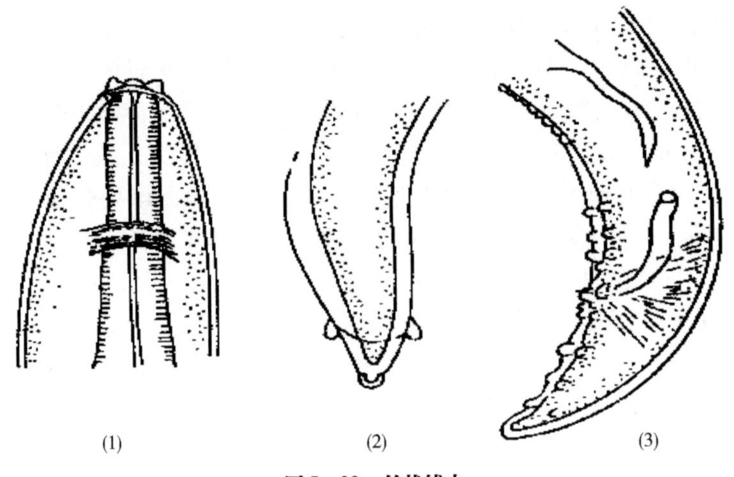

图5-22 丝状线虫

（1）头端侧面 （2）雄虫尾端腹面 （3）雄虫尾端侧腹面

（1）鹿丝状线虫（*S. cervi*）　又称唇乳突丝状线虫（*S. labiatopapillosa*），寄生于牛、羚羊和鹿的腹腔。雄虫长 40～60mm，雌虫长 60～120mm。微丝蚴有鞘，长 240～260μm。

（2）指形丝状线虫（*S. digitata*）　寄生于黄牛、水牛和牦牛的腹腔。雄虫长 40～50mm，雌虫长 60～80mm。微丝蚴的大小与鹿丝状线虫相似。

2. 生活史

指形丝状线虫的中间宿主为蚊类。鹿丝状线虫的中间宿主可能是厩螯蝇或一些蚊类。

为间接发育型。胎生。成虫寄生于终末宿主的腹腔，雌虫产出的微丝蚴进入血液循环，周期性地出现在外周血液中。当中间宿主刺吸终末宿主血液时，微丝蚴随即进入这些吸血昆虫体内，经 15d 左右发育为感染性幼虫，并移行到中间宿主的口器内。当中间宿主再次叮咬终末宿主吸血时，感染性幼虫即进入终末宿主体内，经 8～10 个月发育为成虫。

当携带有指形丝状线虫感染性幼虫的中间宿主刺吸非固有宿主——马或羊的血液时，幼虫随即进入马或羊的体内，但由于宿主不适，幼虫常随淋巴液或血液进入脑脊髓或眼前房，停留于童虫阶段，引起马和羊的脑脊髓丝虫病（腰萎病）或马的浑睛虫病。

3. 流行病学

本病通过蚊、蝇等吸血昆虫传播感染，所以多发生在蚊、蝇活跃季节。

4. 临诊症状

寄生于腹腔的成虫致病力不强，临诊上一般不显症状，仅可引起轻度腹膜炎。当感染性幼虫进入非固有宿主，引起马和羊的脑脊髓丝虫病时，症状很明显，主要表现为后躯运动神经障碍，腰部知觉迟钝，进而消失，行动缓慢或不能站立；引起马的浑睛虫病时由于虫体刺激引起角膜发炎、混浊，眼睑肿胀，虹彩炎，视力减退，甚至失明。

5. 诊断

取动物外周血液检查，发现微丝蚴即可确诊。尸体剖检时可在腹腔发现成虫。马、羊脑脊髓丝虫病可根据明显的临诊症状和发病季节做出诊断，早期诊断可用皮内反应试验。马浑睛虫病可检查马眼前房发现童虫，童虫长约 30mm，活泼、游动，容易诊断。

6. 治疗

病牛可口服海群生，剂量为 10mg/kg 体重，每日 1 次，连用 7d，可杀死微丝蚴，但不能杀死成虫。马、羊脑脊髓丝虫病可用海群生，剂量为 50～100mg/kg 体重，1 次内服；或制成 20%～30% 注射液，肌肉多点注射，4d 为 1 个疗程；伊维菌素或阿维菌素，剂量为 0.2mg/kg 体重，1 次口服或皮下注射。马浑睛虫病根本治疗方法是用角膜穿刺术取出虫体。

7. 预防

主要是杀灭吸血昆虫和防止吸血昆虫叮咬终末宿主。

（十五）鸡蛔虫病

鸡蛔虫病是由禽蛔科禽蛔属的鸡蛔虫寄生于鸡小肠内引起的寄生虫病。主要危害雏鸡，影响生长发育，甚至可造成雏鸡大批死亡。

1. 病原体

鸡蛔虫（*A. galli*），是寄生于鸡体内最大的一种线虫，呈黄白色，头端有3片唇。雄虫长2.6～7cm，尾端有明显的尾翼和尾乳突，有1个圆形或椭圆形泄殖孔前吸盘，交合刺近于等长。雌虫长6.5～11cm，阴门开口于虫体中部（图5－23）。

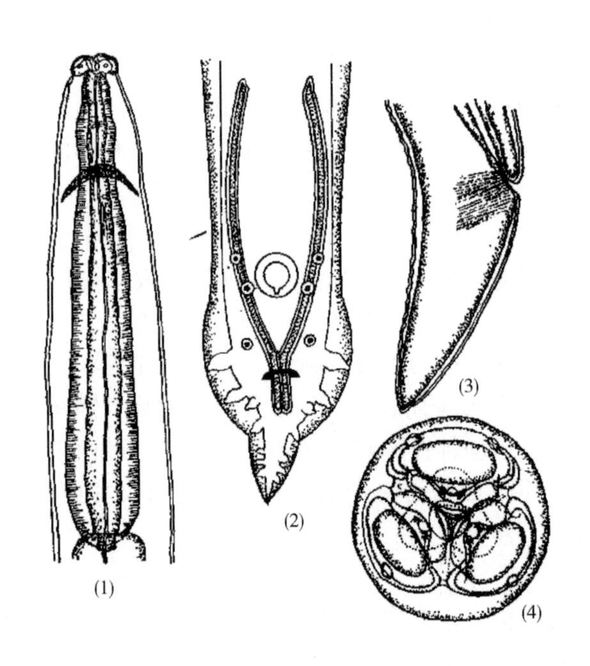

图5－23 鸡蛔虫

（1）成虫前部 （2）雄虫后部 （3）雌虫尾部 （4）成虫头端顶面观

虫卵呈椭圆形，深灰色，壳厚而光滑，新排出的卵内含单个胚细胞，大小为（70～90）μm×（47～51）μm。

2. 生活史

雌虫在小肠内产卵，虫卵随粪便排出体外，在适宜的外界条件下经17～18d发育为感染性虫卵。鸡吞食了感染性虫卵而感染，幼虫在肌胃和腺胃内逸出，钻入肠黏膜内发育一段时间后，重返肠腔发育为成虫。从感染到发育为成虫需 35～50d。

3. 流行病学

鸡蛔虫病主要危害 3～4 月龄的雏鸡，感染后病情较重，成年鸡多为带虫者。饲养管理不当或营养不良的鸡群易感性较强。

鸡蛔虫卵对外界环境因素和消毒药具有较强的抵抗力，在阴暗潮湿的环境可生存很长时间。但对干燥和高温（50℃以上）敏感，特别是阳光直射、沸水处理和粪便堆沤等情况下，虫卵可迅速死亡。

蚯蚓可作为贮藏宿主传播鸡蛔虫病，虫卵在蚯蚓体内可长期保持其生命力和感染力，并依靠蚯蚓可避免干燥和直射日光的不良影响。

4. 临诊症状

鸡蛔虫对雏鸡危害严重，雏鸡表现为生长发育不良，精神萎靡，行动迟缓，常呆立不动，翅膀下垂，羽毛松乱，鸡冠苍白，贫血，消化机能障碍，最后因衰竭而死。成虫寄生数量多时常引起肠阻塞，甚至肠破裂。成年鸡症状不明显，主要表现日渐消瘦，产蛋量减少。

5. 病理变化

幼虫侵入肠黏膜时，破坏肠黏膜，造成炎症、出血，肠壁上常形成颗粒状化脓灶或结节。

6. 诊断

粪便检查发现大量虫卵或剖检在小肠内发现虫体即可确诊。粪便检查用漂浮法。

7. 治疗

（1）左咪唑　剂量为 30mg/kg 体重，拌料，1 次喂服。

（2）丙氧咪唑　剂量为 40mg/kg 体重，拌料，1 次喂服。

（3）哌哔嗪　剂量为 200～300mg/kg 体重，拌料，1 次喂服。

（4）丙硫咪唑　剂量为 10～20mg/kg 体重，拌料，1 次喂服。

（5）甲苯咪唑　剂量为 30mg/kg 体重，拌料，1 次喂服。

第 1 次用药驱虫后隔 14d 再驱虫 1 次。

8. 预防

在蛔虫病流行的鸡场，每年进行 2～3 次定期驱虫。成年鸡第 1 次驱虫在 10～11 月份，第 2 次驱虫在春季产蛋前 1 个月进行；雏鸡第 1 次驱虫在 2～3 月龄，第 2 次驱虫在冬季，驱虫后的粪便要严格管理，集中烧毁或深翻农田内。注意做好鸡群的卫生工作，鸡舍和运动场的粪便要经常清扫，并将粪便堆在远离鸡舍的偏僻场所，堆积发酵处理，饲槽和饮水器定期用沸水消毒。鸡舍内垫草要勤换，换下的垫草最好烧毁或与粪便一起堆沤。雏鸡与成鸡分群饲养，以防交叉感染。加强饲养管理，饲料中要含有足够的动物性蛋白质和维生素A、核黄素，以提高鸡的抵抗力。

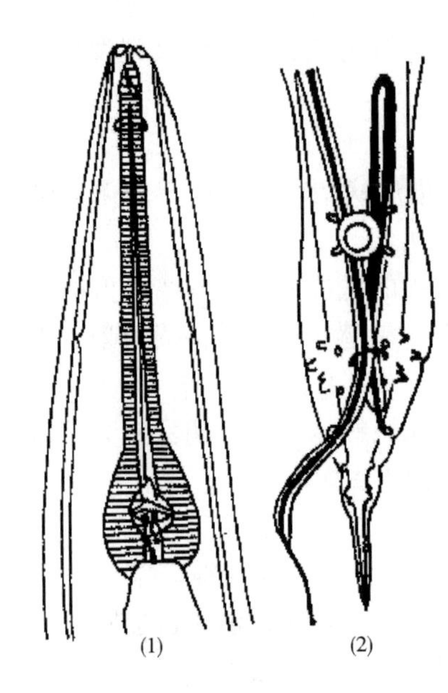

图5－24　鸡异刺线虫
（1）头部　（2）雄虫尾部

（十六）鸡异刺线虫病

鸡异刺线虫病是由异刺科异刺属的鸡异刺线虫寄生于鸡的盲肠内引起的寄生虫病，又称为“盲肠虫病”。

1. 病原体

鸡异刺线虫（*H. gallinae*），虫体呈淡黄色或白色，细线状。头端略向背面弯曲，有侧翼，向后延伸的距离较长。食道球发达。雄虫长7～13mm，尾直，末端尖细，交合刺2根，不等长，有1个圆形的泄殖孔前吸盘。雌虫长10～15mm，尾部细长，阴门开口于虫体中央稍后方（图5－24）。

虫卵呈椭圆形，灰褐色，大小为（65～80）μm×（35～46）μm，壳厚而光滑，内含单个胚细胞。

2. 生活史

成虫在盲肠内产卵，卵随粪便排出体外，在适宜的温度和湿度下，经2周左右发育为感染性虫卵，随着饲料或饮水被鸡吞食后而感染。感染性虫卵在鸡小肠内孵出幼虫，幼虫移行到盲肠，钻入黏膜内，经过一段时期的发育后，重返肠腔发育为成虫。自吞食感染性虫卵至发育为成虫需24～30d。成虫寿命约为1年。

3. 流行病学

各种年龄的鸡均有易感性，但营养不良和饲料中缺乏矿物质（尤其是钙和磷）的幼鸡最易感。

虫卵对外界环境的抵抗力很强，如在低湿处可存活9个月，能耐干燥16～18d。

鸡异刺线虫还是火鸡组织滴虫的传播者，当鸡体内同时寄生有这两种虫体时，组织滴虫可侵入异刺线虫的虫卵内，并随卵排出体外，鸡在啄食这种虫卵时，可同时感染两种寄生虫。

蚯蚓可作为鸡异刺线虫的贮藏宿主。

4. 临诊症状

病鸡消化机能障碍，食欲减退、下痢。雏鸡发育停滞，消瘦，严重者可引起死亡。成年鸡产蛋量下降。该病与鸡蛔虫病或鸡组织滴虫病常混合感染，症状加剧，引起死亡。

5. 病理变化

病鸡尸体消瘦，盲肠肿大，肠壁发炎和增厚，间或有溃疡。

6. 诊断

应用漂浮法检查粪便发现虫卵和剖检在盲肠发现虫体即可确诊。

7. 治疗

参照鸡蛔虫病。

8. 预防

参照鸡蛔虫病。

（十七）禽胃线虫病

禽胃线虫病是由华首科（锐形科）华首属（锐形属）和四棱科四棱属的多种线虫寄生于鸡、火鸡等禽类的食道、腺胃、肌胃和肠道内引起的寄生虫病。

1. 病原体

主要有小钩锐性线虫、旋锐形线虫、美洲四棱线虫。

（1）小钩锐形线虫（*A. hamulosa*）　寄生于鸡和火鸡的肌胃。虫体两端尖细，前部有4条饰带，两两并列，呈不整齐的波浪形向后延伸，几乎达虫体后部，但不折回，也不相吻合。雄虫长9~14mm，泄殖孔前乳突4对，后乳突6对。交合刺1对，不等长，左侧纤细稍短，右侧扁平较长。雌虫长16~19mm，阴门位于虫体中部稍后方。虫卵大小为（40~45）μm×（24~27）μm，卵内含有幼虫。

（2）旋锐形线虫（*A. spiralis*）　寄生于鸡、火鸡、鸽子等的腺胃和食道，罕见于肠。虫体呈细线状，前部有4条波浪形的饰带，由前向后，然后折回但不吻合。雄虫长7~8.3mm，尾部卷曲，泄殖孔前乳突4对，后乳突4对。交合刺2根，不等长，左侧纤细稍短，右侧呈舟状较长。雌虫长9~10.2mm，阴门位于虫体后部。虫卵大小为（33~40）μm×（18~25）μm，壳厚，内含幼虫。

（3）美洲四棱线虫（*T. americana*）　寄生于鸡和火鸡的腺胃。前部无饰带。雌雄异形。雄虫游离于胃腔中，体形纤细，体长5~5.5mm。雌虫寄生于腺胃腺内，呈亚球形，体长3.5~4.5mm，宽3mm，并在纵线部位形成4条深沟，其前端和后端自球体部突出。虫卵壳厚，内含有幼虫，一端含有塞状结构。

2. 生活史

小钩锐形线虫的中间宿主为蚱蜢、拟谷盗虫、象鼻虫等；旋锐形线虫的中间宿主为甲壳纲等足目的光滑鼠妇、粗糙鼠妇等；美洲四棱线虫的中间宿主为赤腿蚱蜢、长额负蝗和德国小蜚蠊等直翅类昆虫。

为间接发育型。虫卵随终末宿主的粪便排出体外，被中间宿主吞食，在其体内发育为感染性幼虫，禽类因吞食了含感染性幼虫的中间宿主而感染。由虫卵发育为感染性幼虫，小钩锐形线虫需要20d，旋锐形线虫需要26d，美洲四棱线虫需要42d；由感染性幼虫发育为成虫，小钩锐形线虫需要120d，旋锐形线虫需要27d，美洲四棱线虫需要35d。

3. 临诊症状

轻度感染时，临诊症状不明显；严重感染时，病禽表现消化不良，食欲下降，消瘦和贫血等症状，严重者可引起死亡。

4. 病理变化

虫体可导致寄生部位出现炎症、溃疡、出血，寄生部位腺体受到破坏，有时形成结节，影响胃肠功能，严重者导致胃肠破裂。

5. 诊断

根据粪便检查发现虫卵或剖检发现虫体可确诊。粪便检查可采用直接涂片法或漂浮法。

6. 治疗

（1）甲苯咪唑　剂量为30mg/kg体重，1次口服。

（2）丙硫咪唑　剂量为10～15mg/kg体重，1次口服。

7. 预防

流行区进行预防性驱虫；做好禽舍的清洁卫生，将粪便堆积发酵；消灭中间宿主，防止传播病原体。

（十八）禽毛细线虫病

禽毛细线虫病是由毛细科毛细属的多种线虫寄生于禽类食道、嗉囊及肠道等消化道内引起的寄生虫病。严重感染时，可引起家禽死亡。

1. 病原体

毛细线虫虫体细小，呈毛发状，虫体前部短于或等于虫体后部，并稍比后部为细。前部为食道部，后部含肠管和生殖器官，其构造与毛尾线虫相似。阴门位于前后部的交界处。雄虫有1根交合刺和1个交合刺鞘，有的无交合刺而只有鞘。虫卵桶形，两端有卵塞，色淡。禽毛细线虫寄生部位较严格，故可根据寄生部位对虫种做出初步判断。

（1）有轮毛细线虫（*C. annulata*）　寄生于鸡的嗉囊和食道。前端有1个球状角皮膨大。雄虫长15～25mm，有交合刺，雌虫长25～60mm。虫卵大小为（55～60）μm×（26～28）μm。

（2）鸽毛细线虫（*C. columbae*）　寄生于鸽、鸡的小肠。雄虫长8.6～10mm，交合刺长1.2mm，交合刺鞘长达2.5mm，有细横纹，尾部两侧有铲状的交合伞。雌虫长10～12mm。虫卵大小为（48～55）μm×（27～31）μm。

（3）膨尾毛细线虫（*C. caudinflata*）　寄生于鸡、鸽的小肠。雄虫长9～14mm，食道部约占虫体的一半，尾部侧面各有1个大而明晰的伞膜。交合刺呈圆柱状，很细，长1.1～1.58mm。雌虫长14～26mm，食道部约占虫体长的1/3，阴门开口于1个稍为膨隆的突起上。虫卵大小为（41～56）μm×（24～28）μm。

（4）鹅毛细线虫（*C. anseris*）　寄生于家鹅和野鹅小肠的前半部，也见于盲肠。雄虫长10～13.5mm；雌虫长16～26.4mm。虫体的形态与鸽毛细线虫相似。虫卵大小为（48～65）μm×（26～35）μm。

2. 生活史

禽毛细线虫的生活史有直接发育型和间接发育型两种。鸽毛细线虫为直接发育型，有轮毛细线虫和膨尾毛细线虫为间接发育型，需要蚯蚓作为中间宿主。

直接发育型：虫卵随终末宿主粪便排出体外，发育为感染性虫卵，鸽、鸡等吞食了感染性虫卵后，幼虫进入十二指肠黏膜发育，经20～26d，在肠腔内发育为成虫。

间接发育型：虫卵随终末宿主粪便排出体外，被蚯蚓吃入，在其体内有轮毛细线虫经14～28d发育为感染性幼虫，而膨尾毛细线虫需9d发育为感染性幼虫。禽类啄食含感染性幼虫的蚯蚓而感染。有轮毛细线虫的幼虫在嗉囊和食道黏膜内，经19～26d发育为成虫；膨尾毛细线虫的幼虫在小肠黏膜内经22～24d发育为成虫。成虫的寿命为9～10个月。

3. 流行病学

该病在我国各地均有分布。虫卵在外界发育很缓慢，能长期保持活力。膨尾毛细线虫未发育的虫卵较已发育的虫卵更为耐寒。

4. 临诊症状

患禽食欲不振、下痢、贫血、消瘦。严重感染时，雏鸡和成年鸡均可发生死亡。

5. 病理变化

轻度感染时，食道和嗉囊壁出现轻微炎症和增厚。感染严重时，炎症加剧，并出现黏液或脓性分泌物，局部黏膜溶解、坏死或脱落。食道和嗉囊壁出血，黏膜中有大量虫体。

6. 诊断

根据粪便检查发现虫卵或剖检发现虫体即可确诊。

7. 治疗

（1）甲苯咪唑　剂量为70~100mg/kg体重，1次口服。

（2）左旋咪唑　剂量为25mg/kg体重，1次口服。

8. 预防

定期清洁禽舍，粪便堆积发酵，杀灭虫卵；严重的地区应进行预防性驱虫；禽舍应建在通风干燥的地方，以抑制虫卵的发育和中间宿主蚯蚓的孳生。

（十九）鸭鸟蛇线虫病

鸭鸟蛇线虫病是由龙线科鸟蛇属的台湾鸟蛇线虫寄生于鸭的皮下结缔组织引起的寄生虫病。主要侵害雏鸭，严重者可造成死亡，对养鸭业危害较大。

1. 病原体

台湾鸟蛇线虫（*A. Taiwana*），虫体细长，白色，稍透明，角皮光滑，有细横纹。头端钝圆，口周围有角质环、2个头感器和14个头乳突。雄虫长6mm，尾部弯向腹面，有1对交合刺。雌虫长100~240mm。尾部逐渐变细，并弯向腹面，末端有1个小圆锥状突起。充满幼虫的子宫占据了虫体的大部分空间。幼虫纤细，白色，长约0.4mm，幼虫脱离雌虫后，迅速变为披囊幼虫，长0.5mm，尾端尖。

2. 生活史

中介宿主为剑水蚤。

为间接发育型，胎生。成虫在鸭皮下结缔组织中缠绕成团，形成指头大小的结节，结节处皮肤紧张菲薄。雌虫在鸭的皮下组织用头端穿破皮肤，充满幼虫的子宫与表皮一起破溃，流出乳白色液体，其中含有大量的幼虫。幼虫在鸭游泳时进入水中，被中间宿主吞食后，发育为感染性幼虫。当含有感染性幼虫的剑水蚤被鸭吞食后，幼虫进入肠腔，经过移行，最后到达鸭的腮、咽喉部、眼周围和腿部的皮下，逐渐发育为成虫。

3. 流行病学

该病主要分布于南方，主要侵害3~8周龄的雏鸭。在有剑水蚤存在的水域放牧即可感染。本病的流行随饲养雏鸭的时间和季节而不同，一般在气温达26~29℃，水温达25~27℃时，剑水蚤大量繁殖，最有利于本病的流行，发病率也较高。死亡率可达10%~40%。

4. 临诊症状

台湾鸟蛇线虫多寄生于鸭的皮下结缔组织，以下颌、咽喉部皮下结缔组织为多，少数可寄生于腿部。虫体缠绕成团，形成小指至拇指大的结节。逐渐增大的结节，可压迫咽喉部以及邻近的气管、食道、神经和血管，引起呼吸和吞咽困难。寄生于腿部时，结节形成处皮肤紧张，结节外壁菲薄，可引起运动障碍。危及眼时，可引起失明。患鸭采食逐渐减少，消瘦，严重者可导致死亡。

5. 病理变化

尸体消瘦，黏膜苍白，患部呈青紫色。切开患部可流出凝固不全的稀薄血液和白色液体，镜检可发现大量幼虫，早期病变呈白色，在结缔组织的硬结中可见有缠绕成团的虫体。陈旧病变中的结缔组织已渐被吸收，留有黄褐色胶样浸润。

6. 诊断

根据流行季节、临诊症状可以做出初步诊断。切开患部，取结节内的液体镜检，发现虫体即可确诊。

7. 治疗

可用0.5%的高锰酸钾溶液、1%的碘溶液、2%的氯化钠溶液、1%的敌百虫溶液，在结节部位注射1~3mL，以杀死虫体。以上药物疗效较为可靠，用药后10d内结节可逐渐消失。

8. 预防

对病鸭进行早期治疗，将虫体杀死在未成熟阶段，既可阻止病程的发展，又可减少对环境的污染。加强雏鸭管理，在流行季节不到可疑有病原体存在的稻田、池沼、河沟等地放牧。在有病原体存在的场地，撒布石灰，以消灭中间宿主及病原体。

（二十）马副蛔虫病

马副蛔虫病是由蛔科副蛔属的马副蛔虫寄生于马属动物小肠内引起的疾病。是马属动物常见的一种寄生虫病，对幼驹危害很大。

1. 病原体

马副蛔虫（*P. equorum*），是家畜蛔虫中体形最大的。虫体近似圆柱形，两端较细，黄白色。口孔周围有3片唇，其中背唇稍大，唇基部有明显的间唇，每个唇的中前部内侧面有1个横沟，将唇片分为前后2个部分，唇片与体部之间有明显的横沟。雄虫长15~28cm，尾端向腹面弯曲。雌虫长18~37cm，尾部直，阴门开口在体前1/4处的腹面。

虫卵近圆形，90~100μm，呈黄色或黄褐色，壳厚，表面有凹凸不平的蛋白质膜，但颇细致，卵内含1个未分裂的胚胎。

2. 生活史

为直接发育型。虫卵随粪便排出体外，在适宜的外界环境条件下，需10~15d发育为感染性虫卵。马属动物食入后，幼虫逸出钻入肠壁血管，按猪蛔虫体内移行路线移行至小肠，发育为成虫。从感染性虫卵进入马体发育为成虫需

2～2.5个月。

3. 流行病学

马副蛔虫病流行广泛，但以幼驹感染性最强，老年马多为带虫者。感染多发生于秋、冬季，其感染率与感染强度和饲养管理有关。

马副蛔虫卵对外界不利因素抵抗力较强。适宜温度为10～37℃，在39℃时可发生变性而死亡。气温低于10℃，虫卵停止发育，但不死亡，遇适宜条件，仍可继续发育为感染性虫卵。只有5%硫酸溶液、5%氢氧化钠溶液、50℃以上的高温及长期干燥才能有效地杀死虫卵。

4. 临诊症状

本病主要危害幼驹。发病初期为幼虫移行期，出现肠炎症状，持续约3d后，出现支气管肺炎症状（蛔虫性肺炎），表现为咳嗽，短期发热，流浆液性或黏液性鼻液，症状持续1～2周。后期即成虫寄生期，出现肠炎症状，腹泻与便秘交替出现。严重感染时发生肠堵塞或穿孔。幼驹生长发育停滞。

5. 病理变化

病变主要在肝脏和肺脏。当幼虫移行至肝脏时，引起出血、变性和坏死；移行至肺时，肺脏有小出血点和水肿。成虫寄生数量多时可引起肠阻塞，严重时导致肠破裂。

6. 诊断

粪便检查见到特征性虫卵或剖检见到蛔虫可确诊。粪便检查可用直接涂片法或漂浮法。有时粪便中可见自然排出的蛔虫。

7. 治疗

（1）枸橼酸哌哔嗪（驱蛔灵）　剂量为150～200mg/kg体重，1次口服。重症病马减少至100mg/kg体重，连服3～4次，每次间隔5～6d。

（2）噻苯唑　剂量为50～100mg/kg体重，1次口服。

还可用左咪唑、丙氧咪唑、丙硫咪唑等。

8. 预防

定期驱虫。每年进行1～2次，孕马在产前2个月驱虫。加强饲养管理，及时清理粪便并发酵处理。定期对饲槽、饮水器等用具以沸水冲洗消毒，最好饮用自来水或井水。实行分区轮牧或与牛、羊畜群互换轮牧。

（二十一）马尖尾线虫病

马尖尾线虫病是由尖尾科尖尾属的马尖尾线虫寄生于马、骡、驴等的盲肠和结肠内引起的寄生虫病，又称“蛲虫病”。本病为马属动物常见的线虫病，多见于幼驹和老马，特别是在卫生状况恶劣的厩舍中和不做刷拭、个体卫生不良的马匹。

1. 病原体

马尖尾线虫（*O. equi*），雌、雄虫的大小差异甚大。雄虫体形小，呈白色，长9～12mm，宽0.8～1mm，有1根针状交合刺，尾端有外观呈四角形的翼膜。雌虫可长达15cm，尾部细长而尖，可长达体部的3倍以上，未成熟时呈白色，成熟后为灰褐色，阴门开口于体前部1/4附近。

虫卵呈长卵圆形，大小为（90×42）μm，两侧不对称，一端有卵塞。

2. 生活史

雌虫产卵时下行到肛门，将虫体前部伸出肛门外，在肛门周围和会阴部皮肤上产出成堆的虫卵和黄白色胶样物质，雌虫产完虫卵后即死亡。虫卵黏附在皮肤上，经3～5d发育为感染性虫卵。由于卵块的干燥或马的擦痒等动作，卵块脱落污染饲料、饮水或用具，马食入后而感染，幼虫在小肠内从卵壳中逸出，再到达盲肠和结肠，于感染后5个月发育为成虫。

3. 临诊症状

雌虫在肛门周围产卵时分泌的胶样物质有强烈刺激作用，引起肛门剧痒，会阴部发炎，患马常以臀部抵在各种物体上摩擦，以致被毛脱落，皮肤肥厚，尾毛逆立蓬乱，甚至使尾根部形成胼胝，皮肤破溃，引起继发感染及深部组织损伤。发痒可使动物不安，采食不佳，精神萎靡，导致消化障碍，营养不良、消瘦。有的有肠炎症状。

4. 诊断

根据临诊症状怀疑为本病时，可用蘸有50%甘油水溶液的药勺，刮取肛门周围和会阴部的黄色污物，在显微镜下检查，发现蛲虫卵即可确诊。一般粪便检查很难发现虫卵。严重感染时，可在粪便中发现虫体。

5. 治疗

（1）敌百虫　剂量为30～50mg/kg体重，用温水稀释后胃管投服。

（2）噻苯唑　剂量为25～50mg/kg体重，驱幼虫时剂量为100mg/kg体重，用温水稀释后胃管投服。

（3）左咪唑　剂量为8mg/kg体重，用温水稀释后胃管投服。

同时清除肛门周围卵块，用消毒液洗拭肛门周围皮肤，局部用升汞软膏或石炭酸软膏涂擦，能杀灭虫卵和止痒。

6. 预防

应搞好厩舍及马体卫生，粪便堆积发酵处理。发现患马及时驱虫治疗。用具定期用沸水消毒。

（二十二）马圆线虫病

马圆线虫病是由圆线目许多科属的40多种线虫寄生于马属动物的盲肠和

人结肠所引起的一类线虫病。该病感染率高，分布广泛，是马属动物的重要寄生虫病之一。

1. 病原体

马圆线虫种类甚多，根据虫体大小可分为大型圆线虫和小型圆线虫。大型圆线虫包括圆线科圆线属的马圆线虫、无齿圆线虫和普通圆线虫以及一些属于三齿属、盆口属和食道齿属的线虫。小型圆线虫是指毛线科毛线属、杯口属和辐首属等属的线虫。马圆线虫在马体内常混合寄生，且寄生数量很大，造成严重的感染。

（1）马圆线虫（*S. Equinus*）　虫体较大，呈灰红色或红褐色。口缘有发达的内叶冠与外叶冠，口囊发达，在其背侧壁上有一背沟，基部背侧有一大型、尖端分叉的背齿，底部腹侧有2个亚腹侧齿。雄虫长25～35mm，有发达的交合伞。雌虫长38～47mm。虫卵呈椭圆形，卵壳薄，大小为（70～85）μm×（40～47）μm［图5－25（1）］。

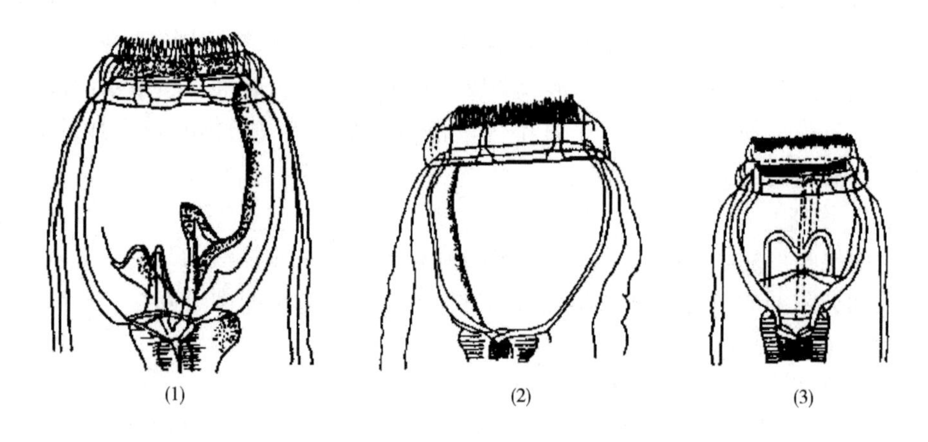

图5－25　马圆线虫头部侧面

（1）马圆线虫　（2）无齿圆线虫　（3）普通圆线虫

（2）无齿圆线虫（*S. edentatus*）　又名无齿阿尔夫线虫（*Alortia edentatus*）。虫体呈深灰或红褐色，形状与马圆线虫极相似，但头部稍大，口囊前宽后狭，口囊内亦具有背沟，但无齿。雄虫长23～28mm。雌虫长33～44mm。虫卵呈椭圆形，大小为（78～88）μm×（48～52）μm［图5－25（2）］。

（3）普通圆线虫（*S. vulgaris*）　又名普通戴拉风线虫（*Delafondia vulgaris*）。虫体比前两种小，呈深灰或血红色。口囊底部有2个耳状的亚背侧齿，外叶冠边缘呈花边状构造。雄虫长14～16mm。雌虫长20～24mm［图5－25（3）］。虫卵呈椭圆形，大小为（83～93）μm×（48～52）μm。

（4）三齿属（*Triodontophorus*）　虫体长9～25mm，口囊呈半球形，口囊

底部有 3 对齿。雄虫交合刺 2 根，细长，其末端有小钩。雌虫阴门距虫体末端很近，虫卵与圆线属的相似。

（5）盆口属（*Craterostomum*）　形态与三齿属相似，但口囊底部无齿。雌虫阴门稍偏前方。

（6）食道齿属（*Oesophagodontus*）　口囊呈杯状，食道漏斗内有 3 个齿，不伸达口囊内。

（7）毛线属（*Trichonema*）（盅口属 *Cyathostomum*）　虫体均较小。雄虫长 4 ~ 17mm，雌虫长 4 ~ 26mm。具有内外叶冠，口囊小而浅，无齿，背沟短小。阴门距肛门甚近。

（8）盂口属（*Poteriostomum*）　与毛线属很相似。但雄虫交合伞的外背肋和背肋自一共同的基部分出，背肋在紧接外背肋处与主干成直角向左右各伸出 2 个分支，背肋主干向下延伸裂为 2 支。雄虫长 9 ~ 14mm，雌虫长 13 ~ 21mm。

（9）辐首属（*Gyalocephalus*）　口囊甚浅，壁厚，无背沟，食道前端膨大，形成一个极为发达的半球形的食道漏斗，内含构造复杂的角质板。最常见的是头似辐首线虫（*G. capitatus*），雄虫长 7 ~ 8.5mm，雌虫长 8.5 ~ 11mm。

（10）杯环属（*Cylicocyclus*）　口囊壁后缘增厚成圆箍形。

（11）杯齿属（*Cylicodontophorus*）　形态与盅口属相似，但内叶冠叶片大而宽，呈板状，外叶冠叶片小而多，口囊短宽、壁厚。雌虫一般尾直。

（12）杯冠属（*Cylicostephanus*）　又称圆冠属。形态与盅口属相似，但内叶冠叶片呈短棒状，外叶冠叶片 8 ~ 18 片，口囊一般长柱状，有时前窄后宽。雌虫一般尾直。

2. 生活史

成虫在大肠内产卵，虫卵随粪便排出体外，在外界适宜的条件下，经 6 ~ 14d 发育为披鞘的第 3 期幼虫（感染性幼虫），附着于植物茎叶或水中，马吞食而感染，幼虫在马肠道内脱去囊鞘后开始移行。不同种线虫所采取的移行途径和发育过程不同。

普通圆线虫：被摄入的第 3 期幼虫进入肠黏膜下，第 8 天后在其中形成第 4 期幼虫。第 4 期幼虫钻入肠黏膜内的动脉管壁，并到达内膜下，开始向肠系膜动脉根部移动。在感染后第 14 天，即可在肠系膜动脉根部发现幼虫，并形成血栓和动脉瘤；第 45 天后，第 4 期幼虫随血流返回结肠和盲肠黏膜下血管，在肠壁中形成结节，并变为第 5 期幼虫，以后再返回肠腔，变为成虫。幼虫发育为成虫需 7 ~ 8 个月。

无齿圆线虫：感染性幼虫进入肠黏膜，沿门静脉到达肝脏，经 11 ~ 18d 后变为第 4 期幼虫，可在肝内生存达 9 周，其后从两层肠系膜间向肠系膜根部移行，并在腹膜层下继续向腹膜下方移行，在此发育 7 ~ 8 个月，继续移行到达肠壁，进入肠腔发育为成虫。幼虫发育为成虫约需 11 个月。

马圆线虫：第 3 期幼虫脱鞘后，钻入盲肠和结肠的黏膜下，之后入浆膜下层，并在该处形成结节。幼虫在结节中 11d 后，蜕皮形成第 4 期幼虫，不久幼虫离开结节，进入腹腔并钻入肝实质，在肝脏停留约 4 个月，在此期间，虫体再次蜕化，变为第 5 期幼虫。以后幼虫离开肝脏，经过胰脏，重返肠腔，在结肠中发育为成虫。幼虫发育为成虫约需 10 个月。

小型圆线虫：发育过程简单，第 3 期幼虫被马摄入后，脱去鞘膜，钻入结肠和盲肠黏膜内，蜷缩成团，形成结节，在其中生长发育为第 5 期幼虫后再返回肠腔发育为成虫。整个发育过程需 6 ~ 12 个月。

3. 流行病学

马属动物的感染主要发生在温暖季节，可发生于放牧的马群，也可发生于舍饲的马匹。尤其是阴雨多雾天气的清晨和傍晚放牧，是马匹最易感染圆线虫的时机。感染性幼虫的抵抗力强，在湿润的马粪中能存活 1 年以上，在青饲料上能保持感染力达 2 年之久，直射阳光下容易死亡。

4. 临诊症状

有成虫寄生引起的肠内型和幼虫移行引起的肠外型 2 种类型。

（1）肠内型　是成虫寄生于肠管引起的。虫体大量寄生时，可呈急性发作，表现为大肠炎和消瘦。开始时食欲不振，易疲倦，异嗜，数星期后出现带恶臭的下痢，腹疼，粪便中有虫体排出，消瘦，浮肿，最后陷于恶病质而死亡。少量寄生时呈慢性经过。食欲减退，下痢，轻度腹痛和贫血，如不治疗，可能逐渐加重。

（2）肠外型　是幼虫移行期所引起的。以普通圆线虫引起的血栓性疝痛最为多见，且最为严重。常在没有任何可被察觉的原因情况下，突然发作，持续时间不等，但经常复发；不发时，表现完全正常。疝痛的程度，轻重不等。轻型者，开始时的表现为：不安，打滚，频频排粪，但脉搏与呼吸正常；数小时后症状自然消失。重型者疼痛剧烈，病畜做犬坐式或四足朝天仰卧，腹围增大，腹壁极度紧张，排粪频繁，粪便为半液状并含血液；病初肠蠕动增强，后期肠音减弱或消失，随之排粪停止，脉搏、呼吸加快，体温升高，多以死亡告终。

无齿圆线虫幼虫则引起腹膜炎、急性毒血症、黄疸和体温升高等。马圆线虫幼虫移行可引起肝、胰脏损伤，表现为全身性软弱无力，营养不良等。

5. 病理变化

病畜消瘦，贫血，有腹水，全身水肿，恶病质。肠管内可见大量虫体吸着于黏膜上，被吸着过的地方可见有小出血点、小齿痕或溃疡。肠壁上有大小不等的白色结节，其中有幼虫。

普通圆线虫幼虫的移行阶段，可在前肠系膜动脉和回盲结肠动脉上形成动脉瘤。动脉瘤呈圆柱形、菱形、椭圆形或其他不规则的形状，大小不等，最大者可达拳头到小儿头大，外层坚硬，管壁增厚，内层常有钙盐沉着，内腔含血栓块，血栓块内包埋着幼虫。

无齿圆线虫幼虫所引起的病变为腹腔内有大量的淡黄或红色腹水，腹膜下可见有许多红黑色斑块状的幼虫结节。

马圆线虫幼虫在肝脏内造成出血性虫道，引起肝细胞损伤，胰脏则由于肉芽组织的侵入而形成纤维性病灶，可见幼虫。

6. 诊断

根据流行病学和临诊症状可做出初步诊断。粪便检查出虫卵或剖检发现虫体即可确诊。一般认为每克粪便中虫卵数在1000个以上时方可确诊。幼虫寄生期可通过剖检确诊。

7. 治疗

肠道内的成虫可用丙硫咪唑、噻苯咪唑和伊维菌素等药物驱虫。对幼虫引起的疾病，特别是马的栓塞性疝痛，除采用一般的疝痛治疗方法外，配合用10%樟脑（每次20~30mL）或苯甲酸钠咖啡因3~5g，以升高血压，促进侧支循环的形成。

8. 预防

及时清理粪便，并进行发酵处理。科学放牧，有条件的可施行轮牧。每年对马群进行至少2次定期预防性驱虫。饲喂低剂量的硫化二苯胺（1~2g）有一定的预防作用。

（二十三）马副丝虫病

马副丝虫病是由丝虫科副丝虫属的多乳突副丝虫寄生于马的皮下和肌间结缔组织引起的寄生虫病。又称为“血汗症”或“皮下丝虫病”。主要特征是在夏季形成皮下结节，结节突然出现，迅速破裂出血，这种出血很像夏天淌出的汗珠，并于出血后自愈。

1. 病原体

多乳突副丝虫（*P. multipapilosa*），为丝状白色线虫。虫体体表密布横纹，从肠起始部水平向前，角皮环纹开始出现不规则的隔断，使环纹呈断断续续的外观，越向前方，隔断越密越宽，致使环纹象一环形的点线或虚线；再向前方，圆形或椭圆形的小点逐步成为一些乳突状的隆起，故称多乳突副丝虫。雄虫长30mm，尾部短，尾端钝圆，泄殖孔前后均有一些乳突，交合刺2根。雌虫长40~60mm，尾端钝圆，肛门靠近末端，阴门开口于前端。卵胎生。虫卵大小为（50~55）μm×（25~30）μm。

2. 生活史

中间宿主：主要为吸血蝇类。

虫体在皮下组织和肌间结缔组织寄生。夏季雌虫移行到皮下，形成水肿和黄豆大的结节，雌虫在产卵时以头部顶破皮肤，引起结节处皮肤破溃和出血。虫卵随出血流到畜体被毛上，在短时间内孵出幼虫；中间宿主吸血时将幼虫吃入，在其体内经 10 ~ 15d 发育为感染性幼虫。这种含感染性幼虫的中间宿主再次叮咬马属动物时，幼虫进入宿主体内，约经 1 年发育为成虫。

3. 临诊症状

在马的鬐甲部、背部及肋部，有时在颈部和腰部形成半圆形结节。结节常突然出现，周围肿胀，被毛竖起。雌虫产卵时，结节破裂，血液似汗滴流出。出血可自清晨开始，至午后或傍晚时不治自愈，第二天又复出血。这种结节和出血每间隔 3 ~ 4 周出现一次，直到天气变冷时为止。至次年天气转暖时，这种现象可再度发生。如此反复，可持续 3 ~ 4 年。

4. 诊断

根据发病季节、血汗等特殊症状可做出诊断，镜检患部血液或挤压结节内容物查到虫卵或幼虫可确诊。

5. 治疗

酒石酸锑钾，1% ~ 2% 溶液 100mL，每隔 1 ~ 2d 静脉注射 1 次。局部可用 1% ~ 2% 石炭酸溶液涂擦，每日 1 ~ 2 次。试用 5% 敌百虫溶液 0.5 ~ 2mL，在病灶周围分点注射，或用 3% 敌百虫溶液涂擦患部。也可试用伊维菌素或海群生。

6. 预防

驱避和杀灭吸血昆虫，可用敌杀死、杀灭菊酯或敌敌畏、敌百虫等喷洒畜舍和畜体。及时治疗病马，消除感染来源。保持畜舍、畜体和运动场清洁，在昆虫活跃季节，尽量选择高燥牧地放牧，避免受到感染。

（二十四）犬、猫蛔虫病

犬、猫蛔虫病是由蛔科弓蛔属和弓首科弓首属的蛔虫寄生于犬、猫的小肠引起的寄生虫病。幼年犬、猫常见，引起幼犬和幼猫发育不良，生长缓慢。

1. 病原体

（1）犬弓首蛔虫（*T. canis*）　弓首科弓首属。头端有 3 片唇，虫体前端两侧有狭而长的颈翼膜。食道与肠管的连接部有小胃。雄虫长 5 ~ 11cm，尾端弯曲，有一小锥突，有尾翼；交合刺不等长。雌虫长 9 ~ 18cm，尾端直，阴门开口于虫体前半部。虫卵呈亚球形，卵壳厚，表面有许多点状凹陷，大小为（68 ~ 85）μm ×（64 ~ 72）μm。

（2）猫弓首蛔虫（*T. cati*）　弓首科弓首属　虫体外形近似于犬弓首蛔虫，颈翼膜前窄后宽，使虫体前端如箭头状。雄虫长3~6cm，尾部有指状突起；雌虫长4~10cm。虫卵大小为（65×70）μm，表面有点状凹陷，与犬弓首蛔虫卵相似。

（3）狮弓首蛔虫（*T. leonina*）　蛔科弓蛔属。虫体头端向背侧弯曲，颈翼两端尖，中间宽，头端呈矛尖形。无小胃。雄虫长3~7cm。雌虫长3~10cm。阴门开口于虫体前1/3与中1/3交界处（图5-26）。虫卵偏卵圆形，大小为（74~86）μm×（49~61）μm，卵壳光滑。

2. 生活史

犬弓首蛔虫虫卵随粪便排出体外，在适宜的外界条件下，发育为感染性虫卵。幼犬吞食后在小肠内孵出幼虫，幼虫进入血液循环经肝脏、肺脏移行，然后经咽返回到小肠，发育为成虫。在宿主体内的发育需4~5周。成年母犬感染后，幼虫随血液到达各组织器官内形成包囊，但不进一步发育。母犬怀孕后，幼虫可经胎盘感染胎儿或产后经母乳感染幼犬。幼犬出生后23~40d小肠内即可有成虫寄生。

猫弓首蛔虫的发育过程与犬弓首蛔虫相似，也可经母乳感染。

狮弓首蛔虫生活史简单，终末宿主吞食了感染性虫卵后，逸出的幼虫钻入肠壁内发育，然后返回到肠腔，经3~4周发育为成虫。

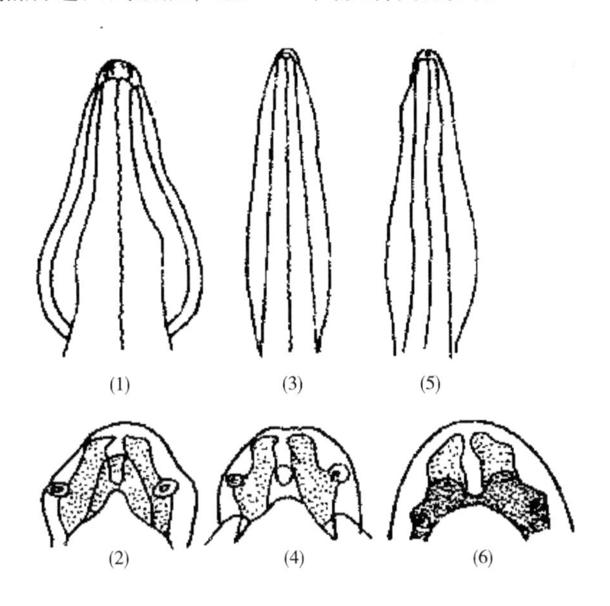

图5-26　肉食动物蛔虫前部及头端

（1）、（2）猫弓首线虫　（3）、（4）犬弓首线虫　（5）（6）狮弓首蛔虫

犬、猫蛔虫的感染性虫卵如被贮藏宿主食入，在其体内形成含第3期幼虫的包囊，犬、猫捕食贮藏宿主即可被感染。

3. 流行病学

本病主要发生于6月龄以下的幼犬，成年犬则很少。其中犬弓首蛔虫最为重要，常引起幼犬死亡。

犬弓首蛔虫的贮藏宿主为啮齿类动物；猫弓首蛔虫的贮藏宿主为蚯蚓、蟑螂、一些鸟类和啮齿类动物；狮弓蛔虫的贮藏宿主多为啮齿类动物、食虫目动物和小的肉食兽。

每条犬弓首蛔虫的雌虫每天随粪便可排出大量虫卵，700个/g粪便；虫卵对外界环境的抵抗力很强，可在土壤中存活数年；怀孕母犬的体组织中隐匿着一些幼虫，可抵抗驱虫药的作用，而成为幼犬的重要感染来源。

4. 临诊症状和病理变化

幼虫移行可引起腹膜炎、败血症、肝炎及蛔虫性肺炎，严重者可见咳嗽、呼吸频率加快和泡沫状鼻漏，多出现在肺脏移行期。严重者可在出生数天内死亡。

成虫寄生于小肠，可引起胃肠功能紊乱，呕吐，腹泻或腹泻便秘交替出现，生长缓慢，被毛粗乱，贫血，神经症状，腹部膨胀，有时可在呕吐物和粪便中见到完整虫体。大量感染时可引起肠阻塞，进而引起肠破裂、腹膜炎。成虫异常移行时可导致胆管阻塞、胆囊炎。

5. 诊断

根据临诊症状、病史调查，结合粪便检查可做出诊断。利用饱和盐水漂浮法检查粪便，发现虫卵可确诊。若粪便中或呕吐物中见到虫体也可确诊。

6. 治疗

常用的驱线虫药均可驱除犬、猫蛔虫。

（1）芬苯哒唑　犬、猫剂量均为50mg/kg体重，1次口服，连喂3d。用药后少数病例可能出现呕吐。

（2）甲苯咪唑　犬的总剂量为22mg/kg体重，分3d喂服。此药常引起呕吐、腹泻或软便，偶尔引起肝功能障碍（有时可致命）。

（3）哌嗪盐　犬、猫的剂量均为40～65mg/kg体重（指含哌嗪的量），口服。

（4）伊维菌素　剂量为0.2～0.3mg/kg体重，皮下注射或口服。有柯利血统的犬禁用。

（5）左咪唑　剂量为10mg/kg体重，1次口服。

（6）双羟萘酸噻嘧啶　剂量为犬5mg/kg体重，喂服。

7. 预防

对犬、猫进行定期驱虫。母犬在怀孕后第 40 天至产后 14d 驱虫，以减少围产期感染。幼犬应在 2 周龄进行首次驱虫，2 周后再次驱虫，2 月龄时进一步给药以驱除出生后感染的虫体；哺乳期母犬应与幼犬一起驱虫。要做好环境、食具、食物的清洁卫生工作，及时清除粪便并无害化处理。阻止犬、猫摄食贮藏宿主。

（二十五）犬、猫钩虫病

犬、猫钩虫病是由钩口科钩口属和弯口属的多种线虫寄生于犬、猫的小肠、主要是十二指肠引起的寄生虫病。引起犬、猫贫血、肠炎和低蛋白血症。

1. 病原体

（1）犬钩口线虫（*A. caninum*）　钩口属。寄生于犬、猫及狐狸体内，偶尔寄生于人体内。虫体呈淡红色，头端向背面弯曲，口囊发达，腹侧口缘上有 3 对排列对称的大齿，深部有 2 对背齿和 1 对侧腹齿。虫体长 10～16mm。虫卵呈椭圆形，无色，大小为 60μm×40μm，内含 8 个卵细胞。

（2）巴西钩口线虫（*A. brazilliense*）　钩口属。寄生于犬、猫及狐狸体内。虫体口囊腹侧口缘上有 1 对大齿、1 对小齿。虫体长 6～10mm。虫卵大小为 80μm×40μm。

（3）狭首弯口线虫（*U. stenocephala*）　弯口属。虫体呈淡黄色，两端稍细，头弯向背面，口囊发达，腹面前缘两侧有 1 对半月状切板，底部有 1 对亚腹侧齿。雄虫长 6～11mm。雌虫长 7～12mm。虫卵和犬钩虫卵相似。

2. 生活史

虫卵随粪便排到体外，在适宜的条件下，经一周时间发育为感染性幼虫。经口感染时，幼虫钻入消化道黏膜进入血液循环；经皮肤侵入时，幼虫钻入外周血管进入血液循环，然后随血流经心脏、肺脏、细支气管、支气管、气管到达口腔，咽下后进入小肠发育为成虫。自感染到发育为成虫需 50d 左右。

狭首弯口线虫主要经口感染，幼虫移行一般不经过肺脏。

3. 临诊症状

幼虫侵入皮肤时可引起皮肤炎症、瘙痒，易继发细菌感染，常发生在趾间和腹下被毛较少处。幼虫移行一般不引起临诊症状，大量幼虫移行至肺时可引起肺炎。

成虫吸着于小肠黏膜上吸血，且不断变换吸血部位，同时分泌抗凝素，延长凝血时间，造成大量失血。表现为贫血、倦怠、呼吸困难。哺乳期幼犬更为严重，常伴有血性或黏液性腹泻，粪便呈黑色油状。血液检查可见白细胞总数增多，嗜酸性白细胞比例增大，血色素下降。

4. 病理变化

剖检可见黏膜苍白，血液稀薄，小肠黏膜肿胀、出血，肠内容物混有血液，小肠内可见有许多虫体。

5. 诊断

根据流行病学、临诊症状，结合粪便检查发现虫卵、幼虫或小肠内见到虫体即可确诊。可用贝尔曼氏幼虫分离法分离犬、猫栖息地土壤或垫草内的幼虫。

6. 治疗

常用的驱线虫药均可用于犬猫钩虫病的治疗，可参照犬猫蛔虫病。

7. 预防

定期驱虫。保持犬、猫舍清洁，干燥通风。及时清除粪便，并进行堆积发酵处理。定期用硼酸盐或酒精喷灯处理犬、猫经常接触的地方，以便杀死幼虫。保护怀孕和哺乳动物，使其不接触幼虫。可利用日光直射、干燥或加热等方法杀死外界环境中的幼虫。

（二十六）犬恶丝虫病

犬恶丝虫病是由双瓣科恶丝虫属的犬恶丝虫寄生于犬的右心室及肺动脉引起的寄生虫病，又称“犬心丝虫病”。病犬主要表现循环障碍、呼吸困难及贫血等症状。本病多发于2岁以上的犬。

1. 病原体

犬恶丝虫（*D. immitis*），虫体细长白色，雄虫长12～16cm，尾部短而钝圆，有窄的尾翼，有5对泄殖腔前乳突，6对泄殖腔后乳突。有2根不等长的交合刺，左侧的长，末端尖；右侧的短，相当于左侧的1/2长，末端钝圆。整个尾部呈螺旋形弯曲。雌虫长25～30cm，尾部直。阴门开口于食道后端处。

2. 生活史

中间宿主：蚊子。

为间接发育型。胎生。成虫寄生于犬右心室和肺动脉，所产微丝蚴随血液循环到全身。当蚊子吸血时摄入微丝蚴，微丝蚴在其体内约经2周发育为感染性幼虫；当蚊子再次吸血时，将感染性幼虫注入犬的体内，幼虫由皮下淋巴或血液循环到心脏及大血管内。从侵入犬体内到血液中再次出现微丝蚴需要6个月。成虫可在体内存活数年。本病的发生与蚊子的活动季节相一致。

3. 临诊症状

轻度感染时，一般不表现临诊症状；重度感染时，犬主要表现为咳嗽，呼吸困难，运动后尤为显著；心悸，脉细而弱，心内有杂音；腹围增大，末期贫血明显，逐渐消瘦衰竭至死。常伴发有结节性皮肤病，以瘙痒和倾向破溃的多发性灶状结节为特征，皮肤结节是血管中心的化脓性肉芽肿，在肉芽肿周围的血管内常见有微丝蚴。

4. 病理变化

病犬发生慢性心内膜炎，心脏肥大及右心室扩张，严重时因静脉淤血导致腹水和肝肿大等病变。

5. 诊断

根据临诊症状、结合在外周血液中检查出微丝蚴即可确诊。有条件的可进行血清学诊断，ELISA 试剂盒已经用于临诊诊断。

用全血涂片在显微镜下检查犬恶丝虫微丝蚴时，应注意与隐匿双瓣线虫微丝蚴鉴别诊断，前者一般长于 300μm，尾端尖而直，后者多短于 300μm，尾端钝并呈钩状。

6. 治疗

对于心脏功能障碍的病犬应先给予对症治疗，然后分别针对成虫和微丝蚴进行治疗，同时对病犬进行严格的监护，因犬恶丝虫寄生部位特殊，故药物驱虫具有一定的危险性。

（1）驱除成虫

①硫乙砷胺钠：剂量为 0.22mL/kg 体重，静脉注射，每日 2 次，连用 2d。注射时严防药物漏出静脉。该药对患严重心丝虫病的狗较危险，可引起肝中毒和肾中毒。

②酒石酸锑钾：剂量为 2～4mg/kg 体重，溶于生理盐水，静脉注射，每日 1 次，连用 3d。

③菲拉松：剂量为牛 1.0mg/kg 体重，每日 3 次，连用 10d。

（2）驱除微丝蚴

①碘化噻唑氰胺：剂量为 6.6～11.0mg/kg 体重，连用 7d。如果微丝蚴检查仍为阳性，则可增大剂量到 13.2～15.4mg/kg 体重，直至微丝蚴检查阴性。

②左咪唑：剂量为 11.0mg/kg 体重，每日 1 次，连用 6～12d。治疗后第 6 天开始检查血液，当血液中微丝蚴转为阴性时停止用药。治疗超过 15d 有中毒的危险。不能和有机磷酸盐或氨基甲酸酯合用。也不能用于患有肝、肾病的犬。

7. 预防

预防本病主要是搞好环境及犬体卫生，夏季要扑灭吸血昆虫，防止吸血昆虫（蚊、蚤等）蚊虫的叮咬。

在本病流行的季节可以采用药物预防，常用的药物有以下几种：

（1）海群生　剂量为 6.6mg/kg 体重，在蚊虫活动季节开始到蚊虫活动季节结束后 2 个月内用药。在蚊虫常年活动的地方要全年给药。已患病犬禁用。

（2）苯乙烯吡啶海群生合剂　剂量为 6.6mg/kg 体重，每日 1 次，连续应用可起到预防效果。

（3）硫乙砷胺钠　剂量为0.22mL/kg体重，每日2次，连用2d。间隔6个月重复用药1次。对于某些不能耐受海群生的犬，可用该药进行预防，一年用药2次，可在临诊症状出现前把心脏内虫体驱除。

（4）伊维菌素　低剂量至少使用1个月可以达到有效的预防作用。

项目思考

一、名词解释

卵生　卵胎生　胎生　蜕皮　感染性虫卵　感染性幼虫

二、选择题

1. 猪蛔虫是（　　）。

A. 生物源性线虫　B. 土源性线虫

C. 人畜共患性线虫　D. 多宿主寄生虫

2. 猪蛔虫体内移行主要侵害的脏器是（　　）。

A. 肝、肺　B. 心、肝

C. 肝、脾　D. 脾、肺

3. 野猪后圆线虫的中间宿主为（　　）。

A. 蚯蚓　B. 地螨

C. 扁卷螺　D. 鱼虾

4. 胎生网尾线虫的繁殖方式为（　　）。

A. 胎生　B. 卵生

C. 卵胎生　D. 二分裂生殖

5. 猪食道口线虫寄生于（　　）部位。

A. 盲肠　B. 直肠

C. 结肠　D. 回肠

三、判断题

1. 旋毛虫成虫与幼虫寄生于同一宿主，宿主被感染时，先为中间宿主，后变为终末宿主。（　　）

2. 鸡蛔虫在鸡体内要经过猪蛔虫移行路线，到达小肠发育为成虫。（　　）

3. 猪蛔虫的感染途径是经皮肤感染。（　　）

4. 毛尾线虫又称鞭虫，寄生于宿主的小肠内。（　　）

5. 鸡异刺线虫可作为组织滴虫的携带者，两者常混合感染。（　　）

四、填空题

1. 线虫的发育过程经（　　　　）次蜕化（　　　　）期幼虫。

2. 线虫的繁殖方式有（　　　　）、（　　　　）和（　　　　）3 种类型。

3. 线虫雌雄异体，生殖系统均为乳白色管状，其中雄性生殖系统多为（　　　　）型，雌性生殖系统多为（　　　　）型。

4. 旋毛虫的幼虫寄生于宿主的（　　　　），又称（　　　　）；成虫寄生于宿主的（　　　　），又称（　　　　）。

5. 反刍动物的捻转血矛线虫又称（　　　　），寄生部位是（　　　　）；仰口线虫又称（　　　　），寄生部位是（　　　　）；毛首线虫的虫卵呈（　　　　）形，寄生于（　　　　）部位。

五、简答题

1. 简述猪旋毛虫的生活史及防治措施。
2. 简述猪蛔虫的生活史及其广泛流行于猪场的原因。
3. 简述猪后圆线虫病的流行特点和临诊症状。
4. 简述反刍动物消化道线虫鉴别要点、发育过程及预防措施。
5. 了解当地主要流行的线虫病，并对其制定相应的综合防治措施。

项目六　棘头虫病的防治

知识目标

掌握棘头虫的生活史、猪棘头虫病和鸭棘头虫病的发病特点及防治措施；了解常见棘头虫的形态结构。

技能目标

能识别棘头虫；具备诊断和防治常见棘头虫病的能力。

必备知识

一、棘头虫概述

棘头虫病是由棘头动物门的原棘头虫纲寄生虫寄生于动物肠道内所引起的一种寄生虫病。

（一）棘头虫的形态构造

棘头虫一般呈椭圆形、纺锤形或圆柱形等不同形态。大小为 1～65cm，多数在 25cm 左右。虫体弯曲，一般可分为细短的前体和较粗长的躯干两部分。前端为一个与身体成嵌套结构的可伸缩的吻突，其上排列有许多角质的倒钩或棘，故称为棘头虫。颈部较短，无钩或棘。躯干的前部比较宽，后部较细长。体表常有环纹，有的种有小刺，有假分节现象。体表常由于吸收宿主的营养，特别是脂类物质而呈现红、橙、褐、黄色或乳白色。

（二）棘头虫的生活史

棘头虫为雌雄异体，雌、雄虫交配受精。成熟的虫卵由雌虫阴门排出体外，其内含有幼虫，称棘头蚴。棘头虫的发育需要中间宿主，其中间宿主为无脊椎动物。排到自然界的虫卵被中间宿主（甲壳类动物和昆虫）吞咽后，在肠内孵化，其后幼虫钻出肠壁，固着于体腔内发育，先变为棘头体，而后变为感染性幼虫－棘头囊。终末宿主因摄食含有棘头囊的中间宿主而感染。有的棘头虫可能有贮藏宿主（蛙、蛇或蜥蜴）等脊椎动物。

二、动物棘头虫病的防治

（一）猪棘头虫病

猪棘头虫病是由棘头动物门少棘科巨棘吻棘头属的蛭形巨吻棘头虫寄生于猪小肠内引起的疾病。主要特征为下痢、粪便带血、腹痛。

1. 病原体

蛭形巨吻棘头虫（*M. hirudinaceus*），虫体呈长圆柱形，乳白色或淡红色，前部较粗，向后逐渐变细，体表有明显的环状皱纹。头端有一个可伸缩的吻突，吻不弯曲，吻突上有 5～6 列强大向后弯曲的小钩，每列 6 个。雌雄虫体差异很大，雄虫长 7～15cm，呈长逗点状；雌虫长 30～68cm。

虫卵长椭圆形，深褐色，两端稍尖，卵内含有的幼虫称棘头蚴，虫卵大小平均为（89～100）μm×（42～56）μm。

2. 生活史

中间宿主：金龟子及其他甲虫。

终末宿主：主要是猪，也可寄生于野猪、猫和犬，偶见于人。

雌虫在猪小肠内产生虫卵，每天排卵可达25000 个以上，并且能持续10 个月。虫卵随着粪便排出体外，被中间宿主——金龟子等甲虫吞食，在其体内发育为棘头体，进一步发育为具有感染能力的棘头囊。当甲虫化蛹并变为成虫时，棘头囊停留在其体内，一直保持感染力。猪吞食含有棘头囊的甲虫任一阶段，均可造成感染。棘头囊在猪的消化道内脱囊，以吻突固定于肠壁上，经 3～4 个月发育为成虫。在猪体内的寿命为 10～24 个月（图 6－1）。

3. 流行病学

本病呈地方流行性，主要感染 8～10 月龄猪，流行严重地区感染率可达 60%～80%。虫卵对外界环境的抵抗力很强，在高温、低温及干燥或潮湿的气候下均可长时间存活。

感染季节与金龟子活动季节是一致的。金龟子一般出现在早春至六七月，

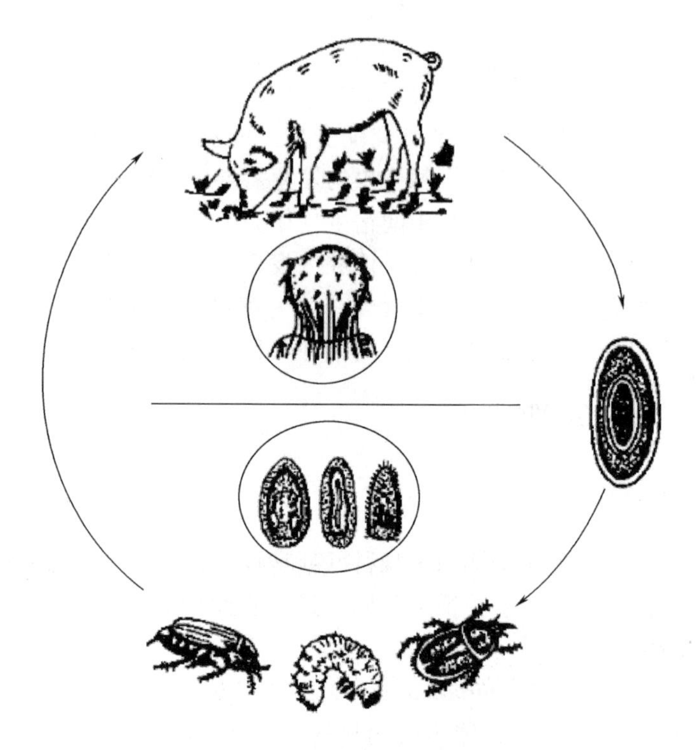

图 6－1　蛭形巨吻棘头虫生活史

因此，每年春夏为猪棘头虫病的感染季节。放牧猪比舍饲猪感染率高，后备猪比仔猪感染率高。

人感染猪巨吻棘头虫与人们生活习惯有关。在流行地区儿童有烧吃、炒吃甚至生吃天牛、金龟子习惯，所以患者以学龄前儿童和青少年为主。

4. 临诊症状

棘头虫的吻突固着于肠壁上，造成肠壁损伤、发炎和坏死。临诊可见患猪食欲减退，下痢，粪便带血，腹痛。若虫体固着部位发生脓肿或肠壁穿孔时，症状更为严重，表现体温升高，腹痛，食欲废绝，卧地，多以死亡而告终。一般感染时，多因虫体吸收大量营养再加上虫体排泄的毒性物质作用，使患猪贫血、消瘦，发育迟缓。

5. 病理变化

剖检时，病变集中在小肠。在空肠和回肠的浆膜面可见灰黄色或暗红色的小结节。肠黏膜发炎，肠壁增厚，有溃疡灶。肠腔内可见虫体。严重感染时可能出现肠壁穿孔，引起腹膜炎。

6. 诊断

根据流行病学资料、临诊症状和粪便中检出虫卵即可确诊。

7. 治疗

(1) 左旋咪唑 剂量为10mg/kg体重，1次口服；或4~6mg/kg体重，肌肉注射，每天1次，连续2d。

(2) 噻咪唑（驱虫净） 剂量为20mg/kg体重，1次口服。

(3) 丙硫咪唑 剂量为5mg/kg体重，混入饲料或配成悬液口服，每天1次，连续2d。

8. 预防

定期驱虫，每年春秋各1次，以消灭感染源；对粪便进行生物热处理，切断感染途径；在甲虫活动季节，要改放牧为舍饲，消灭环境中的金龟子。

（二）鸭棘头虫病

鸭棘头虫病是由多形科多形属和细颈科细颈属的寄生虫主要寄生于鸭小肠内引起的寄生虫病。主要特征为肠炎、血便。

1. 病原体

病原体主要有4种。

(1) 大多形棘头虫（*P. magnus*） 寄生于鸭和野鸭的小肠。虫体前端大，后端狭细，呈纺锤形。吻突小，呈圆柱形。雄虫长9.2~11mm，睾丸卵圆形，斜列，位于吻囊后方。交合伞呈钟形，内有小的阴茎（图6-2）。雌虫长12.4~14.7mm。虫卵呈长纺锤形，大小为（113~129）μm×（17~22）μm。

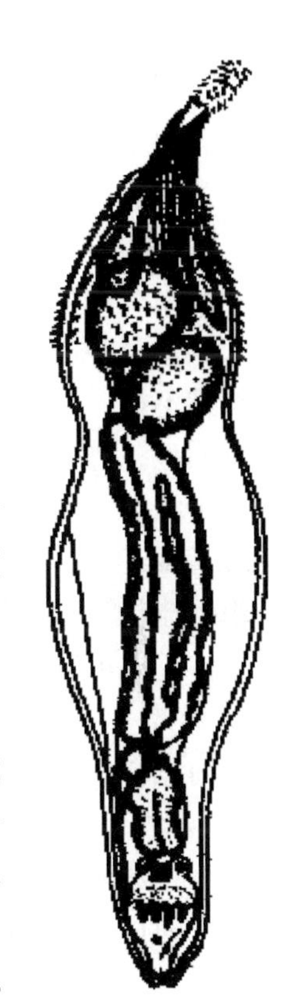

图6-2 大多形棘头虫（雄虫）

(2) 小多形棘头虫（*P. minutus*） 寄生于鸭小肠。虫体较小，纺锤形。雄虫长为3mm，雌虫长10mm。吻部卵圆形，吻囊发达。雄虫睾丸为球形，斜列，位于吻囊后方。虫卵细长，大小（107~111）μm×18μm，具有3层卵膜。

(3) 腊肠状多形棘头虫（*P. botulus*） 寄生于鸭小肠。虫体圆柱形，吻突卵圆形。雄虫长13.0~14.6mm，雌虫长15.4~16.0mm。虫卵长椭圆形，大小（71~83）μm×30μm，有3层同心圆的外壳。

(4) 鸭细颈棘头虫（*F. anatis*） 寄生于鸭等水禽的小肠。呈纺锤形，前部有小刺，吻突上吻钩细小，体壁薄而呈膜状。雌、雄虫大小差异很大。雄虫体小，虫体白色，体长6~8mm，吻突呈椭圆形。雌虫为黄白色，长20~26mm，吻突呈球形，虫卵卵圆形，大小（75~84）μm×（27~31）μm。

2. 生活史

中间宿主：大多形棘头虫为甲壳纲、端足目的湖沼钩虾；小多形棘头虫为蚤形钩虾、河虾和罗氏钩虾；腊肠状多形棘头虫为岸蟹；鸭细颈棘头虫为等足目的栉水虱。

终末宿主：主要是鸭，鹅较少见。

雌虫在小肠内产卵，虫卵随粪便排出体外，被中间宿主吞食后，约经2个月发育为具有感染性的棘头囊，鸭吞食含有棘头囊的中间宿主而感染，棘头囊在其小肠内约经1个月发育为成虫。

3. 流行病学

本病主要发生于鸭，尤其是1月龄以上的幼鸭。鹅较少见，幼鸭发生大量感染后常引起死亡。临诊上以麻鸭较为多见，肉鸭很少发生。常发生于春夏季节，部分感染性幼虫可在钩虾体内越冬。不同种鸭棘头虫的地理分布不同，多为地方流行性。

4. 临诊症状和病理变化

棘头虫以吻突牢固地附着在肠黏膜上，引起卡他性肠炎；有时吻突深入黏膜下层，甚至穿透肠壁，造成出血、溃疡，严重者可穿孔。患病鸭生长发育不良，精神不振，口渴，食欲减退，消瘦，下痢，常排出带有血黏液的粪便。雏鸭表现明显，严重感染者可引起死亡。剖检可见肠壁浆膜面上有肉芽组织增生形成的小结节，黏膜面上可见虫体和不同程度的创伤。

5. 诊断

根据流行病学、临诊症状、采用沉淀法进行粪便检查发现虫卵或死后剖检发现虫体，即可确诊。

6. 治疗

目前无特效驱虫药，可用四氯化碳，按0.5mL/kg体重，灌服。

7. 预防

对流行地区的鸭进行预防性驱虫；雏鸭与成年鸭分开饲养；选择未受污染或没有中间宿主的水域进行放牧；加强饲养管理，饲喂全价饲料，增强机体的抗病力。

项目思考

一、名词解释

棘头虫　棘头蚴

二、选择题

1. 蛭形巨吻棘头虫的中间宿主为（　　）。

A. 河虾　　B. 金龟子

C. 淡水鱼　　D. 岸蟹

2. 蛭形巨吻棘头虫寄生于（　　）。

A. 胃　　B. 小肠

C. 盲肠　　D. 结肠

三、判断题

1. 腊肠状棘头虫以蚤形钩虾、河虾和罗氏钩虾为中间宿主。（　　）

2. 鸭吞食含有棘头囊的中间宿主而感染，棘头囊在其小肠内发育为成虫。（　　）

3. 蛭形巨吻棘头虫只感染猪，而不感染其他动物。（　　）

4. 鸭棘头虫病主要发生于1月龄以上的幼鸭。（　　）

四、填空题

1. 棘头虫发育史包括虫卵、棘头蚴、（　　）、（　　）和成虫等阶段。

2. 鸭棘头虫病的病原体主要有（　　）、（　　）、（　　）和（　　）。

五、简答题

1. 简述蛭形巨吻棘头虫的形态特征和生活史。

2. 叙述蛭形巨吻棘头虫病的临诊症状和病理变化及防治措施。

3. 简述鸭棘头虫病的生活史及防治措施。

项目七　蜱螨与昆虫病的防治

知识目标

掌握蜱螨与昆虫纲动物的形态结构、生活史以及动物主要蜱螨病及常见昆虫病的诊断要点与防治措施；了解蜱螨与昆虫纲的分类、发育类型及特点。

技能目标

能识别蜱螨与常见昆虫病的病原体的主要特征；具备正确诊断和防治蜱螨与常见昆虫病的能力。

必备知识

一、蜱螨与昆虫概述

在节肢动物门中，与兽医学有关的主要有蛛形纲的蜱螨目和昆虫纲的双翅目、虱目和蚤目的某些种。它们寄生于动物的体表或体内，既可以作为动物的病原体，有时又可作为某些寄生虫病或传染病的传播者，所以直接或间接危害动物和人类的健康。

（一）节肢动物的形态特征

节肢动物虫体为雌雄异体，左右对称，躯体和附肢（如足、触角、触须等）分节，并且为对称结构；体表由几丁质（高分子含氮多糖）及其他无机盐沉着而成，称为外骨骼，具有保护内部器官及防止水分蒸发的功能，与内壁所附着的肌肉共同完成动作。在发育过程中都有蜕皮和变态现象。

1. 蛛形纲

虫体呈圆形或椭圆形，分为头胸部和腹部两部分或头、胸、腹部完全融合。无翅，无触角，有螯肢和须肢。假头突出在躯体前部或位于前端腹面，由口器和假头基组成，口器由1对螯肢、1对须肢、1个口下板组成。成虫有4对足。有的有单眼。体表有几丁质硬化而形成的板。以气门或书肺呼吸。小的虫体长仅0.1mm，大的可达1cm以上。

2. 昆虫纲

虫体明显分为头、胸、腹3部分。头部有1对触角，胸部有3对足，腹部无附肢。

（1）头部　有眼、触角和口器。头部有复眼1对或有单眼，为主要视觉器官。触角由许多节组成，着生于头部前面两侧。口器是摄食器官，由于昆虫的采食方式不同，其口器的形态和构造也不相同，主要有咀嚼式、刺吸式、刮舐式、舐吸式及刮吸式5种。

（2）胸部　由前胸、中胸和后胸3节组成，各胸节的腹面均有1对足，分别称前足、中足和后足。多数昆虫的中胸和后胸的背侧各有1对翅，分别称前翅和后翅。双翅目昆虫仅有前翅，后翅退化，仅有栉状突出，称平衡棒。有些昆虫翅完全退化，如虱、蚤等。

（3）腹部　由8节组成，但有些昆虫的腹节相互愈合，通常只有5~6节，如蝇类。腹部最后几节变为雌雄外生殖器。

（二）节肢动物的生活史

节肢动物一般由雌虫、雄虫交配后产生后代，均为卵生，极少数为卵胎生。从卵发育到成虫的整个发育过程中，其形态结构、生理特征和生活习性等方面均产生一系列不同程度的变化，这种变化称为变态。其变态可分为完全变态和不完全变态两种。

（1）完全变态（全变态）　在发育过程中经卵、幼虫、蛹和成虫4个阶段，即卵孵化出幼虫，幼虫生长完成后，要经过一个不动不食的蛹期，才能变为有翅的成虫，这几个时期在形态和生活习性上各不相同，如蚊、蝇等。

（2）不完全变态（半变态）　在发育过程中经卵、幼虫、若虫和成虫4个阶段，无蛹期。即从卵孵化出幼虫，幼虫经若干次蜕皮变为若虫，若虫再经过蜕皮变为成虫。其幼虫期、若虫期及成虫期在形态和生活习性方面基本相似，如蜱、螨和虱等。

（三）节肢动物的分类

节肢动物属于节肢动物门（Arthropoda），分类较为复杂，与兽医关系密切的为蛛形纲的蜱螨目和昆虫纲的双翅目、虱目和蚤目，分类如下。

1. 蛛形纲 （Arachnida）

蜱螨目（Acarina）

①后气门亚目（Metastigmata）（蜱亚目 Ixodides）：

a. 硬蜱科（Ixodidae）。

硬蜱属（*Ixodes*）

璃眼蜱属（*Hyalomma*）

革蜱属（*Dermacentor*）

血蜱属（*Haemaphysalis*）

扇头蜱属（*Rhipicephalus*）

牛蜱属（*Boophilus*）

花蜱属（*Ambylomma*）

b. 软蜱科（Argasidae）。

锐缘蜱属（*Argas*）

钝缘蜱属（*Ornithodoros*）

②无气门亚目（Astigmata）（疥螨亚目 Sarcoptiformes）：

a. 疥螨科（Sarcoptidae）。

疥螨属（*Sarcoptes*）

背肛螨属（*Notoedres*）

膝螨属（*Knemidocoptes*）

b. 痒螨科（Psoroptidae）。

痒螨属（*Psoroptes*）

足螨属（*Chorioptes*）

耳痒螨属（*Otodectes*）

c. 肉食螨科（Cheletidae）。

羽管螨属（*Syringophilus*）

③中（气）门亚目（Mesotigamata）：

a. 皮刺螨科（Dermanyssidae）。

皮刺螨属（*Dermanyssus*）

禽刺螨属（*Ornithonyssus*）

b. 鼻刺螨科（Rhinonyssidae）。

新刺螨属（*Neonyssus*）

鼻刺螨属（*Rhinonyssus*）

④前气门亚目（Prostigmata）（恙螨亚目 Trombidiformes）：

a. 蠕形螨科（Demodicidae）。

蠕形螨属（*Demodex*）

b. 恙螨科（Trombiculidae）。

恙螨属（*Trombicula*）

真棒属（*Euschongastia*）

新棒螨属（*Neoschongastia*）

c. 跗线螨科（Tarsonemidae）。

2. 昆虫纲 （Insecta）

（1）双翅目（Diptera）

①蚊科（Culicidae）：

按蚊属（Anophele）

库蚊属（*Culex*）

阿蚊属（*Armigeres*）

伊蚊属（*Aedes*）

②蠓科（Ceratopogonidae）：

拉蠓属（*Lasiohelea*）

库蠓属（*Culicoides*）

勒蠓属（*Leptoconops*）

③毛蠓科（Psychodidae）：

白蛉属（*Phlebobotomus*）

④蚋科（Simuliidae）：

原蚋属（*Prosimulium*）

蚋属（*Simulium*）

真蚋属（*Eusimulium*）

维蚋属（*Withelmia*）

⑤虻科（Tabanidae）：

斑虻属（*Chrysops*）

麻虻属（*Chrysozona*）

虻属（*Tabanus*）

⑥狂蝇科（Oestridae）：

喉蝇属（*Cephalopina*）

狂蝇属（*Oestrus*）

鼻狂蝇属（*Rhinoestrus*）

⑦胃蝇科（Gasterophilidae）：

胃蝇属（*Gasterophilus*）

⑧皮蝇科（Hypodermatidae）：

皮蝇属（*Hypoderma*）

⑨蝇科（Muscidae）：

螫蝇属（*Stomoxys*）

角蝇属（*melophagus*）

⑩麻蝇科（Sarcophagidae）：

污蝇属（*Wohlfahrtia*）

⑪虱蝇科（Hippoboscidae）：

虱蝇属（*Hippobosca*）

蜱蝇属（*Melophagus*）

⑫丽蝇科（Calliphoridae）：

依蝇属（*Idiella*）

绿蝇属（*Lucilia*）

丽蝇属（*Calliphora*）

（2）虱目（Anoplura）

①血虱亚目（Anoplura）：

a. 颚虱科（Linognathidae）。

颚虱属（*Linognathus*）

管蝇属（*Solenopotes*）

b. 血虱科（Haematopinidae）。

血虱属（*Haematopinus*）

c. 虱科（Pediculidae）。

②食毛亚目（Mallophaga）

a. 毛虱科（Trichodectidae）：

毛虱属（*Trichodectes*）

猫毛虱属（*Felicola*）

牛毛虱属（*Bovicola*）

b. 短角羽虱科（Menoponidae）：

鸭虱属（*Trinoton*）

体虱属（*Menacanthus*）

鸡虱属（*Menopon*）

c. 长角羽虱科（Philopteridae）：

啮羽虱属（*Esthiopterum*）

鹅鸭虱属（*Anatoecus*）

长羽虱属（*Lipeurus*）

圆羽虱属（*Goniocotes*）

角羽虱属（*Goniodes*）

（3）蚤目（Siphonaptera）

①蠕形蚤科（Vermipsyllidae）：

蠕形蚤属（*Vermipsylla*）

羚蚤属（*Dorcadia*）

②蚤科（Pulicidae）：

蚤属（*Pulex*）

栉首蚤属（*Ctenocephalides*）

二、蜱的防治

蜱分硬蜱和软蜱，皆营寄生生活，是多种人兽共患病病原体的传播媒介和贮藏宿主，是对动物危害较大的体外吸血寄生虫。

（一）硬蜱

硬蜱是指硬蜱科的各属蜱，俗称壁虱、扁虱、草爬子、狗豆子等，多数寄生于哺乳动物的体表，损伤皮肤和吸血，此外还是多种传染病和寄生虫病的传播者。硬蜱分布广泛，种类繁多，我国已发现硬蜱104种。与兽医关系密切的有硬蜱属、璃眼蜱属、革蜱属、血蜱属、扇头蜱属、牛蜱属、花蜱属等7个属。

1. 病原体

硬蜱呈红褐色或灰褐色，卵圆形，背腹扁平，背面有几丁质的盾板，眼1对或缺，气门板1对；虫体芝麻至米粒大小，雌虫吸饱血后可膨胀达到蓖麻籽大小，头、胸、腹融合，不易分辨。虫体分假头与躯体两部分（图7－1）。

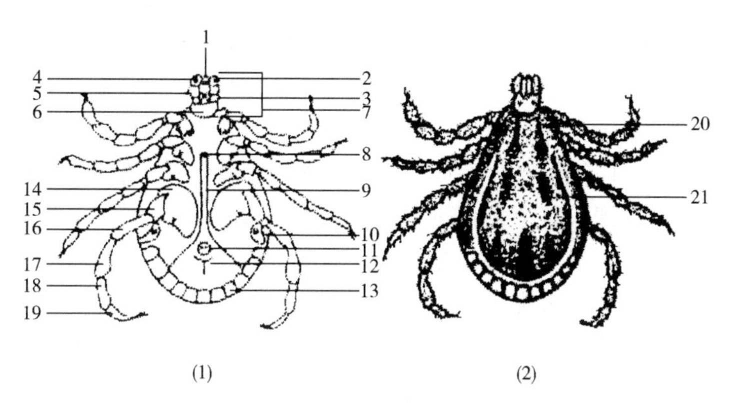

图7－1　硬蜱（雄性）

（1）腹面　（2）背面

1—口下板　2—须肢第4节　3—须肢第1节　4—须肢第3节　5—须肢第2节　6—假头基　7—假头　8—生殖孔　9—生殖沟　10—气门板　11—肛门　12—肛沟　13—缘垛　14—基节　15—转节　16—股节　17—胫节　18—前附节　19—附节　20—颈沟　21—侧沟

假头：位于躯体前端，由假头基和口器组成，口器由1对须肢、1对螯肢和1个口下板组成。假头基呈矩形、六角形、三角形或梯形。须肢位于假头基前方两侧，分四节。螯肢位于两须肢中间，从背面可看到，是切割宿主皮肤的器官。口下板位于螯肢的腹面，与螯肢合拢为口腔。在腹面有呈纵列的逆齿，在吸血时有穿刺与附着的作用。

躯体：由盾板、缘垛、眼、足、生殖孔、气门板、肛沟、腹板等组成。

雄虫盾板几乎覆盖整个背面，雌虫盾板仅覆盖背面的前方。盾板上有点窝状刻点。多数硬蜱在盾板或躯体后缘具有方块形的缘垛，通常有11块。有些属有1对眼位于盾板的侧缘。躯体腹面有足、生殖孔、肛门、气门和几丁质板等。腹面两侧有4对足，每足由6节组成，从体侧向外依次为基节、转节、股节、胫节、后跗节和跗节。基节固定于腹面，不能活动，其上着生距。第1对足附节接近端部的背缘有哈氏器，为嗅觉器官，可作为鉴别蜱种的依据。生殖孔位于前部或靠中部正中，其前方及两侧有1对向后延伸的生殖沟。肛门位于后部正中，通常有肛沟围绕肛门的前方或后方。1对气门板位于第4对足基节的后外侧，其形状因种类而异。雄虫腹面的几丁质板数目因蜱属不同而异。腹板有7块。

幼蜱和若蜱的形态与成蜱相似，其不同点为：幼蜱有3对足，无气门板，无生殖孔和孔区，盾板只覆盖于背前部，其上无花斑。若蜱有4对足，有气门板，无生殖孔和孔区，盾板只覆盖于背前部，其上无花斑。

2. 生活史

硬蜱的发育过程包括卵、幼蜱、若蜱及成蜱四个阶段，为不完全变态。

雌、雄蜱在动物体表进行交配，交配后吸饱血的雌蜱离开宿主落地，爬到缝隙内或土块下静伏不动，一般经过4~9d待血液消化及卵发育后开始产卵，产卵期为20~30d。虫卵呈卵圆形，黄褐色，胶着成团，经2~4周孵出幼蜱。幼蜱侵袭宿主吸血，经过2~6d吸饱血后，经过蜕皮变为若蜱，若蜱再经2~8d吸饱血后变为成蜱，成蜱需6~20d吸饱血。硬蜱生活史的长短主要受环境温度和湿度影响，1个生活周期为3~12个月，环境条件不利时出现滞育现象，生活周期延长。在硬蜱整个发育过程中，需要经2次蜕皮和3个吸血期，根据硬蜱在吸血时是否更换宿主将其分为以下3种类型。

（1）一宿主蜱　2次蜕皮和3个吸血期均在1个宿主体完成，即幼蜱侵袭宿主后，在该宿主体内发育蜕皮变为若蜱，若蜱再发育蜕皮变为成蜱，成蜱吸饱血后才离开宿主落地产卵。如微小牛蜱。

（2）二宿主蜱　其整个发育需要2个宿主体完成，即幼蜱在第1个宿主体吸血并蜕皮变为若蜱，若蜱吸饱血后落地蜕皮变为成蜱，成蜱再侵袭第2个宿主吸血。如残缘璃眼蜱、囊形扇头蜱。

（3）三宿主蜱 2次蜕皮在地面上完成，而3个吸血期需更换3个宿主，即幼蜱在第1个宿主体吸饱血后，落地蜕皮变为若蜱，若蜱再侵袭第2个宿主，吸饱血后落地蜕皮变为成蜱，成蜱再侵袭第3个宿主吸血。大多数硬蜱均属此类，如长角血蜱、草原革蜱等。

3. 流行病学

硬蜱大多数寄生于哺乳动物体表，少数寄生于鸟类和爬行类动物，个别寄生于两栖动物。蜱的产卵数量因种类不同而异，一般可产数千个。硬蜱具有较强的耐饥饿能力，成蜱在饥饿状态下可存活1年，吸饱血后的雄蜱可活1个月左右，雌蜱大多于产完卵后1～2周内死亡，幼蜱和若蜱一般只能活2～4个月。蜱的分布与气候、地势、土壤、植被和宿主有关，各种蜱均有一定的地理分布。硬蜱的活动具有明显的季节性，多数在温暖季节活动，并且其越冬场所因种类而异，有的在栖息场所越冬，有的叮附在宿主体上越冬；硬蜱还是一些动物疫病的传播媒介。

4. 致病作用及症状

硬蜱可以寄生于多种动物，也可侵袭人。直接危害是吸食血液，并且吸食量很大，雌虫饱食后体重可增加50～250倍。大量寄生时可使动物出现痛痒、烦躁不安，经常摩擦、抓和舐咬皮肤，引起动物贫血、消瘦、发育不良、皮毛质量下降等，由于硬蜱的叮咬可使宿主皮肤水肿、出血、急性炎性反应。蜱的唾腺能分泌毒素，可使动物发生厌食、体重减轻和代谢障碍。某些种的雌蜱唾液腺可分泌一种神经毒素，引起急性上行性肌萎缩性麻痹，称为“蜱瘫痪”。

蜱更重要的危害是作为传播媒介传播疾病，已知可以传播83种病毒、15种细菌、17种螺旋体、32种原虫以及衣原体、支原体、立克次体等。其中许多是人兽共患病，如森林脑炎、莱姆热、出血热、Q热、蜱传斑疹伤寒、鼠疫、野兔热、布鲁氏菌病、牛、羊梨形虫病等。其中对动物危害较严重的巴贝斯虫病和泰勒虫病必须通过硬蜱传播。

5. 诊断

根据发病动物临诊症状及流行情况，并在其体表发现硬蜱，即可确诊。

6. 治疗

（1）动物体灭蜱 发现蜱时应与动物皮肤垂直往上拨出，否则蜱的假头容易断在动物皮肤内，引起局部炎症。药物灭蜱可选用2%的敌百虫、0.2%马拉硫磷、0.2%的辛硫磷，大动物每头500mL，小动物每头200mL。还可以用0.1%的马拉硫磷、0.1%辛硫磷、0.05%毒死蜱、0.05%地亚农等药浴。

（2）伤口处理 对于宠物或小动物若口器断入皮内，需进行消毒处理，严重时要进行手术取出。

（3）对症治疗　出现全身中毒症状时可给予抗组胺药和皮质激素。发现蜱咬热及蜱麻痹时除支持疗法外，应做相应的对症处理，及时抢救。

各种药剂的长期使用，可使蜱产生抗药性，因此杀虫剂应轮换使用，以增强杀蜱效果和推迟抗药性的产生。

7. 预防

（1）采取综合性防治措施灭蜱　在蜱活动季节，每天刷拭动物体，放牧、使役归来时检查动物体，发现蜱时将其摘除，集中起来烧掉。

有些蜱类通常生活在圈舍的墙壁、地面、饲槽的裂缝内，应堵塞圈舍内所有缝隙和小孔，堵塞前先向裂缝内撒杀蜱药物，然后用水泥、石灰、黄泥堵塞，并用新鲜石灰乳粉刷厩舍。用杀蜱药液对圈舍内墙面、门窗、柱子做滞留喷洒，可用0.05%～0.1%溴氰菊酯溶液、1%～2%马拉硫磷溶液或1%～2%倍硫磷溶液喷洒。

（2）对引进或输出的动物均要检查和进行灭蜱处理，防止外来动物带进或有蜱寄生的动物带出硬蜱。

（3）改变自然环境，使其不利于蜱的生长，如翻耕牧地，清除杂草和灌木丛，在严格监督下进行烧荒等以消灭蜱的滋生地。捕杀啮齿动物，有条件时可用杀蜱剂进行喷洒。

（二）软蜱

软蜱是指软蜱科的蜱，与兽医有关的有锐缘蜱属和钝缘蜱属。

1. 病原体

软蜱，虫体扁平，卵圆形或长卵圆形，体前端较窄，吸血前为灰黄色，吸饱血后为灰黑色。吸饱血后体积增大，但不如硬蜱明显。与硬蜱主要区别为，假头隐藏于虫体腹面前端的头窝内，假头基无孔区，须肢为圆柱形，口下板不发达，其上的齿较小；躯体表皮大部分为革质表皮并有明显的皱襞，背腹面均无盾板和腹板，大多数无眼；雌、雄蜱生殖孔不同，雌蜱的生殖孔呈横沟状，而雄蜱呈半月状；足的基节无距（图7－2）。幼蜱和若蜱形态与成蜱相似，但生殖孔尚未形成，幼蜱有3对足。

2. 生活史

软蜱的生活史包括卵、幼蜱、若蜱和成蜱4个阶段。由虫卵孵化出幼蜱，幼蜱寻找宿主吸血，然后离开宿主蜕皮变为第1期若蜱，若蜱阶段为1～8期，若蜱变态期的次数和每期的持续时间，往往取决于其宿主动物的种类、吸血时间和饱血程度。最后一期若蜱蜕皮后变为成虫。大多数软蜱属于多宿主蜱。软蜱整个生活史一般需要1～2个月。软蜱幼蜱和若蜱各期，必须吸食足够量的血液后，才能进行正常的蜕皮。雌蜱饱食后的体重可增加6～13倍，并且只有

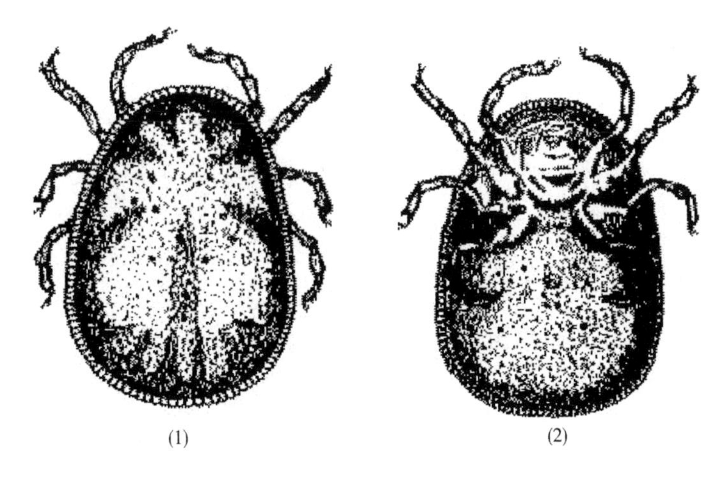

图 7－2　软蜱

（1）背面　（2）腹面

吸血后才能产卵，而雄蜱体重增加不超过 2～3 倍。

3. 流行病学

软蜱宿主范围广泛，主要寄生于鸡、鸭、鹅以及其他动物。软蜱一般是白天隐伏在动物圈舍等隐蔽场所，夜间活动并侵袭动物吸血，吸血时间较短，只在需要吸血时才爬到宿主体上。在自然条件下，软蜱在温暖季节产卵，一生产卵多次，每次产卵 50～300 个，一生可产卵 1000 余个。寒冷季节雌蜱一般不产卵或产下的卵不能孵化。软蜱成蜱必须吸一次血后才能产卵，再吸血后第 2 次产卵。软蜱具有极强的耐饥饿能力，如拉合尔钝缘蜱的 3 期若蜱和成蜱可耐饥饿 5～10 年。软蜱对干燥环境有较强的适应能力，其寿命为 5～7 年，甚至可达 15～25 年。

4. 临诊症状

大量软蜱寄生时，可引起畜禽消瘦、贫血，生产能力下降，软蜱性麻痹，甚至死亡。波斯锐缘蜱是鸡立克次体和鸡螺旋体的传播媒介，还可传播羊泰勒虫病、无浆体病、布鲁氏菌病和野兔热等。已证实拉合尔钝缘蜱可带有布鲁氏菌和 Q 热立克次体。

5. 诊断

根据发病动物临诊症状及流行情况，并在其体表发现软蜱，即可确诊。

6. 防治

参照消灭硬蜱的方法。消灭鸡体上的波斯锐缘蜱时，应特别注意将药物涂擦于幼蜱的主要寄生部位，如两翼下，鸡舍灭蜱要注意安全，可用敌敌畏块状烟剂熏杀，用量为 $0.5g/m^3$，熏后关闭门窗 1～2h，然后通风排烟。

三、螨病的防治

螨病又称疥癣，俗称癞病，通常是指由疥螨科及痒螨科的螨类寄生在动物皮肤引起的慢性皮肤病。剧痒，湿疹性皮炎，脱毛，患部逐渐向周围扩散和具有高度传染性为本病特征。

（一）疥螨病

疥螨病是由疥螨科疥螨属的疥螨寄生于动物皮肤内所引起的皮肤病，又称“癞”。主要特征为剧痒、脱毛、皮炎及高度传染性等。

1. 病原体

疥螨，呈龟形，浅黄色，背面隆起，腹面扁平，虫体大小为0.2～0.5mm；口器呈蹄铁形，为咀嚼式；腹面有4对短粗的肢，第3、第4对不突出体缘。雄虫的第1、第2、第4对肢末端有吸盘，第3对肢末端有刚毛。雌虫的第1、第2对肢末端有吸盘，第3、第4对肢末端有刚毛。吸盘柄长，不分节（图7-3）。

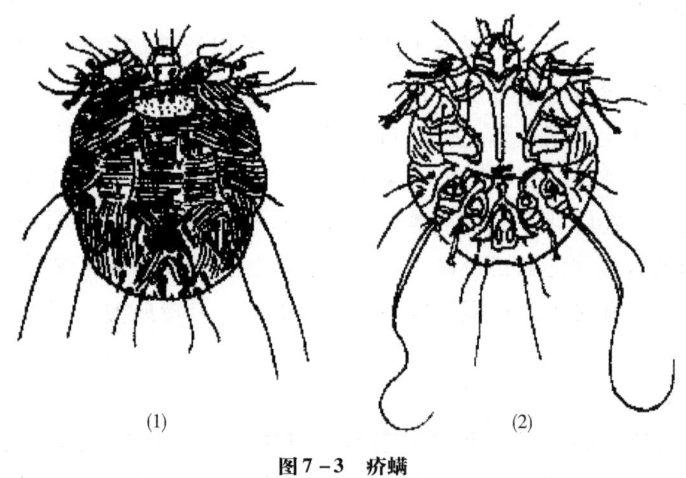

图7-3　疥螨

（1）雌虫背面　（2）雄虫腹面

2. 生活史

疥螨的一生都在动物体上度过，并能世代生活在同一宿主体上。疥螨属于不完全变态，包括卵、幼虫、若虫和成虫4个发育阶段。受精后的雌螨在宿主的表皮挖凿隧道，并在隧道内发育和繁殖，以角质层组织和渗出的淋巴液为食。隧道每隔一段距离，即有小孔与外界相通，以进入空气和作为幼虫出入的孔道。雌虫在隧道内产卵，一生可产40～50个虫卵，虫卵经3～8d孵化出幼虫，幼虫蜕皮变为若虫，若虫的雄虫经1次蜕皮、雌虫经2次蜕皮变为成虫。雄虫交配后死亡，雌虫的寿命为4～5周。疥螨整个发育周期为8～22d，平均

15d。条件适宜时3个月可繁殖6个世代。

3. 流行病学

疥螨可侵袭羊、猪、牛、骆驼、马、犬、猫及兔等哺乳动物，特别是山羊和猪多发，但宿主特异性并不十分严格，幼畜和体质瘦弱的动物易受感染、发病比较严重。秋末、冬季和春初多发，因为在寒冷季节，日光照射不足，动物毛长而密，皮肤湿度较高，有利于螨的生长繁殖，特别是阴雨天气、拥挤、阴暗潮湿、通风不良的栏舍，蔓延最快，发病严重。疥螨病是由于健畜与病畜直接接触或通过被病畜污染的厩舍、用具、鞍具、饲养员或兽医人员的衣服及手等间接接触引起感染。疥螨在宿主体生活遇到不利条件时，迅速转入休眠状态，休眠期可达5~6个月，在休眠期中对各种理化因素的抵抗力增强，离开宿主后可生存2~3周，并保持侵袭力。

4. 临诊症状

感染初期动物皮肤出现小丘疹和水疱，水疱感染细菌后变为脓疱。水疱、脓疱破溃，流出渗出液和脓汁，形成痂皮。剧痒，当患病动物进入温暖场所或运动后皮温增高时，痒觉更加剧烈，致使动物摩擦和啃咬患部，造成局部脱毛、皮肤变厚，失去弹性，形成皱褶和龟裂。脱毛处不利于螨的生长繁殖，逐渐向四周健康部位扩散，使病变部位不断扩大，甚至蔓延全身。动物表现烦躁不安，影响采食和休息，消化和吸收机能减退。患病动物日渐消瘦，严重时可引起死亡。

疥螨多寄生于皮肤薄、被毛短而稀少的部位。各种动物的寄生部位有所不同，山羊主要发生在嘴唇周围、眼圈、鼻背和耳根部，可蔓延至腋下、腹下和四肢；绵羊主要在头部明显，嘴唇周围，口角两侧，鼻边缘和耳根下面；猪从头部的眼周围、颊部和耳根开始，以后蔓延到背部、体侧和后肢内侧；牛开始于面部、颈部、背部、尾根等被毛较短的部位，严重时可遍及全身；兔多在头部和脚爪部。

5. 诊断

根据临诊症状、流行特点和皮肤刮下物实验室检查即可确诊。要注意与以下病症鉴别诊断：

虱和毛虱引起的皮肤症状与螨病极其相似，但不如螨病严重。眼观检查体表可发现虱和毛虱。

秃毛虱为境界明显的圆形或椭圆形病灶，覆盖易剥脱的浅灰色干痂，痒觉不明显，在实验室检查皮肤刮取物可发现真菌。

湿疹无传染性，在温暖圈舍中痒觉也不加剧，皮屑中无螨。

过敏性皮炎无传染性，病变从丘疹开始，以后形成散在的小干痂和圆形秃毛斑，镜检病料无螨。

6. 治疗

对已经确诊的螨病动物应及时隔离治疗。

涂药疗法适用于患病动物数量少、患部面积小时，并且每次涂药面积不得超过体表面积的1/3。可选用3%敌百虫溶液、0.05%蝇毒磷水乳液、0.025%二嗪哝（螨净）溶液、0.05%双甲脒溶液、0.05%溴氰菊酯（倍特）溶液等涂擦或喷洒。为使药物能和虫体充分接触，应将患部及其周围3～4cm处的被毛剪去（收集在污物容器内或烧掉），用温肥皂水彻底刷洗，除掉硬痂和污物，擦干后用药。此外可用2%碘硝酚注射液，剂量为10mg/kg体重，皮下注射；伊维菌素注射液牛、羊剂量为0.2mg/kg体重、猪剂量为0.3mg/kg体重，皮下注射。

药浴疗法最适用于羊，此法既可用于治疗螨病也可用于预防螨病。药浴可用木桶、旧铁桶、大铁锅或水泥浴池进行，应根据具体条件选用。山羊在抓绒后，绵羊在剪毛后5～7d进行。除羊外，其他动物在必要时也可进行药浴。药浴应选择无风晴朗的天气进行。药浴前让羊饮足水，以免因口渴误饮药液。药浴时间为1min左右，注意浸泡羊头。药浴后应注意观察，发现羊只精神不好、口吐白沫，应及时解救，同时也要注意工作人员的安全。如一次药浴不彻底，可过7～10d后进行第2次药浴。药浴液可用0.05%双甲脒溶液、0.05%溴氰菊酯（倍特）溶液、0.05%蝇毒磷水乳液、0.025%二嗪哝（螨净）溶液等。药浴液的温度一般以30～37℃为宜。

患病动物较多时，应先进行少数动物试验，然后再大规模使用。治疗螨病的药物，大多数对螨卵没有杀灭作用。因此，对患有螨病动物的治疗需进行2～3次（每次间隔5～7d），以便杀死新孵出的幼虫。同时要注意场地、用具等彻底消毒，防止散布病原体，经过治疗的患病动物应安置在已经消毒的圈舍内饲养，以免再感染。

7. 预防

动物圈舍要保持干燥、光线充足、通风良好，不要使动物群过于密集。动物圈舍应经常清扫，定期消毒（至少每两周1次），饲养管理用具亦应定期消毒。

经常注意观察动物群中有无发痒、掉毛现象，及时挑出可疑患病动物，隔离饲养，迅速查明原因，发现患病动物及时隔离治疗，同时饲养管理人员也应注意经常消毒，以免通过手、衣服和用品散布病原体，被污染的动物圈舍和用具用杀螨剂处理。

（二）痒螨病

痒螨病是由痒螨科痒螨属的痒螨寄生于动物皮肤表面引起的一种皮肤病。

主要特征为剧痒和高度传染性。

1. 病原体

痒螨，呈长圆形，体长0.5～0.8mm。刺吸式口器；4对肢均突出虫体边缘。雌虫第1、第2、第4对肢末端有吸盘，雄虫第1、第2、第3对肢末端有吸盘，腹面后部有1对交合吸盘，尾端有2个尾突，其上各长有5根刚毛（图7-4）。

目前认为只有马痒螨1个种，寄生其他动物的为其变种，主要有牛痒螨、绵羊痒螨、山羊痒螨、兔痒螨等。

2. 生活史

痒螨整个发育过程都在动物体表进行，其发育过程与疥螨相似。雌螨在皮肤上产卵，一生可产卵约40个，寿命约42d，整个发育过程需2～3周。当条件不适时，迅速转入休眠状态，休眠期可达5～6个月。

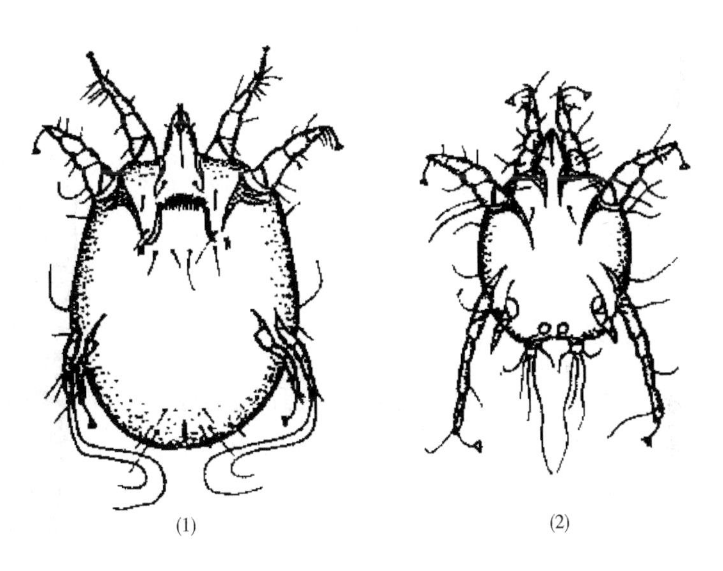

图7-4　痒螨腹面

（1）雌虫　（2）雄虫

3. 流行病学

与疥螨病相似。不同动物各有其特定的痒螨寄生，它们有严格的宿主特异性。

4. 临诊症状

与疥螨病相似。不同点是疥螨病多发于山羊，痒螨病多发于绵羊和牛；疥螨病多发于皮肤薄、被毛稀少的部位，痒螨病多发于被毛长而稠密部位；此外，疥螨病患部渗出物少，痒螨病患部渗出物多；痒螨病比疥螨病更易引起脱毛；痒螨病患部皮肤皱褶形成不明显，而疥螨病患部由于皮肤增厚严重，皱褶形成明显，甚至有时形成龟裂。

绵羊痒螨病危害特别严重，多发生于背部、臀部，然后波及全身。严重时全身被毛脱光。在冬季易引起死亡。

牛痒螨病初发生部位是颈部、角基底及尾根，然后延及垂肉和肩胛两侧，严重时蔓延到全身。

山羊痒螨病发生在嘴唇四周、眼圈、鼻、鼻背和耳根部，可蔓延到腋下、腹下和四肢。

兔痒螨病主要侵害耳部，引起外耳道炎，渗出物干燥成黄色痂皮如纸卷样。病兔耳朵下垂，不断摇头和用爪搔耳朵。

犬痒螨主要寄生于犬的外耳道，引起大量的耳脂分泌，引起继发感染。初期耳道内会有褐色分泌物，后期加重的犬只因为发炎增生而堵塞耳道。犬因为瘙痒，经常摇头、搔抓或摩擦患耳，造成耳淋巴液外渗或出血，甚至引起耳血肿。

5. 诊断

参照疥螨病。

6. 治疗

参照疥螨病。

7. 预防

参照疥螨病。

（三）蠕形螨病

蠕形螨病是由蠕形螨科蠕形螨属的各种蠕形螨寄生于动物及人的毛囊或皮脂腺内引起的皮肤病，又称为“毛囊虫病”。各种蠕形螨均有其专一宿主，互不交叉感染。主要特征为脱毛、皮炎、皮脂腺炎及毛囊炎等。

1. 病原体

蠕形螨（*Demodex*），虫体细长呈蠕虫状，半透明乳白色。一般体长 0.1～0.4mm。虫体分为头、胸、腹 3 部分，假头呈不规则的四边形，由 1 对细针状的螯肢、1 对分 3 节的须肢及 1 个延伸为膜状构造的口下板组成，为短喙状的刺吸式口器；胸部有 4 对很短的足；腹部窄长，表面具有明显的环形皮纹。雄虫的雄茎自胸部的背面突出，雌虫的阴门位于腹面（图 7－5）。

图 7－5　蠕形螨

2. 生活史

蠕形螨属于不完全变态，整个发育过程包括卵、幼虫、若虫和成虫 4 个阶段，全部在宿主体上进行。雌虫产卵于宿主的毛囊和皮脂腺内，卵无色半透明，呈蘑菇状，长0.07～0.09mm。虫卵经2～3d孵化为幼虫，幼虫经1～2d蜕皮变为第1期若虫，再经3～4d蜕皮为第2期若虫，再经2～3d蜕皮变为成虫。整个发育期为14～15d。

3. 流行病学

蠕形螨可感染犬、羊、牛、猪、马等动物及人。幼年动物多发。以犬最多，马少见。本病的发生主要由于病畜与健畜直接接触或通过饲养人员和用具间接接触，通过皮肤感染。皮肤卫生差、环境潮湿、通风不良、应激状态、免疫力低下等，均可诱发本病。

4. 临诊症状

大多发生于头部和腿部，重者可蔓延至躯干。患部脱毛，发生皮炎、皮脂腺炎和毛囊炎。

犬主要发生在头部、眼睑和腿部。开始为鳞屑型，患部脱毛，皮肤增厚，发红并有糠皮状鳞屑，随后皮肤变淡蓝色或红铜色。当化脓菌侵入时，发展为脓疱型，患部脱毛，形成皱褶，产生脓疱，流出的脓汁和淋巴液干涸成为痂皮，重者因贫血和中毒而死亡。

羊常发生于耳部、头顶及其他部位。皮脂腺分泌物增多，形成粉刺、脓疱，被毛脱落，局部溃疡。

牛多发生于头部、颈部、肩部、背部或臀部。形成小如针尖至大如核桃的疖疮，内含粉状物或脓状稠液，皮肤变硬，脱毛。

猪多发生于眼周围、鼻部和耳基部，而后逐渐向其它部位蔓延。痛痒轻微，病变部皮肤增厚、粗糙、盖以皮屑，并发生皱裂，有结节或脓疱。

5. 诊断

根据临诊症状、皮肤结节和镜检脓疱内容物发现虫体确诊。

6. 治疗

对患病动物进行隔离治疗，圈舍用二嗪哝、双甲脒等喷洒处理。治疗时应先对患部剪毛、清洗痂皮，再用药物涂擦、喷洒或药浴。可用双甲脒、鱼藤酮、伊维菌素、溴氰菊酯、敌百虫、苯甲酸苄酯或过氧化苯甲酰凝胶等。

7. 预防

圈舍保持通风和干燥；给动物全价营养，以增强体质及抵抗力；犬患全身蠕形螨病时不宜繁殖后代。

（四）鸡皮刺螨病

鸡皮刺螨病是由皮刺螨科皮刺螨属的鸡皮刺螨寄生于鸡、鸽等动物体表引起的疾病。以吸食血液为食，严重侵袭时可使鸡日渐消瘦，贫血，产蛋量下降。

1. 病原体

鸡皮刺螨（*D. gallinae*），呈椭圆形，后部略宽，吸饱血后虫体由灰白色转为红色，虫体长0.5～1.5mm。体表有细皱纹并密生短毛，假头长，螯肢呈细长针状。腹面有4对较长的肢，肢端有吸盘。此外，病原体还有林禽刺螨和囊禽刺螨。（图7－6）。

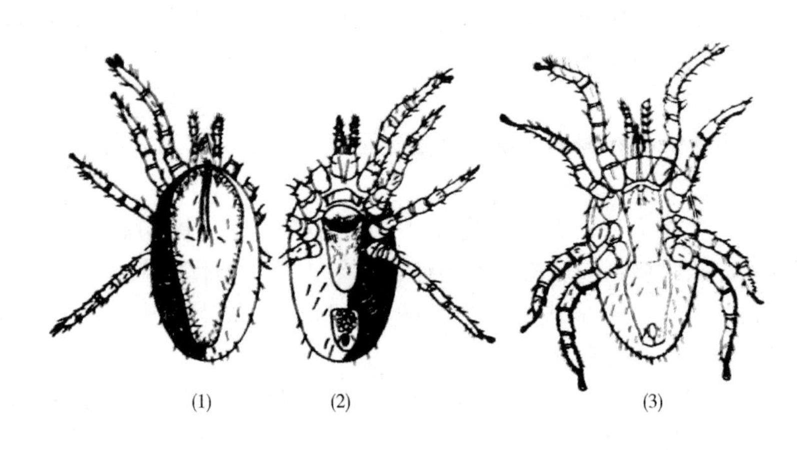

图7－6 鸡皮刺螨

（1）雌虫背面 （2）雌虫腹面 （3）雄虫腹面

2. 生活史

鸡皮刺螨的发育包括卵、幼虫、若虫、成虫4个阶段，其中若虫为2期。侵袭鸡的雌螨在每次吸饱血后12～24h内在鸡窝的缝隙或碎屑中产卵，每次产卵10多个，一生产卵40～50个。在20～25℃条件下，卵经过48～72h孵化出幼虫，幼虫不吸血，经24～48h内蜕化为第1期若虫；第1期若虫吸血后24～48h内蜕化为第2期若虫；第2期若虫吸血后24～48h蜕化为成虫。从卵发育到成虫需要7d。

3. 流行病学

鸡皮刺螨最常见于鸡，但也可寄生于火鸡、鸽等禽类。该螨常呈明显的红色或微黑色的小圆点，成群栖息在鸡舍的缝隙、物品及粪块下面等阴暗处，夜间才侵袭鸡体吸血。成虫耐饥饿能力较强，4～5个月不吸血仍能存活。成虫适应高湿环境，所以多见于雨季，但在干燥环境容易死亡。

4. 临诊症状

轻度感染时无明显症状。侵袭严重时，患鸡不安、贫血、消瘦，生长发育缓慢，甚至死亡，成年鸡产蛋量下降。鸡皮刺螨还可传播禽霍乱和螺旋体病。人受侵袭时，叮咬部位痒痛，出现红色丘疹。

5. 诊断

根据临诊症状和在鸡体上或鸡舍缝隙内等处发现鸡皮刺螨即可确诊。

6. 防治

（1）杀灭鸡体上的螨 可用0.05%蝇毒磷溶液与细砂混合供鸡砂浴，还可用拟除虫菊酯类药物：溴氰菊酯50mg/kg体重或杀灭菊酯（戊酸氰醚酯、速灭杀丁）60mg/kg体重，喷洒。

（2）杀灭鸡舍中的螨 将鸡移出鸡舍，用0.05%蝇毒磷溶液、0.05%双甲脒溶液、0.05%溴氰菊酯（倍特）溶液、0.025%二嗪哝（螨净）溶液等喷洒鸡舍内的栖架、墙壁、缝隙等处。产蛋箱及鸡笼用开水浇烫或在阳光下曝晒。及时清除污染的垫草和粪便脏物，进行生物热发酵处理。饲养员做好个人防护。

四、昆虫病的防治

（一）猪血虱

猪血虱是由血虱科血虱属的猪血虱在猪体表寄生而引起的寄生虫病。主要特征为猪体瘙痒。

1. 病原体

猪血虱（*H. suis*），呈椭圆形，背腹扁平，呈灰白色或灰黑色。雌虱长4～6mm，雄虱长3.5～4mm。身体由头、胸、腹3部分组成，分界明显。头部较胸部窄，呈圆锥形，前端是刺吸式口器，有1对短触角，分5节；胸部稍宽，分为3节，每一胸节的腹面有1对足，其末端有坚强的爪；腹部呈卵圆形，比胸部宽，分为9节。胸部和腹部每节两侧各有1个气孔（图7－7）。

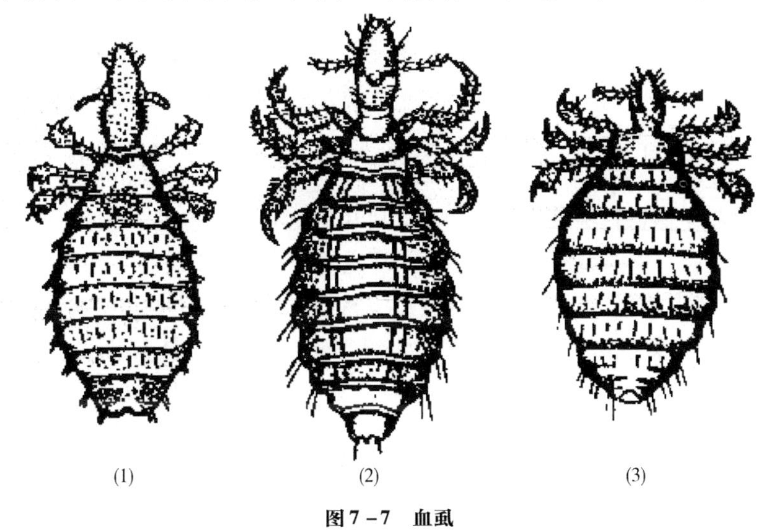

图7－7 血虱

（1）猪血虱 （2）牛血虱 （3）马血虱

虫卵呈黄白色，长椭圆形，大小为（0.8～1）mm×0.3mm。

2. 生活史

虱的发育为不完全变态，其发育过程包括卵、若虫和成虫3个阶段。雌、雄虫交配后，雄虱死亡，雌虱吸饱血后产卵，用分泌的黏液附着于猪的被毛上，经9～20d孵化为若虫，若虫有3期，每期若虫经4～6d蜕化1次，经3次蜕化后变为成虫。雌虱一昼夜产卵1～4个，产卵期为2～3周，共产卵50～80个，产完卵后即死亡。整个发育过程都在猪体上完成。

3. 流行病学

本病主要流行于卫生条件较差的猪场和某些散养猪场，在目前规模化饲养的猪场发病较少。发病猪主要经直接接触或通过饲养人员和用具间接接触传播。以寒冷季节感染严重，与冬季舍饲、拥挤、运动少、褥草长期不换、空气湿度增加等因素有关。在温暖季节，由于日晒、干燥或洗澡等因素感染减少。

4. 临诊症状

猪血虱常寄生在猪的耳根、颈部及后肢内侧，由于吸食血液，刺痒皮肤，致使患猪经常擦痒，烦躁不安，导致饮食减少，营养不良，被毛粗乱、甚至脱落，皮肤损伤，消瘦。仔猪尤为明显。血虱还是痘病毒等的传播媒介。

5. 诊断

猪血虱个体很大，肉眼极易发现，因此容易做出诊断。

6. 治疗

用敌百虫、蝇毒磷、辛硫磷、双甲脒、溴氰菊酯等杀虫剂喷雾体表，或用硫磺粉直接向猪体撒布，或用伊维菌素剂量为0.2mg/kg体重，皮下注射，用药2次，间隔2周。

7. 预防

加强饲养管理和环境卫生，猪舍保持清洁、干燥，光线充足，饲养密度要适宜，经常清除粪便和垫草。猪群要经常检查，发现猪血虱应全群用药杀灭。

（二）禽羽虱

禽羽虱是由虱目食毛亚目的长角羽虱科和短角羽虱科的虫体寄生于家禽的体表引起的寄生虫病。主要特征为禽体搔痒，羽毛脱落，食欲下降，生产性能降低等。

1. 病原体

禽羽虱呈淡黄色或淡灰色，长0.5～1.0mm，多数虫体扁而宽，少数细长。头部钝圆，其宽度大于胸部，咀嚼式口器，头侧面有触角1对，由3～5节组成。胸部分前胸、中胸和后胸，有3对足，足粗短，爪不发达。腹部由11节组成，但最后数节常变成生殖器。雄虱尾端钝圆，雌虱尾端分两叉（图7－8）。

鸡羽虱常见的有长羽虱属的广幅长羽虱（*L. heterographus*）、鸡翅长羽虱

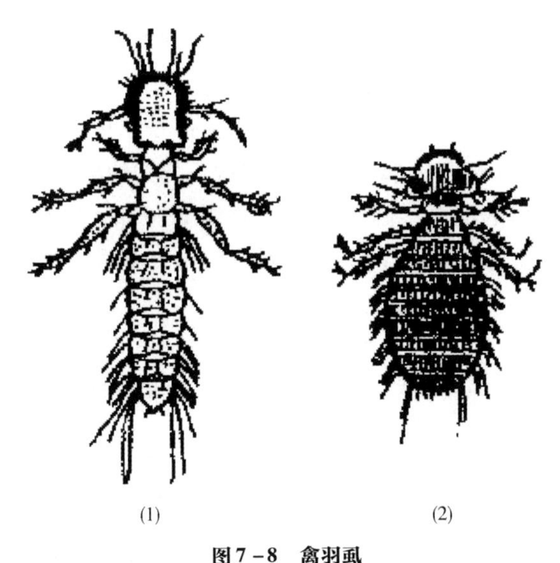

图7－8　禽羽虱

（1）长角羽虱　（2）鸡羽虱

（*L. variabilis*）；园羽虱属的鸡圆羽虱（*G . gallinae*）；角羽虱属的大角羽虱（*G. gigas*）以及短羽虱属的鸡羽虱（*M. gallinae*）。

2. 生活史

禽羽虱的发育过程包括卵、若虫和成虫3个阶段，均在禽体上进行，为永久性寄生虫。虱卵成簇附着于羽毛上，经4～7d孵化出若虫，若虫有3期，每期若虫约经3d蜕化一次，经3次蜕化后变为成虫。整个发育过程约需3周时间。

3. 流行病学

禽羽虱以啮食宿主的羽毛、皮屑为生。具有严格的宿主特异性和一定的寄生部位。如广幅长羽虱多寄生在鸡的头部和颈部等羽毛较少的部位，鸡翅长羽虱常寄生在翅膀下面，鸡圆羽虱多寄生在鸡的背部和臀部的绒毛上。秋冬季节鸡羽毛浓密，体表温度较高，适宜羽虱的发育和繁殖，所以本病在秋冬季节多发，密集饲养时易发。

4. 临诊症状

当家禽遭受禽羽虱严重侵袭时，造成禽体搔痒，并伤及羽毛或皮肉，表现精神不安、食欲下降、羽毛脱落、消瘦、产蛋量下降。对雏禽危害尤为严重，使其生长发育停滞，体质衰弱，甚至死亡。

5. 诊断

根据禽奇痒不安的表现对禽群进行检查，发现禽体皮肤羽毛基部寄生大量羽虱，剖检多只禽未见病理变化，即可确诊。

6. 治疗

（1）杀灭禽体上的羽虱　用20%杀灭菊酯按3000～4000倍用水稀释，或

2.5%溴氰菊酯按400～500倍稀释，或20%二氯苯醚菊酯按4000～5000倍用水稀释后，直接向禽体上逆毛喷雾，使禽的全身都被喷到，一般间隔7～10d再用药1次，效果良好；或用伊维菌素剂量为0.2mg/kg体重，皮下注射；可在饲养场内设置砂浴箱，用0.05%蝇毒磷溶液或10%硫黄粉与细砂混合供鸡砂浴。

（2）杀灭禽舍里的羽虱　除用上述药物对禽舍和饲养用具进行喷洒以外，还可用20%杀灭菊酯等按0.02mL/m^{3}空间，用带有烟雾发生装置的喷雾机喷雾熏蒸，禽舍需密闭2～3h。

7. 预防

应加强饲养管理，保持禽舍洁净、通风，勤换垫草，对管理用具要定期消毒。

（三）马胃蝇蛆病

马胃蝇蛆病是由双翅目胃蝇科胃蝇属的各种马胃蝇幼虫寄生于马属动物的胃肠道内所引起的寄生虫病，又称为“马胃蝇蚴病”。主要特征为高度贫血、消瘦、中毒、使役能力下降。

1. 病原体

我国常见的马胃蝇有4种，即肠胃蝇（*G. intestinalis*）、红尾胃蝇（*G. haemorrhoidalis*）、鼻胃蝇（*G. nasalis*）和兽胃蝇（*G. pecorum*）。马胃蝇成虫自由生活，形似蜂，全身密布有绒毛。口器退化，两复眼小而远离。触角小，翅透明，有褐色斑纹或不透明呈烟雾色。雌蝇尾部有较长的产卵管，并向腹下弯曲，雄蝇尾端钝圆。蝇卵呈浅黄色或黑色，前端有一斜的卵盖（图7－9）。

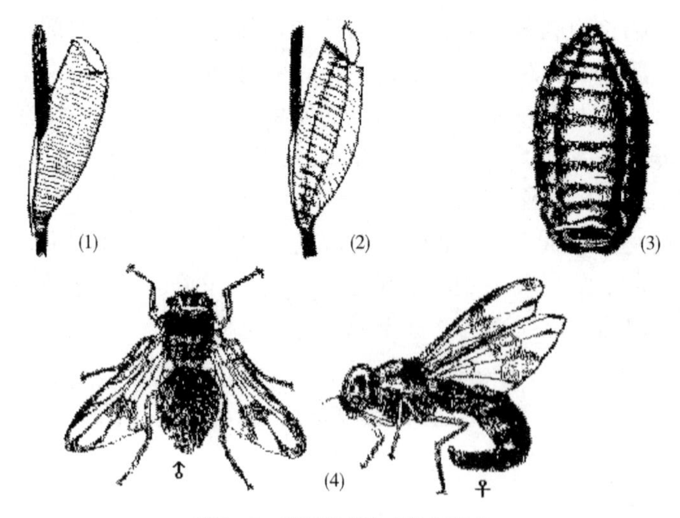

图7－9　马胃蝇各发育阶段形态

（1）卵　（2）第1期幼虫　（3）第3期幼虫　（4）成虫

第 3 期幼虫呈柱状，13～20mm，呈红色、红黄色或黄色。前端较尖，有 1 对坚硬的口前钩，虫体由 11 节构成，每节前缘有刺 1～2 列。末端较齐平，有 1 对后气门（图 7－10）。

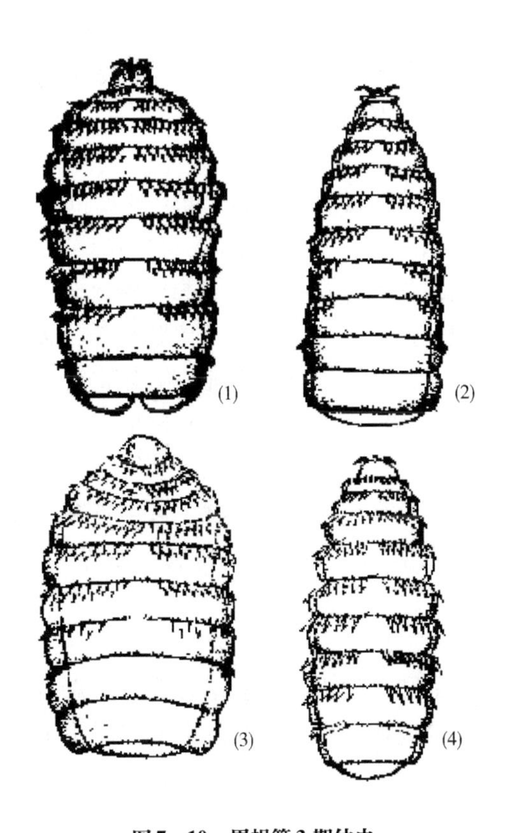

图 7－10　胃蝇第 3 期幼虫

（1）肠胃蝇　（2）红尾胃蝇　（3）兽胃蝇　（4）鼻胃蝇

2. 生活史

马胃蝇的发育属完全变态，经卵、幼虫、蛹和成虫 4 个阶段，成蝇营自由生活，每年完成 1 个生活周期。肠胃蝇成虫在自然界交配后，雄虫死亡，雌虫产卵于马的被毛上。卵经 5～10d 孵化为第 1 期幼虫，幼虫逸出，在皮肤上爬行，引起痒感，马啃咬时被食入。第 1 期幼虫在口腔黏膜下或舌的表面组织内寄生 3～4 周，经 1 次蜕化变为第 2 期幼虫，移入胃内，以口前钩固着在胃和十二指肠黏膜上寄生，再次蜕化变为第 3 期幼虫。到翌年春季幼虫发育成熟，自动脱离胃壁，随粪便排出体外，落到地面土中化为蛹，经 1～2 个月羽化为成蝇。其他胃蝇发育与此相似。

各种马胃蝇成虫产卵的部位各异。肠胃蝇产卵于前肢球节及前肢上部、肩胛等处；红尾胃蝇产卵于口唇周围和颊部；鼻胃蝇产卵于下颌间隙；兽胃蝇产卵于地面植物叶上。

3. 流行病学

本病主要发生于马属动物，偶尔感染犬、兔、猪和人。养马地区可流行，干旱、炎热的气候、饲养管理不好及马匹消瘦等因素有利于发病。成蝇活动的季节多在5~9月份，在8~9月份最旺盛。

4. 临诊症状

马胃蝇第1期幼虫以口前钩损伤口腔和舌黏膜，引起炎性水肿，甚至溃疡。病马表现咀嚼、吞咽困难，咳嗽、流涎、打喷嚏。幼虫移行至胃及十二指肠后，由于对胃黏膜的损伤和吸食血液，引起胃壁水肿、发炎和溃疡，胃运动和消化机能障碍，出现慢性胃肠炎、出血性胃肠炎等，表现食欲减退、消化不良、贫血、消瘦、腹痛等，甚至逐渐衰竭死亡。如寄生于直肠时表现排粪频繁或努责，幼虫刺激肛门，病马摩擦尾部，引起尾根和肛门部擦伤和炎症。

5. 病理变化

病马胃黏膜被幼虫叮咬部位呈火山口状，甚至胃穿孔和较大血管损伤及继发细菌感染。有时幼虫阻塞幽门部和十二指肠。如寄生于直肠时可引起充血、发炎。

6. 诊断

本病主要以消化紊乱和消瘦为主，应结合流行特点做出初步诊断。夏季可检查马体被毛上有无马胃蝇卵。检查口腔及咽部有无第1期幼虫或粪便中有无第3期幼虫，必要时可用药物进行诊断性驱虫；尸体剖检在胃、十二指肠或喉头等处找到幼虫。

7. 治疗

（1）敌百虫　剂量为30~40mg/kg体重，配成10%~20%水溶液，清晨空腹用胃管1次投服，用药后4h内禁饮。

（2）敌敌畏　剂量为40mg/kg体重，1次投服。

（3）伊维菌素　剂量为0.2mg/kg体重，皮下注射。

（4）二硫化碳　成年马20mL，2岁内幼驹9mL，分早、中、晚3次给药，每次1/3，用胶囊或胃管投服。投药前2h停喂，投药后最好停止使役3d。本药能驱除全部幼虫。孕马、病马、虚弱马忌用。

杀灭体表第1期幼虫，可用1%~2%敌百虫水溶液喷洒或涂擦马体，间隔6~10d重复1次，但药物对卵内的幼虫效果很差。

对口腔内幼虫，可涂擦5%敌百虫豆油（敌百虫加于豆油内加温溶解），涂1~3次即可。也可用镊子摘除虫体。

8. 预防

严重流行地区每年在7~8月份马胃蝇活动的季节，每隔10d用2%敌百虫溶液喷洒马体1次；秋、冬季进行预防性驱虫，驱虫除治疗中所用药物外，还可采用以下方法。

（1）敌百虫饮水驱虫法　给药前1~2d限制饮水，配成0.2%敌百虫水溶液，任马匹自由饮用。

（2）敌百虫饲喂驱虫法　给药前1~2d限制饮水，只喂干草。驱虫时饲槽内装厚30~35cm的干草，浇上5%敌百虫水溶液，待敌百虫水溶液形成冰壳后将其打碎，与干草混合，然后放入马匹任其采食。敌百虫用量按50mg/kg体重计算。

（四）牛皮蝇蛆病

牛皮蝇蛆病是由皮蝇科皮蝇属的幼虫寄生于牛背部皮下组织所引起的寄生虫病，又称为“牛皮蝇蚴病”。主要感染牛，偶尔也可感染马、驴、野生动物和人。对养牛业危害较严重。主要特征为患牛消瘦，生产能力下降，犊牛发育不良，尤其是造成皮革质量下降。

1. 病原体

主要有牛皮蝇和纹皮蝇两种。其中以牛皮蝇最多见。两种蝇形态相似，成虫外形似蜂，体表被有绒毛，头部有不大的复眼和3个单眼，触角分3节，口器退化，有3对足及1对翅。

牛皮蝇（*H. bovis*），成蝇体长约15mm。虫卵为橙黄色，长圆形，一端有柄，以柄附着在牛毛上，大小为（0.8×0.3）mm。第1期幼虫淡黄色，半透明，长约0.5mm。第2期幼虫长3~13mm。第3期幼虫体粗壮，色泽随虫体成熟由淡黄、黄褐变为棕褐色，长可达28mm，体分11节，无口前钩，体表具有很多结节和小刺，最后两节背、腹面均无刺，背面较平，腹面凸有带刺的结节，有2个后气孔，气门板呈漏斗状（图7-11）。

纹皮蝇（*H. linneatum*），成蝇体长13mm，体表被毛稍短。虫卵与牛皮蝇相似。第1期和第2期幼虫的形态与牛皮蝇基本相似，第3期幼虫长可达26mm，与牛皮蝇相似，最后1节无刺。

2. 生活史

牛皮蝇和纹皮蝇的发育基本相似，均属完全变态，经卵、幼虫、蛹和成蝇4个阶段。成蝇营自由生活，在外界仅生活5~6d，不采食，也不叮咬动物。雌、雄蝇交配后，雄蝇死亡，雌蝇在牛体上产卵，产完卵后死亡。牛皮蝇在牛体的四肢上部、腹部、乳房和体侧皮肤上产卵，每根毛上黏附虫卵1个；纹皮蝇则在牛的后肢球节附近和前胸及前腿部产卵，每根毛上可见数个多至20个

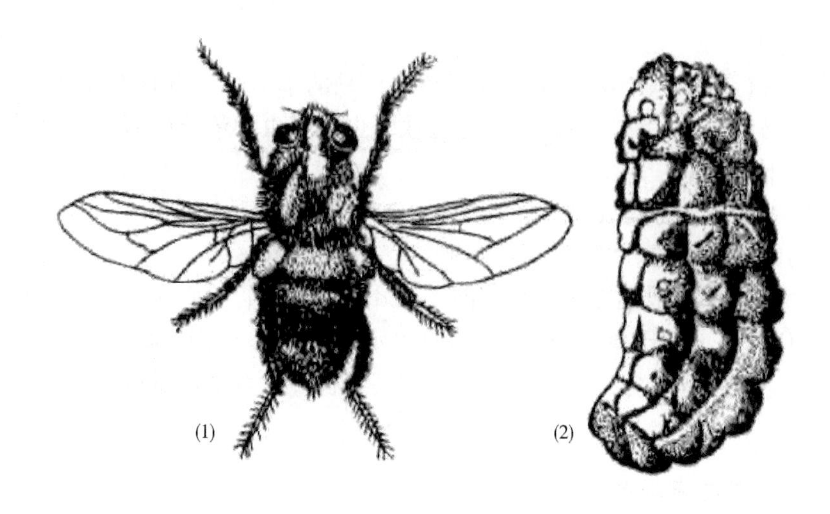

图7-11 牛皮蝇
（1）成虫 （2）第3期幼虫

虫卵。每一雌蝇一生可产卵400~800个。

卵经4~7d孵出第1期幼虫，经毛囊钻入皮下，沿外围神经的外膜组织移行2.5个月后到椎管硬膜的脂肪组织中，蜕皮变为第2期幼虫，在此停留约5个月。然后从椎间孔爬出移行至背部皮下组织蜕皮变为第3期幼虫，在皮下形成指头大瘤状隆起，上有小孔与外界相通。第3期幼虫在背部皮下组织寄生2~3个月，成熟后离开牛体入土化蛹，蛹期1~2个月，最后羽化为成蝇。整个发育期约为1年左右。纹皮蝇发育和牛皮蝇基本相似，但第2期幼虫寄生在食道壁上。

3. 流行病学

本病主要经皮肤感染，在我国主要流行于西北、东北及内蒙古地区。成蝇的活动季节随气候条件不同而略有差异，多在夏季发生感染，一般牛皮蝇成虫出现于6~8月份，纹皮蝇则出现于4~6月份。

4. 临诊症状

成蝇虽然不叮咬牛，但在夏季的繁殖季节，成群围着牛飞，尤其雌蝇产卵时引起牛的惊慌不安，影响牛的采食和休息，使牛逐渐消瘦。有时牛因狂奔造成外伤，孕牛可发生流产。

幼虫钻入皮肤时，可引起局部痛痒，精神不安。幼虫在体内移行时，造成移行各处组织的损伤。第3期幼虫在背部皮下寄生时，引起局部结缔组织增生和发炎，当继发细菌感染时，可形成化脓性瘘管。幼虫成熟落地后，瘘管愈合形成瘢痕，严重影响皮革质量。幼虫分泌的毒素对牛的血液和血管有损害作用，可引起贫血。患牛消瘦，肉的品质下降，奶牛产奶量下降。个别患牛，因幼虫移行伤及延脑或大脑可引起神经症状，严重者可引起死亡。

5. 诊断

根据临诊症状和流行病学进行综合诊断。幼虫出现于背部皮下时，皮肤上有结节隆起，隆起的皮肤上有小孔与外界相通，用手挤压可挤出幼虫，即可确诊。夏季在牛被毛上发现单个或成排的虫卵可为诊断提供参考。

6. 治疗

（1）4%蝇毒磷溶液　剂量为0.3mL/kg体重，背部浇注。

（2）8%皮蝇磷溶液　剂量为0.33mL/kg体重，背部浇注。

（3）倍硫磷　剂量为4～7mg/kg体重，臀部肌肉注射。

（4）2%敌百虫溶液　背部浇注或涂抹，成年牛用量不超过300mL。

（5）伊维菌素　剂量为0.2mg/kg体重，皮下注射。

7. 预防

消灭牛体内的幼虫，可以减少幼虫的危害，并防止幼虫化蛹为成蝇。在流行地区感染季节，可用敌百虫、蝇毒灵等喷洒牛体，每隔10d用药1次，以防止成蝇在牛体上产卵或杀死由卵孵出的第1期幼虫。

（五）羊鼻蝇蛆病

羊鼻蝇蛆病是由狂蝇科狂蝇属的羊狂蝇的幼虫寄生于羊的鼻腔或其附近的腔窦中引起的疾病，又称为“羊鼻蝇蚴病”。主要特征为流鼻汁和慢性鼻炎。

1. 病原体

羊鼻蝇（*O. ovis*），又称羊狂蝇，成虫体长10～12mm，淡灰色，形状似蜜蜂，头大呈黄色，口器退化。第3期幼虫背面隆起，腹面扁平，长28～30mm，前端尖，有2个口前钩，虫体背面无刺，成熟后各节上具有深褐色带斑，腹面各节前缘具有小刺数列，虫体后端平齐，凹入处有2个气门板（图7-12）。

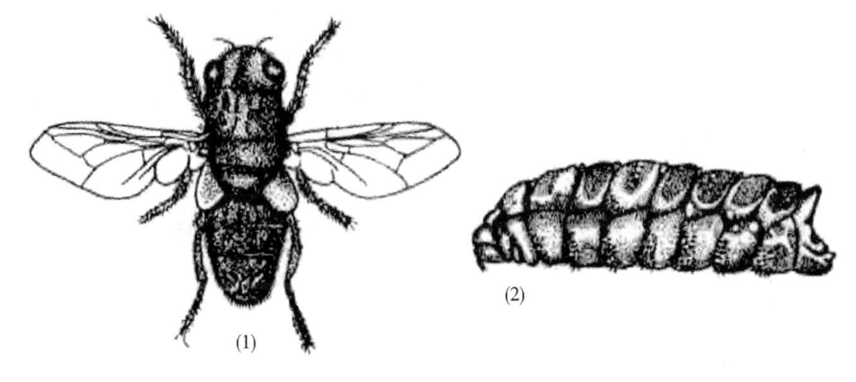

图7-12　羊鼻蝇

（1）成虫　（2）第3期幼虫

2. 生活史

由成虫直接产出幼虫。成虫野居，不营寄生生活，不采食，雌、雄蝇交配后，雄蝇死亡。雌蝇生活至体内幼虫形成后，选择晴朗无风的天气，飞向羊群，突然冲向羊鼻孔，将幼虫产于鼻腔及鼻孔周围，1 次产幼虫 20～40 只，每只雌蝇数天内可产幼虫 500～600 只，产完幼虫后雌蝇死亡。幼虫迅即爬入鼻腔，以口钩固着在鼻黏膜上，并逐渐向深部移行，在鼻腔和副鼻窦内经 2 次蜕化变为第 3 期幼虫，直到第二年春天，发育成熟的第 3 期幼虫开始向鼻孔外侧移行，当患羊打喷嚏时，幼虫随喷嚏落入地面，钻入土中化蛹，最后羽化为成蝇。成蝇寿命为 2～3 周。在北方较冷地区幼虫在鼻腔和副鼻窦内寄生期为9～10 个月，蛹期 1～2 个月，每年仅繁殖 1 代；而在南方温暖地区，其幼虫在鼻腔和副鼻窦内寄生期缩短到 25～35d，蛹期也缩短，因此每年可繁殖 2 代。

3. 流行病学

羊鼻蝇主要经过鼻孔感染。主要寄生于绵羊，间或寄生于山羊。在我国的西北、内蒙古、华北 、东北地区较为多见。一般在夏季开始感染发病，第 2 年春天幼虫向鼻孔外侧移行。

4. 临诊症状与病理变化

成蝇在侵袭羊群产幼虫时，羊群骚动，惊慌不安，互相拥挤，被侵袭的羊频频摇头、喷鼻，或低头奔跑，或以鼻孔抵地，或以头部埋于另一只羊的腹下或两腿间，严重影响羊的采食和休息，使其生长缓慢、消瘦。

当幼虫在羊鼻腔内固着或移动时，刺激和损伤鼻黏膜，引起发炎和肿胀，鼻腔流出浆液性或脓性分泌物，有时还混有血液，分泌物干涸后形成鼻痂，堵塞鼻孔导致呼吸困难。患羊表现打喷嚏，摇头，甩鼻子，摩擦鼻部，眼睑浮肿，流泪，食欲减退，日益消瘦。数月后症状逐步减轻，但到发育为第 3 期幼虫时，虫体变硬，增大，并逐步向鼻孔移行，症状又有所加剧。

少数第 1 期幼虫可能进入鼻窦，虫体在鼻窦中长大后，不能返回鼻腔，而致鼻窦发炎，甚至病害伤及脑膜，此时可见神经症状，即所谓的“假回旋病”。患羊表现运动失调，经常做旋转运动，最终可导致死亡。

5. 诊断

根据临诊症状、流行病学特点可做出初步诊断，死后剖检在鼻腔和副鼻窦内发现幼虫即可确诊。早期诊断可用药液喷入鼻腔，检查用药后的鼻腔喷出物，发现死亡幼虫可确诊。出现神经症状时，应与羊多头蚴病和莫尼茨绦虫病相区别。

6. 治疗

（1）伊维菌素　剂量为 0. 2mg/kg 体重，皮下注射，连用 2～3 次，可杀死各期幼虫。

（2）敌百虫　剂量为75mg/kg体重，配成水溶液口服，或用5%溶液肌肉注射，或用3%溶液喷入两侧鼻腔（每只羊15～20mL）或用气雾法（在密室中），对第1期幼虫杀灭效果较好。

（3）氯氰碘柳胺　剂量为5mg/kg体重，口服，或2.5mg/kg体重皮下注射，可杀死各期幼虫。

7. 预防

北方地区可在10～11月份进行1～2次药物预防，可杀灭第1、2期幼虫，同时避免发育为第3期幼虫，以减少危害。

（六）其他昆虫病

1. 吸血昆虫

吸血昆虫是指双翅目的一类昆虫，包括虻科、蚊科、蠓科、蚋科等。一般雌虫吸血，雄虫不吸血。

（1）病原体

①虻科（*Tabanidae*）：虫体粗壮，体长10～30mm，颜色随种类不同而异，常呈灰色或黄色。复眼大，占头部的大部分，雄虫两眼近，雌虫两眼分离，中间形成额带。触角短，分3节，刮舔式口器。翅1对，透明，翅脉复杂，中央有六角形的中室。足3对。腹部较宽，可见7节，末端为外生殖器。

②蚊科（*Culicidae*）：体长5～9mm，头部呈球形，复眼大，头下方有一个细长的喙，刺吸式口器，触角细长，由15～16节组成。腹部可见8节，末端2节衍生为生殖器。

③蠓科（*Ceratopogonidae*）：体长1～3mm，呈黑色或褐色。头部呈球形，复眼1对，呈肾形，刺吸式口器，触角细长，由13～15节组成。翅上密布细毛，有暗褐色翅斑。足3对，中足较长，后足较粗。腹部10节。雌虫尾端有1对圆形尾铗，雄虫尾端的外生殖器明显。

④蚋科（*Simuliidae*）：虫体小而粗壮，体长2～5mm，呈褐色或黑色。头部呈半球形，复眼大，口器发达而粗短，刺吸式口器，触角由9～11节组成。足短，背驼，翅宽大。腹部11节，末端1～3节衍生为生殖器。

（2）生活史

①虻的发育：属完全变态，包括卵、幼虫、蛹和成虫4个阶段。雌虻吸血后在植物叶上产卵，卵聚集块状，可产卵4次，一次产卵500～600个。虫卵经4～6d孵出幼虫并落入水中或湿土中，幼虫生活期较长，数月至1年，一般需经7～8次蜕皮，越冬后第2年春季化为蛹，蛹期7～15d，最后羽化为成虻。

②蚊的发育：属完全变态。卵、幼虫（孑孓）和蛹均在水中发育，而成虫则生活于陆地上。雌蚊吸血后产卵于水中，卵孵出幼虫，幼虫经3次蜕皮变为

蛹，幼虫期5~8d，蛹羽化为成蚊。自卵发育至成蚊需9~15d。

③蠓的发育：属完全变态。雌蠓吸血后产卵，每次产50~150个，经3~6d孵出幼虫，生活于水中或潮湿的堆肥中，幼虫的发育期很长，共4龄，经3~5周至5个月化为蛹，一般经3~5d羽化为成虫。多数以第4龄成熟幼虫越冬。

④蚋的发育：属完全变态。成蚋生活于陆地，雌蚋吸血后在水中产卵，一个雌蚋能产卵150~500个。经4~12d孵出幼虫，经3~10周多次蜕皮后成熟，然后化蛹，经2~10d羽化为成虫。从卵发育到成虫需2~4个月。

（3）主要危害

①直接危害：吸血昆虫直接侵袭动物皮肤时，注入含毒的唾液，使局部肿胀痛痒，甚至流血和炎症，影响采食和休息。

②间接危害：吸血昆虫能传播很多种细菌、病毒、原虫和蠕虫病等，是某些动物传染病和寄生虫病的重要传播媒介。

（4）防治

①化学防治：杀灭成虫和幼虫的药物可参照蜱和螨的治疗。

②生物防治：利用养殖能捕食吸血昆虫的动物来防治。

③环境防治：疏通沟渠，填平池沼洼地，铲除杂草，使水流畅通。

④遗传防治：利用改变吸血昆虫的遗传物质来降低其繁殖能力。

2. 绵羊虱蝇

绵羊虱蝇是指虱蝇科虱蝇属的无翅昆虫。主要寄生于绵羊体表，有时也寄生于山羊。主要特征为患病动物发痒、脱毛、消瘦。

（1）病原体　绵羊虱蝇（*M. ovinus*），虫体长4~6mm，翅退化，体表呈革质状，遍身短毛。头扁而短宽，嵌在前胸的一个窝内，活动范围极小，口器为刺吸式。头部和胸部均为深褐色，肢粗壮，末端有爪。腹部宽呈卵圆形，灰棕色。幼虫呈白色，圆形或卵圆形，不活动，黏附于绵羊的被毛上。蛹呈棕褐色，椭圆形，长3~4mm。

（2）生活史　绵羊虱蝇为永久性寄生虫。雌、雄蝇交配后10~12d开始产出幼虫，一生可产5~15个幼虫，产出的幼虫迅速化蛹，2~5周后羽化为成蝇。1年可繁殖6~10个世代。雌蝇可生存4~5个月。离开羊体的成蝇只能存活7d左右。

（3）流行病学　主要通过直接接触或间接接触传播。主要分布于西北、内蒙古及东北等牧区。

（4）临诊症状　绵羊虱蝇主要寄生于羊的颈部、胸部、腹部及肩部，吸食血液和汗脂，引起羊剧痒，不安，摩擦患部，导致被毛粗糙和脱落。被严重侵袭的羔羊，表现消瘦、贫血，尤其在冬季常导致衰竭死亡。

（5）诊断　根据典型症状和在寄生部位发现虱蝇确诊。

（6）防治　参照疥螨病的防治方法。

3. 蠕形蚤

蠕形蚤是指蠕形蚤科蠕形蚤属和羚蚤属的蚤类。高寒地区均有分布。主要侵袭绵羊、山羊，其次为牦牛、黄牛、马和野生动物。

（1）病原体　蠕形蚤：虫体左右扁平，体表覆盖有较厚的几丁质，呈棕色。身体分为头、胸、腹3部分。头部呈三角形，侧方有1对单眼，触角3对，位于触角沟内。刺吸式口器，雌、雄蚤均有发达的节间膜。胸部小，3节，有3对粗大的肢。腹部分为10节，后3节变为外生殖器。吸血后雌虫腹部显著增大，呈卵圆形。

（2）生活史　属完全变态，包括卵、幼虫、蛹和成虫4个阶段。成虫晚秋开始侵袭动物，雌虫吸血后产卵，卵经3～4d孵出幼虫，幼虫有3龄，经2～3周发育，蜕皮2次变为成熟幼虫，成熟幼虫做茧，蜕皮化为蛹，蛹经1～2周发育为成虫。到第2年温暖季节，蠕形蚤离开动物体，生活在外界环境中。

（3）主要危害　蠕形蚤寄生皮肤时大量吸血并排出含有血色的粪便，引起动物皮肤发痒和炎症，影响采食和休息。严重侵袭时，引起动物贫血、消瘦、衰弱，以至死亡。

（4）防治　治疗蠕形蚤可用有机磷类、菊酯类、伊维菌素等杀虫剂。对周围环境进行药物喷雾，避开此地放牧，减少被侵袭的机会。

项目思考

一、概念

蜕皮　完全变态　不完全变态

二、判断题

1. 疥螨的第3、第4对肢突出体缘。（　　）
2. 痒螨的4对肢均不突出体缘。（　　）
3. 猪血虱的头部比胸部窄。（　　）
4. 猪血虱的口器属于刺吸式。（　　）
5. 蜱和螨的发育属于完全变态，包括卵、幼虫、蛹、成虫4个阶段。（　　）

三、选择题

1. 虱属于（　　）。

A. 内寄生虫　　B. 蠕虫

C. 外寄生虫　　D. 原虫

2. 蠕形螨主要寄生于（　　）。

A. 胃和小肠 B. 气管和肺
C. 毛囊和皮脂腺 D. 肾和膀胱
3. 羽化是指昆虫（ ）。
A. 由卵变为幼虫的过程 B. 由幼虫变为蛹的过程
C. 由蛹变为成虫的过程 D. 由幼虫变为若虫的过程
4. 三宿主蜱在整个发育过程中需要更换宿主的次数为（ ）。
A. 不需要更换 B. 1
C. 2 D. 3
5. 发育包括卵、若虫、成虫 3 个阶段的寄生性昆虫有（ ）。
A. 羽虱 B. 蚋
C. 家蝇 D. 按蚊

四、填空题

1. 硬蜱的生活史分为（ ）、（ ）、（ ）3 种类型。
2. 常用的杀疥螨的药物有（ ）、（ ）、（ ）、（ ）、（ ）。
3. 以吸血为主的虱称为（ ），以毛或皮屑为食的虱称为（ ）。
4. 在硬蜱整个发育过程中，需有（ ）次蜕皮和（ ）次吸血期。

五、简答题

1. 简述蛛形纲和昆虫纲形态构造特征。
2. 简述硬蜱、软蜱、疥螨、痒螨、蠕形螨的生活史。
3. 简述硬蜱与软蜱主要形态特点及区别、对动物的危害和防治措施。
4. 简述疥螨与痒螨主要形态特征及对动物的危害和防治措施。
5. 简述牛皮蝇蛆病、羊鼻蝇蛆病、马胃蝇蛆病的危害。如何治疗和预防？
6. 简述吸血昆虫的主要危害。

项目八　原虫病的防治

知识目标

掌握主要原虫病的流行特点、临诊症状、病理变化、诊断要点、防治措施；了解原虫的分类、形态构造和繁殖方式。

技能目标

通过显微镜检查能识别主要原虫；通过学习主要原虫病病原体、生活史、流行病学、临诊症状和病理变化，使学生具备正确诊断和防治原虫病的能力。

必备知识

一、原虫概述

原虫是原生动物的简称，是单细胞动物，整个虫体由1个细胞构成，具有完整的生理功能。寄生于动物的腔道、体液、组织和细胞内。

（一）原虫的形态构造

1. 基本形态构造

原虫微小，多数在1～30μm，有圆形、卵圆形、柳叶形或不规则等形状，其不同发育阶段可有不同的形态。原虫的基本构造包括胞膜、胞质和胞核3部分。

（1）胞膜　是由3层结构的单位膜组成，能不断更新，胞膜可保持原虫的完整性，并参与摄食、营养、排泄、运动、感觉等生理活动。有些寄生性原虫的胞膜带有多种受体、抗原、酶类，甚至毒素。

（2）胞质（胞浆）　由均匀的基质和细胞器组成，基质分内质和外质。中央区的细胞质称为内质，周围区的称为外质。内质呈溶胶状态，内含细胞核、线粒体和高尔基体等细胞器，是原虫新陈代谢的重要场所。外质呈凝胶状态，具有维持虫体结构的作用。鞭毛、纤毛的基部均包埋于外质中。

（3）胞核　多数为囊泡状（纤毛虫除外），染色质在核的周围或中央，有1个或多个核仁（图8-1）。

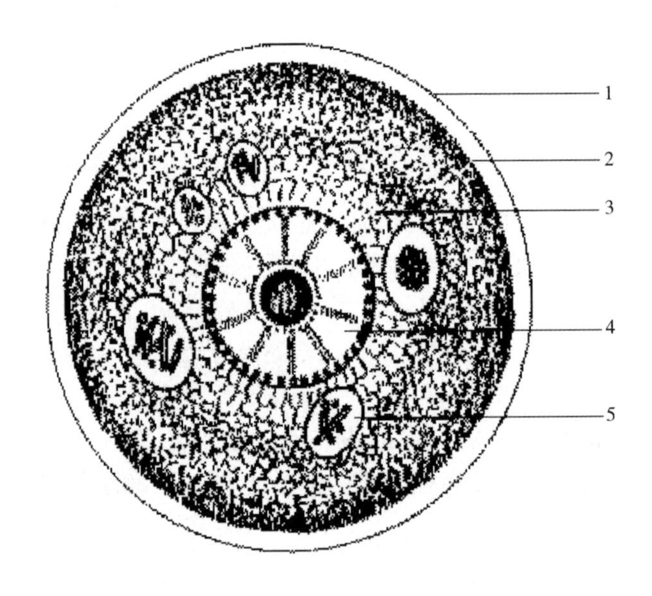

图8-1　原虫的形态构造

1—胞膜　2—外质　3—内质　4—胞核　5—食物泡

2. 运动器官

原虫运动器官有鞭毛、纤毛、伪足和波动嵴。

（1）鞭毛　很细，呈鞭子状。由中央的轴丝和外鞘构成。轴丝起始于细胞质中的1个小颗粒，称为毛基体；外鞘是细胞膜的延伸。鞭毛可以做多种形式的运动，快与慢、前进与后退、侧向或螺旋形。

（2）纤毛　结构与鞭毛相似，但较短，密布于虫体表面。此外，纤毛与鞭毛不同点是运动时的波动方式。纤毛平行于细胞表面推动液体，鞭毛平行于鞭毛长轴推动液体。

（3）伪足　可以引起虫体运动以获取食物。

（4）波动嵴　是孢子虫定位的器官。只有在电子显微镜下才能观察到。

3. 特殊细胞器

一些原虫有动基体和顶复合器等特殊的细胞器。

（1）动基体　是动基体目原虫所有，呈点状或杆状，位于毛基体后。是重要的生命活动器官。

（2）顶复合器　是顶复门原虫在生活史的某些阶段所具有的特殊结构。只有在电子显微镜下才可见到。

（二）原虫的生物学特性

1. 营养

原虫的营养方式主要有两种，一种是通过体表渗透的方式摄取营养，如锥虫；另一种是通过口孔（如变形虫）或胞口（如纤毛虫）摄取食物，食物在胞浆中的食物泡内被消化吸收，废物经胞肛或暂时的开孔排出。

2. 生殖

原虫的生殖有无性生殖和有性生殖两种方式。

（1）无性生殖

①二分裂：即1个虫体分裂为2个。分裂由毛基体开始，依次为动基体、核、细胞，形成两个大小相等的新个体。鞭毛虫为纵二分裂，纤毛虫为横二分裂。

②裂殖生殖：又称复分裂。细胞核先反复分裂，胞浆向核周围集中，产生大量的子代细胞。其母体称为裂殖体，后代称为裂殖子。1个裂殖体内可含有数十个裂殖子。球虫常以此方式繁殖。

③孢子生殖：是在有性生殖的配子生殖阶段形成合子后，合子所进行的复分裂。孢子体可形成多个子孢子。

④出芽生殖：分为外出芽和内出芽两种形式。外出芽生殖是从母细胞边缘分裂出1个子个体，脱离母体后形成新的个体。内出芽生殖是在母细胞内形成两个子细胞，子细胞成熟后，母细胞破裂释放出两个新个体。

（2）有性生殖

①接合生殖：两个虫体结合，进行核质交换，核重建后分离，成为两个含有新核的个体。多见于纤毛虫。

②配子生殖：虫体在裂殖生殖过程中出现性分化，一部分裂殖体形成大配子体（雌性），一部分形成小配子体（雄性）。大、小配子体发育成熟后分别形成大、小配子，小配子进入大配子内，结合形成合子。1个小配子体可产生若干小配子，而1个大配子体只产生1个大配子（图8－2）。

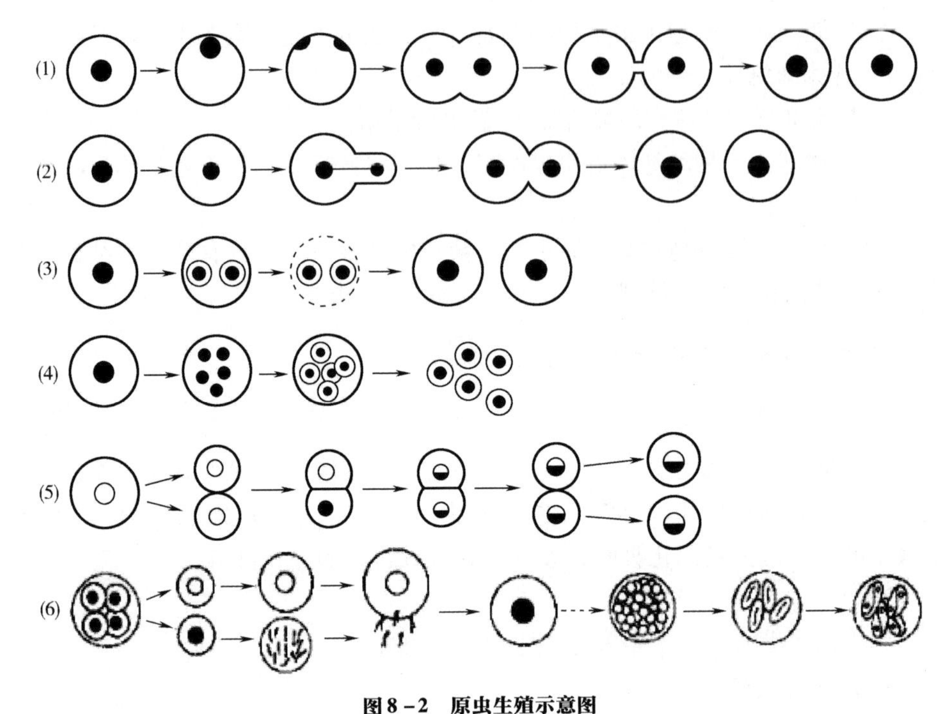

图 8－2 原虫生殖示意图

（1）二分裂 （2）外出芽生殖 （3）内出芽生殖 （4）裂殖生殖 （5）接合生殖 （6）配子生殖

（三）原虫的分类

目前，已记录的原生动物有 65000 多种，其中 10000 多种营寄生生活，所以原虫的分类十分复杂，始终处于动态之中，至今尚未统一。随着分子生物学技术在原生动物分类上的应用，从基因水平上建立理想的分类系统提供了依据。在此根据原虫分类学家推荐的分类系统，主要介绍与兽医关系密切的种类。在这一分类系统中，原生动物为原生生物界的 1 个亚界。

肉足鞭毛门（Sarcomastigophora）

鞭毛亚门（Mastigophora）

动鞭毛纲（Zoomastigophorea）

动基体目（Kinetoplastida）

锥体亚目（Trypanosomatina）

锥体科（Trypanosomatidae）

利什曼属（*Leishmania*）

锥体属（*Trypanosoma*）

双滴虫目（Diplomonadida）

双滴虫亚目（Diplomonadina）

六鞭科（Hexamitidae）
贾第属（*Giardia*）
毛滴虫目（Trichomonadida）
毛滴虫科（Trichomonadidae）
三毛滴虫属（*Tritrichomonas*）
单毛滴虫科（Monocercomonadidae）
组织滴虫属（*Histomonas*）
顶复门（Apicomplexa）
孢子虫纲（Sporozoea）
球虫亚纲（Coccidia）
真球虫目（Eucoccidiida）
艾美耳亚目（Eimeriina）
艾美耳科（Eimeriidae）
艾美耳属（*Eirneria*）
等孢属（*Isospora*）
温扬属（*Wenyonella*）
泰泽属（*Tyzzeria*）
隐孢子虫科（Cryptosporidiadae）
隐孢子属（*Cryptosporidium*）
肉孢子虫科（Sarcocystidae）
肉孢子虫属（*Sarcocystis*）
弓形虫属（*Toxoplasma*）
贝诺孢子虫属（*Besnoitia*）
新孢子虫属（*Neospora*）
血孢子虫亚目（Haemosporina）
疟原虫科（Plasmodiidae）
疟原虫属（*Plasmodium*）
血变原虫科（Haemoproteidae）
住白细胞虫科（Leucocytozoidae）
梨形虫亚纲（Piroplasmia）
梨形虫目（Piroplasmida）
巴贝斯科（Babesiidae）
巴贝斯属（*Babesia*）
泰勒科（Theileriidae）
泰勒属（*Theileria*）

纤毛门（Ciliphora）

动基裂纲（Kinetofragminophorea）

前庭亚纲（Vestibuliferia）

毛口目（Trichostomatida）

毛口亚目（Trichostomatina）

小袋科（Balantidiidae）

小袋虫属（*Balantidium*）

二、动物原虫病的防治

（一）伊氏锥虫病

伊氏锥虫病是由锥体科锥体属的伊氏锥虫寄生于马属动物和其他动物血液中引起的寄生虫病。又称为“苏拉病”。主要临诊特征为进行性消瘦、贫血、黏膜出血、黄疸，高热、心机能衰退，伴发水肿和神经症状等。

1. 病原体

伊氏锥虫（*T. euansi*），虫体细长，大小为（18～34）μm×（1～2）μm。呈弯曲的柳叶状，前端尖后端钝。虫体中部有一椭圆形的泡状胞核。虫体后端有点状动基体和毛基体，由毛基体生出一根鞭毛，长约6μm，沿虫体边缘的波动膜向前延伸，并游离出体外（图8－3）。

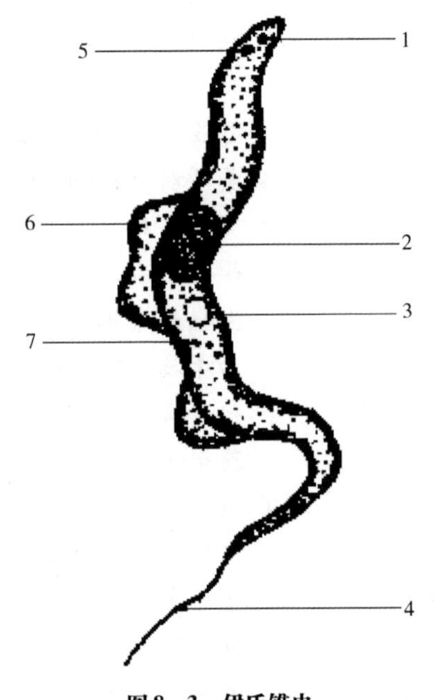

图8－3 伊氏锥虫

1—动基体 2—核 3—空泡 4—游离鞭毛 5—毛基体 6—波动膜 7—颗粒

2. 生活史

伊氏锥虫寄生于易感动物的血液、淋巴液和造血器官中，以体表渗透吸收营养，以纵二分裂法繁殖。

当吸血昆虫吸食病畜或带虫动物的血液时将虫体吸入其体内，再叮咬其他动物时使其感染。为单宿主发育型。

3. 流行病学

（1）感染来源　患病或带虫的马属动物和犬，还有黄牛、水牛、羊、骆驼、猪等，病原体存在于血液中。带虫时间牛可达2～3年，骆驼可达5年之久。

（2）传播媒介　虻类和吸血蝇类是主要传播者，虫体在其体内并不进行发育，生存时间也较短。

（3）感染途径 主要经生物媒介（如牛虻和螫蝇等）经吸血的方式传播感染，也可经过胎盘感染胎儿。用污染虫体的注射器和手术器械诊疗健康家畜时亦可造成感染。肉食动物在食入新鲜病肉时可通过消化道伤口而感染。

（4）地理分布 主要流行于南方。

（5）季节动态 流行季节与吸血昆虫的活动有关，发病季节多在5~10月份，7~9月份为高峰期。但在南方部分地区，螫蝇终年不断，此病也可常年发生。

4. 临诊症状

马属动物感染后多呈急性经过，潜伏期5~11d。体温升高40℃以上，呈弛张热或稽留热，数日后转为典型的间歇热。精神沉郁，食欲减退，呼吸急促，脉搏加快。初期眼结膜发炎，潮红、肿胀，后期变为苍白、出血、黄染，眼内有脓性分泌物。间歇期症状减轻，反复数次后，症状加重，表现消瘦，高度贫血，体表水肿。后期昏睡，步态强拘、不稳，尿量减少，尿色深黄、黏稠。末期出现后驱麻痹，倒地死亡。病程1~2个月。

牛感染后多呈慢性经过，表现为精神委顿，行走无力，日渐消瘦，四肢下部、胸前、腹下发生浮肿，皮肤龟裂，甚至溃烂，流出少量淡黄色的黏液，结痂脱毛，严重时发生坏死。母牛感染时，常见流产、死胎或泌乳量减少，甚至停乳。经胎盘感染的犊牛可于出生后2~3周内急性发作死亡。

5. 病理变化

多在胸前、腹下发生皮下水肿和胶样浸润。体表淋巴结肿大、充血，断面呈髓样浸润。血液稀薄，凝固不全。骨骼肌混浊肿胀，呈煮肉样。胸、腹腔内有大量的浆液性液体。脾脏肿胀，脾髓常呈锈棕色。肝脏肿大、淤血、脆弱，切面呈淡红色或灰褐色，肉豆蔻状，小叶明显。牛第3、第4胃及小肠黏膜有出血灶。

6. 诊断

根据流行病学、临诊症状、血液病原学检查综合确诊。可采耳尖静脉血做血液压滴标本镜检或血液涂片以姬姆萨氏或瑞氏染色镜检。因虫体在末梢血液中可周期性出现，故在体温升高时采血检出率较高。

动物接种试验检出率很高。常用病畜血液做腹腔或皮下接种于小白鼠0.1~0.2mL，或家兔15mL，接种后每隔3d采血检查1次，连续1个月以上检查无虫体，可判为阴性。

7. 治疗

本病应早期治疗，用药量要足，并注意更换用药。并配合对症治疗和加强护理。伊氏锥虫有不同的地理株，各虫株对各种抗锥虫药的敏感性不同，应注意药物选择。

（1）萘磺苯酰脲（纳加诺、拜耳205、苏拉明）　剂量为马10mg/kg体重，极量为4g，配成10%溶液，静脉注射，1个月后再注射1次。与锑剂、砷剂及安锥赛等配合应用可提高疗效。用药后的副作用为个别动物有体表水肿、口炎、肛门及蹄冠糜烂、跛行、荨麻疹等。用下列药物缓解：氯化钙10g，苯甲酸钠咖啡因5g，葡萄糖30g，生理盐水1000mL，混合后静脉注射，每天1次，连用3d。

（2）硫酸甲基喹嘧胺（安锥赛）　剂量为牛3~5mg/kg体重，马5mg/kg体重，配成10%溶液，1次皮下或肌肉注射，必要时2周后再用药1次。也可与苏拉明交替使用，效果更好。

（3）三氮脒（血虫净、贝尼尔）　剂量为马、牛3.5mg/kg体重，配成5%溶液，深部肌肉注射，每日1次，连用2~3d。骆驼对此药敏感，故不宜用。

（4）锥嘧啶　剂量为马0.5mg/kg体重，配成0.2%~0.5%溶液做缓慢静脉注射；牛1mg/kg体重，配成1%~2%溶液作臀部深层肌肉注射。

8. 预防

疫区应在感染季节前和冬季对易感动物进行检查，对阳性动物进行治疗，对假定健康动物可在感染季节前进行药物预防，可用安锥赛预防盐（含硫酸甲基喹嘧胺1.5份、氯化喹嘧胺2份）颈部皮下注射，有效预防期为3.5个月。一旦发生本病应及时隔离治疗。

加强对家畜的检疫，新进的家畜需隔离观察20d，确认健康后，方可合群饲养。搞好环境卫生，消灭传播媒介，病畜尸体应深埋或烧毁。手术器械和注射器要严格消毒。

（二）牛胎儿毛滴虫病

牛胎儿毛滴虫病是由毛滴虫科三毛滴虫属的胎儿三毛滴虫寄生于牛生殖器官内引起的寄生虫病。主要特征为生殖器官炎症、机能减退、孕牛流产等。

1. 病原体

胎儿三毛滴虫（*T. foetus*），虫体呈纺锤形、梨形，大小为（10~25）μm×（3~15）μm。虫体前半部有核，有波动膜，有前鞭毛3根，后鞭毛1根；中部有1个轴柱，贯穿虫体前后，并突出于虫体尾端（图8-4）。在不良环境下，虫体失去鞭毛和波动膜，多呈圆形且不运动。悬滴标本中可见其运动性。

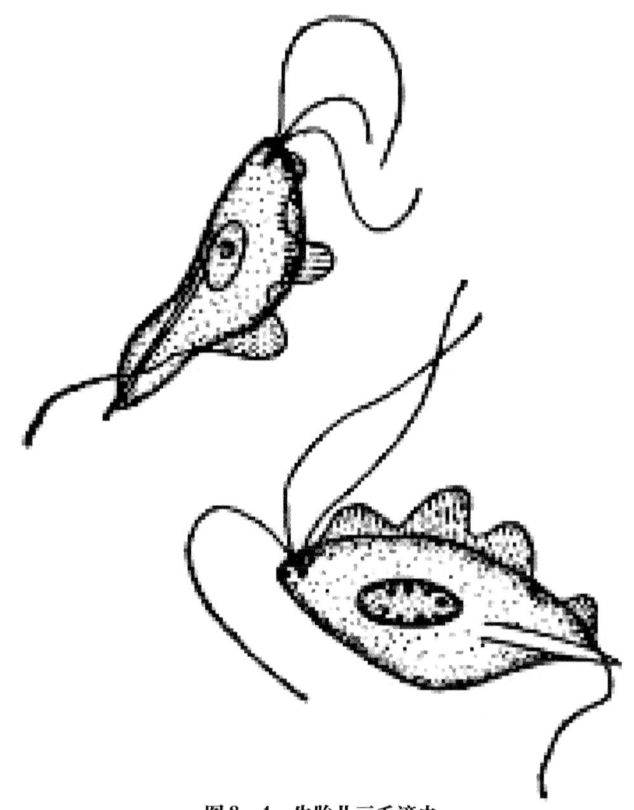

图 8－4　牛胎儿三毛滴虫

2. 生活史

牛胎儿三毛滴虫主要寄生于母牛阴道和子宫内，公牛包皮鞘、阴茎黏膜和输精管等处。母牛怀孕后虫体可寄生在胎儿的皱胃、体腔以及胎盘和胎液中。虫体以纵二分裂方式进行繁殖。

3. 流行病学

患病或带虫牛是主要的感染来源，尤其是公牛感染后以隐性表现为主，但可带虫 3 年，对本病的传播起着重要作用。患病孕牛的胎液、胎膜及流产胎儿的第 4 胃内也有大量的虫体。感染多发生在配种季节，主要通过交配感染，人工授精时带虫的精液和器械亦可传播。虫体对外界抵抗力较弱，对热敏感，对冷有较强的耐受性。对化学消毒药敏感，一般消毒剂均可杀死虫体。放牧和提供富含维生素 A、维生素 B 和矿物质的全价饲料，可提高牛对本病的抵抗力。

4. 临诊症状

公牛感染后 12d，发生黏液脓性包皮炎，包皮肿大，分泌出大量的脓性分泌物，同时在包皮黏膜上出现粟粒大小的结节，有痛感，不愿交配。随着病情的发展，由急性转为慢性，症状消失，但仍带虫，成为主要的传染来源。

母牛感染后1～3d，出现阴道红肿，黏膜可见粟粒大结节，排出黏液性或黏液脓性分泌物。怀孕后1～3个月多发生流产、死胎。造成子宫内膜炎、子宫蓄脓、发情期延长或不孕。

5. 诊断

根据流行病学（是否配种季节）、临诊症状及实验室检查综合确诊。实验室检查采集病牛生殖道分泌物，用生理盐水稀释2～3倍后制成压滴标本镜检，或收集生殖器官冲洗液、胎液、流产胎儿的皱胃内容物，离心后观察沉渣，发现虫体后确诊。

6. 治疗

可用0.2%碘液、0.1%黄色素或0.1%三氮脒，冲洗病牛生殖道，每天1次，连用数天。甲硝唑剂量为10mg/kg体重，配成5%溶液静脉注射，每天1次，3d为一疗程。

7. 预防

引进种公牛时要做好检疫；公、母牛分开饲养；推广人工受精，但人工授精器械及授精员手臂要严格消毒；被污染的环境严格消毒；一般种公牛感染应进行淘汰。

（三）禽组织滴虫病

禽组织滴虫病是由单毛滴虫科组织滴虫属的火鸡组织滴虫寄生于禽的盲肠和肝脏引起的寄生虫病，又称“盲肠肝炎”或“黑头病”。主要特征为鸡冠、肉髯发绀，呈暗黑色；盲肠炎和肝炎。

1. 病原体

火鸡组织滴虫（*H. meleagridis*），为多形性虫体，随寄生部位和发育阶段的不同，形态变化很大。非阿米巴阶段的虫体近似球形，直径为3～16μm，在组织细胞中单个或成堆存在，有动基体，但无鞭毛，见于盲肠细胞和肝细胞内。阿米巴阶段的虫体高度多样性，常伸出1个或数个伪足，有1根粗壮的鞭毛，细胞核呈球形、椭圆形，大小为（6～14）μm×（8～16）μm，见于肠腔和盲肠黏膜间隙。肠腔中的阿米巴形虫体细胞外质透明，内质呈颗粒状并含有吞噬细胞、淀粉颗粒等空泡（图8－5）。

2. 生活史

以二分裂法繁殖。寄生于盲肠内的组织滴虫，可进入鸡异刺线虫的卵巢中繁殖，并进入其卵内。虫卵排到外界后，组织滴虫因有虫卵的保护，故能在外界环境中生存很长时间。禽类因吞食含滴虫的异刺线虫卵而感染，从而成为重

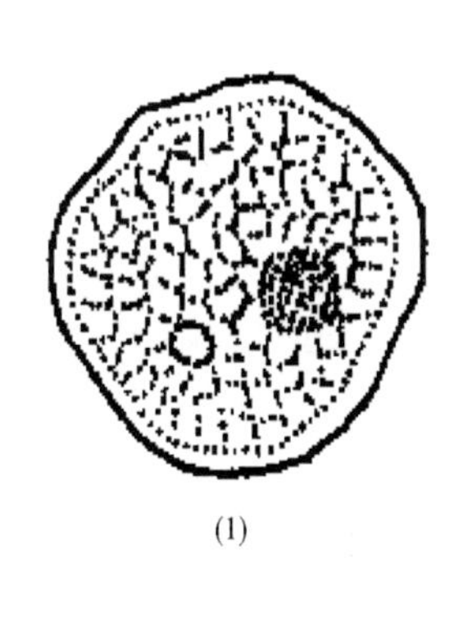

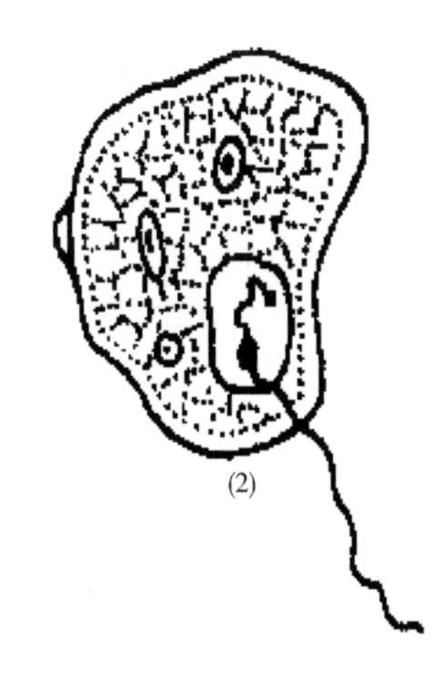

图 8－5　火鸡组织滴虫

（1）肝脏病灶内虫体　（2）盲肠病灶内虫体

要的感染来源。而随鸡等禽类的粪便排出的组织滴虫则非常脆弱，数分钟即死亡，因此，这种感染方式一般不易发生。

3. 流行病学

患病或带虫鸡等禽类是主要的感染来源，病原体存在于粪便中的鸡异刺线虫卵内。经口感染。自然感染情况下，火鸡最易感，尤其是 3～12 周龄的雏火鸡，死亡率也最高，鸡在 4～6 周龄易感性最强。蚯蚓是本虫的转运宿主。火鸡组织滴虫可随同鸡异刺线虫卵被蚯蚓食入体内，当鸡吃入蚯蚓时，同时感染鸡异刺线虫和组织滴虫。

4. 临诊症状

潜伏期 15～20d，病鸡精神不振，食欲缺乏，呆立，羽毛蓬松、翅下垂，步态蹒跚，眼半闭，头下垂，畏寒，下痢，排淡黄色或淡绿色粪便，严重者粪中带血，甚至排出大量血液。疾病末期，鸡冠、肉髯发绀，呈暗黑色，故称“黑头病”。病愈鸡的体内仍有组织滴虫，带虫者可持续向外排虫长达数周或数月。成年鸡多为隐性感染。

5. 病理变化

盲肠呈单侧或双侧肿胀，肠壁肥厚，内腔充满浆液性或出血性渗出物，常形成干酪状的盲肠肠芯，间或盲肠穿孔，引起腹膜炎。肝脏肿大，呈紫褐色，表面出现圆形、黄绿色、边缘隆起中央下陷的坏死灶，直径可达 1cm，单独存在或融合成片。

6. 诊断

根据特征性病理变化和临诊症状可做出诊断。采集新鲜盲肠内容物或刮取盲肠黏膜刮取物，用加温至 40℃的生理盐水稀释后，制成悬滴标本镜检，即可见到钟摆式运动的火鸡组织滴虫。

7. 治疗

（1）呋喃唑酮（痢特灵） 按0.04%混入饲料，连用7~10d；预防按0.011%~0.022%混入饲料，休药期5d。

（2）甲硝唑 按0.025%混入饲料，连用5d；预防按0.02%混入饲料，休药期5d。

8. 预防

搞好环境卫生，定期用3%氢氧化钠溶液喷洒鸡舍和运动场，保持鸡舍通风干燥；由于鸡异刺线虫在传播组织滴虫中起重要作用，因此杀灭异刺线虫卵是有效的预防措施，成鸡应定期驱除异刺线虫；加强饲养管理，成鸡和幼鸡单独饲养。

（四）巴贝斯虫病

巴贝斯虫病是由巴贝斯科巴贝斯属的原虫寄生于动物红细胞内引起的寄生虫病。旧名称为“焦虫病”。由于经蜱传播，故又称为“蜱热”。主要特征为高热、贫血、黄疸及血红蛋白尿，死亡率很高。

1. 病原体

巴贝斯虫种类很多，我国已报道的有7种，分别感染牛、羊、马、犬等，均具有多形性，主要有梨籽形、圆形、卵圆形、环形及不规则形等多种形态。虫体大小也存在很大差异，长度大于红细胞半径的称为大型虫体，虫体内有两团染色质，位于虫体边缘，两个梨籽形虫体以其尖端呈锐角相连，呈双梨籽形；长度小于红细胞半径的称为小型虫体，体内只有一团染色质，常位于虫体边缘，两个梨籽形虫体以其尖端呈钝角相连，呈双梨籽形，或4个梨籽形虫体以其尖端相连，呈“十”字形。虫体大小、排列方式、在红细胞中的位置、染色质团块数与位置及典型虫体的形态等都是鉴定虫种的依据。典型虫体的形态具有诊断意义（图8-6）。

（1）双芽巴贝斯虫（*B. bigemina*） 寄生于牛。虫体长2.8~6μm，为大型虫体，有2团染色质块。每个红细胞内多为1~2个虫体，多位于红细胞中央。姬姆萨氏染色后，胞浆呈淡蓝色，染色质呈紫红色：红细胞染虫率为2%~15%。虫体形态随病程的发展而变化，初期以单个虫体为主，随后双梨籽形虫体所占比例逐渐增多。典型虫体为成双的梨籽形以尖端相连成锐角。

（2）牛巴贝斯虫（*B. bovis*） 寄生于牛，虫体长1~2.4μm，为小型虫体，有1团染色质块。每个红细胞内多为1~3个虫体，多位于红细胞边缘。红细胞染虫率一般不超过1%。典型虫体为成双的梨籽形以尖端相连成钝角。

（3）卵形巴贝斯虫（*B. ovata*） 寄生于牛，为大型虫体，多为卵形，中

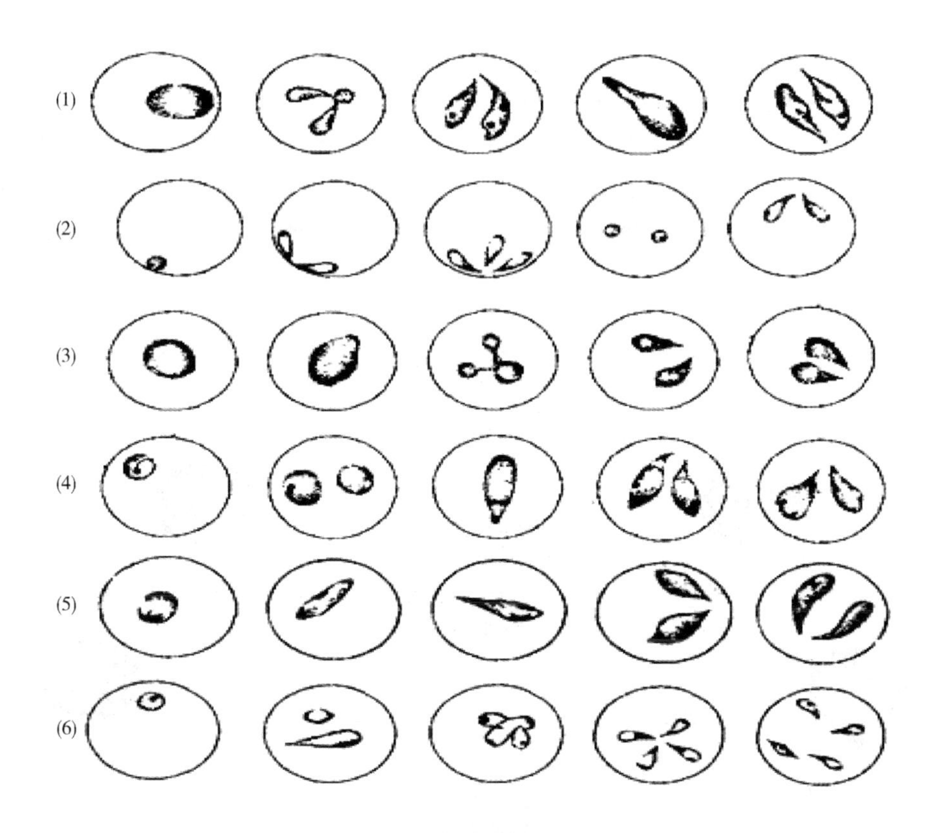

图 8-6　红细胞内的巴贝斯虫

（1）双芽巴贝斯虫　（2）牛巴贝斯虫　（3）卵形巴贝斯虫
（4）莫氏巴贝斯虫　（5）驽巴贝斯虫　（6）马巴贝斯虫

央一般不着色，形成空泡。虫体多数位于红细胞中央。典型虫体为双梨籽形，较宽大，两尖端成锐角相连或不相连。

（4）莫氏巴贝斯虫（*B. motasi*）　寄生于羊，为大型虫体。有 2 团染色质块。虫体多数位于红细胞中央，大多为双梨籽形（占 60% 以上）。典型虫体为双梨籽形以锐角相连。

（5）驽巴贝斯虫（*B. caballi*）　寄生于马，虫体长 2.8 ~ 4.8μm，为大型虫体，呈梨籽形，多数位于红细胞中央。

（6）马巴贝斯虫（*B. equi*）　寄生于马，属小型虫体，虫体特征为 4 个梨籽形虫体以其尖端连成“十”字形。

2. 生活史

巴贝斯虫的发育过程基本相似，需要转换 2 个宿主才能完成其发育，一个是中间宿主－哺乳动物，另一个是终末宿主－蜱。现以双芽巴贝斯虫为例：

带有双芽巴贝斯虫子孢子的牛蜱叮咬牛时，子孢子随蜱的唾液进入牛的血液，虫体在红细胞内，以“成对出芽”的方式进行繁殖，产生裂殖子。当红细胞破裂后，释放出的虫体再侵入新的红细胞，重复上述发育，最后形成配子体。当蜱吸食带虫牛或病牛血液时，配子体进入蜱体内进行配子生殖，发育成配子，两种配子配对融合形成合子。然后在蜱的唾液腺等处进行孢子生殖，产生许多子孢子。当蜱吸食健康牛血液时再将虫体接种到其体内进入血液而使牛感染（图8－7）。

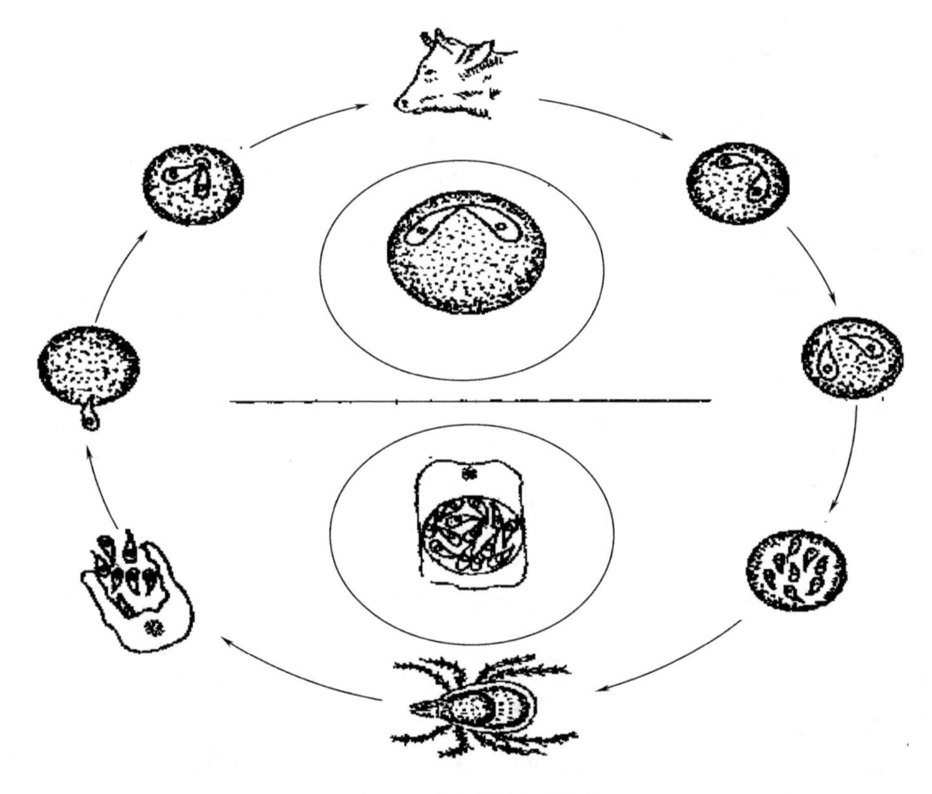

图8－7 牛巴贝斯虫生活史

3. 牛羊巴贝斯虫病

本病主要是由双芽巴贝斯虫、牛巴贝斯虫、卵形巴贝斯虫和莫氏巴贝斯虫寄生于牛、羊红细胞内引起的疾病。

（1）流行病学

①感染来源：患病或带虫牛、羊，病原体存在于红细胞中。

②感染途径：经生物媒介（蜱）传播感染，也可经胎盘传播给胎儿。

③传播媒介：双芽巴贝斯虫的传播者为牛蜱属、扇头蜱属和血蜱属的蜱，我国为微小牛蜱。牛巴贝斯虫的传播者为硬蜱属、扇头蜱属的蜱等，我国为微

小牛蜱。卵形巴贝斯虫的传播者为长角血蜱。传播莫氏巴贝斯虫的蜱尚未定种。

④蜱传阶段：双芽巴贝斯虫以经卵传递方式，由次代若蜱和成蜱阶段传播，幼蜱阶段无传播能力。牛巴贝斯虫以经卵传递方式由次代幼蜱传播，而次代若蜱和成蜱阶段无传播能力。卵形巴贝斯虫以经卵传递方式由次代幼蜱、若蜱及成蜱阶段均可传播。莫氏巴贝斯虫的蜱传阶段尚无定论。

⑤地理分布与季节动态：凡有传播蜱存在的地区均有本病流行。由于传播蜱的分布具有地区性，活动具有季节性，因此，本病的发生与流行也具有明显的地区性和季节性，每年春末至秋季均可发病。由于主要传播蜱在野外发育繁殖，所以本病多发生于放牧时期，舍饲牛则发病较少。

⑥易感年龄：双芽巴贝斯虫以 2 岁以内的犊牛发病率高，但症状较轻，死亡率低；牛巴贝斯虫病则多见于 7 月龄以内的牛。成年牛发病率低，但症状较重，死亡率高，尤其是老、弱及使役过度的牛发病更加严重。纯种牛及外地引进牛易发病，发病较重且死亡率高，而当地牛具有一定的抵抗力。

（2）临诊症状　潜伏期为 1 ~ 2 周。病初表现高热稽留，体温可达 40 ~ 42℃，脉搏和呼吸加快，精神沉郁，食欲减退甚至废绝，反刍迟缓或停止，便秘或腹泻，有的病牛还排出黑褐色、恶臭带有黏液的粪便。乳牛泌乳减少或停止，妊娠母牛常发生流产。病牛迅速消瘦、贫血、黏膜苍白或黄染。由于红细胞被大量破坏而出现血红蛋白尿。治疗不及时的重症病牛可在 4 ~ 8d 内死亡，死亡率可达 50% ~ 80%。慢性病例，体温在 40℃左右持续数周，食欲减退，渐进性贫血和消瘦，需经数周或数月才能康复。幼龄病牛中度发热仅数日，心跳略快，略显虚弱，轻度贫血或黄染，退热后可康复。

在出现血红蛋白尿时进行实验室检查，可见血液稀薄，红细胞数降至 200 万/mm^3 以下，血沉加快显著，红细胞着色淡，大小不均，血红蛋白减少到 25% 左右。白细胞在病初变化不明显，随后数量可增加 3 ~ 4 倍，淋巴细胞增加，嗜中性细胞减少，嗜酸性细胞降至 1% 以下或消失。

（3）病理变化　尸体消瘦，血液稀薄如水，凝固不良。皮下组织、肌间结缔组织及脂肪均有不同程度的黄染和水肿；脾脏肿大 2 ~ 3 倍，脾髓软化呈暗红色；肝脏肿大呈黄褐色，胆囊肿大，胆汁脓稠；肾脏肿大，肺淤血、水肿，心肌松软，心内膜和心外膜、心冠脂肪、肝、脾、肾、肺脏等表面有不同程度的出血；膀胱膨大，黏膜有出血点，内有多量红色尿液。皱胃黏膜和肠黏膜水肿、出血。

（4）诊断　根据流行病学特点、临诊症状、病理变化和实验室常规检查初步诊断，确诊须做血液寄生虫学检查。还可用特效抗巴贝斯虫药物进行治疗性诊断。也可用固相酶联免疫吸附试验（ELISA）、间接血凝试验（IHA）、补体结合反应（CF）、间接荧光抗体试验（IFAT）等免疫学诊断方法。其中 ELISA 和 IFAT 主要用于带虫率较低的牛、羊的检疫和疫区流行病学调查。

（5）治疗　采用特效抗巴贝斯虫药物治疗，辅以退热、强心、补液和健胃等对症和支持疗法。

①咪唑苯脲：剂量为 1 ~ 3mg/kg 体重，配成 10% 的水溶液肌肉注射。该药在体内残留期较长，休药期不少于 28d。对各种巴贝斯虫均有较好效果。

②三氮脒（贝尼尔）：剂量为 3.5 ~ 3.8mg/kg 体重，配成 5% ~ 7% 溶液深部肌肉注射。有时会出现毒性反应，表现起卧不安、肌肉震颤、频频排尿等。骆驼敏感，不宜应用。水牛较敏感，一般 1 次用药较安全，连续用药应谨慎。妊娠牛、羊慎用。休药期为 28 ~ 35d。

③硫酸喹啉脲（阿卡普林）：剂量为 0.6 ~ 1mg/kg 体重，配成 5% 水溶液皮下注射。本药毒性较大，用药后可出现起卧不安、肌肉震颤、流涎、出汗、呼吸困难等不良反应，一般于 1 ~ 4h 后自行消失。有时导致妊娠牛、羊流产；毒性反应严重者可注射阿托品缓解。

④锥黄素（吖啶黄）：剂量为 3 ~ 4mg/kg 体重，配成 0.5% ~ 1% 水溶液静脉注射，症状未减轻时，24h 后再注射 1 次。病牛在治疗后数日内避免烈日照射。

（6）预防　做好灭蜱工作，实行科学轮牧，在蜱流行季节，牛、羊尽量不到蜱大量孳生的草场放牧；必要时可改为舍饲；加强检疫，对外地调进的牛、羊等，特别是从疫区调进时，一定要检疫后隔离观察，患病或带虫者应进行隔离治疗；在发病季节，可用咪唑苯脲进行预防，预防期一般为 3 ~ 8 周。

4. 马巴贝斯虫病

本病是由驽巴贝斯虫和马巴贝斯虫寄生于马属动物的红细胞内引起的疾病。临诊主要表现为高热、贫血、黄疸、出血和呼吸困难等重剧症状，治疗不及时死亡率极高。

（1）流行病学　本病的传播媒介是多种蜱，主要是革蜱。母马体内的虫体可经胎盘感染胎儿。耐过马匹可长期带虫免疫，疫区的马匹一般不发病或仅表现轻微的临诊症状而耐过，由外地进入疫区的新马和新生的幼驹容易发病。发病季节多在 2 ~ 6 月，3 ~ 4 月为发病高峰期，秋季也可出现少数病例。内蒙古、东北、西北和新疆等地多发生本病。

（2）临诊症状　潜伏期为 7 ~ 21d，病初高热 40 ~ 41℃，稽留热或弛张热 4 ~ 7d，精神沉郁，反应迟钝，肌肉震颤，重者昏迷；食欲减退或废绝；可视黏膜潮红黄染，后转为苍白黄染，有时见出血点；心律不齐，心悸；呼吸急促，肺泡音粗粝；粪便初干硬，后腹泻，带有黏液或血液；尿少黏稠呈茶色。

病程 2～10d，病马后期因高度贫血、呼吸困难和心力衰竭死亡。幼驹发病症状比成年马严重。

（3）诊断　在疫区的流行季节，如病马的典型症状（高热、贫血、黄疸等）应考虑为本病。血液检查发现虫体是确诊的依据。虫体检查一般在病马发热期进行，应反复检查或用集虫法检查。无条件进行血液检查时，可进行诊断性治疗。

（4）治疗　应停止病马的使役，给予易消化的饲料和加盐的清水，仔细检查和消灭体表的蜱。根据病情，按“急则治标，缓则治本”的原则制定治疗方案。用药同牛巴贝斯虫病。

（5）预防　在本病发病地区，要做好防蜱工作；在出现第一批病例后，为了防止易感马匹发病，可采取药物预防注射（与治疗同剂量）。在无本病但有蜱活动的地区，对外来马匹要严格检疫，防止带虫马进入，并要消灭马匹体表的蜱。

（五）泰勒虫病

泰勒虫病是由泰勒科泰勒属的原虫寄生于牛、羊等动物的巨噬细胞、淋巴细胞和红细胞内引起的疾病。主要特征为高热稽留、贫血、黄染和体表淋巴结肿大。发病率和死亡率都很高。

1. *病原体*

病原体主要有环形泰勒虫、瑟氏泰勒虫和山羊泰勒虫 3 种。

（1）环形泰勒虫（*T. annulata*）　寄生于牛的红细胞内［图 8－8（1）］。虫体有环形、杆形、圆形、卵圆形、梨籽形、逗点形、十字形和三叶形等多种形态，其中以环形和卵圆形为主，占总数的 70%～80%。小型虫体为 0.5～2.1μm，有一团染色质，多数位于虫体一侧边缘，经姬姆萨氏染色，原生质呈淡蓝色，染色质呈红色。裂殖体出现于单核巨噬系统的细胞内，如巨噬细胞、淋巴细胞等，或游离于细胞外，称为柯赫氏体、石榴体，虫体圆形，平均直径为 8μm，内含许多小的裂殖子或染色质颗粒［图 8－8（2）］。

（2）瑟氏泰勒虫（*T. sergereti*）　寄生于牛的红细胞内。虫体以杆形和梨籽形为主，占总数的 67%～90%，但在疾病的上升期，二者的比例有所变化，杆形为 60%～70%，梨籽形为 15%～20%。其他与环形泰勒虫相似。

（3）山羊泰勒虫（*T. hirci*）　寄生于绵羊和山羊的红细胞内。虫体以圆形多见，直径为 0.6～1.6μm，1 个红细胞内一般只有 1 个虫体，有时可见 2～3 个。红细胞染虫率 0.5%～30%，最高可达 90% 以上。裂殖体可见于淋巴结、脾和肝脏等涂片中。其他与环形泰勒虫相似。

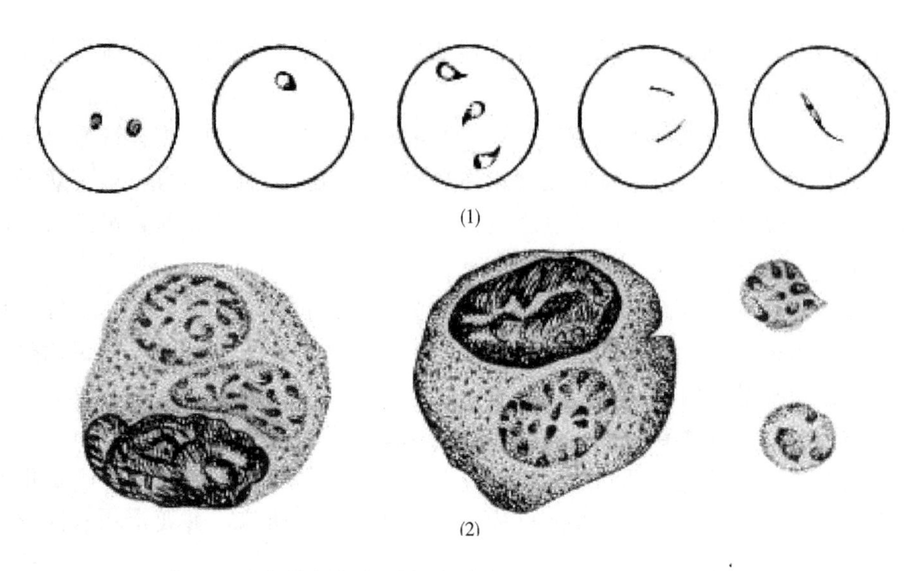

图8-8　红细胞内的环形泰勒虫（1）和环形泰勒虫裂殖体（2）

2. 生活史

寄生于牛、羊体内的各种泰勒虫的发育过程基本相似。

带有泰勒虫子孢子的蜱吸食牛、羊血液时，子孢子随蜱的唾液进入其体内，首先侵入局部单核巨噬系统的细胞内进行裂殖生殖，形成大裂殖体。大裂殖体发育成熟后破裂，释放出许多大裂殖子，大裂殖子又侵入其他巨噬细胞和淋巴细胞内重复上述裂殖生殖过程。与此同时，部分大裂殖子随淋巴和血液循环扩散到全身，侵入其他脏器的巨噬细胞和淋巴细胞再进行裂殖生殖，经若干世代后，形成小裂殖体，小裂殖体发育成熟后，释放出小裂殖子，进入红细胞内发育为配子体。幼蜱或若蜱吸食病牛或带虫牛血液时，把含有配子体的红细胞吸入体内，配子体由红细胞逸出，变为大配子和小配子，二者结合形成合子，继续发育为动合子。当蜱完成蜕化时，动合子进入蜱的唾液腺变为合孢体开始孢子生殖，分裂产生许多子孢子。蜱吸食牛、羊血液时，子孢子进入其体内，重复上述发育过程。

3. 流行病学

（1）感染来源　患病或带虫牛、羊，病原体存在于血液中。

（2）感染途径　经生物媒介（蜱）传播感染。

（3）传播媒介　环形泰勒虫的传播媒介在我国主要为残缘璃眼蜱；瑟氏泰勒虫的传播媒介为血蜱属的长角血蜱、青海血蜱；山羊泰勒虫的传播媒介为青海血蜱。1种泰勒虫可以由多种蜱传播。

（4）蜱传阶段　各种泰勒虫在蜱体内均不能经卵传递。蜱对病原体的传播为期间传播，即在蜱的同一世代内传播，幼蜱或若蜱吸食带虫动物血液后，泰勒虫在其体内发育繁殖，到蜱的下一个发育阶段（若蜱或成蜱）吸血时即可传播本病。

（5）地理分布　环形泰勒虫和瑟氏泰勒虫主要流行于西北、华北和东北等地区。山羊泰勒虫在四川、甘肃和青海等地呈地方流行性，对绵羊和山羊有较强的致病力。随着牛、羊流动频繁，本病的流行区域也在不断扩大。

（6）季节动态　本病随着传播媒介（蜱）的季节性消长而呈明显的季节性变化。环形泰勒虫病主要流行于5～8月份，6～7月份为发病高峰期，因其传播媒介（璃眼蜱）为圈舍蜱，故多发生于舍饲牛。瑟氏泰勒虫病主要流行于5～10月份，6～7月份为发病高峰期，传播媒介（血蜱）为野外蜱，故本病多发生于放牧牛。山羊泰勒虫病主要流行于4～6月份，5月份为发病高峰期，放牧羊多发。

（7）年龄动态　在流行区，该病多发于1～3岁的牛，且病情较重。病愈牛可获得2.5～6年的免疫力。从非疫区引入的牛易于发病且病情严重。纯种牛、羊及杂交改良的牛、羊易发病。多发于1～6月龄的羔羊且病死率高，1～2岁的羊次之，3～4岁的羊发病较少。

4. 临诊症状

潜伏期14～20d，多呈急性经过。初期病牛表现高热稽留，体温40～42℃，精神沉郁，体表淋巴结（肩前、腹股沟浅淋巴结）肿大，有痛感。眼结膜初充血、肿胀，后贫血黄染。心跳加快，呼吸增数、咳嗽。食欲大减或废绝，有的出现啃土等异嗜现象，个别出现磨牙（尤其是羊）。也可在颌下、胸腹下发生水肿。中后期在可视黏膜、肛门、阴门、尾根及阴囊等处有出血点或出血斑。病牛迅速消瘦，严重贫血，红细胞数减少至300万/mm^3以下，血红蛋白降至30%～20%，血沉加快，肌肉震颤，卧地不起，多在发病后1～2周内死亡。濒死前体温降至常温以下。耐过病牛成为带虫者。

5. 病理变化

剖检可见全身皮下、肌间、黏膜和浆膜上均有大量出血点或出血斑。全身淋巴结肿大，切面多汁，有暗红色和灰白色大小不一的结节。皱胃黏膜肿胀，有许多针头至黄豆大暗红色或黄白色结节，有的结节坏死、糜烂后形成中央凹陷、边缘不整且稍微隆起的溃疡灶，胃黏膜易脱落。小肠和膀胱黏膜有时也可见到结节和溃疡。脾脏明显肿大，被膜有出血点，脾髓质软呈紫黑色泥糊状。肾脏肿大、质软，表面有粟粒大暗红色病灶，外膜易剥离。肝脏肿大、质脆，呈棕黄色，表面有出血点，并有灰白或暗红色病灶。胆囊扩张，胆汁浓稠。肺脏有水肿或气肿，表面有多处出血点。

6. 诊断

根据流行病学、临诊症状、剖检变化及实验室检查进行综合诊断。流行病学方面主要考虑发病季节、传播媒介及是否为外地引进牛、羊等。临诊症状和病理变化主要注意高热稽留、贫血、黄疸、全身性出血及全身淋巴结肿大等。

环形泰勒虫病，皱胃黏膜有溃疡灶和脱落具有诊断意义。早期进行淋巴结穿刺涂片，发现石榴体，中后期采耳静脉血涂片，在红细胞内发现虫体后确诊。

瑟氏泰勒虫病，虽然体表淋巴结肿胀，但穿刺检查不易见到石榴体，淋巴细胞内更少，往往游离于细胞外。

山羊泰勒虫病，在血片、淋巴结或脾脏涂片检查时可发现虫体。

7. 治疗

要做到早期诊断、早期治疗，同时还要采取退热、强心、补液及输血等对症、支持疗法，才能提高治疗效果。为控制并发或继发感染，还应配合应用抗菌消炎药。

（1）磷酸伯胺喹啉（PMQ） 剂量为0.75～1.5mg/kg体重，口服或肌肉注射，3～5d为1个疗程。

（2）三氮脒（贝尼尔） 剂量为7mg/kg体重，配成7%水溶液，肌肉注射，每日1次，3～5d为1个疗程。该药副作用较大，应慎用。

三氮脒与黄色素交替使用效果较好。用法是第1、第3天肌肉注射三氮脒3～4mg/kg体重；第2、第4天静脉注射黄色素4～5mg/kg体重。

8. 预防

（1）灭蜱和科学放牧 传播环形泰勒虫的残缘璃眼蜱为圈舍蜱，故在每年的9～11月份和3～4月份向圈舍内的墙缝喷洒药液灭蜱，或用水泥等将圈舍内离地面1m高范围内的缝隙堵死。传播瑟氏泰勒虫和山羊泰勒虫的蜱在野外寄居，因此，在发病季节应尽量避开山地、次生林地等蜱孳生地放牧。

（2）加强检疫 在引进牛、羊时，应进行体表蜱及血液寄生虫学检查，防止将蜱和虫体带入。

（3）免疫接种 我国已成功研制出环形泰勒虫裂殖体胶冻细胞苗，接种20d后产生免疫力，免疫期在1年以上。此种疫苗对瑟氏泰勒虫和山羊泰勒虫无交叉免疫保护作用。

（4）药物预防 在流行区内，根据发病季节，在发病前使用磷酸伯氨喹啉或三氮脒，预防期约1个月，也有较好的效果。

（六）球虫病

球虫病是由艾美耳科艾美耳属、等孢属、泰泽属和温扬属的原虫寄生于多种畜禽而引起的一种疾病。主要表现为下痢、消瘦、贫血、发育不良等。对幼畜禽危害较大。

1. 病原体

球虫卵囊呈椭圆形、圆形或卵圆形，囊壁 1 或 2 层，内有 1 层膜。有些种类在一端有微孔，或在微孔上有突出的微孔帽称为极帽，有的微孔下有 1 ~ 3 个极粒。刚随粪便排出的卵囊内含有 1 团原生质。具有感染性的卵囊含有子孢子，即孢子化卵囊。孢子囊和子孢子形成后剩余的原生质称为残体，在孢子囊内称为孢子囊残体，在孢子囊外称为卵囊残体。孢子囊的一端有 1 个小突起称为斯氏体；子孢子呈前尖后钝的香蕉形。根据卵囊中孢子囊的数目以及每个孢子囊内含有子孢子的数目，将球虫分为不同的属。艾美耳属球虫孢子化卵囊内含有 4 个孢子囊，每个孢子囊内含有 2 个子孢子；等孢属的卵囊内含 2 个孢子囊，每个孢子囊含有 4 个子孢子；泰泽属的卵囊内无孢子囊，含 8 个裸露的子孢子；温扬属的卵囊内含 4 个孢子囊，每个孢子囊含 4 个子孢子。在孢子生殖过程中，有些球虫可形成残体。残体的有无及其在孢子囊内外的位置，具有种的鉴别意义（图 8 -9）。

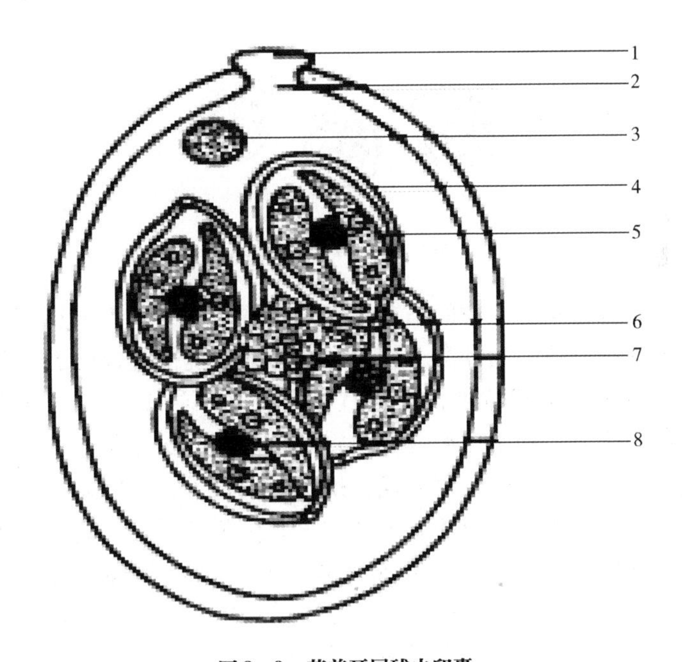

图 8 -9　艾美耳属球虫卵囊

1—极帽　2—微孔　3—极粒　4—孢子囊　5—子孢子　6—斯氏体
7—卵囊残体　8—孢子囊残体

2. 生活史

艾美耳科虫体的生活史基本相似，可以用寄生于鸡盲肠的柔嫩艾美耳球虫来说明（图 8 – 10）。

图 8 – 10 鸡球虫生活史

为直接发育型，不需要中间宿主。整个发育过程分 2 个阶段和 3 种繁殖方式：在鸡体内进行裂殖生殖和配子生殖，在外界环境中进行孢子生殖。

卵囊随鸡的粪便排到体外，在适宜的条件下，经 1 ~ 2d 发育为孢子化卵囊，被鸡吞食后感染。孢子化卵囊在鸡胃肠道内释放出子孢子，子孢子侵入肠上皮细胞进行裂殖生殖，产生第 1 代裂殖子，裂殖子再侵入新的肠上皮细胞进行裂殖生殖，产生第 2 代裂殖子。大多数第 2 代裂殖子侵入新的肠上皮细胞后进入有性生殖即配子生殖阶段，形成大配子体和小配子体，继而分别发育为大、小配子，结合形成合子。合子周围形成厚壁即变为卵囊，卵囊一经产生即随粪便排出体外。完成 1 个发育周期约需 7d。

3. 鸡球虫病

鸡球虫病是由艾美耳科艾美耳属的球虫寄生于鸡肠道中引起的疾病。主要表现为出血性肠炎。雏鸡多发，发病率和死亡率均高。

（1）病原体　公认的有以下 7 种。

①柔嫩艾美耳球虫（*E. tenella*）：多为宽卵圆形，少数为椭圆形，大小为（19.5～26）μm×（16.5～22.8）μm，卵形指数为 1.16。原生质呈淡褐色，卵囊壁为淡黄绿色。最短孢子化时间为 18h。最短潜隐期为 115h。主要寄生于盲肠，所以也叫盲肠球虫，致病力最强。

②毒害艾美耳球虫（*E. necatrix*）：呈卵圆形，大小为（13.2～22.7）μm×（11.3～18.3）μm，卵形指数为 1.19。卵囊壁光滑、无色。最短孢子化时间为 18h。最短潜隐期为 138h。主要寄生于小肠中 1/3 段，其致病性仅次于柔嫩艾美耳球虫。

③堆型艾美耳球虫（*E. acervulina*）：呈卵圆形，大小为（17.7～20.2）μm×（13.7～16.3）μm，卵囊壁为淡黄绿色。最短孢子化时间为 17h。最短潜隐期为 97h。主要寄生于十二指肠和空肠，具有较强的致病性。

④布氏艾美耳球虫（*E. brunetti*）：卵囊大小为（20.7～30.3）μm×（18.1～24.2）μm，卵形指数为 1.31。最短孢子化时间为 18h。最短潜隐期为 120h。寄生于小肠后部、盲肠近端和直肠，具有较强的致病性。

⑤巨型艾美耳球虫（*E. maxima*）：卵囊大，是鸡球虫中最大的。呈卵圆形，一端圆钝，一端较窄，大小为（21.75～40.5）μm×（17.5～33）μm，卵形指数为 1.47。卵囊黄褐色，囊壁浅黄色。最短孢子化时间为 30h。寄生于小肠，以中段为主，具有中等程度的致病力。

⑥和缓艾美耳球虫（*E. mitis*）：小型卵囊，近球形，大小为（11.7～18.7）μm×（11～18）μm，卵形指数为 1.09。卵囊壁为淡黄绿色。最短孢子化时间为 15h。最短潜隐期为 93h。寄生于小肠前半段，有较轻的致病作用。

⑦早熟艾美耳球虫（*E. praecox*）：呈卵圆形或椭圆形，大小为（19.8～24.7）μm×（15.7～19.8）μm，卵囊指数为 1.24。原生质无色，囊壁呈淡绿色。最短孢子化时间为 12h。最短潜隐期为 83h。寄生于小肠前 1/3 部位，致病性不强。

（2）流行病学

①感染来源和传播途径：病鸡和带虫鸡均为感染来源，耐过鸡长期带虫，可持续排出卵囊达 7 个月之久。球虫卵囊通过污染的饲料和饮水经消化道感染。其他畜禽、昆虫、野鸟以及饲养管理人员和畜舍用具都可成为鸡球虫病的机械性传播者。

②年龄动态：主要发生于 3～6 周龄的雏鸡，其次为 8～18 周龄的鸡。前者多由柔嫩艾美耳球虫引起，后者多由毒害艾美耳球虫引起。成年鸡多为带虫者。

③卵囊繁殖力和抵抗力：鸡感染 1 个孢子化卵囊，7d 后可排出上百万个卵

囊。卵囊对外界环境和消毒剂具有很强的抵抗力，在阴湿的土壤中可存活15～18个月。温暖潮湿的环境有利于卵囊的发育，当气温在22～30℃时，一般只需18～36h就可发育为孢子化卵囊，但低温、高温和干燥均会延迟卵囊的孢子化过程，有时会杀死卵囊，55℃或冰冻能很快杀死卵囊。

④季节动态和发病诱因：北方4～9月份为流行期，以7～8月份最为严重，南方及集约化饲养的鸡场，一年四季均可发病。饲养管理条件不良和营养缺乏均能促使本病的发生。拥挤、潮湿或卫生条件恶劣的鸡舍最易发病。

（3）临诊症状　症状的轻重与感染球虫的种类和感染强度密切相关。

①柔嫩艾美耳球虫：对3～6周龄的雏鸡致病性最强，呈急性型。病初食欲不振，随着盲肠损伤的加重，出现下痢，血便，甚至排出鲜血。病鸡战栗，拥挤成堆，体温下降，食欲废绝，迅速消瘦，贫血，鸡冠苍白，运动失调，喜卧，最终导致鸡昏迷死亡。严重感染时，死亡率高达80%。

②毒害艾美耳球虫：多见于2月龄以上的中雏鸡，呈慢性型。主要表现精神不振，翅下垂，弓腰，下痢和脱水。死亡率仅次于柔嫩艾美耳球虫。

（4）病理变化　柔嫩艾美耳球虫病变主要在盲肠，表现为出血性肠炎，盲肠充血肿大，黏膜出血，外观呈棕红色，肠腔中充满血凝块和脱落的黏膜碎片，随后逐渐变硬，形成红色或红白相间的肠芯。

毒害艾美耳球虫病变主要在小肠中部，表现为高度肿胀或气胀，这是本病的重要特征之一。肠壁充血、出血和坏死，黏膜肿胀增厚，肠内容物中含有多量的血液、血凝块和坏死脱落的上皮组织。

（5）诊断　根据流行病学、临诊症状、病理变化、粪便检查等综合诊断。

粪便检查是简便的诊断方法。可用饱和盐水漂浮法或直接涂片法检查粪便中的卵囊。也可刮取肠黏膜做涂片检查。

（6）治疗　常用的抗球虫药如下。

①氯苯胍：治疗按0.006%～0.0066%混入饲料3～7d，后改为预防量予以控制；预防按0.003%～0.0033%混入饲料，连用1～2个月。

②氨丙啉：治疗按0.025%混入饲料，连用1～2周，然后减半，连用2～4周；预防按0.01%～0.0125%混入饲料，连用2～4周；用加强氨丙啉预防按0.0066.5%～0.0133%混入饲料，治疗剂量加倍。

③硝苯酰胺（球痢灵）：治疗按0.025%～0.03%混入饲料，连用3～5d；预防按0.0125%混入饲料，连用3～5d。

④呋喃唑酮（痢特灵）：治疗按0.03%～0.04%混入饲料或饮水给药，连用1周，再改用预防量；预防按0.01%～0.02%连用1周，停药2～3d，如此重复使用。使用本药必须注意与饲料或饮水混合均匀。

⑤磺胺二甲基嘧啶（SM2）：治疗按0.4%～0.5%混入饲料或按0.1%～

0.2%混入饮水，连用3d，停药2d，再用3d；预防按0.25%混入饲料或按0.05%～0.1%混入饮水。休药10d。

⑥磺胺喹噁啉（SQ）：治疗按0.05%～0.1%混入饲料或按0.025～0.05%混入饮水，连用3d，停药2d，再用3d；预防按0.015%～0.025%混入饲料或按0.005～0.01%混入饮水。

⑦磺胺氯吡嗪（Esb3）：按0.06%～0.1%混入饲料或按0.03%～0.04%混入饮水，连用3d。

⑧百球清：2.5%溶液，按0.0025%混入饮水，连用3d。

（7）预防　应采取综合性预防措施。

①加强饲养管理搞好环境卫生：每天应及时清除鸡粪并做发酵处理，保持舍内通风干燥，定期用火焰和热氢氧化钠溶液消毒以杀死球虫卵囊，舍内的用具均应经常清洗，定期消毒。改变饲养方式实行网养或笼养，可以显著降低鸡球虫病的发生。

②药物预防：即从雏鸡出壳后第1天开始使用抗球虫药，预防药物除以上治疗用药物外，还可用：

氯氰苯乙嗪：按0.0001%混入饲料，无休药期。

马杜拉霉素：按0.005%～0.007%混入饲料，无休药期。

拉沙里菌素：按0.0075%～0.0125%混入饲料，休药3d。

莫能菌素：按0.0001%混入饲料，无休药期。

盐霉素：按0.005%～0.006%混入饲料，无休药期。

氯苯胍：按0.0003%混入饲料，休药5d。

常山酮：按0.0003%混入饲料，休药5d。

尼卡巴嗪：按0.0125%混入饲料，休药5d。

鸡球虫易产生耐药性，为防止预防时产生耐药性，使用抗球虫药时应进行轮换用药（可按季节或鸡的不同批次变换药物）或穿梭用药（开始时使用一种药物，至鸡生长期时换用另一种药物）。

③免疫预防：使用球虫疫苗可避免药物残留对环境和食品的污染以及耐药虫株的产生。国内外均有多种疫苗可以应用，但最大的问题是免疫剂量不易控制均匀，不论是活毒苗、弱毒苗还是混合苗，使用超量都会致病。

4. 牛、羊球虫病

牛、羊球虫病是由艾美耳科艾美耳属和等孢属的多种球虫寄生于牛、羊肠道上皮细胞内引起的疾病。牛以出血性肠炎为特征；羊以下痢、消瘦、贫血、发育不良为特征。多危害犊牛和羔羊，严重者可引起死亡。

（1）病原体　牛球虫有10种，其中以邱氏艾美耳球虫（*E. zurnii*）致病力最强，牛艾美耳球虫（*E. bovis*）致病力较强。

绵羊球虫有 14 种，其中阿撒他艾美耳球虫（*E. ahsata*）致病力最强，绵羊艾美耳球虫（*E. ovinoidalis*）和小艾美耳球虫（*E. parva*）有中等强度的致病力，浮氏艾美耳球虫（*E. faurei*）有一定的致病力。

山羊球虫有 15 种，其中雅氏艾美耳球虫（*E. ninakohlyakimovae*）致病力强，阿氏艾美耳球虫（*E. arloingis*）等有中等强度或一定的致病力。

（2）流行病学　各品种的牛、羊均易感，羔羊和 2 岁以内的犊牛发病率高，并容易造成死亡。成年牛、羊多为带虫者。感染来源主要为患病或带虫牛、羊。

本病多发于春、夏、秋较温暖多雨的季节，特别是在潮湿、多沼泽的牧场上放牧时，易造成发病。冬季舍饲也能发生本病。饲料的突然更换、应激、患有某种传染病、犊牛患有消化道线虫病等，容易诱发本病。

（3）临诊症状　病初精神沉郁，被毛松乱，体温略高或正常，粪便稀稍带血液，母牛产乳量减少。约 1 周后，精神更加沉郁，消瘦，喜卧，体温升高至 40～41℃，前胃弛缓，肠蠕动增强，排带血的稀粪，其中混有纤维性薄膜，有恶臭。后肢及尾部被稀粪污染。病至后期，粪便呈黑色，几乎全为血液，在极度贫血和衰弱的情况下发生死亡。犊牛一般呈急性经过，病程通常为 10～15d。

（4）病理变化　尸体极度消瘦，可视黏膜苍白；肛门松弛外翻，后肢和肛门周围为血粪污染。直肠黏膜肥厚，有出血性炎症变化；淋巴滤泡肿胀，有白色和灰色的小病灶，同时这些部位出现溃疡，其表面附有凝乳样薄膜。直肠内容物呈褐色，带恶臭，有纤维素性薄膜和黏膜碎片。肠系膜淋巴结肿大和发炎。

（5）诊断　根据流行病学资料、临诊症状和病理变化等综合诊断。当发现临诊上以血便、粪便恶臭带有黏液，剖检时以出血性肠炎和溃疡特征时，应进行粪便检查，发现大量卵囊时即可确诊。犊牛患消化道线虫病时也可出现腹泻等症状，在粪便中可查到多量线虫卵以鉴别。

（6）治疗　可用氨丙啉，剂量为 25mg/kg 体重，1 次口服，连用 5d；莫能菌素或盐霉素剂量为 20～30mg/kg 饲料，混饲。另外，应结合止泻、强心和补液等对症疗法。

（7）预防　应采取隔离、卫生和用药等综合措施。犊牛应与成年牛分群饲养管理，放牧场也应分开。牛舍、牛圈要天天清扫，及时清理粪便堆积发酵。定期用开水、3%～5% 热氢氧化钠溶液消毒。饲草和饮水要严格避免牛粪污染。哺乳母牛的乳房要经常擦洗。要注意逐步过渡更换饲料种类或变化饲养方式，以免疾病爆发。也可以用药物预防：氨丙啉，剂量为 5mg/kg 体重，混入饲料，连用 21d；莫能菌素，剂量为 1mg/kg 体重，混入饲料，连用 33d。

5. 猪球虫病

猪球虫病是由艾美耳科等孢属和艾美耳属的球虫寄生于猪肠道上皮细胞内引起的寄生虫病。可引起仔猪下痢和增重缓慢，成年猪常为隐性感染或带虫者。

（1）病原体　主要有猪等孢球虫（*I. suis*），致病力最强，其次是蒂氏艾美耳球虫（*E. debliecki*）、粗糙艾美尔球虫（*E. scabra*）和有刺艾美尔球虫（*E. spinosa*），致病力较强。

（2）流行病学　猪等孢球虫主要发生于7～10日龄的哺乳仔猪，1～2日龄感染时症状最为严重，被列为仔猪腹泻的重要病因之一。

（3）临诊症状　主要表现食欲不振，以水样或脂样的腹泻为特征，排泄物从淡黄到白色，恶臭。有时下痢与便秘交替。病猪表现衰弱、脱水，发育迟缓，一般能自行耐过，逐渐恢复。

（4）病理变化　病灶局限在空肠和回肠，以绒毛萎缩与变钝、局灶性溃疡、纤维素性坏死性肠炎为特征，并在上皮细胞内见有发育阶段的虫体。

（5）诊断　确诊可用漂浮法做粪便检查，也可用小肠黏膜直接涂片检查，发现球虫卵囊即可确诊。

（6）治疗　可用百球清，剂量为20～30mg/kg体重，1次口服。还也用氨丙啉或磺胺类药物进行治疗。

（7）预防　新生仔猪应喂食初乳，保持幼龄猪舍环境清洁、干燥，饲槽和饮水器应定期消毒，防止粪便污染。尽量减少因断奶、突然改变饲料和运输产生的应激因素。母猪在产前2周和整个哺乳期在饲料中添加氨丙啉，按0.025%混入饲料。

6. 鸭球虫病

鸭球虫病主要由艾美耳科泰泽属和温扬属的球虫寄生于鸭小肠上皮细胞内引起的疾病。主要特征为出血性肠炎。

（1）病原体　主要有2种。

毁灭泰泽球虫（*T. pernicioca*），卵囊椭圆形，大小为（9.2～13.2）μm×（7.2～9.9）μm，致病性较强。

菲莱氏温扬球虫（*W. philiplevinei*），卵囊大，卵圆形。大小为(13.3～22)μm×(10～12)μm，致病性较轻。

（2）临诊症状　雏鸭精神委顿，缩脖，食欲下降，渴欲增加，拉稀，随后排血便，粪便呈暗红色，腥臭。在发病当日或第2～3天出现死亡，死亡率一般为20%～30%，严重感染时可达80%，耐过病鸭生长发育受阻。成年鸭很少发病，但可成为带虫者。

（3）病理变化　毁灭泰泽球虫常引起小肠泛发性出血性肠炎，尤以小肠中段最为严重。肠壁肿胀出血，黏膜上密布针尖大小的出血点，有的黏膜上覆盖着一层麸糠样或奶酪样黏液，或者是红色胶冻样黏液，但不形成肠芯；菲莱氏温扬球虫可致回肠后部和直肠轻度出血，有散在出血点，重者直肠黏膜弥漫性出血。

（4）诊断　成年鸭和雏鸭的带虫现象极为普遍，所以不能只根据粪便中卵囊存在与否来做出诊断，应根据流行病学、临诊症状、病理变化和粪便检查综合判断。急性死亡病例可根据病理变化和镜检肠黏膜涂片或粪便涂片做出诊断。

粪便检查　用饱和盐水漂浮法。

（5）治疗　可选用磺胺六甲氧嘧啶（SMM）、磺胺甲基异噁唑（SMZ）或其复方制剂，以预防量的2倍进行治疗，连用7d，停药3d，再用7d。

（6）预防　保持鸭舍干燥和清洁，定期清除鸭粪，防止饲料和饮水及其用具被鸭粪污染。可选用下列药物进行预防：

磺胺六甲氧嘧啶　按0.1%混入饲料，连喂5d，停药3d，再喂5d。

复方磺胺六甲氧嘧啶　按0.02%混入饲料，连喂5d，停药3d，再喂5d。

磺胺甲基异噁唑　按0.1%混入饲料，或用SMZ+甲氧苄氨嘧啶（TMP），比例为5:1，按0.02%混入饲料，连喂5d，停药3d，再喂5d。

杀球灵　剂量为1mg/kg饲料，混饲，连用4~5d。

7. 鹅球虫病

鹅球虫病主要由艾美耳科艾美耳属的球虫寄生于肾小管和肠道上皮细胞内引起的疾病。

（1）病原体　主要有3种。

①截形艾美耳球虫（*E. truncata*）：寄生于肾小管上皮细胞。致病性最强。卵囊呈卵圆形。

②鹅艾美耳球虫（*E. anseris*）：寄生于小肠。卵囊近似圆形或梨形。

③柯氏艾美耳球虫（*E. kotlani*）：寄生于小肠后段及直肠。卵囊呈长椭圆形。

（2）临诊症状和病理变化　截形艾美耳球虫寄生于肾脏，幼鹅感染后常呈急性经过，表现为精神不振，食欲下降，腹泻，粪便白色，消瘦，衰弱，严重者死亡，死亡率高达87%。剖检可见肾体积肿大，呈灰黑色或红色，上有出血斑或灰白色条纹；病灶内含尿酸盐沉积物和大量的卵囊。

鹅肠道球虫常混合感染，症状与鸡球虫病相似。剖检可见小肠充满稀薄的红褐色液体，小肠中段和下段的卡他性出血性炎症最严重，也可能出现白色结节或纤维素性类白喉坏死性肠炎。在干燥的假膜下有大量的卵囊、裂殖体和配子体。

（3）诊断　可根据流行病学、临诊症状、病理变化和粪便检查综合诊断。粪便检查用漂浮法。

（4）治疗　主要应用磺胺类药物，如磺胺间甲氧嘧啶、磺胺喹噁啉等，氨丙啉、克球粉、尼卡巴嗪、盐霉素等也有较好的效果。

（5）预防　幼鹅与成鹅分开饲养，放牧时避开高度污染地区。在流行地区的发病季节，可用药物预防。

8. 犬猫球虫病

犬、猫球虫病是由艾美耳科等孢属的球虫寄生于犬、猫小肠（有时在盲肠和结肠）黏膜上皮细胞内引起的疾病。主要症状为肠炎。

（1）病原体　寄生于犬的主要有犬等孢球虫（*I. canis*）和二联等孢球虫（*I. bignmina*）；寄生于猫的主要有芮氏等孢球虫（*I. rivolta*）和猫等孢球虫（*I. felis*）。

（2）流行病学　犬、猫经口感染；在温暖潮湿的季节多发，尤其是卫生条件不良的圈舍更易发生。主要危害幼犬和幼猫。

（3）临诊症状　轻度感染时不显症状。严重感染时，幼龄犬、猫腹泻，排水样或黏液性或血性粪便，食欲减退，消化不良，消瘦，贫血，脱水。常继发细菌或病毒感染，如无继发感染，可自行康复。

（4）诊断　根据典型症状和粪便检查确诊。粪便检查用漂浮法。

（5）治疗

①氨丙啉：剂量为110～220mg/kg体重，混入食物，连用7～12d。

②磺胺二甲氧嗪：剂量为55mg/kg体重，1次口服；或剂量减半，用至症状消失。

本病易继发其他细菌或病毒感染，故对症治疗尤为重要。

（6）预防　用氨丙啉进行药物预防；搞好犬、猫舍及饮食用具的卫生；及时清理圈舍粪便。

9. 兔球虫病

兔球虫病是由艾美耳科艾美耳属的多种球虫寄生于兔的肝胆管上皮细胞内和肠黏膜上皮细胞内引起的疾病。

（1）病原体　兔球虫包括艾美耳属的16种球虫，其中危害较严重的有以下6种。

①斯氏艾美耳球虫（*E. stiedai*）：卵囊呈椭圆形，寄生于肝脏胆管，致病力最强。

②中型艾美耳球虫（*E. media*）：卵囊呈短椭圆形，寄生于空肠和十二指肠，致病力很强。

③大型艾美耳球虫（*E. magna*）：卵囊呈卵圆形，寄生于大肠和小肠，致

病力很强。

④黄色艾美耳球虫（*E. flavescens*）：卵囊呈卵圆形，寄生于小肠、盲肠及大肠，致病力强。

⑤无残艾美耳球虫（*E. irresidua*）：卵囊呈长椭圆形，寄生于小肠中部，致病力较强。

⑥肠艾美耳球虫（*E. intestinalis*）：卵囊呈长梨形，寄生于除十二指肠外的小肠，致病力较强。

（2）流行病学　主要发生于幼兔，断奶后至3月龄的幼兔感染最为严重，成年兔多为带虫者。温暖潮湿季节多发，多雨季节、饲料骤变或单一可促进本病的暴发。仔兔主要是通过吃入母兔乳房上沾污的卵囊而感染，而幼兔主要是通过饲料和饮水而感染。此外，饲养员、工具、鼠和蝇类等昆虫均可机械性地传播本病。

（3）临诊症状　精神沉郁，食欲减退或废绝，动作迟缓，伏卧不动，眼、鼻分泌物增多，唾液分泌增多，腹泻与便秘交替，尿频，由于肠膨胀、膀胱积尿和肝肿大而出现腹围增大，肝区疼痛，结膜苍白、黄染。后期出现神经症状，四肢痉挛、麻痹，多因高度衰竭而死亡。病程为10余天至数周。病愈后长期生长发育不良。

（4）病理变化　肝脏表面和实质有白色粟粒至豌豆大结节，结节内为不同发育阶段的虫体；肝硬化、萎缩；胆囊炎。肠道扩张、肥厚、黏膜充血、有出血点；慢性病例肠黏膜淡灰色，其上有许多白色小结节。

（5）诊断　根据流行病学、临诊症状和粪便检查发现卵囊确诊。粪便检查用漂浮法。

（6）治疗

①磺胺六甲氧嘧啶（SMM）：按0.1%混入饲料，连用3～5d，隔1周再用1个疗程。

②磺胺二甲基嘧啶（SM_2）与三甲氧苄胺嘧啶（TMP）：按5:1混合后，以0.02%混入饲料，连用3～5d，停用1周后，再用1疗程。

③克球粉和苄喹硫酯合剂：分别按100mg/kg饲料和8.35mg/kg饲料，混饲。

④百球清：25mg/kg水，连用3d。

⑤氯苯胍：剂量为39mg/kg体重，混入饲料，连用5d，隔3d再用1次。

⑥杀球灵：剂量为1mg/kg饲料，混饲，连用1～2个月。

⑦莫能菌素：按40mg/kg饲料，混饲，连用1～2个月。

（7）预防　幼兔与成兔分笼饲养；兔舍保持清洁、干燥；笼具等用开水或火焰消毒；科学安排母兔繁殖时间，使幼兔断奶避开梅雨季节；流行季节在断奶仔兔饲料中添加药物预防；避免工作人员机械性传播；消灭兔场内鼠及蝇类。

（七）弓形虫病

弓形虫病是由弓形虫科弓形虫属的龚地弓形虫寄生于动物和人有核细胞中引起的疾病。对人致病性严重，是重要的人兽共患病。主要特征为多呈隐性感染，主要引起神经、呼吸及消化系统症状。

1. 病原体

龚地弓形虫（*T. gondi*），只此 1 种。全部发育过程有 5 个阶段，即 5 种虫型。

速殖子（滋养体）：以二分裂法增殖。呈月牙形或香蕉形，一端较尖，一端钝圆。大小为（4 ~ 7）μm ×（2 ~ 4）μm。经姬姆萨氏或瑞氏染色后，胞浆呈淡蓝色，有颗粒，核呈深蓝色，位于钝圆一端。速殖子主要出现在急性病例。有时在宿主细胞内可见到众多速殖子簇集在一起，形成“假囊”。

包囊（组织囊）：见于慢性病例的多种组织。呈圆形，直径 50 ~ 60μm，大小可随虫体的繁殖而不断增大。有较厚的囊膜。可在感染动物体内长期存在。囊内的虫体称为慢殖子，由数十个至数千个。在机体免疫力低下时，包囊可破裂，慢殖子从包囊中逸出，重新侵入新的细胞内引起宿主发病。包囊在中间宿主体内可存在数月甚至终生。

裂殖体：见于终末宿主肠上皮细胞内。呈圆形，直径 12 ~ 15μm，内含 4 ~ 20 个裂殖子，裂殖子前端尖，后端钝圆。

配子体：见于终末宿主。裂殖子经过数代裂殖生殖后变为配子体，大配子体形成 1 个大配子，小配子体形成若干个小配子，大、小配子结合形成合子，最后发育为卵囊。

卵囊：在终末宿主小肠绒毛上皮细胞内。随终末宿主粪便排出的卵囊为圆形，孢子化后为近圆形，大小为（11 ~ 14）μm ×（9 ~ 11）μm。含有 2 个椭圆形孢子囊，每个孢子囊内有 4 个子孢子（图 8 – 11）。

2. 生活史

中间宿主：有 200 多种动物和人，为典型的多宿主寄生虫。

终末宿主：猫（以及其他猫科动物）。

寄生部位：速殖子、包囊寄生于中间宿主的有核细胞内。急性感染时，速殖子可游离于血液和腹水中。裂殖体、配子体、卵囊寄生于终末宿主小肠绒毛上皮细胞中。

弓形虫全部发育过程需要两种宿主。在中间宿主和终末宿主组织细胞内进行无性繁殖，称为肠外期发育；在终末宿主体内进行有性繁殖，称为肠内期发育。

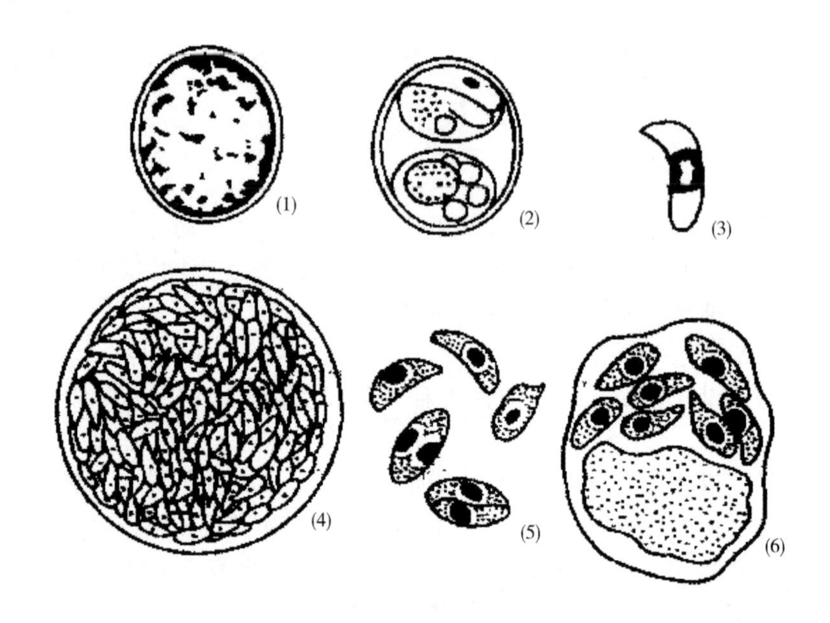

图8－11　弓形虫

（1）未孢子化卵囊　（2）孢子化卵囊　（3）子孢子　（4）包囊　（5）速殖子　（6）假囊

中间宿主吃入速殖子、包囊、慢殖子、孢子化卵囊、孢子囊等各阶段虫体或经胎盘均可感染。子孢子通过淋巴和血液循环进入有核细胞，以内二分裂增殖，形成速殖子和假囊，引起急性发病。当宿主产生免疫力时，虫体繁殖受到抑制，在组织中形成包囊，并可长期生存。

终末宿主吃入速殖子、包囊、慢殖子、孢子化卵囊、孢子囊等各阶段虫体均可感染。一部分虫体进入肠外期发育，另一部分虫体进入肠上皮细胞进行数代裂殖生殖后，再进行配子生殖，最后形成合子和卵囊，卵囊随猫的粪便排出体外。猫从感染到排出卵囊需3～5d，排卵囊高峰在5～8d，卵囊在外界环境中完成孢子化过程需1～5d。肠外期发育也可在终末宿主体内进行，故终末宿主也可作为中间宿主（图8－12）。

3. 流行病学

（1）感染来源　患病或带虫的中间宿主和终末宿主均为感染来源。速殖子存在于患病动物的唾液、痰、粪便、尿液、乳汁、肌肉、内脏器官、淋巴结、眼分泌物，以及急性病例的血液和腹腔液中；包囊存在于动物组织；卵囊存在于猫的粪便。中间宿主之间、终末宿主之间、中间宿主和终末宿主之间均可互相感染。

（2）感染途径　主要经消化道感染，也可通过呼吸道、损伤的皮肤及眼感染，母体血液中的速殖子可通过胎盘进入胎儿，使其感染。

（3）繁殖力　猫每天可排出1000万个卵囊，可持续10～20d。

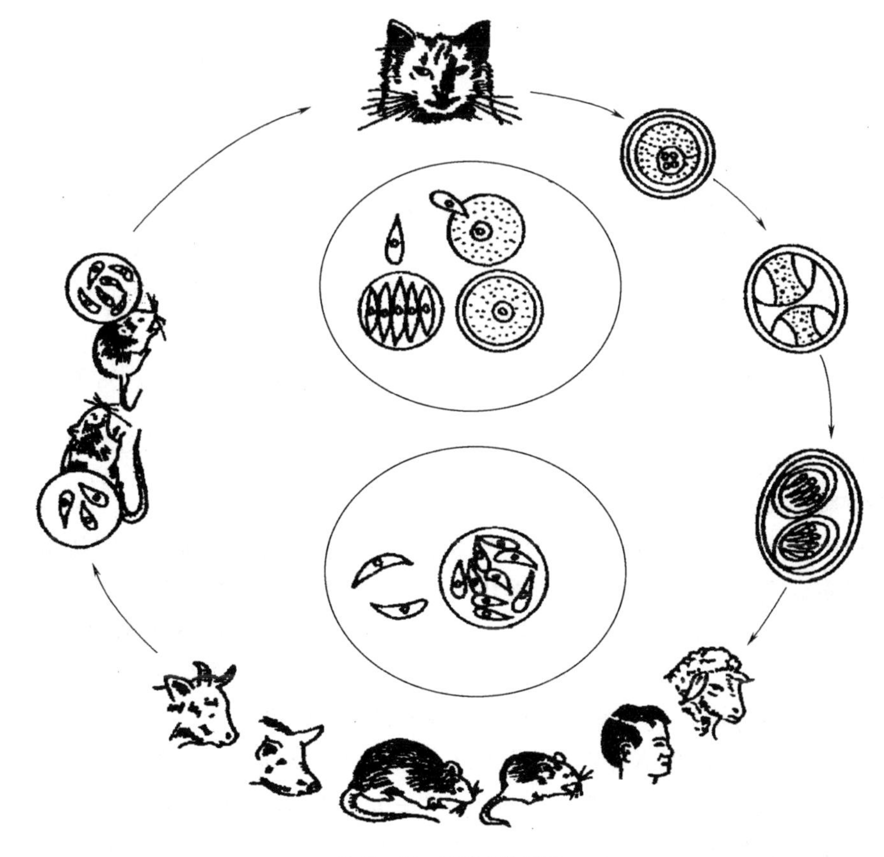

图 8-12 弓形虫生活史

(4) 抵抗力 卵囊在常温下可保持感染力 1~1.5 年，一般常用消毒药无效，土壤和尘埃中的卵囊能长期存活。包囊在冰冻和干燥条件下不易生存，但在 4℃时尚能存活 68d，还有抵抗胃液的作用。速殖子和裂殖子的抵抗力最差，在生理盐水中，几小时后即丧失感染力，各种消毒药均能杀死。

(5) 地理分布 由于中间宿主和终末宿主分布广泛，故本病广泛流行，无地区性。

4. 临诊症状

主要引起神经、呼吸及消化系统症状，多见慢性和隐性感染。以猪为例介绍如下。

(1) 急性型 多见于仔猪。体温升高可达 42℃以上，呈稽留热，一般持续 3~7d。精神迟钝，食欲减退甚至废绝。便秘或腹泻，有时粪便带有黏液或血液。呼吸急促，咳嗽。眼内出现浆液性或脓性分泌物，流清鼻涕。皮肤有紫斑，体表淋巴结肿胀。发病后数日出现神经症状，后肢麻痹，病程 2~8d，常发生死亡。耐过后转慢性型。

（2）慢性型　病程较长，表现厌食，逐渐消瘦、贫血。随着病情发展，可出现后肢麻痹。怀孕母猪可发生早产或产死胎。

5. 病理变化

剖检可见肝脏有针尖大至绿豆大黄色坏死点。肠系膜淋巴结呈索状肿胀，切面外翻，有坏死点。肺间质水肿，并有出血点。脾脏有粟粒大丘状出血。

6. 诊断

弓形虫病的临诊症状、病理变化和流行病学虽有一定的特点，但仍不能以此作为确诊的依据，必须查出病原体或特异性抗体。

（1）病原体检查　急性病例可用肺、淋巴结和腹水做涂片，用姬姆萨氏或瑞氏染色法染色，检查有无速殖子。

（2）血清学诊断　主要有染料试验、间接血凝试验、间接免疫荧光抗体试验、酶联免疫吸附试验等。

（3）动物试验　将肺、肝、淋巴结等组织研碎，加入 10 倍生理盐水和双抗后，室温下放置 1h，取其上清液 0.5～1mL 接种于小鼠腹腔，1～3 周如小鼠发病，剖杀取腹腔液镜检可查到虫体，如为阴性，需传代 2～3 次后再检查。

7. 治疗

尚无特效药物。急性病例用磺胺类药物有一定疗效。

（1）磺胺－6－甲氧嘧啶　剂量为 60～100mg/kg 体重，口服。

（2）磺胺－5－甲氧嘧啶　剂量为 0.2－0.3mL/kg 体重，肌肉注射。

（3）磺胺嘧啶　剂量为 70mg/kg 体重，或二甲氧苄氨嘧啶 14mg/kg 体重，口服，每日 2 次，连用 3～4d。

8. 预防

防止猫粪污染食物、饲料和饮水，饲养场禁止养猫。消灭鼠类，防止野生动物进入牧场。病死动物和流产胎儿要深埋或高温处理。发现患病动物及时隔离治疗。禁止用未煮熟的肉喂猫和其他动物，做好猫粪的消毒处理。加强饲养管理，提高动物抗病能力。

（八）肉孢子虫病

肉孢子虫病是由肉孢子虫科肉孢子虫属的肉孢子虫寄生于多种动物和人的横纹肌所引起的疾病。是重要的人兽共患病。主要特征为隐性感染，严重感染时症状也不明显，但使胴体肌肉变性变色。

1. 病原体

肉孢子虫（*Sarcoczstis*），约有 100 余种，无严格的宿主特异性，可以相互感染。同种虫体寄生于不同宿主时，其形态和大小有显著差异。寄生于牛的主要有 3 种、羊有 2 种、猪有 3 种、马有 2 种、骆驼有 1 种。以中间宿主和终末宿主的名称命名，如寄生于牛的枯氏肉孢子虫（*S. cruzi*）的终末宿主是犬、狼、狐等，故该种被命名为牛犬肉孢子虫（*S. bovicanis*）。

肉孢子虫在中间宿主肌纤维和心肌以包囊形态存在，在终末宿主小肠上皮细胞内或肠腔中以孢子囊或卵囊形态存在。

（1）孢子囊（米氏囊）　见于中间宿主的肌纤维之间。多呈纺锤形、圆柱形或椭圆形，乳白色，最大可达10mm，小的需在显微镜下才可见到。包囊壁由两层组成，内层向囊内延伸，将囊腔间隔成许多小室。囊内含有母细胞，成熟后为香蕉形的慢殖子，又称为雷氏小体（图8－13）。

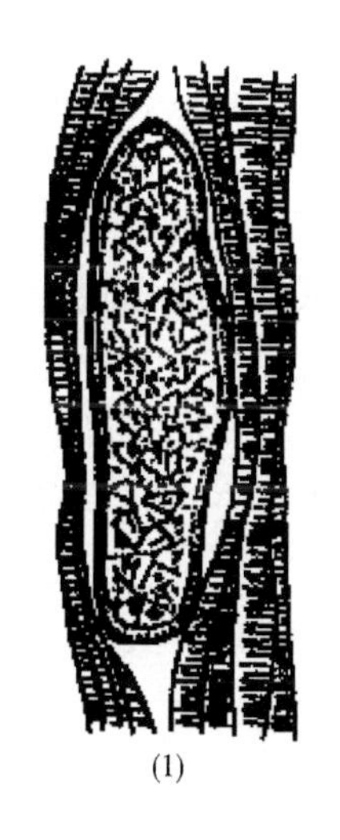
(1)

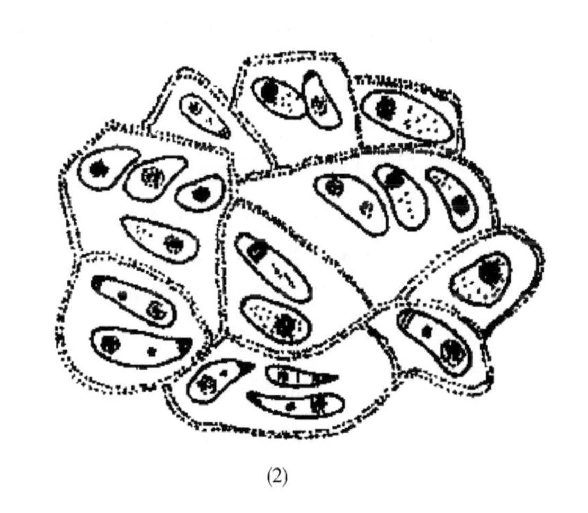
(2)

图8－13　肉孢子虫

（1）包囊全形　（2）包囊部分结构放大

（2）卵囊　见于终末宿主的小肠上皮细胞内或肠内容物中。为哑铃形，壁薄易破裂，内含2个孢子囊，每个孢子囊内有4个子孢子。孢子囊呈椭圆形，壁厚而光滑。

2. 生活史

中间宿主：包括哺乳动物、鸟类、禽类、爬行类和鱼类。偶尔寄生于人。

终末宿主：犬等肉食动物、猪、猫和人等。

肉孢子虫发育必须更换宿主。终末宿主吞食含有包囊的中间宿主肌肉后，包囊被消化，慢殖子逸出，侵入小肠上皮细胞发育为大配子体和小配子体，小配子体又分裂成许多小配子，大、小配子结合为合子后发育为卵囊，在肠壁内发育为孢子化卵囊。成熟的卵囊多自行破裂，因此随粪便排到外界的卵囊较少，多为孢子囊。孢子囊和卵囊被中间宿主吞食后，脱囊后的子孢子经血液循环到达各脏器，在血管内皮细胞中进行两次裂殖生殖，然后进入血液或单核细胞中进行第3次裂殖生殖，裂殖子随血液侵入横纹肌纤维内，经1~2个月或数月发育为成熟的包囊。

3. 流行病学

（1）感染来源　患病或带虫的终末宿主，孢子囊和卵囊存在于粪便中；患病或带虫的中间宿主，包囊存在于其肌纤维间。

（2）感染途径　终末宿主和中间宿主均经口感染，也可经胎盘感染。

（3）抵抗力　孢子囊对外界环境的抵抗力强，适宜温度条件下可存活1个月以上。但对高温和冷冻敏感，60~70℃经100min，冷冻1周或-20℃存放3d均可灭活。

（4）年龄动态　各种年龄动物的感染率无明显差异，但牛、羊随着年龄增长而感染率增高。

4. 临诊症状

成年动物多为隐性感染。幼年动物感染后，经20~30d可能出现症状。犊牛表现食欲不振、发热，淋巴结肿大，贫血，消瘦，尾尖脱毛，发育迟缓。羔羊严重感染时，出现食欲不振、呼吸困难、虚弱以致死亡，孕羊可出现高热、共济失调和流产等症状。另一个危害是因胴体有大量虫体寄生，使局部肌肉变性变色而不能食用。

人作为中间宿主时症状不明显，少数病人发热，肌肉疼痛。人作为终末宿主时，有厌食、恶心、腹痛和腹泻症状。

5. 病理变化

在后肢、腰部、腹侧、食道、心脏、膈肌等部位肌肉，可见顺着肌纤维方向有大量的白色包囊。显微镜检查时可见到肌肉中有完整的包囊，也可见到包囊破裂释放出的慢殖子。

6. 诊断

生前诊断困难，可用间接血凝试验，结合症状和流行病学进行综合诊断。死后剖检发现包囊可确诊。肉眼可见与肌纤维平行的白色包囊。最常寄生的部位是：牛为食道肌、心肌和膈肌。绵羊为食道肌和心肌。猪为心肌和膈肌。禽为头颈部肌肉、心肌和肌胃。取病变肌肉压片，镜检慢殖子呈香蕉形，也可用姬姆萨氏染色后观察。

7. 治疗

目前尚无特效药物。

8. 预防

加强肉品卫生检验，带虫肉应无害化处理；严禁用病肉喂犬、猫等；防止犬、猫粪便污染饲料和饮水；人注意饮食卫生，不吃生肉或未熟的肉类食品。可试用抗球虫药如盐霉素、莫能菌素、氨丙啉、常山酮等预防牛、羊的肉孢子虫。

（九）贝诺孢子虫病

贝诺孢子虫病是由肉孢子虫科贝诺孢子虫属的贝氏贝诺孢子虫寄生于黄牛、奶牛、水牛等动物的皮肤、皮下结缔组织等处引起的疾病。又称为“厚皮病”。主要特征为发热、皮肤增厚、皮下肿胀、龟裂和脱毛。

1. 病原体

贝氏贝诺孢子虫（*B. besnoiti*），包囊寄生于牛皮肤及皮下结缔组织中，呈圆形，无中隔，直径0.1～0.5mm，内含有大量新月形的缓殖子（滋养体）。急性病例的血液涂片中有时可见到新月形速殖子。卵囊存在于猫肠道及新鲜粪便中，在外界形成孢子化卵囊，每个孢子化卵囊内含有2个孢子囊，每个孢子囊内含有4个子孢子（图8－14）。

图8－14 贝诺孢子虫模式图

2. 生活史

中间宿主：牛和羚羊。

终末宿主：猫。

卵囊随猫的粪便排出体外，发育为孢子化卵囊，中间宿主吞食后感染，子孢子在消化道内逸出，随血液循环进入血管内皮细胞，尤其是真皮、皮下组织、筋膜和呼吸道黏膜等处进行内出芽生殖，速殖子由破裂的细胞逸出，再侵入其他细胞内继续增殖。速殖子从组织中消失后，转入结缔组织中形成包囊。猫吞食了含有包囊的牛肉等而感染，包囊内的缓殖子在小肠上皮细胞内变为裂殖体，并进行裂殖生殖和配子生殖，最后形成卵囊随粪便排出体外。

贝氏贝诺孢子虫与弓形虫的生活史相似，其不同点主要为：中间宿主不如弓形虫广泛；包囊主要寄生于皮肤及皮下结缔组织等处；在猫体内无肠外期发育；孢子化卵囊只对中间宿主有感染性，而对猫无感染性。

3. 流行病学

本病主要分布于我国东北和内蒙古、河北等地，呈地方流行性，不同品种、性别、年龄的牛均可发病，但良种牛、外地引入牛和杂交牛的发病率高于本地牛，公牛比母牛多发，2～4 岁牛多发。本病有一定的季节性，夏季和秋季多发。吸血昆虫可作为传播媒介。

4. 临诊症状

牛在发热反应出现后 6～28d，可在皮肤上出现包囊。临诊上可分为 3 期。

（1）发热期　病初体温升至 40℃以上，病牛畏光，常躲在阴暗处。腹下、四肢常发生水肿，有时波及全身。步伐僵硬，呼吸脉搏增速。反刍缓慢或停止。体表淋巴结肿大。流泪，巩膜充血，角膜上布满白色隆起的虫体包囊。鼻黏膜潮红，长有许多包囊，初期流浆液性鼻汁，后期变浓稠呈脓性，并带有血液。咽喉受侵害时发生咳嗽。有时下痢，妊娠母牛易流产。5～10d 后转为脱毛期。

（2）脱毛期　皮肤显著增厚，失去弹性，被毛脱落，皮肤有龟裂，流出浆液性血样液体。病牛长期卧地时，与地面接触的皮肤可发生坏死，在肘、颈和肩部发生硬痂，水肿消退。此期可能发生死亡；如不发生死亡，病程可持续 0.5～1 个月后转为第 3 期。

（3）干性皮脂溢出期　在发生过水肿的部位，被毛大面积脱落，皮肤上生一层厚痂，似橡皮和患疥螨症状。淋巴结肿大，其中有包囊。病牛消瘦、乏力。

虫体寄生于睾丸时常引起睾丸炎，初期睾丸肿大，后期萎缩，导致公牛生殖机能障碍。

5. 病理变化

可在全身皮肤或皮下结缔组织、鼻黏膜等处发现大量直径 100～500μm 的包囊，内含大量香蕉形、大小为（8.4×1.9）μm 的缓殖子（滋养体）。

6. 诊断

对重症病例，根据症状和皮肤包囊可做出初步诊断，在病变部取皮肤表面的乳突状小结节剪碎后压片镜检，发现包囊或滋养体可确诊。对轻症病例，可仔细检查眼巩膜上是否有针尖大白色结节状包囊，必要时可剪下结节压片镜检，发现包囊或滋养体后可确诊，这一方法简便易行，检出率高。

7. 治疗

目前尚无特效治疗药物，有报道用 1% 锑制剂有一定疗效。氢化可的松对急性病例有缓解作用。也可试用磺胺类药物和磷酸伯胺喹啉治疗。

8. 预防

首先要加强肉品卫生检验工作，严禁用生牛肉喂猫；其次要严防猫粪污染牛的饲料、饮水和活动场所，消灭吸血昆虫。在国外有报道，有人利用从羚羊分离到的虫株，用组织培养制成虫苗可用于免疫。

（十）隐孢子虫病

隐孢子虫病是由隐孢子虫科隐孢子虫属的隐孢子虫寄生于牛、羊和人体内引起的疾病。是重要的人兽共患病。以哺乳动物的严重腹泻和人（婴儿和免疫功能低下者）的致死性肠炎为特征。本病在人类艾滋病患者中感染率很高，是导致其死亡的重要因素之一。

1. 病原体

隐孢子虫的卵囊呈圆形或椭圆形，壁薄而光滑，无色。孢子化卵囊内无孢子囊，内含 4 个裸露的子孢子和 1 个残体（图 8－15）。寄生于哺乳动物（主要是牛、羊和人）的隐孢子虫主要有 2 种。

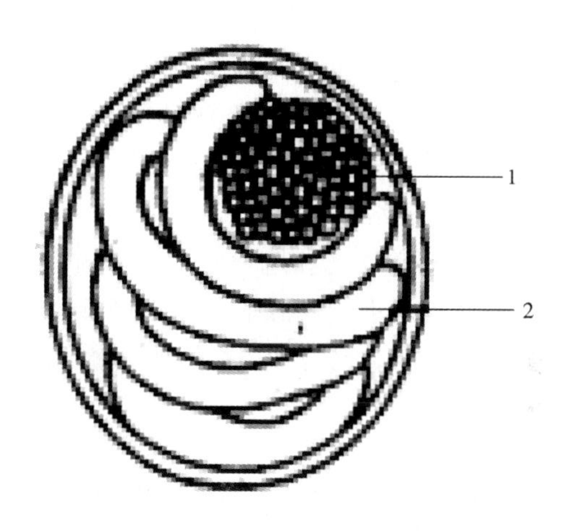

图 8－15　隐孢子虫孢子化卵囊模式图

1—残体　2—子孢子

（1）小鼠隐孢子虫（*C. muris*）　寄生于胃黏膜上皮细胞绒毛层内，卵囊大小为（7.5×6.5）μm；

（2）小隐孢子虫（*C. parvum*）　寄生于小肠黏膜上皮细胞绒毛层内，卵囊大小约为（4.5×4.5）μm。

2. 生活史

隐孢子虫的发育过程与球虫相似，也分为裂殖生殖、配子生殖和孢子生殖阶段。

（1）裂殖生殖　牛、羊等吞食孢子化卵囊而感染，在胃肠道内脱囊后，子孢子进入胃肠上皮细胞绒毛层内进行裂殖生殖，产生 3 代裂殖体，其中第 1、3 代裂殖体含 8 个裂殖子，第 2 代裂殖体含 4 个裂殖子。

（2）配子生殖　第 3 代裂殖子中的一部分发育为大配子体、大配子（雌性），另一部分发育为小配子体、小配子（雄性），大、小配子结合形成合子，外层形成囊壁后发育为卵囊。

（3）孢子生殖　配子生殖形成的合子，可分化为两种类型的卵囊，即薄壁型卵囊（占 20%）和厚壁型卵囊（占 80%）。薄壁型卵囊可在宿主体内脱囊，造成宿主的自体循环感染；厚壁型卵囊发育为孢子化卵囊后，随粪便排出体外，牛、羊等吞食后重复上述发育过程。与球虫发育过程不同的是卵囊的孢子生殖阶段是在宿主体内完成的，排出的卵囊已是孢子化卵囊。

3. 流行病学

（1）感染来源和感染途径　感染来源是患病或带虫牛、羊和人，卵囊存在于粪便中。人的感染主要来源于牛，人群中也可以互相感染。隐孢子虫不具有明显的宿主特异性，多数可交叉感染。主要是经口感染，也可通过自体感染。上述两种隐孢子虫除感染牛、羊和人外，还可以感染马、猪、犬、猫、鹿、猴、兔和鼠类等哺乳动物。

（2）卵囊抵抗力　卵囊对外界环境抵抗力很强，在潮湿环境中可存活数月。卵囊对大多数消毒剂有很强的抵抗力，50%的氨水、30%的福尔马林作用30min才能杀死。

（3）年龄动态和地理分布　本病主要危害幼龄动物，犊牛和羔羊多发，而且发病比较严重。人群中以婴儿感染比较普遍，感染年龄多在1岁以下。本病呈世界性分布，已有70多个国家报道。我国绝大多数省区存在本病，人、牛的感染率均很高。

4. 临诊症状

潜伏期为3～7d。表现精神沉郁，厌食，腹泻，消瘦，粪便带有黏液，有时带有血液，有时体温升高。羊的病程为1～2周，死亡率可达40%，牛的死亡率可达16%～40%，尤以4～30日龄的犊牛和3～14日龄的羔羊死亡率更高。

5. 病理变化

犊牛组织脱水，大、小肠黏膜水肿、有坏死灶，肠内容物含有纤维素块及黏液。羔羊皱胃内有凝乳块，肠管充满黄色水样内容物，小肠黏膜充血和肠系膜淋巴结充血水肿。在病变部位有发育中的各期虫体。

6. 诊断

根据流行病学特点、临诊症状、剖检变化及实验室检查综合确诊。尤其是实验室检查是确诊本病的重要依据。

（1）生前诊断　由于隐孢子虫卵囊较小，不易被发现，所以粪便中卵囊检查法的检出率低。用改良的酸性染色法染色涂片后镜检，卵囊被染成红色，此法检出率较高。采用荧光显微镜检查，卵囊显示苹果绿荧光，能检测出卵囊极少的样本，是目前国外诊断隐孢子虫病最常用的方法之一。

（2）死后诊断　刮取消化道病变部位黏膜涂片染色，可发现各发育期的虫体而确诊。

7. 治疗

目前尚无特效药物，国内曾有报道大蒜素对人隐孢子虫病有效。国外有采用免疫学疗法的报道，如口服单克隆抗体、高免兔乳汁等方法治疗病人。对免疫功能正常的牛、羊，采用对症疗法和支持疗法有一定效果。

8. 预防

加强饲养理，搞好环境卫生，提高动物免疫力，是目前唯一可行的办法。发病后要及时进行隔离治疗。严防牛、羊及人粪便污染饲料和饮水。

（十一）住白细胞虫病

住白细胞虫病是由疟原虫科住白细胞虫属的住白细胞虫寄生于鸡的血细胞和内脏器官的组织细胞内所引起的疾病，又称“白冠病”。主要特征为贫血，全身广泛性出血并伴有坏死灶。

1. 病原体

住白细胞虫主要有以下两种。

（1）沙氏住白细胞虫（*L. sabrazesi*）　配子体见于白细胞内。大配子体呈长圆形，大小为（22×6.5）μm，胞质着色深蓝，核褐红色明显。小配子体为（20×6）μm，胞质着色浅蓝，核不明显。宿主细胞呈纺锤形，胞核被挤压呈狭长带状，围绕于虫体一侧。

（2）卡氏住白细胞虫（*L. caulleryi*）　配子体可见于白细胞和红细胞内。大配子体近于圆形，大小为12~13μm，胞质较多，呈深蓝色，核居中较透明，呈红色肾形。小配子体呈不规则圆形，大小为9~11μm，胞质少，呈浅蓝色，核呈浅红色，占虫体大部分体积。被寄生的宿主细胞膨大为圆形，细胞核被挤压成狭带状围绕虫体，有时消失（图8-16）。

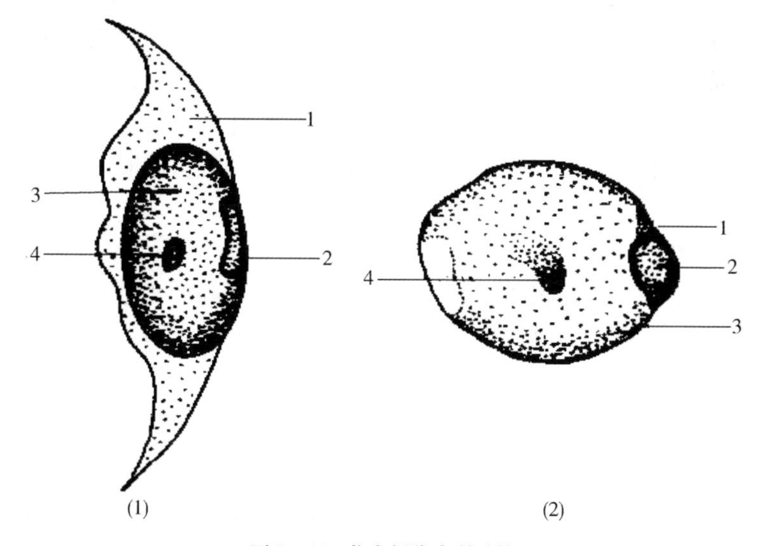

图8-16　住白细胞虫配子体

（1）沙氏住白细胞虫　（2）卡氏住白细胞虫

1—宿主细胞质　2—宿主细胞核　3—配子体　4—核

2. 生活史

发育过程包括无性繁殖和有性繁殖，无性繁殖在鸡体内进行，有性繁殖在吸血昆虫体内进行。

当吸血昆虫在病鸡体上吸血时，将含有配子体的血细胞吸进胃内，虫体在其体内进行配子生殖和孢子生殖，产生许多子孢子并进入唾液腺。当吸血昆虫再次到鸡体上吸血时，将子孢子注入鸡体内，经血液循环到达肝脏，侵入肝实质细胞进行裂殖生殖，其裂殖子一部分重新侵入肝细胞，另一部分随血液循环到各种器官的组织细胞，再进行裂殖生殖。经数代裂殖增殖后，裂殖子侵入白细胞，尤其是单核细胞，发育为大配子体和小配子体。但卡氏住白细胞虫到达肝脏之前，可在血管内皮细胞内裂殖增殖，也可在红细胞内形成配子体。

3. 流行病学

沙氏住白细胞虫的传播媒介为蚋，卡氏住白细胞虫的传播媒介为库蠓。本病发生的季节性与传播媒介的活动季节相一致。当气温在20℃以上时，蚋和库蠓繁殖快，活力强。一般发生于4~10月。沙氏住白细胞虫多发生于南方；卡氏住白细胞虫多发生于中部地区。

本病主要危害幼雏，一般2~7月龄的鸡感染率和发病率都较高。随着鸡年龄的增长而感染率增高，但发病率降低，8月龄以上的鸡感染后，大多数为带虫者。

4. 临诊症状

自然感染的潜隐期为6~10d。急性病例的雏鸡，在感染12~14d后，突然咯血，呼吸困难，很快死亡。有的表现鸡冠和肉髯苍白，食欲不振，羽毛松乱，伏地不动，1~2d后因出血而死亡。轻症病例，体温升高，卧地不动，下痢，1~2d内死亡或康复。特征性症状是死前口流鲜血，贫血，鸡冠和肉髯苍白，常因呼吸困难而死亡。中鸡死亡率较低，发育受阻。成鸡病情较轻，产蛋率下降。

5. 病理变化

全身性出血，尤其是胸肌、腿肌、心肌有大小不等的出血点。肾、肺等各内脏器官肿大、出血。胸肌、腿肌、心肌及肝、脾等器官上有灰白色或稍带黄色的针尖至粟粒大与周围组织有明显分界的小结节。

6. 诊断

根据流行病学、临诊症状和病理变化做出初步诊断。病原体检查可采取鸡外周血液或脏器涂片，姬姆萨氏染色镜检，发现配子体即可确诊；挑出内脏器官上的小结节制成涂片，染色后可见到有许多裂殖子。

7. 治疗

（1）泰灭净　按0.01%混入饲料，连用2周；或按0.5%混入饲料，连用

3d，再按0.05%混入饲料，连用2周。该药为目前认为治疗住白细胞虫病的特效药。

（2）磺胺二甲氧嘧啶（SDM） 又名制菌磺。用0.05%饮水2d，然后再用0.03%饮水2d。

（3）乙胺嘧啶 按0.0004%，配合磺胺二甲氧嘧啶0.004%混入饲料，连用1周。

（4）痢特灵 按0.04%混入饲料，连续用药5d，停药2～3d，改为0.02%连续服用。

（5）克球粉 按0.025%混入饲料，连续服用。

8. 预防

（1）防止库蠓进入鸡舍 鸡舍应建在高燥、向阳及通风的地方，远离垃圾场、污水沟及荒草坡等库蠓孳生和繁殖的场所。在流行季节，鸡舍的门窗等要安装纱窗帘，以防库蠓进入鸡舍，也可在鸡舍周围堆放艾叶、蒿枝及烟杆等闷烟，以使库蠓不能栖息。净化鸡舍周围环境，清除垃圾及杂草，填平废水沟，雨后及时排除积水。

（2）消灭库蠓 鸡舍环境用0.1%敌杀死、0.05%辛硫磷或0.01%速灭杀丁定期喷雾，每隔3～5d喷1次。也可在黄昏时用黑光灯诱杀库蠓。

（3）淘汰病鸡 住白细胞虫的裂殖体阶段可随鸡越冬，故在冬季对当年患病鸡群彻底淘汰，以免翌年再次发病及扩散病原体。

（4）药物预防 在流行季节到来之前进行药物预防。泰灭净，按0.0025%～0.0075%混入饲料，连用5d，停2d，为1个疗程。磺胺二甲氧嘧啶（SDM），按0.0025%～0.0075%混入饲料或饮水。乙胺嘧啶，按0.0001%混入饲料。痢特灵，按0.01%混入饲料。克球粉，按0.0125%～0.025%混入饲料。

（5）免疫预防 国外有人用感染卡氏住白细胞虫7～13d的鸡脾脏，匀浆后给鸡接种，可获得一定的免疫力。

（十二）结肠小袋虫病

结肠小袋虫病是由纤毛虫纲小袋科小袋属的结肠小袋纤毛虫寄生于哺乳动物和人的大肠（主要是结肠）所引起的疾病。主要感染猪和人，多为隐性感染，重者腹泻。

1. 病原体

结肠小袋纤毛虫（*Balantidium coli*），在发育过程中有滋养体和包囊两个阶段。

（1）滋养体 一般呈不对称的卵圆形或梨形，大小为（30～180）μm×（20～120）μm，体表有许多纤毛，沿斜线排列成行，其摆动可使虫体运动；

虫体前端略尖，其腹面有 1 个胞口，与漏斗状的胞咽相连；胞口与胞咽处亦有许多纤毛；虫体中部和后部各有 1 个伸缩泡。有大核和小核，大核多在虫体中央，呈肾形；小核呈球形，常位于大核的凹陷处（图 8－17）。

（2）包囊　呈球形或卵圆形，直径 40～60μm。有 2 层囊膜，囊内含有 1 个虫体，有时为 2 个处于接合生殖过程中的虫体。

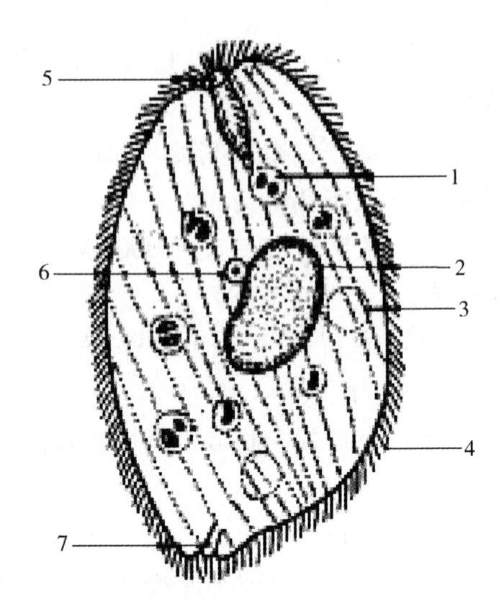

图 8－17　结肠小袋纤毛虫的滋养体
1—食物泡　2—大核　3—伸缩泡
4—纤毛　5—胞口　6—小核　7—胞肛

2. 生活史

宿主吞食了外界环境中的结肠小袋纤毛虫的包囊而感染，囊壁被消化后，滋养体逸出进入大肠，以二分裂法进行繁殖。当环境条件不适宜时，滋养体即形成包囊。滋养体和包囊均可随粪便排出体外。滋养体随粪便排到外界后也可形成包囊。

3. 流行病学

主要危害仔猪和人，有时也感染牛、羊等其他动物。包囊有较强的抵抗力，在室温下至少可保持活力 2 周，在潮湿的环境下可存活 2 个月。在直射阳光下 3h 才能发生死亡，在 10% 的福尔马林溶液中能存活 4h。

本病分布较为广泛，南方地区多发，一般发生在夏、秋季节。

4. 临诊症状

一般情况下，不表现临诊症状，严重感染时症状明显，仔猪主要表现为腹泻，粪便内混有黏液和血液，恶臭，精神沉郁，食欲减退，喜卧，有时体温升高，可在 2～3d 内死亡。成年猪多为带虫者。

人感染结肠小袋纤毛虫后，主要表现顽固性下痢，病情常较严重。

5. 病理变化

主要发生溃疡性肠炎，在结肠和直肠黏膜上形成溃疡。

6. 诊断

生前可根据临诊症状和在粪便中检出滋养体和包囊而确诊。急性病例的粪便中常有大量能运动的滋养体，慢性病例以包囊为多。取新鲜粪便做压滴标本或用沉淀法检查，如发现包囊和游动的滋养体即可确诊。还可刮取肠黏膜做涂片检查。

7. 治疗

可选用甲硝唑、呋喃唑酮、土霉素、四环素、金霉素等药物。

8. 预防

加强饲养管理，搞好环境卫生和消毒工作，防止粪便污染饲料和饮水；饲养管理人员注意个人卫生和饮食卫生，以防感染。

项目思考

一、名词解释

二分裂 裂殖生殖 裂殖体 裂殖子 外出芽生殖 内出芽生殖 配子生殖 雷氏小体

二、选择题

1. 治疗伊氏锥虫病的首选药物为（ ）。

A. 氨丙啉 B. 克球多

C. 拜耳 205 D. 噻嘧啶

2. 伊氏锥虫病的主要传播途径是（ ）。

A. 生物媒介传播 B. 消化道传播

C. 接触传播 D. 机械性传播

3. 寄生于家畜血浆中的原虫是（ ）。

A. 伊氏锥虫 B. 泰勒虫

C. 巴贝斯虫 D. 球虫

4. 双芽巴贝斯虫寄生于牛的（ ）。

A. 白细胞 B. 红细胞

C. 肠上皮细胞 D. 肝细胞

5. 我国牛巴贝斯虫的传播媒介为（ ）。

A. 蜱 B. 蚋

C. 虻 D. 蚊

6. 引起雏鸡发生盲肠球虫病的病原体为（ ）。

A. 柔嫩艾美耳球虫 B. 巨型艾美耳球虫

C. 堆形艾美耳球虫 D. 毒害艾美耳球虫

7. 不是抗鸡球虫的药物是（ ）。

A. 地克珠利 B. 吡喹酮

C. 尼卡巴嗪 D. 马杜拉霉素

8. 等孢属球虫孢子化卵囊的特征为（ ）。

A. 四个孢子囊，每个孢子囊内有 2 个子孢子

B. 两个孢子囊，每个孢子囊内有 4 个子孢子

C. 四个孢子囊，每个孢子囊内有 4 个子孢子

D. 无孢子囊，8 个子孢子直接裸露在卵囊内

9. 寄生于肝脏的兔球虫病的病原体为（　　）。

A. 穿孔艾美耳球虫　　B. 大型艾美耳球虫

C. 斯氏艾美耳球虫　　D. 无残艾美耳球虫

10. 鸡球虫引起鸡严重发病的发育阶段是（　　）。

A. 裂体生殖　　B. 配子生殖

C. 孢子生殖　　D. 出芽生殖

11. 弓形虫的终末宿主是（　　）。

A. 犬　　B. 猫

C. 狼　　D. 牛

12. 不是弓形虫传播途径的是（　　）。

A. 经皮肤、黏膜感染　　B. 经胎盘感染

C. 接触感染　　D. 经口感染

13. 治疗弓形虫病的首选药物为（　　）。

A. 磺胺类　　B. 吡喹酮

C. 丙硫咪唑　　D. 噻嘧啶

14. 沙氏住白细胞虫的传播媒介为（　　）。

A. 蠓　　B. 蚋

C. 虻　　D. 蚊

15. 白冠病的病原体是（　　）。

A. 火鸡组织滴虫　　B. 隐孢子虫

C. 住白细胞虫　　D. 艾美耳球虫

三、判断题

1. 原虫都是单细胞动物。（　　）

2. 各种梨形虫皆通过硬蜱传播。（　　）

3. 牛环形泰勒虫的传播媒介为草原革蜱。（　　）

4. 鸡球虫病主要病原体是艾美耳属的球虫。（　　）

5. 弓形虫卵囊内有 3 个孢子囊，每个孢子囊内含有 4 个子孢子。（　　）

6. 结肠小袋纤毛虫感染的主要部位是直肠和盲肠，其次是结肠。（　　）

7. 肉孢子虫的终末宿主主要是犬。（　　）

8. 隐孢子虫病是导致艾滋病人死亡的重要因素。（　　）

9. 鸡的住白细胞虫有两种，即沙氏住白细胞虫和卡氏住白细胞虫。前者的传播媒介为蚋，后者为库蠓。（　　）

四、填空题

1. 原虫的特殊细胞器包括（　　　　）和（　　　　）。

2. 原虫的生殖有（　　　　　）和（　　　　　）两种方式。

3. 组织滴虫病是由（　　　　）滴虫寄生于鸡的（　　　）和（　　　）引起的疾病，又称为（　　　　）或（　　　　）。

4. 双芽巴贝斯虫寄生于牛的（　　　），传播媒介为（　　），临诊症状主要表现为（　　　）、（　　　）、黄疸及血红蛋白尿。

5. 弓形虫的全部发育过程有5个阶段，包括（　　　　）、包囊、裂殖体、配子体和（　　　）。

6. 肉孢子虫病是肉孢子虫寄生于多种动物和人的（　　　　）所引起的疾病。

五、简答题

1. 原虫的基本形态构造。
2. 原虫的有性生殖和无性生殖包括哪些方式?
3. 牛胎儿毛滴虫病的主要特征。
4. 组织滴虫的生活史。
5. 牛羊巴贝斯虫病的治疗。
6. 艾美耳属、等孢属、泰泽属、温扬属球虫孢子化卵囊的形态构造。
7. 鸡球虫病的流行病学特点、症状、病理变化、诊断和防治措施。
8. 弓形虫五种虫型的形态构造及寄生部位。
9. 弓形虫的生活史。
10. 肉孢子虫的形态构造。

项目九　实操训练

实训 1　动物蠕虫卵形态构造观察

实训目标

通过观察动物蠕虫卵制片标本，掌握动物蠕虫卵的形态构造特征，并能对常见蠕虫卵进行鉴别。

实训内容

1. 常见动物吸虫卵形态构造观察。
2. 常见动物绦虫卵形态构造观察。
3. 常见动物线虫卵和棘头虫卵形态构造观察。

设备材料

1. 图片

常见动物蠕虫卵形态构造图。

2. 标本

常见动物蠕虫卵制片标本。

3. 器材

生物显微镜、常见动物蠕虫卵的多媒体投影片及多媒体投影仪。

方法步骤

1. 示教讲解

（1）教师用多媒体投影仪或图片展示动物蠕虫卵的形态构造图，同时向学生讲述常见动物吸虫卵、绦虫卵、线虫卵和棘头虫卵的形态构造。

（2）教师用显微投影仪向学生演示常见动物吸虫卵、绦虫卵、线虫卵和棘头虫卵的观察方法，并指出应注意的问题。

2. 分组观察

学生用生物显微镜观察常见动物蠕虫卵制片标本：先用低倍镜观察，找到需要观察的虫卵，再用高倍镜仔细观察其形态构造。

实训报告

绘制吸虫卵、绦虫卵、线虫卵的形态构造图，并分别标出各部位名称。

参考资料

1. 蠕虫卵的基本结构与特征

主要依据虫卵的大小、形态、颜色、卵壳和内容物的典型特征来加以鉴别。

（1）吸虫卵　多为卵圆形或椭圆形，多呈黄色、棕色或灰色；卵壳数层，多数吸虫卵一端有卵盖，卵壳表面光滑，有的卵壳表面有结节、小刺、丝等突出物；有的虫卵在产出时，仅含有胚细胞和卵黄细胞，有的已含有毛蚴。

（2）绦虫卵　圆叶目绦虫虫卵呈圆形、近似方形或三角形，多呈灰色或无色，少数呈黄色、黄褐色；卵壳的厚度和构造有差异，没有卵盖；内含一个具有三对胚钩的六钩蚴，六钩蚴被覆两层膜，内层膜包围六钩蚴，外层膜与内层膜分离，中间有少量液体；有的绦虫卵内层膜上形成突起，称为梨形器。假叶目绦虫虫卵呈圆形，有卵盖，内含卵细胞及卵黄细胞。

（3）线虫卵　多为椭圆形或圆形，卵壳薄厚不同，表面光滑或有结节、凹陷等；卵内含有卵细胞或含有幼虫。

2. 常见动物蠕虫卵形态构造

（1）牛羊常见蠕虫卵，见图9－1。

（2）猪常见蠕虫卵，见图9－2。

（3）家禽常见蠕虫卵，见图9－3。

（4）肉食动物常见蠕虫卵，见图9－4。

（5）马属动物常见蠕虫卵，见图9－5。

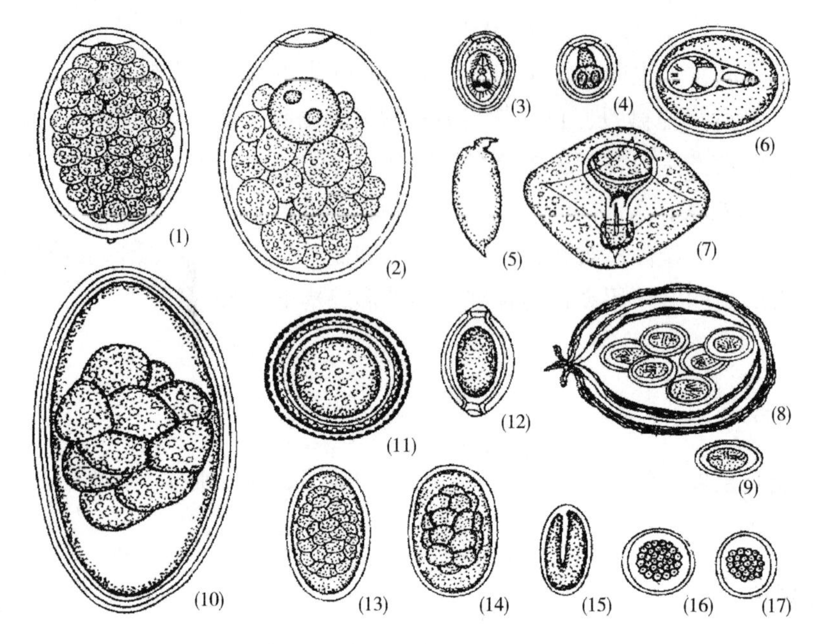

图9－1　牛、羊常见蠕虫卵形态

（1）肝片形吸虫卵　（2）前后盘吸虫卵　（3）胰扩盘吸虫卵　（4）双腔吸虫卵　（5）东毕吸虫卵　（6）、（7）莫尼茨绦虫卵　（8）曲子宫绦虫子宫周围器　（9）曲子宫绦虫卵　（10）钝刺细颈线虫卵　（11）牛弓首蛔虫卵　（12）毛尾线虫卵　（13）捻转血矛线虫卵　（14）仰口线虫卵　（15）乳突类圆线虫卵　（16）、（17）牛艾美耳属球虫卵囊

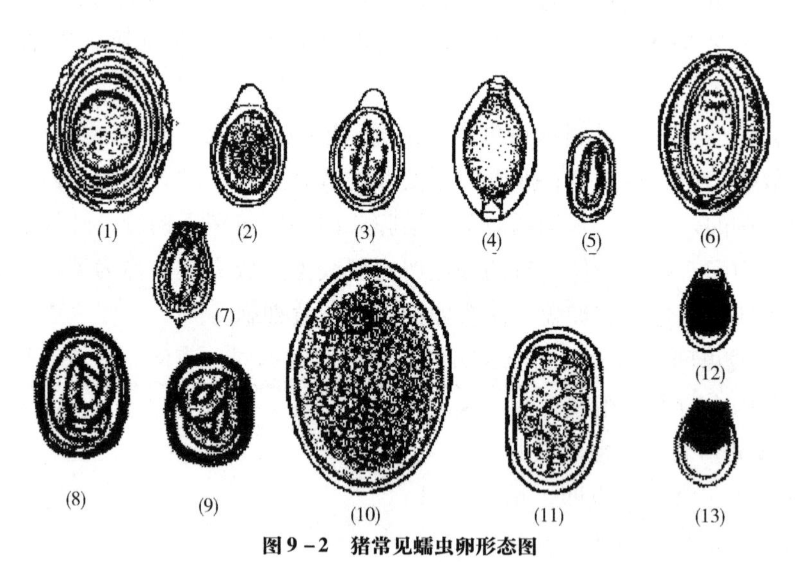

图9－2　猪常见蠕虫卵形态图

（1）猪蛔虫卵　（2）刚棘颚口线虫卵（新鲜虫卵）　（3）刚棘颚口线虫卵（已发育的虫卵）　（4）猪毛首线虫卵　（5）六翼泡首线虫卵　（6）蛭形棘头虫卵　（7）华支睾吸虫卵　（8）野猪后圆线虫卵　（9）复阴后圆线虫卵　（10）姜片吸虫卵　（11）食道口线虫卵　（12）、（13）猪球虫卵囊

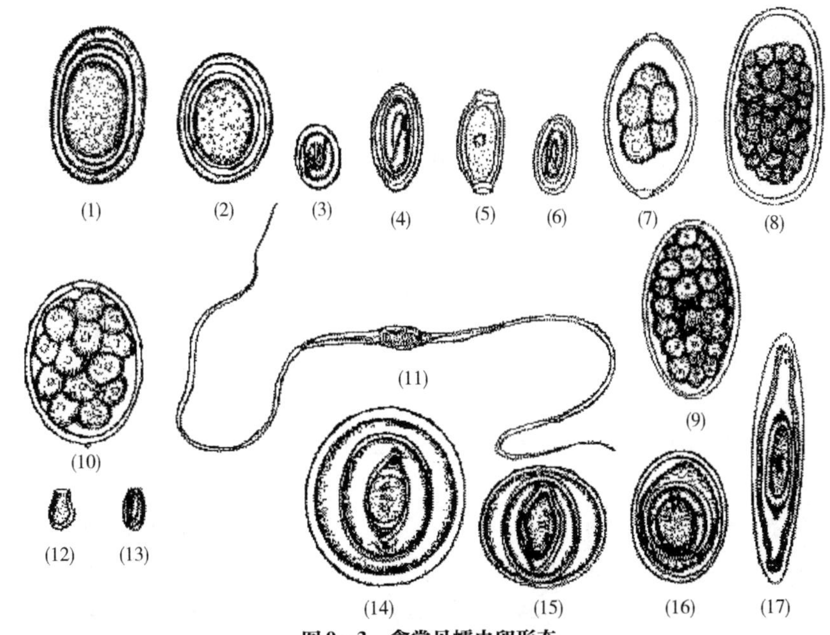

图9－3　禽常见蠕虫卵形态

（1）鸡蛔虫卵　（2）鸡异刺线虫卵　（3）螺旋咽饰带线虫卵　（4）四棱线虫卵　（5）毛细线虫卵　（6）鸭束首线虫卵　（7）比翼线虫卵　（8）鹅裂口线虫卵　（9）隐叶吸虫卵　（10）卷棘口吸虫卵　（11）背孔吸虫卵　（12）前殖吸虫卵　（13）次睾吸虫卵　（14）矛形剑带绦虫卵　（15）膜壳绦虫卵　（16）有轮赖利绦虫卵　（17）鸭多型棘头虫卵

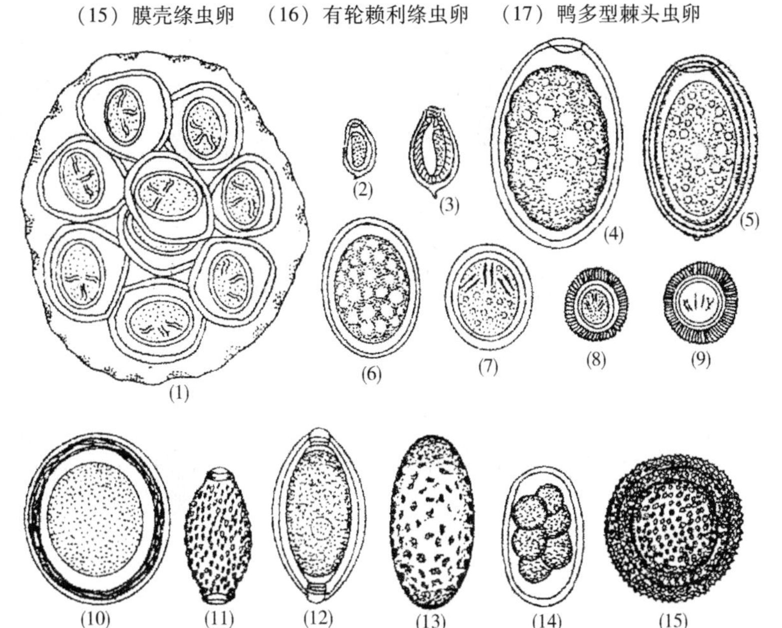

图9－4　肉食动物常见蠕虫卵

（1）后睾吸虫卵　（2）华支睾吸虫卵　（3）棘隙吸虫卵　（4）并殖吸虫卵　（5）犬复孔绦虫卵　（6）裂头绦虫卵　（7）中线绦虫卵　（8）细粒棘球绦虫卵　（9）泡状带绦虫卵　（10）狮弓蛔虫卵　（11）毛细线虫卵　（12）毛尾线虫卵　（13）肾膨结线虫卵　（14）犬钩口线虫卵　（15）犬弓首蛔虫卵

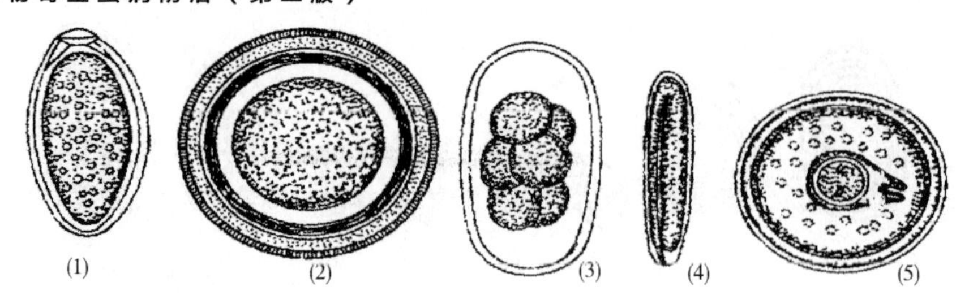

图9－5 马属动物常见蠕虫卵

（1）尖尾线虫卵 （2）马副蛔虫卵 （3）圆线虫卵 （4）柔线虫卵 （5）裸头绦虫卵

3. 易与虫卵混淆的物质

易与虫卵混淆的物质见图9－6，应注意区分。

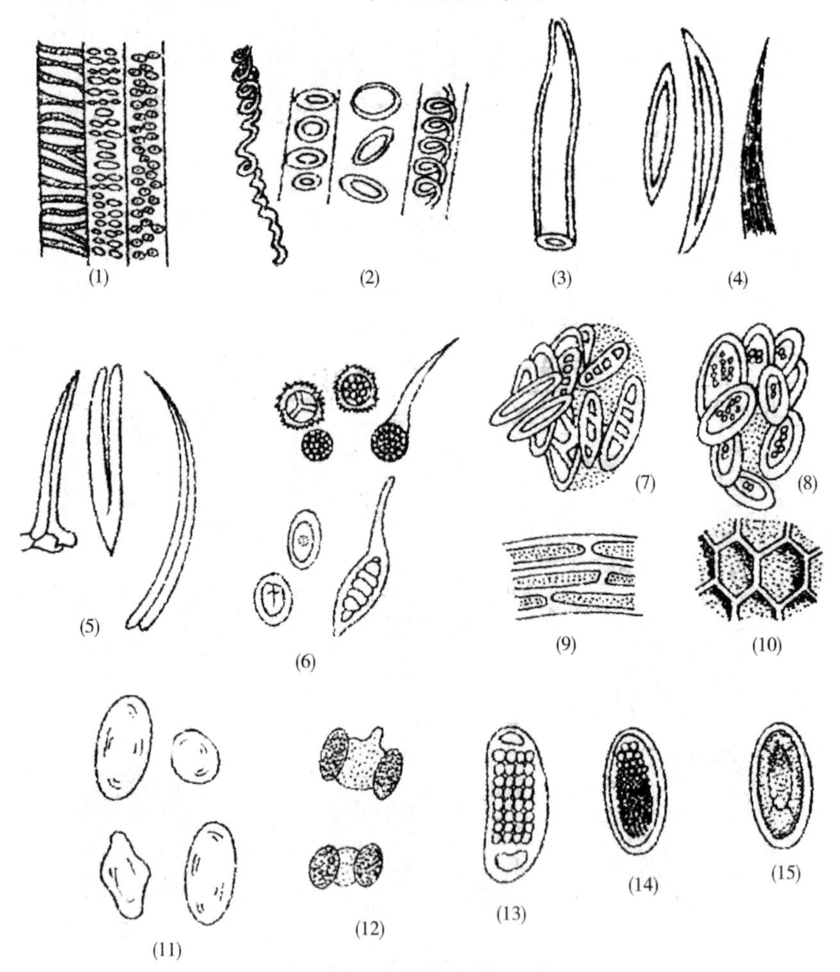

图9－6 易与虫卵混淆的物质

（1）～（10）植物细胞和孢子 [（1）植物的导管 （2）螺纹和环纹 （3）管胞 （4）植物纤维 （5）小麦的颖毛 （6）真菌的孢子 （7）谷壳的一些部分 （8）稻米的胚乳 （9）、（10）植物薄皮细胞] （11）淀粉粒 （12）花粉粒 （13）植物线虫的一种虫卵 （14）螨的卵（未发育） （15）螨的卵（已发育）

（1）气泡　圆形无色、大小不一，折光性强，内部无胚胎结构。

（2）花粉颗粒　无卵壳结构，表面常呈网状，内部无胚胎结构。

（3）植物细胞　为螺旋形、小型双层环状物或铺石状上皮，均有明显的细胞壁。

（4）豆类淀粉粒　形状不一。外被粗糙的植物纤维，颇似绦虫卵。可滴加卢戈尔氏碘液（碘 1g、碘化钾 2g、水 100mL）染色加以区分，未消化前显蓝色，略经消化后呈红色。

（5）霉菌孢子　折光性强，内部无明显的胚胎构造。

4. 常见动物蠕虫卵鉴别

（1）动物主要吸虫卵鉴别　见表 9－1。

表 9－1　动物主要吸虫卵鉴别

虫卵名称	长×宽/μm	形状	颜色	卵壳特征	内含物	寄生动物
肝片形吸虫卵	(133～157)×(74～91)	长椭圆形	黄褐色	薄而光滑，卵盖不明显	卵黄细胞充满	牛、羊、骆驼、鹿、猪、马、兔、人等
大片形吸虫卵	(150～190)×(70～90)	长椭圆形	黄褐色	薄而光滑，一端有卵盖	卵黄细胞充满	牛
双腔吸虫卵	(34～44)×(29～33)	卵圆形不对称	黄褐色	卵盖明显、壳厚	毛蚴	牛、羊、骆驼、鹿、人等
阔盘吸虫卵	(42～50)×(26～33)	椭圆形稍不对称	黄棕或棕褐色	卵盖明显，壳厚	毛蚴	牛、羊、猪、兔、人等
前后盘吸虫卵	(125～132)×(70～80)	椭圆形	淡灰色	薄而光滑，一端有卵盖	卵黄细胞不充满	牛、羊、鹿、骆驼
日本分体吸虫卵	(70～100)×(55～65)	椭圆形	浅黄色	一端有小刺，无卵盖	毛蚴	牛、羊、猪、人等
东毕吸虫卵	(72～74)×(22～26)	长椭圆形	浅黄色或无色	一端有小刺，另一端有钮状物	毛蚴	牛、羊
姜片吸虫卵	(130～150)×(85～97)	椭圆形	棕黄或浅黄色	卵壳薄，不明显	卵黄细胞分布均匀	猪、人
并殖吸虫卵	(75～118)×(46～67)	椭圆形	金黄色	卵盖大，卵壳薄厚不均	卵黄细胞分布均匀	犬、猪、人
华支睾吸虫卵	(27～35)×(12～20)	似灯泡形	黄褐色	卵盖较明显，壳厚	毛蚴	犬、猪、猫、人等

续表

虫卵名称	长×宽/μm	形状	颜色	卵壳特征	内含物	寄生动物
卷棘口吸虫卵	(114～126)×(68～72)	椭圆形	淡黄色	卵盖较明显	卵黄细胞分布均匀	鸡、鸭、鹅等
前殖吸虫卵	(22～24)×(13～16)	椭圆形	棕褐色	壳薄，一端有卵盖，另一端有小突起	卵黄细胞充满	鸡、鸭
背孔吸虫卵	21×15	椭圆形	金黄色	两端各有一长卵丝	卵黄细胞充满	鸭、鹅
鸭对体吸虫卵	(25～28)×(13～14)	卵圆形	淡灰色	一端有卵盖，另一端有突起	卵黄细胞充满	鸭
东方次睾吸虫卵	(28～31)×(12～15)	椭圆形	淡灰色	有卵盖	毛蚴	鸭、鸡、野鸭

（2）禽主要绦虫卵和线虫卵鉴别　见表9-2。

表9-2　禽主要绦虫卵和线虫卵鉴别

虫卵名称	长×宽/μm	形状	颜色	卵壳特征	内含物
有轮赖利绦虫卵	直径75～88	椭圆形	灰白色	厚	椭圆形六钩蚴
四角和棘钩赖利绦虫卵	直径25～50	椭圆形	灰白色	厚	椭圆形六钩蚴
剑带绦虫卵	(46～106)×(77～103)	椭圆形	无色	四层膜，第3层一端有突起，其上有卵丝	椭圆形六钩蚴
冠状双盔绦虫卵	直径30～70	圆形或似椭圆形	无色	四层膜	圆形或椭圆形六钩蚴
鸡蛔虫卵	(70～90)×(47～51)	椭圆形	深灰色	较厚，光滑	未分裂的卵细胞
异刺线虫卵	(65～80)×(35～46)	椭圆形	灰褐色	较厚	未分裂的卵细胞
咽饰带线虫卵	(33～40)×18	长椭圆形	浅黄色	较厚	内含“U”形幼虫
同刺线虫卵	(68～74)×(37～51)	椭圆形	无黄或灰白色	较厚	未分裂的卵细胞

续表

虫卵名称	长×宽/μm	形状	颜色	卵壳特征	内含物
毛细线虫卵	(42～60)×(22～28)	桶形	色淡	厚，两端有塞状物	椭圆形未分裂的卵细胞
裂口线虫卵	100×60	椭圆形	灰色	较厚	分裂的卵细胞
囊首线虫卵	38×19	椭圆形	灰色	厚而坚实	卷曲的幼虫
四棱线虫卵	(43～57)×(25～32)	椭圆形	灰色	厚，两端有不大的小盖	卷曲的幼虫

(3) 猪主要绦虫卵和线虫卵鉴别　见表9－3。

表9－3　猪主要绦虫卵和线虫卵鉴别

虫卵名称	长×宽/μm	形状	颜色	卵壳特征	内含物
伪裸头绦虫卵	直径90	圆形	棕褐色	厚	圆形六钩蚴
猪蛔虫卵	直径60	近圆形	黄褐色	厚，有波浪式整齐蛋白膜	近圆形卵细胞
毛尾线虫卵	(70～80)×(30～40)	腰鼓形	黄褐色	厚，光滑，两端有塞状物	近圆形卵细胞
冠尾线虫卵	(99～170)×(56～63)	椭圆形	灰白色	壳薄，两端钝圆	32～64个胚细胞
圆形似蛔线虫卵	(34～39)×(15～20)	椭圆形	淡黄色	壳较厚	幼虫
后圆线虫卵	(40～60)×(32～45)	近圆形或钝椭圆形	淡黄色	壳厚，表面不平滑	幼虫
食道口线虫卵	(70～74)×(40～42)	椭圆形	无色或灰白色	壳薄	8～16个胚细胞
刚棘颚口线虫卵	70×41	椭圆形	黄褐色	表面颗粒状，一端有帽状结构	近圆形卵细胞
类圆线虫卵	53×32	长椭圆形	无色	壳薄	幼虫
棘头虫卵	(89～100)×(42～56)	长椭圆形	深褐色	壳厚，两端稍尖	棘头蚴

(4) 反刍动物主要绦虫卵和线虫卵鉴别　见表9－4。

表9-4 反刍动物主要绦虫卵和线虫卵鉴别

虫卵名称	长×宽/μm	形状	颜色	卵壳特征	内含物
扩展莫尼茨绦虫卵	直径56~67	近圆形或近三角形	灰白色	厚	六钩蚴在梨形器内
贝氏莫尼茨绦虫卵	直径56~67	近方形	灰白色	厚	六钩蚴在梨形器内
曲子宫绦虫卵	直径18~27	近圆形	灰白色	薄	无梨形器，3~8个虫卵在副子宫器内
无卵黄腺绦虫卵	直径21~38	近圆形或椭圆形	灰白色	薄	围于厚壁的卵袋中
网尾线虫卵	(120~130)×(80~90)	椭圆形	灰白色	薄	第1期幼虫
细颈线虫卵	(150~230)×(80~110)	长椭圆形	灰白或无色	一端较尖	6~8个胚细胞
马歇尔线虫卵	(173~205)×(73~99)	长椭圆形	灰白或无色	两侧厚，两端薄	数十个胚细胞
夏伯特线虫卵	(83~110)×(47~59)	椭圆形	灰白或无色	较厚	十多个胚细胞
血矛线虫卵	(66~82)×(39~46)	短椭圆形	灰白或无色	薄，两端较钝	十多个胚细胞
仰口线虫卵	(82~97)×(47~57)	钝椭圆形	灰白或无色	薄，两端钝，两侧直	8~16个深色胚细胞
食道口线虫卵	(82~97)×(47~57)	椭圆形	灰白或无色	较厚	8~16个深色胚细胞
毛尾线虫卵	(70~75)×(31~35)	腰鼓形	褐色或棕色	厚，两端有塞状物	近圆形卵细胞
犊新蛔虫卵	直径60~66	近圆形	淡黄色	厚，双层呈蜂窝状	1个胚细胞
筒线虫卵	(50~70)×(25~37)	椭圆形	灰白或无色	薄	内含幼虫

（5）肉食动物主要绦虫卵和线虫卵鉴别　见表9-5。

表9－5　肉食动物主要绦虫卵和线虫卵鉴别

虫卵名称	长×宽/μm	形状	颜色	卵壳特征	内含物
带科绦虫卵	直径20～39	圆形或近似圆形	黄褐色或无色	厚，有辐射状条纹	六钩蚴
犬复孔绦虫卵	直径35～50	圆形	无色透明	二层薄膜	六钩蚴
中线绦虫卵	（40～60）×（35～43）	长椭圆形		二层薄膜	六钩蚴
曼氏迭宫绦虫卵	（52～68）×（32～43）	椭圆形，两端稍尖	浅灰褐色	薄，有卵盖	1个胚细胞和多个卵黄细胞
犬弓首蛔虫卵	（68～85）×（64～72）	近圆形	灰白色不透明	厚，有许多凹陷	圆形卵细胞
猫弓首蛔虫卵	直径65～70	近圆形	灰白色不透明	较厚，点状凹陷	圆形卵细胞
狮弓蛔虫卵	（74～86）×（44～61）	钝椭圆形	无色透明	厚，光滑	圆形卵细胞
犬钩口线虫卵	（40～80）×（37～42）	椭圆形	无色	二层，薄而光滑	8个胚细胞
毛细线虫卵	（48～67）×（28～37）	椭圆形	无色	两端有塞状物	卵细胞
棘颚口线虫卵	（65～70）×（38～40）	椭圆形	黄褐色	较厚，前端有帽状突起，表面有颗粒	1～2个卵细胞
犬毛尾线虫卵	（70～89）×（37～41）	椭圆形腰鼓形	棕色	两端有塞状物	卵细胞
肾膨结线虫卵	（72～80）×（40～48）	椭圆形	棕黄色	厚，有许多凹陷，两端有塞状物	分裂为二的卵细胞

实训2　常见吸虫的形态构造观察

实训目标

通过观察动物常见吸虫的原色图片和浸渍标本，掌握吸虫的形态特征；通过在显微镜下观察动物常见吸虫的染色标本，掌握吸虫的一般构造及常见吸虫的鉴定方法。

实训内容

1. 动物常见吸虫的形态特征观察。
2. 动物常见吸虫的内部构造观察。

设备材料

1. 图片

吸虫构造模式图；片形吸虫、华支睾吸虫、阔盘吸虫、同盘吸虫、东毕吸虫以及其他主要吸虫的原色图片及其构造图片。

2. 标本

上述吸虫的新鲜标本或浸渍标本和染色标本。

3. 器材

生物显微镜、实体显微镜、手持放大镜、标本针、小镊子、平皿、尺、显微投影仪、主要吸虫的多媒体投影片及多媒体投影仪。

方法步骤

1. 示教讲解

（1）教师带领学生观察常见吸虫的原色图片及其构造图片和浸渍标本。

（2）教师用显微投影仪或多媒体投影仪，以片形吸虫为代表虫种，观察并讲解吸虫的一般形态、内部器官的构造和位置。

（3）用显微投影仪演示片形吸虫形态构造观察的过程和方法。

2. 分组观察

（1）外部形态观察　学生将代表虫种的浸渍标本置于平皿中，在放大镜下观察其一般形态，并用尺测量其大小。

（2）内部形态构造观察　学生用生物显微镜或实体显微镜观察代表虫种的染色制片标本。主要观察口、腹吸盘的位置和大小；口、咽、食道和肠管的形态；睾丸数目、形状和位置；雄茎囊的构造和位置；卵巢、卵模、卵黄腺和子宫的形态与位置；生殖孔、排泄孔的位置。

实训报告

1. 绘制片形吸虫的形态构造图，并标出各器官名称。
2. 将所观察的吸虫形态构造特征填入表9－6。

表 9－6　主要吸虫形态构造特征鉴别表

标本编号	形状	大小	吸盘大小与位置	睾丸形状与位置	卵巢形状与位置	卵黄腺位置	子宫形状与位置	其他特征	鉴定结果

实训3　吸虫中间宿主的识别

实训目标

通过观察动物不同种类吸虫的中间宿主、补充宿主，掌握其基本形态特征，并能利用其外部形态进行鉴别。

实训内容

1. 吸虫中间宿主（螺）的一般构造观察。
2. 各种吸虫中间宿主、补充宿主的形态观察与鉴别。

设备材料

1. 图片

各种吸虫中间宿主、补充宿主的形态图和构造图。

2. 标本

各种吸虫中间宿主（如椎实螺、扁卷螺、钉螺、陆地蜗牛等）的浸渍标本。

3. 器材

生物显微镜、实体显微镜、手持放大镜、小镊子、平皿、尺、显微投影仪、各种吸虫中间宿主的多媒体投影片及多媒体投影仪。

方法步骤

1. 教师用多媒体投影仪带领学生观察并讲解螺贝壳的基本构造，让学生掌握螺的一般构造（图9－7）。

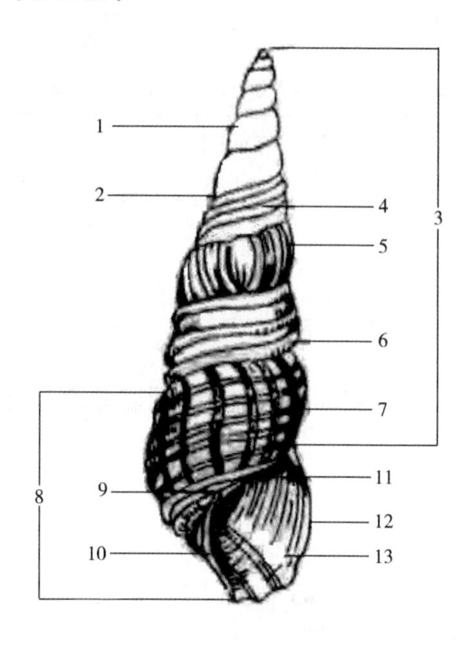

图9－7　螺的基本构造

1—螺层　2—缝合线　3—螺旋部　4—螺旋纹　5—纵肋　6—螺棱　7—瘤状结节　8—体螺层　9—脐孔　10—轴唇（缘）　11—内唇（缘）　12—外唇（缘）　13—壳口

2. 教师用多媒体投影仪向学生展示各种吸虫中间宿主、补充宿主的原色图片，描述其基本形态特征和分布情况（图9－8和图9－9）。

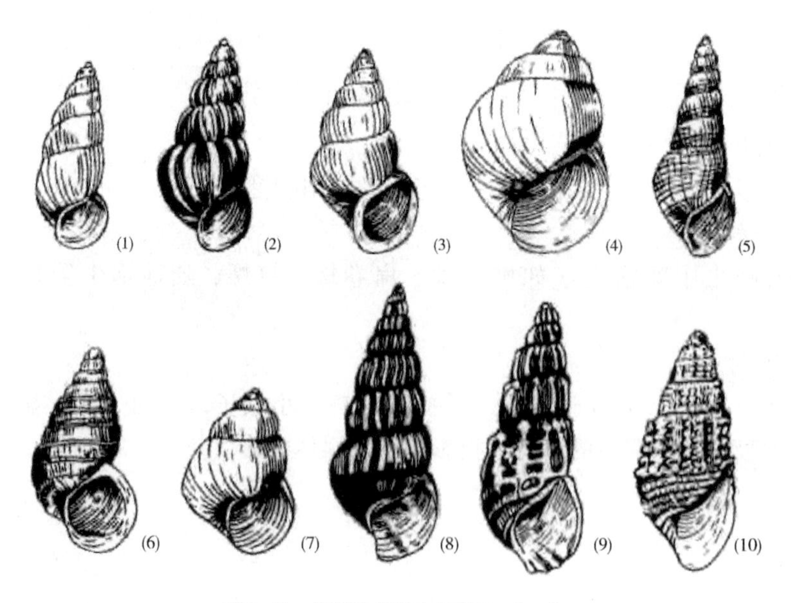

图9－8　主要吸虫的中间宿主（一）

（1）泥泞拟钉螺　（2）钉螺指名亚种　（3）钉螺闽亚种　（4）赤豆螺　（5）放逸短沟蜷　（6）中华沼螺　（7）琵琶拟沼螺　（8）色带短沟蜷　（9）黑龙江短沟蜷　（10）斜粒粒蜷

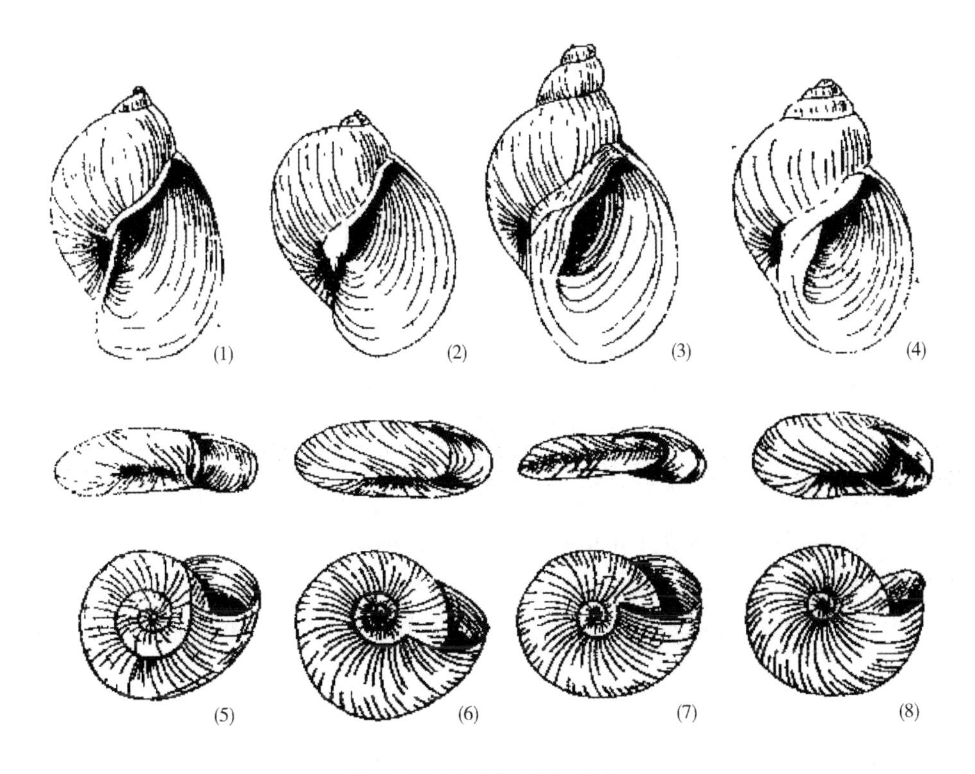

图9－9　主要吸虫中间宿主（二）

（1）椭圆萝卜螺　（2）卵萝卜螺　（3）狭萝卜螺　（4）小土窝螺　（5）凸旋螺
（6）大脐圆扁螺　（7）尖口圆扁螺　（8）半球多脉扁螺

3. 学生分组将各种螺的标本分别放入平皿中，将其置入实体显微镜（或放大镜）下，观察各种螺的形态特征，并测量其大小，从中找出各种螺形态特征上的异同点。

实训报告

绘制椎实螺、扁卷螺、钉螺的形态图。

实训4　常见绦虫的形态构造观察

实训目标

通过观察动物常见绦虫的形态，掌握其头节、颈节和体节的形态特征；观察绦虫成熟节片和孕卵节片的形态构造；能鉴别常见绦虫的种类。

实训内容

绦虫代表虫种的虫体标本及其头节、成熟节片和孕卵节片的压片标本的观察。

设备材料

1. 图片

绦虫构造模式图；莫尼茨绦虫、曲子宫绦虫、无卵黄腺绦虫、赖利绦虫的形态图及其头节、成熟节片和孕卵节片的形态构造图。

2. 标本

上述绦虫的新鲜标本或浸渍标本及其头节、成熟节片和孕卵节片的压片标本。

3. 器材

生物显微镜、实体显微镜、手持放大镜、小镊子、瓷盘、解剖针、尺、显微投影仪、各种绦虫的多媒体投影片及多媒体投影仪。

方法步骤

1. 示教讲解

（1）教师利用新鲜标本或浸渍标本带领学生观察并讲解各种绦虫的外部形态特征。

（2）以选定的代表性虫种为例，教师用多媒体投影仪向学生讲解其头节、成熟节片和孕卵节片的形态构造特征。

2. 分组观察

（1）外部形态观察　学生将代表虫种的新鲜标本或浸渍标本置于瓷盘中，用实体显微镜或手持放大镜观察其外部形态，用尺测量虫体全长及最宽处，测量成熟节片的长度及宽度。

（2）内部形态构造观察　在显微镜下观察代表虫种的染色标本。重点观察头节的构造；成熟节片的睾丸分布、卵巢形状、卵黄腺的位置、生殖孔的开口；孕卵节片内子宫的形状和位置等。

实训报告

1. 绘制莫尼茨绦虫或曲子宫绦虫的头节及成熟节片的形态构造图，并标出各部位的名称。

2. 将所观察的绦虫的形态构造特征填入表9－7。

表9－7 主要绦虫形态构造特征鉴别表

虫体名称	成虫		头节		成熟节片					孕卵节片
	长	宽	吸盘形状	顶突及小钩	生殖孔位置	生殖器组数	卵黄腺有无	节间腺形状	睾丸位置、数目	子宫形状和位置

实训5 绦虫蚴的形态构造观察

实训目标

通过观察几种常见的绦虫蚴，掌握绦虫蚴的类型及其形态构造特征。

实训内容

猪囊尾蚴、牛囊尾蚴、棘球蚴、多头蚴、细颈囊尾蚴、豆状囊尾蚴和裂头蚴的形态构造观察。

设备材料

1. 图片

绦虫蚴构造模式图；猪囊尾蚴、牛囊尾蚴、棘球蚴、多头蚴、细颈囊尾蚴及其成虫的形态图。

2. 标本

上述绦虫蚴的浸渍标本和头节的染色标本。

3. 试剂

50%～80%胆汁－生理盐水。

4. 器材

生物显微镜、实体显微镜、手持放大镜、手术刀、组织剪、平皿、镊子、显微投影仪、各种绦虫蚴的多媒体投影片及多媒体投影仪。

方法步骤

1. 示教讲解

教师用显微投影仪向学生介绍各种绦虫蚴的形态特征，带领学生共同观察猪囊尾蚴、牛囊尾蚴、棘球蚴、多头蚴、细颈囊尾蚴头节的染色标本，同时观察有钩绦虫、无钩绦虫、细粒棘球绦虫、多头绦虫、泡状带绦虫孕卵节片的染色标本，并明确指出各种绦虫蚴及其成虫的寄生部位和形态构造的特点。

2. 分组观察

（1）首先取绦虫蚴的浸渍标本置于平皿中，观察囊泡的大小、囊壁的厚薄、头节的有无与多少，然后取染色标本在显微镜下详细观察头节的构造。

（2）取上述绦虫蚴的成虫的染色标本，在显微镜或实体显微镜下，详细观察头节及节片的构造，特别应注意观察孕卵节片的形状与子宫分支。

（3）猪囊尾蚴活力试验　应用本试验可以确定已经处理的猪、牛肉中的囊尾蚴是否还具有活力。试验囊尾蚴的活力，在肉品卫生检验方面有重要意义。其试验方法如下。

先将肌肉中的囊尾蚴小心地取出，去掉包围在外面的结缔组织膜，然后放入盛有15mL 50% ~80%胆汁 - 生理盐水的平皿中，置37 ~40℃温箱中，随时观察头节是否翻出活动。活的囊尾蚴当受到胆汁和温度作用后，慢慢伸出头节并进行活动，死亡的囊尾蚴则久置不动。

切取孵出头节的囊尾蚴头部，从顶端与其纵轴垂直压片，置于显微镜下，观察吸盘的数目和形状，顶突上小钩的数目、大小、形状和排列方式。

实训报告

将观察的绦虫蚴及其成虫的形态构造特征填入表9 -8。

表9 -8　主要绦虫蚴及其成虫的形态构造特征鉴别表

名称	头节数	侵袭动物及寄生部位	成虫名称及鉴别要点
猪囊尾蚴			
牛囊尾蚴			

续表

名称	头节数	侵袭动物及寄生部位	成虫名称及鉴别要点
棘球蚴			
多头蚴			
细颈囊尾蚴			

实训6　常见线虫的形态构造观察

实训目标

通过观察动物常见线虫的图片和浸渍标本，掌握常见线虫的形态特征和雌雄线虫的鉴别要点；通过解剖猪蛔虫，了解线虫的一般形态构造。

实训内容

1. 动物常见线虫的形态特征观察和雌雄的鉴别。
2. 动物常见线虫的内部构造观察。

设备材料

1. 图片

线虫形态构造模式图；圆形线虫雄虫尾部构造模式图；猪蛔虫、犊新蛔虫、鸡蛔虫、血矛线虫、食道口线虫、后圆线虫、毛首线虫、肾膨结线虫、旋毛虫等的原色图片及其构造图片。

2. 标本

上述各种线虫的新鲜标本或浸渍标本和透明标本。

3. 器材

生物显微镜、实体显微镜、手持放大镜、标本针、小镊子、解剖针、大头针、尺、蜡盘、显微投影仪、主要吸虫的多媒体投影片及多媒体投影仪。

方法步骤

1. 示教讲解

（1）教师用显微投影仪或多媒体投影仪，以代表性虫种为例，观察并讲解线虫的一般形态、内部器官的构造和位置。

（2）教师带领学生观察常见线虫的原色图片及其构造图片和浸渍标本，介绍雌、雄虫体的鉴别要点。

（3）教师示范猪蛔虫的解剖方法，并讲解其内部构造。

2. 分组观察

（1）学生用肉眼或放大镜观察上述各种线虫的新鲜标本或浸渍标本，然后挑取透明标本置于载玻片上，滴加甘油若干滴，以能浸没虫体为准，加盖玻片镜检。注意观察各种线虫的形态构造特点及区别，如口囊的有无、大小和形状，口囊内齿、切板等的有无及形状，食道的形状，头泡、颈翼、唇片、叶冠、颈乳突等的有无及形状；雄虫交合伞、肋、交合刺、性乳突、肛前吸盘等的有无及形状；雌虫阴门的位置及形态等。

（2）学生将猪蛔虫浸渍标本置于蜡盘内，观察其一般形态，用尺测量虫体大小，然后解剖。将猪蛔虫的背侧向上置于蜡盘内，加水少许，用大头针将虫体两端固定，然后用解剖针沿背线划开，将体壁剥开后用大头针固定边缘，用解剖针分离其内部器官，主要观察消化管、雌性生殖器官、雄性生殖器官、体壁与假体腔。

实训报告

绘制猪蛔虫头部和雄虫尾部形态构造图，并标出各部位名称。

实训7　蜱螨的形态观察

实训目标

通过对硬蜱的详细观察，熟悉硬蜱的一般形态构造，并通过形态对比，进一步识别硬蜱科主要属的特点；掌握疥螨和痒螨的主要形态构造特点；认识软蜱、蠕形螨和皮刺螨。

实训内容

1. 硬蜱科主要属成虫及疥螨和痒螨形态构造观察。
2. 软蜱、蠕形螨和皮刺螨一般形态观察。

设备材料

1. 图片

硬蜱、软蜱形态构造图片；硬蜱科主要属的形态图片；疥螨、痒螨形态构造图片；蠕形螨和皮刺螨形态图片。

2. 标本

硬蜱、软蜱浸渍标本和制片标本；疥螨、痒螨、蠕形螨和皮刺螨的制片标本。

3. 器材

生物显微镜、实体显微镜、手持放大镜、标本针、小镊子、平皿、解剖针、尺、显微投影仪、蜱螨的多媒体投影片及多媒体投影仪。

方法步骤

1. 示教讲解

（1）教师用显微投影仪或多媒体投影仪，带领学生观察并讲解硬蜱、软蜱的形态特征，硬蜱科主要属的形态特征及鉴别要点。

（2）教师用显微投影仪或多媒体投影仪，讲解疥螨、痒螨、蠕形螨和皮刺螨的形态特征，指出疥螨和痒螨的鉴别要点。

2. 分组观察

（1）硬蜱观察　取硬蜱浸渍标本置于平皿中，在放大镜下观察其一般形态，用尺测量大小。然后取制片标本在实体显微镜下观察，重点观察假头的长短、假头基部的形状、眼的有无、盾板形状和大小及有无花斑、肛沟的位置、须肢的长短和形状等。

（2）软蜱观察　取软蜱浸渍标本，置于实体显微镜下观察其外部形态特征。

（3）螨类观察　取疥螨、痒螨制片标本，在实体显微镜下观察其大小、形状、口器形状、肢的长短、肢端吸盘的有无、交合吸盘的有无等。然后取蠕形螨和皮刺螨的制片标本，观察一般形态。

实训报告

1. 将观察的疥螨和痒螨的形态构造特征填入表9-9。

表9-9　疥螨和痒螨的形态构造特征鉴别表

名称	形状	大小	口器	肢	肢吸盘		交合吸盘
					♂	♀	
疥螨							
痒螨							

2. 将硬蜱科主要属的形态构造特征填入表9－10。

表9－10 硬蜱主要属鉴别表

属名	肛沟位置	假头长短	假头基形状	盾板形状	眼的有无	须肢长短
硬蜱属						
血蜱属						
革蜱属						
璃眼蜱属						
扇头蜱属						
牛蜱属						

参考资料

1. 硬蜱科主要属的鉴别要点

（1）硬蜱属 肛沟围绕在肛门前方。无眼，须肢及假头基形状不一。雄虫腹面盖有不突出的板：1个生殖前板，1个中板，2个肛侧板和2个后侧板。

（2）血蜱属 肛沟围绕在肛门后方。无眼。须肢短，其第2节向后侧方突出。假头基呈矩形。雄虫无肛板。

（3）革蜱属 肛沟围绕在肛门后方。有眼。盾板上有珐琅质花纹。须肢短而宽，假头基呈矩形。各肢基节顺序增大，第4对基节最大。雄虫无肛板。

（4）璃眼蜱属 肛沟围绕在肛门后方。有眼。盾板上无珐琅质花纹。须肢长，假头基呈矩形。雄虫腹面有1对肛侧板，有或无副肛侧板，体后端有1对肛下板。

（5）扇头蜱属 肛沟围绕在肛门后方。有眼。须肢短，假头基呈六角形。雄虫有1对肛侧板和副肛侧板。雌虫盾板小。

（6）牛蜱属 无肛沟。须肢短，假头基呈六角形。雄虫有1对肛侧板和副肛侧板。雌虫盾板小（图9－10）。

2. 硬蜱与软蜱的鉴别要点

鉴别要点见表9－11。

表9－11 硬蜱与软蜱鉴别要点表

名称	硬蜱	软蜱
雄虫与雌虫	雌虫体大盾板小；雄虫体小盾板大	雄虫与雌虫的形状相似
假头	在虫体前端，从背面可以看到	在虫体腹面，从背面看不到
须肢	粗短，不能运动	灵活，能运动

续表

名称	硬蜱	软蜱
盾板	有	无
缘垛	有	无
气孔	在第 4 对基节的后面	在第 3 对与第 4 对基节之间
基节	通常有分叉	不分叉

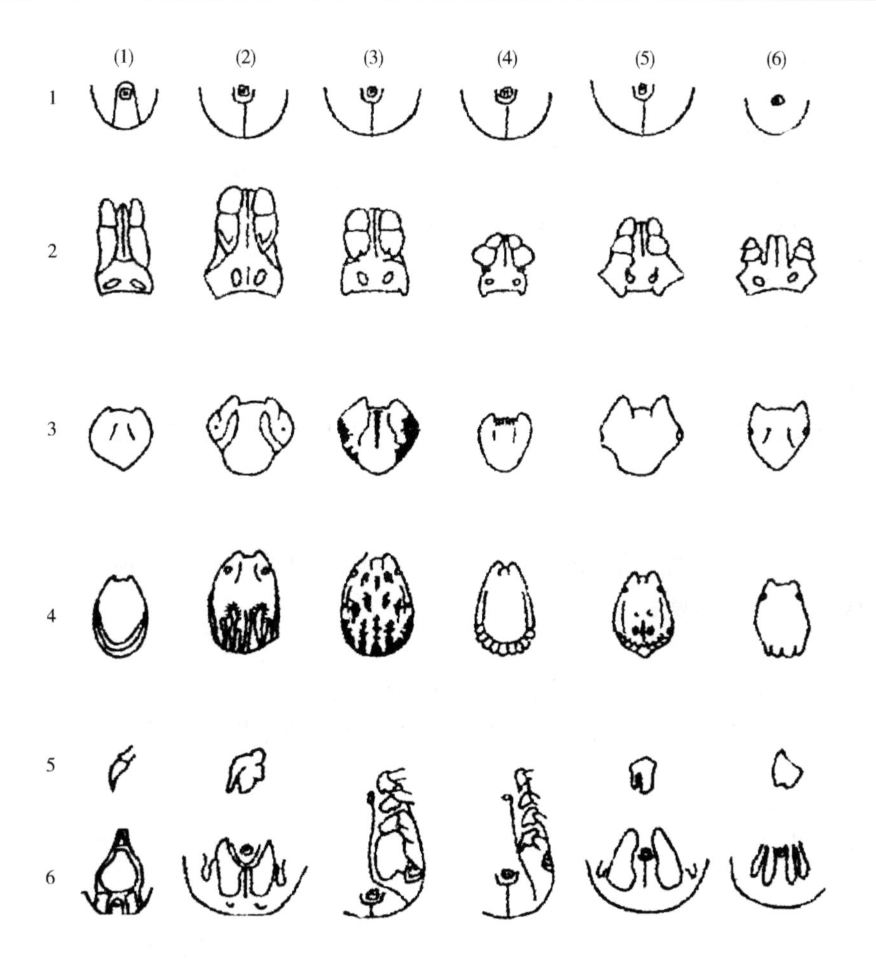

图 9－10　硬蜱科主要属的特点

（1）硬蜱　（2）璃眼蜱　（3）革蜱　（4）血蜱　（5）扇头蜱　（6）牛蜱

1—雌性肛沟　2—雄性假头　3—雌性盾板　4—雄性盾板　5—第一基节　6—雄性腹板

实训8 寄生性昆虫的形态观察

实训目标

通过对寄生性昆虫的详细观察，掌握牛皮蝇蛆、羊鼻蝇蛆、马胃蝇蛆第3期幼虫的形态特征；认识禽羽虱、猪血虱和其他吸血昆虫；了解寄生性昆虫的一般形态构造特征。

实训内容

1. 观察寄生性昆虫的一般形态构造特征。
2. 观察牛皮蝇蛆、羊鼻蝇蛆、马胃蝇蛆第3期幼虫的形态特征。
3. 观察禽羽虱、猪血虱和其他吸血昆虫的形态。

设备材料

1. 图片

昆虫构造模式图；牛皮蝇蛆、羊鼻蝇蛆、马胃蝇蛆各发育阶段形态图；禽羽虱、猪血虱和其他吸血昆虫的形态图。

2. 标本

牛皮蝇、羊鼻蝇、马胃蝇成虫的针插标本及第3期幼虫的浸渍标本；禽羽虱、猪血虱和其他吸血昆虫的浸渍标本和制片标本。

3. 器材

生物显微镜、实体显微镜、手持放大镜、标本针、小镊子、平皿、解剖针、尺、显微投影仪、寄生性昆虫的多媒体投影片及多媒体投影仪。

方法步骤

1. 示教讲解

教师用显微投影仪或多媒体投影仪，带领学生观察并讲解代表性昆虫成虫的一般形态特征，牛皮蝇蛆、羊鼻蝇蛆、马胃蝇蛆第3期幼虫的形态特征及鉴别要点。

2. 分组观察

（1）蝇蛆观察　学生取各种蝇蛆浸渍标本，在放大镜或实体显微镜下观察并比较其形态特征。

（2）昆虫观察　取禽羽虱、猪血虱和其他吸血昆虫的浸渍标本和制片标本，在放大镜或实体显微镜下观察其形态特征。

实训报告

将各种蝇蛆第3期幼虫的形态特征填入表9－12。

表9－12　蝇蛆第3期幼虫的比较表

蝇蛆名称	形态	大小	颜色	口钩	节棘刺	气口板
牛皮蝇蛆						
羊鼻蝇蛆						
马胃蝇蛆						

实训9　鞭毛虫的形态观察

实训目标

通过实训使学生熟悉鞭毛虫的一般形态构造；掌握当地重要鞭毛虫的形态特征。

实训内容

1. 观察鞭毛虫的一般形态构造。
2. 观察伊氏锥虫和组织滴虫的形态构造特征。

设备材料

1. 图片

锥虫的形态图；组织滴虫的形态图。

2. 标本

伊氏锥虫和组织滴虫的染色标本。

3. 器材

生物显微镜、载玻片、盖玻片、香柏油、拭镜纸、显微投影仪、鞭毛虫的多媒体投影片及多媒体投影仪。

方法步骤

1. 示教讲解

教师用显微投影仪或多媒体投影仪，带领学生观察并讲解伊氏锥虫和组织滴虫的形态构造特征。

2. 分组观察

取伊氏锥虫和组织滴虫的染色标本，在显微镜下观察其虫体的形态构造特征。

实训报告

绘出伊氏锥虫的形态图，并标出各部位的名称。

实训 10　梨形虫的形态观察

实训目标

通过实训使学生熟悉梨形虫的一般形态构造；掌握重要梨形虫典型虫体的形态特征。

实训内容

1. 观察梨形虫的一般形态构造。
2. 观察重要梨形虫的形态特征。

设备材料

1. 图片

巴贝斯虫和泰勒虫的形态图。

2. 标本

巴贝斯虫和泰勒虫的染色标本。

3. 器材

生物显微镜、载玻片、盖玻片、香柏油、拭镜纸、显微投影仪、梨形虫的多媒体投影片及多媒体投影仪。

方法步骤

1. 示教讲解

教师用显微投影仪或多媒体投影仪，带领学生观察并讲解巴贝斯虫和泰勒虫的形态构造特征。

2. 分组观察

取巴贝斯虫和泰勒虫的染色标本，在显微镜下观察其虫体的形状、大小、典型虫体的特征、红细胞染虫率。

实训报告

绘出所观察的梨形虫典型虫体的形态图，并用文字说明其形态特征。

实训11　孢子虫的形态观察

实训目标

通过实训使学生掌握弓形虫和几种主要球虫的形态特征；了解住肉孢子虫、住白细胞虫、贝诺孢子虫等的形态特征。

实训内容

1. 观察弓形虫的形态特征。
2. 观察几种主要球虫的形态特征。
3. 观察住肉孢子虫、住白细胞虫、贝诺孢子虫等的形态特征。

设备材料

1. 图片

弓形虫、鸡球虫、住肉孢子虫、住白细胞虫、贝诺孢子虫的形态图。

2. 标本

弓形虫、住肉孢子虫、住白细胞虫和贝诺孢子虫的染色标本及鸡球虫的制片标本。

3. 器材

生物显微镜、载玻片、盖玻片、香柏油、拭镜纸、显微投影仪、孢子虫的多媒体投影片及多媒体投影仪。

方法步骤

1. 示教讲解

教师用显微投影仪或多媒体投影仪，带领学生观察并讲解弓形虫、鸡球虫、住肉孢子虫、住白细胞虫、贝诺孢子虫的形态特征。

2. 分组观察

（1）取鸡球虫的制片标本，在显微镜下观察卵囊的形状、大小、颜色、卵囊壁的厚薄、微孔、极粒或极帽的有无以及孢子囊和子孢子的形状、数量、卵囊残体、孢子囊残体等。

（2）在显微镜下观察弓形虫、住肉孢子虫、住白细胞虫和贝诺孢子虫的染色标本。

实训报告

绘出鸡球虫孢子化卵囊模式图，并标出各部位的名称。

实训12　动物寄生虫病的粪便学检查

实训目标

通过实训使学生掌握用于虫卵检查的粪便材料的采集、保存和寄送的方法和粪便的检查方法及操作技术；能识别动物常见的寄生虫虫卵。

实训内容

1. 粪样的采集及保存方法。
2. 虫体及虫卵简易检查法。
3. 沉淀法。
4. 漂浮法。
5. 虫卵计数法。
6. 幼虫培养及分离法。

7. 毛蚴孵化法。

8. 测微技术。

设备材料

1. 图片

牛羊常见蠕虫卵形态图；猪常见蠕虫卵形态图；禽常见蠕虫卵形态图；粪便中常见的物质形态图。

2. 器材

生物显微镜、实体显微镜、显微投影仪、主要动物虫卵的多媒体投影片及多媒体投影仪、放大镜、粗天平、离心机、铜筛（40～60 目）、尼龙筛（260 目）、玻璃棒（圆头）、小镊子、漏斗及漏斗架、烧杯、三角瓶、平皿、平口试管、试管架、载玻片、盖玻片、胶头吸管、蘸取粪液的铁丝圈（直径 0.5～1cm）、塑料指套、粪盒（或塑料袋）、纱布、污物桶。

3. 药品

50% 甘油水溶液、饱和盐水、生理盐水、5%～10% 的福尔马林溶液。

4. 粪样

牛、羊、猪和鸡的粪便材料。

方法步骤

许多寄生虫的虫卵、卵囊或幼虫可随着宿主的粪便排出体外。通过检查粪便，可以确定是否感染寄生虫及其种类和感染强度。粪便检查在寄生虫病诊断、流行病学调查和驱虫效果评定上都具有重要意义。

1. 粪样的采集及保存方法

被检粪样应该是新鲜而未被污染的。最好是采取刚排出的并且是没有接触地面部分的粪便，并将其装入清洁的粪盒（或塑料袋）内。必要时，对大家畜可按直肠检查的方法采集，猪、羊可将食指或中指套上塑料指套，伸入直肠直接勾取粪便。采集的粪样，大家畜一般不少于 60g。采集用具最好一次性使用，如重复使用应每采一份，清洗一次，以免相互污染。采取的粪样应尽快检查，如当天不能检查，应放在冷暗处或冰箱冷藏箱中保存。当地不能检查需送出或保存时间过长时，可将粪样浸入加温至 50～60℃ 的 5%～10% 的福尔马林溶液中，使其中的虫卵失去活力，但仍保持固有形态，还可以防止微生物的繁殖。

2. 虫体及虫卵简易检查法

（1）虫体肉眼检查法　该法多用于绦虫病的诊断，也可用于某些胃肠道寄生虫病的驱虫诊断。对于较大的绦虫节片和大型虫体，先检查粪样表面，然后将粪样捣碎，认真进行观察；对于较小的绦虫节片和小型虫体，将粪样置于较大的容器中，加入5~10倍量的水（或生理盐水），搅拌粪样使其与水充分混合均匀，静置10~20min，倾去上层液体，再重新加水、搅匀、静置，如此反复数次，直至上层液体透明为止，最后倾去上层液体，即反复水洗沉淀法。将沉渣倒入大平皿内，衬以黑纸或其他黑色背景下检查，必要时可用放大镜或实体显微镜检查，发现虫体或节片可用小镊子取出，以便进一步鉴定。

（2）直接涂片法　该法适用于随各种动物粪便排出的蠕虫卵及球虫卵囊的检查。取50%甘油水溶液或蒸馏水1~2滴放于载玻片上，取火柴头大小的被检粪样，与之混匀，剔除粗粪渣，加盖玻片镜检。此法操作简便，但检出率较低，因此只能作为辅助的检查方法。为了提高检出率，每个粪样最好做3张涂片。

3. 沉淀法

该法的原理是虫卵可自然沉于水底，便于集中检查。多用于体积较大的虫卵的检查，如吸虫卵和棘头虫卵。

（1）自然沉淀法　取5~10g被检粪样置于烧杯内，先加入少量的水将粪便搅开，然后加5~10倍量的水充分搅匀，再用铜筛（或两层纱布）过滤于另一烧杯中，弃去粪渣，滤液静置20min后倾去上层液，再加水与沉淀物搅匀、静置，如此反复水洗沉淀物数次，直至上层液透明为止，最后倾去上层液，用胶头吸管吸取沉淀物滴于载玻片上，加盖玻片镜检。

（2）离心沉淀法　取3g被检粪样置于小烧杯中，先加入少量的水将粪便搅开，然后加5~10倍量的水充分搅匀，再用铜筛（或两层纱布）过滤于另一烧杯中，弃去粪渣，再把滤液倒入离心管，用天平配平后放入离心机内，以2000~2500r/min离心沉淀1~2min，取出后倾去上层液，沉渣反复水洗离心沉淀，直至上层液透明为止，最后倾去上层液，用胶头吸管吸取沉淀物滴于载玻片上，加盖玻片镜检。此法可以节省时间。

（3）尼龙筛淘洗法　该法操作快速、简便。取5~10g被检粪样置于烧杯中，先加入少量的水将粪便搅开，然后加10倍量的水充分搅匀，用铜筛（或两层纱布）过滤于另一烧杯中，弃去粪渣，再将粪液全部倒入尼龙筛内，先后浸入2个盛水的器皿内，用光滑的圆头玻璃棒轻轻搅拌淘洗，直至粪渣中杂质全部洗净为止。最后用少量清水淋洗筛壁四周及玻璃棒，使粪渣集中于筛底，用吸管吸取粪渣滴于载玻片上，加盖玻片镜检。

尼龙筛的制法：将260目尼龙筛绢剪成直径30cm的圆片，沿着圆周用尼龙线将其缝在8号粗的铁丝弯成带柄的圆圈（直径10cm）上即可。

4. 漂浮法

该法的原理是用比重较虫卵大的溶液作为漂浮液，使虫卵、球虫卵囊等漂浮于液体表面，进行集中检查。漂浮法对大多数较小的虫卵，如某些线虫卵、绦虫卵和球虫卵囊等容易检出，但对吸虫卵和棘头虫卵检出效果较差。

（1）饱和盐水漂浮法　取5~10g被检粪样置于烧杯中，先加入少量漂浮液将粪便搅开，再加入约20倍的漂浮液充分搅匀，然后将粪液用铜筛（或两层纱布）过滤于另一烧杯中，弃去粪渣，滤液静置40min左右，用直径0.5~1cm的金属圈平着接触液面，提起后将液膜抖落于载玻片上，如此多次蘸取不同部位的液面后，加盖玻片镜检。

（2）浮聚法　取2g被检粪样置于烧杯中，先加入少量漂浮液将粪便搅开，再加入10~20倍的漂浮液充分搅匀，然后将粪液用铜筛（或两层纱布）过滤于另一烧杯中，弃去粪渣，将滤液倒入平口试管或青霉素瓶中，直到液面接近管口为止，然后用吸管补加粪液，滴至液面凸出管口为止。静置30min后，用清洁盖玻片轻轻接触液面顶部，提起后放置载玻片上镜检。

漂浮液的制法：最常用是漂浮液是饱和盐水溶液，其制法是将食盐加入沸水中，直至不再溶解生成沉淀为止（1000mL水中约加食盐400g），用4层纱布或脱脂棉过滤后，冷却备用。为了提高检出率，可改用硫代硫酸钠、硝酸钠、硫酸镁、硝酸铵和硝酸铅等饱和溶液作为漂浮液，甚至可用于吸虫卵的检查，但易使虫卵和卵囊变形。因此，检查时必须迅速，制片时可补加1滴水。

5. 虫卵计数法

虫卵计数法是测定每克粪便中的虫卵数或卵囊数。此法主要用于了解畜禽感染寄生虫的强度及判断驱虫的效果。

（1）简易计数法　该法只适用于线虫卵和球虫卵囊的计数。取新鲜粪便1g置于小烧杯中，加10倍量水搅拌混合，用金属筛或纱布滤入试管或离心管中，静置30~60min或离心沉淀2~3min后弃去上层液体，再加饱和盐水，混合均匀后用滴管滴加饱和盐水到管口，然后管口覆盖22mm×22mm的盖玻片。经30min取下盖玻片，放在载玻片上镜检。分别计算各种虫卵的数量。每份粪便用同样方法检查3片，其总和为1g粪便的虫卵数。

（2）麦克马斯特氏法　该法适用于绦虫卵、线虫卵和球虫卵囊的计数。取2g被检粪样置于装有玻璃珠的150mL三角瓶中，加入58mL饱和盐水充分振摇混匀后用粪筛过滤。边摇晃边用吸管吸取少量滤液，注入计数板的计数室内，放于显微镜载物台上，静置几分钟后，用低倍镜计数两个计数室内的全部虫卵，取其平均值乘以200，即为每克粪便中的虫卵数。

（3）斯陶尔氏法　该法适用于吸虫卵、线虫卵、棘头虫卵和球虫卵囊的计数。在100mL三角烧瓶的56mL处和60mL处各作一刻度标记。先向烧瓶中加入0.4%氢氧化钠溶液至56mL刻度处，再慢慢加入捣碎的粪样使液面升至60mL刻度处为止，然后再加入十几粒玻璃珠，用橡皮塞塞紧后充分振摇混匀后用粪筛过滤。边摇边用刻度吸管吸取0.15mL粪液，滴于2~3片载玻片上，加盖片镜检，分别统计其虫卵数，所得总数乘以100，即为每克粪便中的虫卵数。

6. 幼虫培养及分离法

（1）幼虫培养法　有些线虫虫卵的大小及外形十分相似，在鉴别时极为困难，因而常用幼虫培养技术使被检粪样中寄生性线虫的虫卵发育、孵化并达到第3期幼虫阶段，根据幼虫的形态特征进行种类鉴别。此外，进行人工寄生性线虫感染试验时，也要用到幼虫培养技术。将欲培养的粪便加水调成硬糊状，塑成半球形，放于底部铺满滤纸的培养皿内，使粪球的顶部略高出平皿边沿，使之与皿盖相接触。置25~30℃温箱或在此室温下培养。在培养过程中，应使滤纸一直保持潮湿状态。7~15d后，多数虫卵即可发育为第3期幼虫，并集中于皿盖上的水滴中。将幼虫吸出置于载玻片上，加盖玻片镜检。

（2）幼虫分离法　常用贝尔曼氏法。用一小段乳胶管两端分别连接漏斗和小试管，然后置于漏斗架上，漏斗内放置粪筛或纱布，将被检材料放在粪筛或纱布上，加40℃温水至淹没被检材料。静置1~3h后，大部分幼虫沉于试管底部（图9-11）。拿下小试管后吸弃上清液，取沉淀物滴于载玻片上，加盖玻片镜检。也可将整套装置放入恒温箱内过夜后检查。

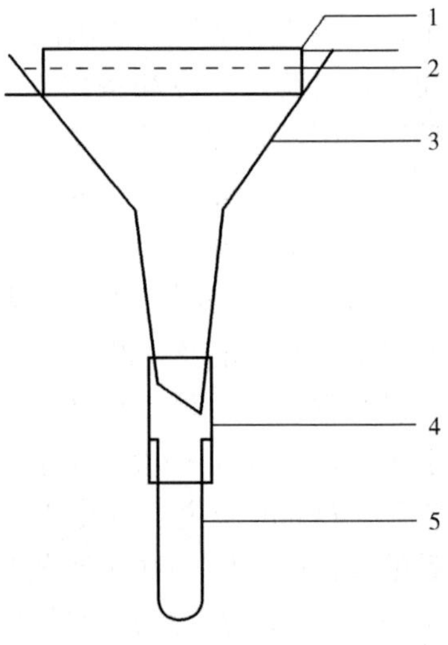

也可用简单平皿法分离幼虫。即取粪球3~10个置于放有少量温水（不超过40℃）平皿内，经10~15min后，取出粪球，吸取皿内液体滴于载玻片上，加盖玻片镜检。

图9-11　贝尔曼氏装置

1—筛　2—水液面　3—漏斗　4—胶管　5—小试管

7. 毛蚴孵化法

该法是诊断日本分体吸虫病的一种常用方法。

取被检粪样30~100g（牛100g），经沉淀法处理后，将沉淀物倒入500mL三角烧瓶内，加温清水至瓶口，置于22~26℃温度下孵化，分别于第1、3、5小时，用肉眼或放大镜观察并记录。如见水面下有白色点状物做直线运动，迅速而均匀，或沿管壁绕行，多分布在离水面1~4cm处，即为毛蚴。毛蚴需与水中一些原虫如草履虫、纤毛虫等相区别。

原虫大小不一，形状不定，不透明；运动缓慢，时游时停，摇摆翻滚，方向不定；分布范围广，各水层均可见。必要时可用胶头吸管吸取液体做涂片，在显微镜下观察。

气温高时毛蚴孵出迅速，因此，在沉淀处理时应严格掌握换水时间，以免换水时倾去毛蚴而出现假阴性结果。也可用1.0%～1.2%食盐水沉淀粪便，以防止毛蚴过早孵出，但孵化时应换用清水。用自来水时需做脱氯处理。

8. 测微技术

各种虫卵、幼虫或成虫常有恒定的大小，可利用测微器来测量它们的大小，作为确定虫卵或幼虫种类的依据。

（1）测微器　测微器由目镜测微尺和镜台测微尺组成。目镜测微尺为一圆形小玻璃片，使用时装在目镜里，其上刻有50或100刻度（图9－12）。此刻度并不具有绝对的长度意义，而必须通过镜台测微尺计算。镜台测微尺为一特制的载玻片，其中央封有1个标准刻度尺，一般是将1mm均分为100个小格，即每小格的绝对长度为10μm（图9－13）。

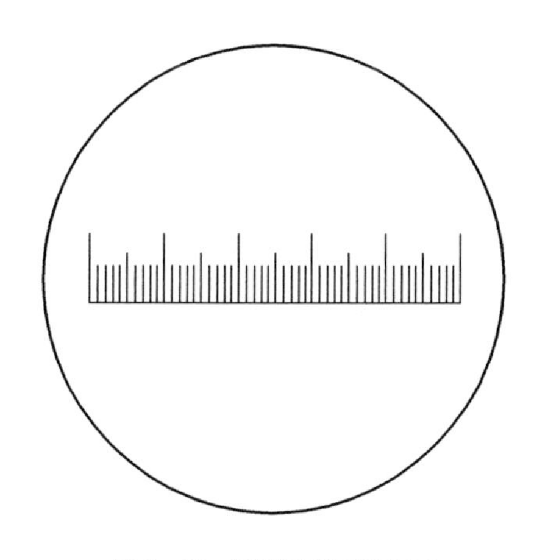

图9－12　目镜测微尺放大图

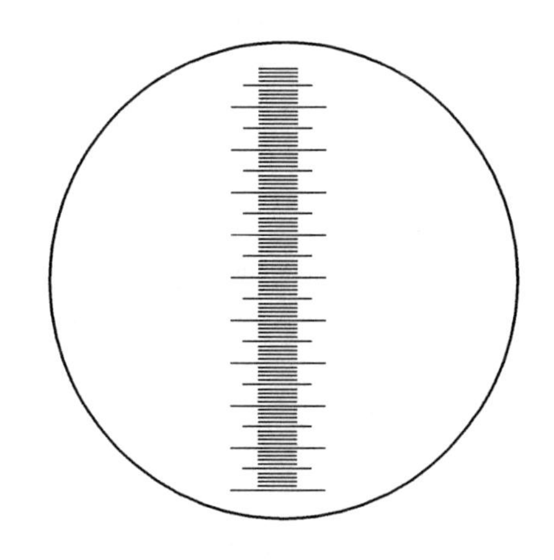

图9－13　镜台测微尺放大图

（2）测微方法　将镜台测微尺放于显微镜载物台上，调节显微镜看清刻度，移动镜台测微尺，将目镜测微尺和镜台测微尺的零点对齐，然后再找出另一侧相互重合处，此时即可测出目镜测微尺若干格相当于镜台测微尺的若干格。因为已知镜台测微尺的1格为10μm，所以即能算出目镜测微尺1格的绝对长度。具体测量时将镜台测微尺移去，只用目镜测微尺测量。在测量弯曲的虫体时，可通过转动目镜进行分段测量，之后加起即可。

例如，在用10倍目镜、40倍物镜、镜筒不抽出的情况下，目镜测微尺的30格相当于镜台测微尺的9格（即90μm），即目镜测微尺的每格长度为：90μm/30＝3μm。如果虫卵的长度为24格，则为3μm×24＝72μm。

实训报告

叙述饱和盐水漂浮法和离心沉淀法的原理及操作过程。

实训13 动物蠕虫学剖检技术

实训目标

通过实训使学生掌握动物蠕虫学剖检技术，为动物蠕虫病的诊断提供可靠依据。

实训内容

1. 家畜蠕虫学剖检技术。
2. 家禽蠕虫学剖检技术。

设备材料

1. 器材

大动物解剖器械（解剖刀、剥皮刀、解剖斧、解剖锯、骨剪、组织剪）；小动物解剖器械（手术刀、镊子、组织剪、眼科刀）；实体显微镜、手持放大镜、盆、桶、平皿、玻璃棒、分离针、胶头滴管、载玻片、盖玻片、试管、酒精灯、标本瓶、铜筛（40~60目）、黑色浅盘、玻璃铅笔、纱布、手套。

2. 药品

饱和盐水、生理盐水、蒸馏水。

3. 实训动物

绵羊（或猪）和鸡。

方法步骤

对死亡或患病的动物进行寄生虫学剖检，可以发现动物体内的寄生虫，是确定寄生虫病病原体、了解寄生虫感染强度、观察病理变化、检查药物疗效、进行流行病学调查以及研究寄生虫区系分布等的重要手段，更是群体寄生虫病最准确的诊断技术之一。收集剖检动物的全部寄生虫标本并进行鉴定和计数，对寄生虫病的诊断和了解寄生虫病的流行情况有重要意义。根据不同需要，有时对全身各脏器进行检查，有时只对某一器官或某一种寄生虫进行检查。

1. 剖检前的准备

（1）动物的选择　为了保证实习效果，应特别注意实习动物的选择。可在寄生虫病患病场选择病死畜禽的尸体（动物死亡时间一般不能超过24h，因虫体在病畜死亡24～48h崩解消失）作为实习动物；也可事先通过粪便检查，选择感染寄生虫种类多，感染强度大的动物；也可在屠宰场从屠宰动物中选择患病的脏器作为实习材料。对用于寄生虫学剖检的动物应逐头登记填写动物种类、品种、年龄、性别、编号、营养状况、临诊症状等。

（2）剖检动物的绝食　选定做剖检的动物应在剖检前绝食1～2d，以减少胃肠内容物，便于寄生虫的检出。

（3）体表检查　在动物剖检前，应对其体表进行寄生虫的检查和采集工作。观察体表的被毛和皮肤有无瘀痕、结痂、出血、皲裂、肥厚等病变，并注意对体表寄生虫（虱、蝇、蜱、螨等）的采集。

（4）粪便中虫卵的检查　在动物剖检前，最好先取粪便进行虫卵检查和计数，初步确定该动物体内寄生虫的寄生情况，对剖检动物检查虫体时有帮助。

2. 家畜蠕虫学剖检技术

（1）宰杀与剥皮　放血宰杀动物，放血时应采血涂片备检。剥皮前应检查体表、眼睑和创伤等，发现体外寄生虫随时采集，遇有皮肤可疑病变应刮取病料备检。剥皮时应随时注意检查各部皮下组织和浅在淋巴结，及时发现并采集虫体。

（2）摘出脏器

①腹腔脏器：切开腹腔后首先检查脏器表面有无寄生虫和病变，并收集虫体，然后收集腹水，沉淀后检查其中有无寄生虫寄生。脏器采出方法是在结扎食管末端和直肠后，切断食管、各部韧带、肠系膜和直肠末端后一次采出，然后再切断腹腔大血管，采出肾脏，最后收集腹腔内的血液混合物备检。盆腔脏器也以同样方式取出。

②胸腔脏器：切开胸腔以后，将胸腔脏器连同食管和气管全部摘出，再采集胸腔内的液体备检。

（3）各脏器的检查

①消化器官：

食管：先检查食管的浆膜面，观察食管肌肉内有无虫体（住肉孢子虫），沿食管纵轴剪开，再仔细检查食管黏膜面有无寄生虫寄生，可用解剖刀刮取食道黏膜，把刮取物夹于两载玻片之间，用放大镜或实体显微镜检查，当发现虫体时揭开载玻片，用分离针将虫体挑出。

胃：把胃剪开后，将内容物倒入大盆内，检出较大的虫体，然后用生理盐水洗净胃壁，加生理盐水搅拌内容物均匀后，使之自然沉淀。再将胃壁平铺在搪瓷盘内，观察黏膜上是否有虫体，刮取黏膜表层，将刮下物浸入另一容器的生理盐水中搅拌，使之自然沉淀。以上两种材料均应在彻底沉淀后，倒出上层液，再加生理盐水，重新静置，如此反复沉淀，直到上层液透明无色为止。然后每次取一定量的沉淀物，放在培养皿或黑色浅盘内观察并检出所有的虫体。刮下的黏膜还应压片镜检。反刍动物应把前胃和皱胃分别处理。皱胃的检查方法同单胃动物胃的检查方法，瘤胃应注意检查胃壁。

小肠：分离以后放在大盆内，由一端灌入清水，使肠内容物随水流出，检出大型虫体（如绦虫等）。肠内容物加生理盐水，按胃内容物沉淀方法反复沉淀，检查沉淀物。肠壁用玻璃棒翻转，在水中洗下黏液，并反复水洗沉淀。最后刮取黏膜表层，压薄镜检。肠内容物和黏液在水洗沉淀过程中会出现上浮物，其中也含有虫体，所以在换水时应收集上浮的粪渣，单独检查。羊的小肠前部线虫数量较多，可单独处理。

大肠：分离以后在肠系膜附着部沿纵轴剪开，倾出内容物。内容物和肠壁按小肠的处理方法进行处理检查。羊大肠后部自形成粪球处起，可剪开肠壁，观察并挑取粪球表面及肠壁上的虫体。

肠系膜：分离以后将肠系膜淋巴结剖开，切成小片压薄镜检。然后提起肠系膜，迎着光线检查血管内有无虫体。最后剪开肠系膜血管，用生理盐水洗净后，冲洗物加水进行反复水洗沉淀后检查沉淀物。

肝脏：分离胆囊，把胆汁挤入烧杯中，用生理盐水稀释，待自然沉淀后检查沉淀物。将胆囊黏膜刮下物压片镜检。观察肝脏表面有无寄生虫结节，如有可做压片检查，然后沿胆管将肝脏剪开检查，然后将肝脏撕成小块，浸在多量水内，用手挤压后捞出弃掉，反复水洗沉淀后检查沉淀物。也可用幼虫分离法对撕碎肝脏中的虫体进行分离。

胰腺和脾：检查法同肝脏。

②呼吸器官：用剪刀把鼻腔、喉、气管、支气管剪开，注意不要把管道内的虫体剪坏，发现虫体应直接采取。然后用载玻片刮取黏液加水稀释后镜检。观察肺脏表面有无寄生虫结节，如有可做压片检查，再将肺组织撕成小块，按照肝脏检查法处理。

③泌尿器官：切开肾脏，先对肾盂进行肉眼检查，再刮取肾盂黏膜检查，最后将肾实质切成薄片，压于两载玻片之间，用放大镜或实体显微镜检查。把输尿管、膀胱、尿道切开，检查其黏膜，并注意黏膜下有无包囊。收集尿液，反复沉淀法处理后，检查有无肾虫寄生。

④生殖器官：切开检查内腔，并刮取黏膜表面做压片及涂片镜检。

⑤心脏及大血管：先检查心外膜及冠状动脉沟，然后剪开心脏仔细观察内腔及内壁。将内容物洗于生理盐水中，用反复沉淀法处理检查。大血管也采用

此法。注意观察肠系膜静脉、门静脉血管。将心肌切成薄片压片镜检。

⑥肌肉组织：切开咬肌、腰肌和臀肌检查囊尾蚴；采取膈肌脚检查旋毛虫；采取猪膈肌和牛、羊食道等肌肉检查住肉孢子虫。

⑦头部各器官：

鼻腔及鼻窦：先沿两侧鼻翼和内眼角连线切开，再沿两眼内角连线锯开，然后在水中冲洗，待沉淀后检查沉淀物。观察有无羊鼻蝇蛆、水蛭等。

脑和脊髓：先用肉眼检查脑和脊髓有无脑多头蚴或猪囊尾蚴，再切成薄片压片镜检，检查有无微丝蚴寄生。

眼：先眼观检查，再将眼睑结膜在水中刮取表层，水洗沉淀后检查沉淀物，最后剖开眼球，将眼防液收集在平皿内，在放大镜下检查有无寄生虫。

3. 家禽蠕虫学剖检技术

（1）宰杀与剥皮　用舌动脉或颈动脉放血的方法宰杀。拔掉羽毛后检查皮肤和羽毛，发现虫体及时采集，皮肤有可疑病变时刮取材料备检。剥皮时要随时采集皮下组织中的虫体。

（2）摘出脏器　剥皮后除去胸骨，使内脏完全暴露，并检查气囊内有无虫体。然后分离脏器，首先分离消化系统（包括肝、胰），再分离心脏和呼吸器官，最后摘出肾。器官摘出后，用生理盐水冲洗体腔，冲洗物反复水洗沉淀后检查。

（3）各脏器的检查

①食道和气管：剪开后检查其黏膜表面。

②嗉囊：剪开囊壁后，倒出内容物做一般眼观检查，然后把囊壁拉紧透光检查。

③肌胃：沿狭小部位剪开，倾去内容物，在生理盐水中剥离角质膜检查内、外剥离面，然后将角质膜撕成小片，压片镜检。

④腺胃：在小瓷盘内剪开，倾去内容物，检查黏膜面，如有紫红色斑点和肿胀时，则剪下做压片镜检。洗下的内容物反复水洗沉淀后检查。

⑤肠管：把十二指肠、小肠、盲肠和直肠4段分开处理。肠管剪开后，将内容物和黏膜刮下物一起倾入容器内，用生理盐水反复水洗沉淀后检查。对有结节等病变的肠管，应刮取黏膜压片镜检。

⑥法氏囊和输卵管：按肠管的处理方法检查。

⑦肝、肾、心、胰、肺：分别在生理盐水中剪碎洗净，捞出大块组织弃掉，水洗物反复水洗沉淀后检查。病变部位应压片镜检。

⑧鼻腔：剪开后观察表面，用水冲洗后检查沉淀物。

⑨眼：用镊子掀起眼睑，取下眼球，用水冲洗后检查沉淀物。

4. 注意事项

（1）在检查过程中，如果脏器内容物不能立即检查完毕，可在反复水洗沉淀后，在沉淀物内加3%甲醛保存，以后再详细进行检查。

（2）当遇到绦虫以头部附着于肠壁上时，切勿用力拉，应将此段肠管连同虫体剪下浸入清水中，5～6h后虫体会自行脱落，体节也会自然伸直。

（3）为了检查沉渣中小而纤细的虫体，可在沉渣中滴加浓碘液，使粪渣和虫体均染成棕黄色，然后用5%硫代硫酸钠溶液脱色，粪渣被脱色，而虫体仍然保持棕黄色，故容易识别。

（4）由不同脏器、部位收集的虫体，应按种类分别计数、分别保存。

实训报告

根据剖检结果，填写动物蠕虫学剖检记录表9－13。

表9－13 动物蠕虫学剖检记录表

<table>
<tr><td>日　期</td><td colspan="2"></td><td>编　号</td><td></td><td>动物种别</td><td></td></tr>
<tr><td>品　种</td><td colspan="2"></td><td>性　别</td><td></td><td>年　龄</td><td></td></tr>
<tr><td>动物来源</td><td colspan="2"></td><td>动物死因</td><td></td><td>剖检地点</td><td></td></tr>
<tr><td rowspan="6">主要病理剖检变化</td><td colspan="3" rowspan="6"></td><td rowspan="6">寄生虫总数</td><td>吸　虫</td><td></td></tr>
<tr><td>绦　虫</td><td></td></tr>
<tr><td>线　虫</td><td></td></tr>
<tr><td>棘头虫</td><td></td></tr>
<tr><td>昆　虫</td><td></td></tr>
<tr><td>蜱　螨</td><td></td></tr>
<tr><td rowspan="10">寄生虫的种类和数量</td><td>寄生部位</td><td>虫　名</td><td>数　量</td><td>寄生部位</td><td>虫　名</td><td>数　量</td></tr>
<tr><td></td><td></td><td></td><td></td><td></td><td></td></tr>
<tr><td></td><td></td><td></td><td></td><td></td><td></td></tr>
<tr><td></td><td></td><td></td><td></td><td></td><td></td></tr>
<tr><td></td><td></td><td></td><td></td><td></td><td></td></tr>
<tr><td></td><td></td><td></td><td></td><td></td><td></td></tr>
<tr><td></td><td></td><td></td><td></td><td></td><td></td></tr>
<tr><td></td><td></td><td></td><td></td><td></td><td></td></tr>
<tr><td></td><td></td><td></td><td></td><td></td><td></td></tr>
<tr><td></td><td></td><td></td><td></td><td></td><td></td></tr>
<tr><td>备　注</td><td colspan="4"></td><td colspan="2">剖检者：</td></tr>
</table>

实训14　动物寄生虫材料的固定与保存

实训目标

通过实训使学生掌握动物主要寄生虫虫体及虫卵的固定与保存技术。

实训内容

1. 寄生蠕虫（吸虫、绦虫、线虫）的固定与保存。
2. 蜱螨和昆虫的固定与保存。
3. 原虫的固定与保存。
4. 蠕虫卵的固定与保存。

设备材料

1. 器材

眼科镊子、分离针、黑色浅盘、平皿、酒精灯、标本瓶、载玻片、盖玻片、昆虫针、毛笔、线或橡皮筋、硬纸片、玻璃板。

2. 药品

生理盐水、乙醇、福尔马林、薄荷脑、甘油、化学纯氯化钠、冰醋酸、培氏胶液。

3. 实训动物

各种寄生虫及其虫卵。

方法步骤

1. 吸虫的固定与保存

（1）固定方法　将收集到的虫体放入加有生理盐水的广口瓶中，较小的虫体可摇荡广口瓶洗去所附着的污物；较大的虫体可用毛笔刷洗，然后将其放在薄荷脑溶液中松弛。较大较厚的虫体，为方便以后制作压片标本，可将虫体压入两载玻片间，为避免虫体过度压扁破裂，可在载玻片两端间垫以适当厚度的硬纸片，然后两端用线或橡皮筋扎住。经上述处理后的虫体即可浸入70%乙醇或10%福尔马林固定液中，24h即可固定。

薄荷脑溶液的配制方法：取薄荷脑24g，溶于95%乙醇10mL中，此溶液为饱和薄荷脑乙醇溶液。使用时在100mL水中加入此液一滴即可。

（2）保存方法　经70%乙醇固定的虫体可直接保存于其中，如需长期保存应在70%乙醇中加入5%甘油。经10%福尔马林固定液固定的虫体，可保存于3%～5%的福尔马林溶液中。密封瓶口，贴上标签。如对吸虫进行形态构造观察，需要制成染色标本。

2. 绦虫的固定与保存

（1）固定方法　将收集到的虫体用生理盐水洗净（洗涤方法同吸虫）后，大型绦虫可缠绕于玻璃板上，以免固定时互相打结。如果做绦虫压片标本，可将虫体具代表性的节片放入两载玻片间，适当加以压力，两端用线或橡皮筋扎住。经上述处理后的虫体可浸入70%乙醇或5%福尔马林固定液中固定。较大而厚的虫体需要固定12h。若要制成压片标本以观察其内部结构，则以乙醇固定较好；浸渍标本则以福尔马林固定较好。

（2）保存方法　浸渍标本用70%乙醇或5%福尔马林溶液保存均可。绦虫蚴及其病理标本可用10%福尔马林固定液固定保存。密封瓶口，贴上标签。

3. 线虫的固定与保存

（1）固定方法　将收集到的虫体应尽快洗净，立即放入固定液中固定，否则虫体易于破裂。较小的虫体可摇荡广口瓶洗去所附着的污物；较大的虫体可用毛笔刷洗，尤其是一些具有发达的口囊或交合伞的线虫，一定要用毛笔将杂质清除。有些虫体的肠管内含有多量食物时，影响观察鉴定，可在生理盐水中放置12h，其食物可消化或排出。然后将70%乙醇或3%福尔马林生理盐水加热至70℃，将清洗净的虫体挑入，虫体即伸展并固定。

（2）保存方法　大型线虫可放入4%福尔马林溶液保存；小型线虫可放入甘油乙醇（甘油5mL、70%乙醇95mL）中保存。密封瓶口，贴上标签。

4. 蜱螨和昆虫的固定与保存

（1）采集方法　体表寄生虫如血虱、毛虱、羽虱、虱蝇等，用器械刮下，或将附有虫体的羽或毛剪下，置于平皿中再仔细收集。采取蜱类时，应使虫体与皮肤垂直缓慢拔出，或喷施药物杀死后拔出。捕捉蚤类可用撒有樟脑的布将动物体包裹，数分钟后取下，蚤即落于布内。螨类的采集见螨病实验室诊断技术。

（2）固定与保存　有翅昆虫可用针插法干燥保存；昆虫的幼虫、虱、毛虱、羽虱、蠕形蚤、虱绳、舌形虫、蜱及含有螨的皮屑等，用加热的（60～70℃）70%酒精或5%～10%福尔马林固定。固定后可保存于70%酒精中，最好再加入数滴5%甘油。螨类可用培氏胶液封固保存。

培氏胶液配方：阿拉伯胶15g、蒸馏水20mL、葡萄糖浆10mL、醋酸5mL、水合氯醛100g。

先用蒸馏水将阿拉伯胶溶解，再加入葡萄糖浆（100mL 蒸馏水中加入葡萄糖 68g）、醋酸，最后加入水合氯醛混合即成。

5. 原虫的固定与保存

梨形虫、伊氏锥虫、住白细胞虫等，用其感染动物血液涂片；弓形虫、组织滴虫等常用其感染动物的脏器组织触片，经过干燥、固定及染色制成玻片标本，装于标本盒中保存。

6. 蠕虫卵的固定与保存

（1）虫卵的采集　用粪便检查的方法收集虫卵；或将剖检所获得的虫体放入生理盐水中，虫体会继续产出虫卵，静置沉淀后可获得单一种的虫卵。

（2）固定与保存　将 3% 福尔马林生理盐水加热至 70～80℃，把含有虫卵的沉淀物或粪便浸泡其中进行固定，等晾凉后，保存于小口试剂瓶中，用时吸取沉淀，放于载玻片上检查即可。

7. 标签

需要保存的虫体和病理标本，都应附有标签。瓶装浸渍标本应有外标签和用硬质铅笔书写的内标签。标签上应写明：动物种类、性别、年龄、解剖编号、虫体寄生部位、初步鉴定结果、虫体数量、剖检日期、地点、解剖者姓名等。标签样式如下：

编号……	No.　23
动物种类、性别、年龄及来源……	绵羊、♀、2 岁　辽宁　铁岭
寄生虫名称、寄生部位及条数……	片形吸虫　肝脏　12
解剖者姓名及剖检时间……	王××　2010. 5. 25

实训报告

叙述吸虫、绦虫和线虫的固定与保存方法。

实训 15　驱虫技术

实训目标

通过对大群动物进行驱虫，掌握驱虫技术、驱虫注意事项以及驱虫效果的评定方法。

实训内容

1. 驱虫药的选择及配制。
2. 给药方法。
3. 驱虫效果评定。

设备材料

1. 药品

各种常见驱虫药。

2. 器材

各种给药用具、配制驱虫药的各种容器、称量或估重用具。

3. 实训动物

选择患寄生虫病较典型的养殖场（猪场、鸡场、牛场、羊场）进行实训。

方法步骤

1. 驱虫药的选择及配制

（1）驱虫药的选择　原则是选择广谱、高效、低毒、方便和廉价的药物。广谱是指驱除寄生虫的种类多；高效是指对寄生虫的成虫和幼虫都有高度驱除效果；低毒是指治疗量不具有急性中毒、慢性中毒、致畸形和致突变的作用；方便是指给药方法简便，适用于大群给药（如气雾、饲喂、饮水等），廉价是指与其他同类药物相比价格低廉。治疗性驱虫应以药物高效为首选，兼顾其他；定期预防性驱虫则应以广谱药物为首选，但主要还是依据当地主要寄生虫病选择高效驱虫药。

（2）驱虫药的配制　根据所需药物的要求进行配制。但多数驱虫药不溶于水，需配成混悬液给药，其方法是先把淀粉、面粉或玉米面加入少量水中，搅匀后再加入药物继续搅匀，最后加足量水即成混悬液。使用时边用边搅拌，以防上清下稠，影响驱虫效果和安全。

2. 给药方法

家畜多为个体给药，根据所选药物的要求，选定相应的投药方法，具体投药技术与临诊常用给药法相同。家禽多为群体给药（饮水或拌料），如用拌料法给药时，先按群体体重计算好总药量，将总药量混于少量半湿料中，然后均匀与日粮混合进行饲喂。不论哪种给药方法，均需预先测量动物体重，精确计算药量。

3. 驱虫工作的组织及注意事项

(1) 驱虫前应选择驱虫药，拟定剂量并计算用药总量，确定剂型、给药方法和疗程，同时对药品的生产单位、批号等加以记载。

(2) 在进行大群驱虫之前，应先选出少部分动物做试验，观察药物效果及安全性。

(3) 将动物的来源、健康状况、年龄、性别等逐头编号登记。为使驱虫药用量准确，要预先称重或用体重估测法计算体重。

(4) 投药前后1～2d，尤其是驱虫后3～5h，应仔细观察动物群，注意给药后的变化，发现中毒应立即急救。

(5) 驱虫后3～5d内使动物圈留，将粪便集中用生物热发酵法处理。

(6) 给药期间应加强饲养管理，役畜解除使役。

4. 驱虫效果评定

驱虫后要进行驱虫效果评定，必要时进行第2次驱虫。驱虫效果主要通过以下内容的对比来评定：

(1) 发病与死亡　对比驱虫前后动物的发病率与死亡率。

(2) 营养状况　对比驱虫前后动物各种营养状况的变化。

(3) 临诊表现　观察驱虫后临诊症状的减轻与消失情况。

(4) 生产能力　对比驱虫前后的生产性能。

(5) 驱虫指标评定　一般可通过虫卵减少率和虫卵转阴率确定，必要时可通过剖检计算出粗计驱虫率和精计驱虫率。

$$\text{虫卵减少率} = \frac{\text{驱虫前 EPG} - \text{驱虫后 EPG}}{\text{驱虫前 EPG}} \times 100\%$$

$$\text{虫卵转阴率} = \frac{\text{虫卵转阴动物数}}{\text{驱虫动物数}} \times 100\%$$

$$\text{粗计驱虫率} = \frac{\text{驱虫前平均虫体数} - \text{驱虫后平均虫体数}}{\text{驱虫前平均虫体数}} \times 100\%$$

$$\text{精计驱虫率} = \frac{\text{排出虫体数}}{\text{排出虫体数} + \text{残留虫体数}} \times 100\%$$

$$\text{驱净率} = \frac{\text{驱净虫体的动物数}}{\text{驱虫动物数}} \times 100\%$$

为了比较准确地评定驱虫效果，驱虫前、后粪便检查时，所用的器具、粪样数量以及操作步骤所用的时间要完全一致；驱虫后粪便检查的时间不宜过早，一般为10～15d；应在驱虫前、后各进行粪便检查3次。

实训报告

根据操作情况，写出动物驱虫总结报告。

实训16　动物寄生虫病流行病学调查

实训目标

通过实训使学生掌握动物寄生虫病流行病学资料的调查、搜集和分析处理的方法，为诊断动物寄生虫病奠定基础。

实训内容

1. 动物寄生虫病流行病学调查方案的制定。
2. 动物寄生虫病流行病学调查与分析。

设备材料

1. 动物养殖场

患寄生虫病的猪场、鸡场、牛场及羊场。

2. 器材

笔、记录本、数码相机、录音设备、交通工具。

方法步骤

1. 动物寄生虫病流行病学调查方案的制定

动物寄生虫病流行病学调查提纲主要包括以下内容：

（1）单位或畜主的名称和地址。

（2）单位概况　包括所处的地理环境、地形地势、河流与水源、降雨量及其季节分布、耕地性质及数量、草原数量、土壤植被特性、野生动物种群及其分布等。

（3）被检动物群概况　品种、性别、年龄组成、总头数、动物补充来源等。

（4）被检动物群生产性能　产奶量、产肉量、产蛋量、产毛量、繁殖率。

（5）动物饲养管理情况　饲养方式、饲料来源及其质量、水源及其卫生状况、动物舍卫生状况等。

（6）近2~3年动物发病及死亡情况　发病数、死亡数、发病及死亡时间、原因、采取的措施及其效果等。

（7）动物当时发病及死亡情况　营养状况、发病数、临诊表现、死亡数、发病及死亡时间、病死动物剖检病变、采取的措施及其效果等。

（8）终末宿主、中间宿主和传播媒介的存在和分布情况。

（9）居民情况　怀疑为人兽共患病时，要了解居民数量、饮食卫生习惯、发病人数及诊断结果等。

（10）犬、猫饲养情况　与犬、猫相关的寄生虫病，应调查居民点和单位内犬、猫的饲养量、营养状况及发病情况等。

2. 动物寄生虫病流行病学现场调查

根据动物寄生虫病流行病学调查方案，采取询问、查阅各种记录（包括当地气象资料、动物生产、发病和治疗等情况）以及实地考察等方式进行调查，了解当地动物寄生虫病的发病现状。

3. 调查资料的统计分析

对于获得的资料，应进行数据统计（如发病率、死亡率、病死率等）和情况分析，提炼出规律性资料（如生产性能、发病季节、发病与降雨量及水源的关系、与中间宿主及传播媒介的关系、与人类、犬和猫等的关系）。

实训报告

根据动物寄生虫病流行病学调查资料，写一份调查报告。

实训 17　动物寄生虫病临诊检查

实训目标

通过实训使学生掌握动物寄生虫病临诊检查的方法和操作技能，为诊断动物寄生虫病奠定基础。

实训内容

1. 动物寄生虫病临诊检查的程序。
2. 动物寄生虫病临诊检查的方法。

设备材料

1. 动物养殖场

患寄生虫病的猪场、鸡场、牛场及羊场。

2. 器材

听诊器、体温计、便携式B超等仪器、样品采集容器（试管、镊子、外科刀、粪盒等）。

方法步骤

1. 临诊检查的原则

遵循“先静态后动态、先群体后个体、先整体后局部”的原则；动物群头数较少时，应逐头检查；动物群头数较多时，抽取其中部分动物检查。

2. 临诊检查的程序、方法和病料的采集

（1）一般检查　观察动物群的精神状态、营养状况、姿势与步态、被毛与皮肤等，注意有无肿胀、脱毛、出血、皮肤异常变化、体表淋巴结病变，从中发现异常或病态的动物；注意有无体表寄生虫（蜱、虱、蚤、蝇等），如有寄生虫应做好记录、搜集虫体并计数；如怀疑为螨病时应刮取皮屑备检。

（2）系统检查　按一般临诊诊断方法测量体温、心率、呼吸数，检查消化、呼吸、循环、泌尿、神经等各系统，收集并记录各种症状。根据怀疑的寄生虫病种类，可采取粪便、尿液、血液等样品备检。

（3）症状分析　将收集到的症状进行归类，提出可疑的寄生虫病范围。

实训报告

根据动物寄生虫病临诊检查资料，写一份临诊检查报告，并提出进一步诊断的建议。

实训18　肌旋毛虫检查技术

实训目标

通过实训使学生掌握旋毛虫肌肉压片检查法和肌肉消化检查法；掌握肌旋毛虫的形态特征。

实训内容

1. 肌肉压片检查法。
2. 肌肉消化检查法。

3. 肌旋毛虫形态特征的观察。

设备材料

1. 图片

肌旋毛虫形态构造图。

2. 标本

肌旋毛虫制片标本。

3. 器材

生物显微镜、实体显微镜、组织捣碎机、磁力加热搅拌器、贝尔曼氏幼虫分离装置、铜筛（40~60 目）、旋毛虫压定器（两厚玻片，两端用螺丝固定）、剪子（直）、弯头剪子、镊子、三角烧瓶、烧杯、天平、胶头移液管、载玻片、盖玻片、纱布、污物桶。

4. 药品

胃蛋白酶、0.5%盐酸。

5. 病料

旋毛虫病肉或人工感染旋毛虫的大白鼠。

方法步骤

1. 肉样采集

在动物死亡或屠宰后，采取膈肌供检。

2. 肌肉压片检查法

（1）操作方法　取左右两侧膈肌脚肉样，先用手撕去肌膜，然后用弯头剪子顺着肌纤维的方向，分别在肉样两面的不同部位剪取 12 个麦粒大小的肉粒（其中如果有肉眼可见的小白点，必须剪下），两块肉样共剪取 24 粒，依次将肉粒贴附于夹压玻片上，排列成两排，每排放置 12 粒。如果用载玻片，则每排放置 6 粒，共用两张载玻片。然后取另一张载玻片覆盖于肉粒上，旋动夹压片的螺丝或用力压迫载玻片，将肉粒压成厚度均匀的薄片，并使其固定后镜检。

（2）判定　没有形成包囊的旋毛虫幼虫，在肌纤维之间虫体呈直杆状或卷曲状；形成包囊的旋毛虫幼虫，可看到发亮透明的椭圆形（猪）或圆形（狗）的包囊，囊中央是卷曲的旋毛虫幼虫，通常为一条，重度感染时，可见到双虫体包囊或多虫体包囊；钙化的旋毛虫幼虫，在包囊内可见到数量不等、颜色浓淡不均的黑色钙化物。

3. 肌肉消化检查法

为提高旋毛虫的检查速度，可进行群体筛选，发现阳性动物后再进行个体检查。

（1）操作方法　将编号送检的肉样，各取2g，每组10～20g，放入组织捣碎机的容器内，加入100～200mL胃蛋白酶消化液（胃蛋白酶0.7g溶于0.5%盐酸1000mL中），捣碎0.5min，肉样则成絮状并混悬于溶液中。将肉样捣碎液倒入锥形瓶中，再用等量胃蛋白酶消化液分数次冲洗容器，冲洗液注入锥形瓶中，再按每200mL消化液加入5%盐酸溶液7mL左右，调整pH为1.6～1.8，然后置磁力加热搅拌器上，在38～41℃条件下，中速搅拌、消化2～5min。消化后的肉汤置于贝尔曼氏幼虫分离装置过滤（贝尔曼氏幼虫分离装置及其用法见实训12幼虫分离法），滤液再加入500mL水静置2～3h后，倾去上层液，取10～30mL沉淀物倒入底部划分为若干个方格的大平皿内，然后将平皿置于显微镜下，逐个检查每一方格内有无旋毛虫幼虫或旋毛虫包囊。

（2）判定　若发现虫体或包囊，则该检样组为阳性，必须对该组的5～10个肉样逐一进行压片复检。

4. 观察肌旋毛虫制片标本

学生分组观察肌旋毛虫制片标本。

实训报告

写出肌旋毛虫实验室检查的报告。

实训19　螨病实验室诊断技术

实训目标

通过实训使学生掌握螨病病料的采集方法和检查螨的主要方法。

实训内容

1. 螨病病料的采集方法。
2. 螨的检查方法。

设备材料

1. 图片

疥螨和痒螨的形态图。

2. 器材

生物显微镜、实体显微镜、手持放大镜、平皿、带塞的试管、试管夹、酒精灯、剪毛剪子、手术刀、镊子、载玻片、盖玻片、温度计、胶头移液管、离心机、污物缸、纱布。

3. 药品

10%氢氧化钠溶液、50%甘油水溶液、煤油、碘酒。

4. 实训动物

患螨病的动物。

方法步骤

1. 螨病病料的采集方法

螨病病料采集的正确与否是检查螨病的关键。可以采集皮表（用于痒螨的检查）或皮肤刮下物检查（用于疥螨、蠕形螨的检查）。采集部位应选择患部皮肤与健康皮肤交界处，采集病料时，先剪去该处的被毛，用经过火焰消毒的外科刀，使刀刃与皮肤垂直刮取病料，直到稍微出血为止（对疥螨尤为重要）。刮取病料时可在该处滴加50%甘油水溶液，使皮屑黏附在刀上。刮取的病料置于平皿或带塞的试管中，刮取的皮屑应不少于1g。刮取病料处用碘酒消毒。

2. 螨的检查方法

（1）直接涂片法　将刮取的皮屑少许置于载玻片上，滴加50%甘油水溶液或煤油数滴，覆以另一张载玻片，搓压载玻片使皮屑散开，然后在显微镜或实体显微镜下检查。

（2）加热检查法　将病料置于平皿中，在酒精灯上加热至37～40℃后，然后将平皿放于黑色衬景上，用放大镜检查或将平皿置于低倍显微镜或实体显微镜下检查，发现移动的虫体可确诊；也可将病料浸入盛有45～60℃温水的平皿中，置37～40℃恒温箱内15～20min，取出后低倍显微镜或实体显微镜下检查。由于温热的作用，活螨由皮屑内爬出，集结成团，沉于水底部；还可将病料放于平皿内并加盖，放于盛有40～45℃温水的杯上，经10～15min后，将平皿翻转，则虫体与少量皮屑黏附于皿底，大量皮屑落在皿盖上，取皿底检查。

（3）皮屑溶解法　将病料置于试管中，加入10%氢氧化钠溶液，经1～2h皮屑软化溶解，弃去上层液后，用吸管吸取沉淀物滴于载玻片上加盖玻片检查。需快速检查时，可将试管在酒精灯上煮沸数分钟，待其自然沉淀或以2000r/min沉淀5min，弃去上层液，吸取沉渣检查。本法尤其适用于病料中虫体较少时。

（4）分离虫体法　将病料放在黑纸上，置40℃恒温箱中或用白炽灯照射，虫体即可从病料中爬出，收集到的虫体较为干净，尤其适合做封片标本。

实训报告

根据实训结果，写出螨病实验室诊断报告。

实训 20　血液原虫检查技术

实训目标

通过本实训使学生掌握血片的制作方法及染色技术，并在显微镜下识别各种血液原虫的形态。

实训内容

1. 血液涂片检查法。
2. 鲜血压滴检查法。
3. 虫体浓集法。
4. 淋巴结穿刺检查法。

设备材料

1. 图片

伊氏锥虫形态图、各种梨形虫形态图。

2. 器材

生物显微镜、离心机、离心管、移液管、平皿、采血针头、载玻片、盖玻片、三角烧瓶、染色缸、剪毛剪子、剪子、酒精棉球、污物缸。

3. 药品

生理盐水、3.8%枸橼酸钠溶液、凡士林、姬姆萨氏染色液、瑞氏染色液、甲醇、pH 7.0 磷酸盐缓冲液（或中性蒸馏水）。

4. 实训动物

疑似血液原虫病的动物或预先接种伊氏锥虫的白鼠。

方法步骤

1. 血液涂片检查法

该法是最常用的血液原虫病检查方法。涂片用的载玻片必须彻底洗净，表面无油脂、酸、碱等痕迹，通常把彻底洗净的载玻片浸于酒精中，临用前取出晾干。涂片采用耳静脉血，耳尖剪毛，用70%酒精消毒，待皮肤干燥后用消毒过的针头刺出第一滴血液（含虫体较多），滴在载玻片一端距端线1cm处的中央，按常规方法推成血片。

（1）姬姆萨氏染色法　血片干燥后，滴加数滴无水甲醇固定2～3min，然后滴加姬姆萨氏染色液染色30～60min，最后用磷酸盐缓冲液或中性蒸馏水冲洗，自然干燥后在油镜下检查。

染色液配制：取姬姆萨氏染色粉0.5g、中性甘油25mL、无水中性甲醇25mL。将染色粉置于研体中，先加少量甘油充分磨研，然后边加甘油边研磨，直到甘油全部加完为止。将其倒入100mL的棕色瓶中，再用甲醇分几次冲洗研钵，均倒入试剂瓶中。塞紧瓶塞后充分摇匀，置于65℃温箱中24h或室温下3～5d后过滤，滤液即为原液。用时将原液充分振荡后，用磷酸盐缓冲液或中性蒸馏水稀释10～20倍。

（2）瑞氏染色法　血片干燥后，滴加瑞氏染色液1～2滴，染色1min后，加等量的中性蒸馏水或pH 7.0磷酸盐缓冲液与染液混合，5min后用中性蒸馏水或pH7.0磷酸盐缓冲液冲洗，自然干燥后镜检。

染色液配制：取瑞氏染色粉0.3g、中性甘油3mL、无水甲醇（不含丙酮）97mL。将染色粉与甘油一起在研体中研磨，然后加入甲醇，充分搅拌，装入棕色瓶内，塞紧瓶塞，经过2～3周，过滤后备用。该染色液放置时间越长染色效果越好。

磷酸盐缓冲液配制：第1液为磷酸氢二钠11.87g，加中性蒸馏水1000mL；第2液为磷酸二氢钾9.077g，加中性蒸馏水1000mL。取第1液61.1mL与第2液38.9mL混合，即成pH 7.0磷酸盐缓冲液。

2. 鲜血压滴检查法

该法主要用于伊氏锥虫活虫的检查。在载玻片上滴加一滴生理盐水，滴上一滴被检血液，充分混合，加盖玻片，静置片刻后镜检。先用低倍镜暗视野检查，发现有可疑运动虫体时，再换高倍镜检查。检查时如室温较低，可将载玻片在酒精灯上稍微加温，以保持虫体的活力。

3. 虫体浓集法

（1）原理　该法适用于伊氏锥虫病和梨形虫病的检查。当动物血液内虫体较少时，临诊上常用虫体浓集法，其原理是锥虫或寄生有梨形虫的红细胞较正常红细胞的密度小，所以在第1次沉淀时，正常红细胞下降，而锥虫或寄生有梨形虫的红细胞尚悬浮在血浆中；第2次离心沉淀时，则将其浓集于管底。

（2）操作方法　在颈静脉沟上1/3与中1/3交界处，常规剪毛消毒，用18号注射针头刺入静脉采血。按4:1的比例与3.8%枸橼酸钠溶液充分混合。取此抗凝血6～7mL，以500r/min离心沉淀5min，使其中大部分红细胞沉降；而后将含有少量红细胞、白细胞和虫体的上层血浆移入另一支离心管中，补加生理盐水，以2500r/min离心沉淀10min。取沉淀物制成抹片，用姬姆萨氏或瑞氏染色法染色镜检。

4. 淋巴结穿刺检查法

该法适用于泰勒虫病、弓形虫病的诊断。在肩前淋巴结或股前淋巴结部位，常规剪毛消毒。先将淋巴结推到皮肤表层，用左手固定，然后用右手将灭菌针头刺入淋巴结，接上注射器吸取穿刺物。将穿刺物涂于载玻片上，干燥、甲醇固定后用姬姆萨氏或瑞氏染色法染色镜检。

实训报告

根据实训结果，写出锥虫病或梨形虫病的诊断报告。

实训21　鸡球虫病诊断技术

实训目标

通过实训使学生掌握鸡球虫病病理变化及粪便中球虫卵囊的检查方法，为诊断球虫病提供依据。

实训内容

1. 鸡球虫病生前诊断法。
2. 鸡球虫病死后诊断法。

设备材料

1. 图片

鸡球虫形态图。

2. 器材

显微镜、粪盒（或塑料袋）、铜筛（40～60目）、玻璃棒、铁丝圈、剪子、镊子、烧杯、漏斗、载玻片、盖玻片、平皿、试管、移液管、污物桶。

3. 药品

饱和盐水、50%甘油水溶液。

4. 实训动物

鸡球虫病病雏或尸体。

方法步骤

1. 鸡球虫病生前诊断法

（1）涂片法　在载玻片上滴一滴 50% 甘油水溶液（或生理盐水），取少量病雏的粪便与甘油水溶液混合，然后除去粪便中的粗渣，加上盖玻片，先用低倍镜检查，发现卵囊后，换高倍镜检查。

（2）漂浮法　详见实训 12。

2. 鸡球虫病死后诊断法

（1）剖检变化　急性型主要表现为一侧或两侧盲肠显著肿大，呈暗红色，其中充满凝固的或新鲜的血液，肠黏膜糜烂甚至坏死脱落，与盲肠内容物和血凝块混合，形成坚硬的肠芯；慢性型主要表现为小肠中段高度肿胀，肠壁充血、出血和坏死，黏膜肿胀增厚粗糙，肠内容物含有多量的血液、血凝块和坏死脱落的上皮组织。

（2）实验室诊断　刮取盲肠或小肠黏液，涂于载玻片上，滴加 1 滴甘油水溶液，混合均匀后加盖玻片镜检。

实训报告

根据检查结果写出鸡球虫病诊断报告。

参考文献

[1] 汪明. 兽医寄生虫学. 3 版. 北京：中国农业出版社，2003.
[2] 孔繁瑶. 家畜寄生虫学. 2 版. 北京：中国农业出版社，1997.
[3] 张宏伟，杨廷桂. 动物寄生虫病. 北京：中国农业出版社，2006.
[4] 张西臣，李建华. 动物寄生虫病学. 3 版. 北京：科学出版社，2010.
[5] 毕玉霞，祁画丽. 畜禽寄生虫病防治. 郑州：河南科学技术出版社，2007.
[6] 谢拥军，崔平. 动物寄生虫病防治技术. 北京：化学工业出版社，2008.
[7] 夏艳勋，王涛. 动物寄生虫病防治. 北京：中国农业大学出版社，2008.
[8] 宋铭忻，张龙现. 兽医寄生虫学. 北京：科学出版社，2009.
[9] 杨光友. 动物寄生虫病学. 成都：四川科技出版社，2004.
[10] 张宏伟，武瑞. 动物疾病防治. 哈尔滨：黑龙江人民出版社，2005.
[11] 朴范泽. 兽医全攻略牛病. 北京：中国农业出版社，2009.
[12] 史秋梅. 猪病诊治大全. 北京：中国农业出版社，2009.
[13] 曲祖一. 兽医卫生检验. 北京：中国农业出版社，2006.
[14] 张宏伟. 动物疫病. 2 版. 北京：中国农业出版社，2004.